教育部高等学校航空航天类专业教学指导委员会推荐教材

高等学校规划教材·航空、航天与航海科学技术

民机通信导航与雷达

（第2版）

主　编　张　超

副主编　马存宝

编　者　张　超　马存宝

　　　　和　麟　张天伟

西北工业大学出版社

西　安

【内容简介】 本书系统地介绍了现代大型飞机无线电系统的基础知识和机载设备的功能、组成与性能参数,深入浅出地说明了各种先进机载无线电通信、导航、雷达设备的电路结构和典型功能电路的基本原理,较为全面地介绍了现代电子技术在航空无线电设备中的具体应用。

本书可作为高等学校飞行器控制与信息工程专业以及民用航空工程相关专业的教材,也可供航空机务、飞行、通信、导航、空中交通管制、电子设备制造、适航、维修等部门的人员阅读和参考。

图书在版编目(CIP)数据

民机通信导航与雷达/张超主编. —2 版. —西安:西北工业大学出版社,2019.4(2024.2 重印)

高等学校规划教材. 航空、航天与航海科学技术

ISBN 978 - 7 - 5612 - 6477 - 5

Ⅰ.①民… Ⅱ.①张… Ⅲ.①民用飞机-航空通信-通信系统-高等学校-教材 ②民用飞机-航空导航-导航设备-高等学校-教材 ③民用飞机-机载雷达-高等学校-教材 Ⅳ.①V24

中国版本图书馆 CIP 数据核字(2019)第 066767 号

MINJI TONGXIN DAOHANG YU LEIDA

民 机 通 信 导 航 与 雷 达

责任编辑:何格夫		策划编辑:何格夫	
责任校对:朱辰浩		装帧设计:李　飞	

出版发行:西北工业大学出版社

通信地址:西安市友谊西路 127 号　　邮编:710072

电　　话:(029)88491757,88493844

网　　址:www.nwpup.com

印 刷 者:西安五星印刷有限公司

开　　本:787 mm×1 092 mm　　1/16

印　　张:24

字　　数:630 千字

版　　次:2004 年 12 月第 1 版　2019 年 4 月第 2 版　2024 年 2 月第 3 次印刷

书　　号:ISBN 978 - 7 - 5612 - 6477 - 5

定　　价:88.00 元

第 2 版前言

航空工业是国内外公认的战略性高技术产业,航空技术的高速发展呈现出典型的时代特征。我国航空工业发展目前正面临良好机遇,国家从航空大国向航空强国跨越的意志坚定。国家"一带一路"倡议等新发展目标的顺利实施,C919、J20、Y20 和 AG600 等一系列国家重点飞机新型号工程的立项研制以及通用航空和无人机等新兴产业的快速发展都对航空工程人才的国际竞争力和创新实践能力提出了更高、更迫切的要求,为此急需大力培养一批高素质的国际化航空工程新工科人才。这是新时代给航空工程教育界提出的新课题,也是新时代赋予航空工程教育工作者的新历史使命和新责任担当。

本书第 1 版是 2004 年 8 月面向航空电子维修专业编写的,主要以波音 B737 机载设备为参照对象,当时在国内堪称先进。但民机航电系统近年来发展迅猛,从波音民机及其航电系统发展来看,先后经历了四个主要阶段,从 B707、B727、B737 和 B747 的模数混合分立式系统,到 B747 - 400、B757、B767 和 B777 的总线互联综合化系统,再到 B787 的网络互联系统,而未来新一代波音机载设备将进入跨代发展。面临这些技术的飞速发展,要培养出我国新时代航空工程新工科人才,我们的教学和教材内容必须进行更新。为此,急需对第 1 版教材进行改编。

更具体地说,先进大型民机航电系统在近 15 年来的技术发展主要体现在三方面:①机载设备从系统综合向功能综合换代;②机载网络从总线互联向网络互联跨越;③飞机导航从组合导航向协同监视过渡。基于这三方面的技术发展,本书改编工作在修订原书错漏的基础上,主要工作如下:①顺应航空电子设备向集成化、数字化、综合化发展的趋势,删减模拟式设备的内容,增加数字式设备的内容。②删减第 1 版中的第九章自动定向机,新增第 12 章新航行系统。为了有助于学生自主学习,在修订过程中贯彻了两个保留:①保留基本原理;②保留基本电路。

本书第 2 版由张超担任主编并负责全书统稿和校对。其中张超负责改编第 1~3、7 和 8 章,马存宝负责改编第 4、9 和 10 章,和麟负责改编第 5 和 6 章,张天伟负责改编第 11 章并编写第 12 章。为满足西北工业大学飞行器控制与信息工程专业首届本科生的教学急需,本书在内容体系上仍与第 1 版保持一致。编写本书曾参阅了相关文献、资料,在此,谨向其作者深表谢意。

本书的出版得到了西北工业大学规划教材重点项目的资助,在此表示真挚的感谢。

由于水平有限,书中难免有不妥之处,恳请读者批评指正。

编　者

2019 年 2 月

第1版前言

航空航天科学技术是一门高度综合的尖端科学技术，近几十年来发展迅速，对人类社会的影响巨大。20世纪下半叶以来，航空技术和信息技术相互结合，迅猛发展，广泛应用于国民经济建设和国防建设，涉及范畴有通信、导航、遥感、遥控、遥测等。本书重点介绍与现代大型民用飞机密切相关的通信、导航和雷达技术。

"民机通信导航与雷达"是民航电子专业的专业课，是1994年西北工业大学民航工程学院成立时，由董事会单位[北京飞机维修工程有限公司(AMECO)和原西北航空公司]根据民航飞机维护与故障诊断实际要求建议新开设的课程。课程内容几乎涉及所有的机载电子设备，主要给学生讲授机载设备的原理、电路、功能、面板键的操作、系统连接及其在飞机上的位置等。经过多年的教学积累，"民机通信导航与雷达"已经成为民航电子专业的专业主干课程。

本课程是我校为数不多的设备课之一，具有独到的特点。教学内容以飞机电子系统设备为主线，一直使用符合进口飞机电子设备要求和民航维修执照考试要求的教材。目前，相关课程在教学中，采用的教材偏重于对电子系统原理框图的介绍，缺乏机载电子设备实例和相关理论，作为本专业教学的教材显得不太适宜。为适应现代民用飞机的发展的态势，为满足教学需要，我们编写了此书。

本书在选材方面力求将通信、导航、雷达等无线电技术的基本原理与民用飞机(简称民机)机载电子设备的功能、组成和性能相结合，使学生能够全面掌握机载电子设备的基本知识、基本原理、系统组成及设备电路设计技术。全书分为两部分，共十二章。第一部分包括第一至四章，从飞机无线电基础、发送与接收原理、调频收发基础与自动频率微调、电波传输与天线几方面介绍了现代大型飞机无线电系统的基础知识。第二部分包括第五至十二章，讲述了机载通信系统、气象雷达、空中交通管制应答机、测距机、自动定向机、无线电高度表、甚高频全向信标和仪表着陆系统的工作原理、功能组成、电路分析与性能参数等内容。本书的编写力求深入浅出、图文并茂。

本书由马存宝主编，张天伟、和麟、张超参加编写，其中马存宝编写了第一、六、七、十一章，张天伟编写了第二、三、四、八章，和麟编写了第五、十二章，张超编写了第九、十章。由于时间有限，加之进口飞机的中文资料缺乏，为满足教学急需，本书部分内容取材于蔡成仁主编的《航空无线电》一书，在此对作者表示衷心的感谢。在本书的编写过程中，还得到了西北工业大学电子信息学院史浩山教授和李勇教授的指导和帮助，在此一并表示真挚的感谢。

由于资料缺乏，加之水平有限，书中难免有错漏之处，恳请读者批评指正。

编　者
2004 年 8 月

目　录

第1章 飞机无线电系统基础

1.1 飞机无线电系统

1.1.1 航空电子设备发展简史

航空电子设备数十年来经历了从简单到复杂、从单台到系统的发展过程。国内外航空电子设备的发展简史可以划分为以下几个阶段：

(1)1935—1949年：国外飞机上安装简单的机械电气仪表。

(2)1949—1955年：国外飞机上安装机电伺服机构、模拟式计算机、圆锥扫描雷达；国内处于创建阶段，对已有飞机上的航空电子设备可进行中修和大修。

(3)1955—1965年：国外飞机上安装综合指引仪表、单台数字式计算机、单脉冲雷达；国内进入仿制生产阶段，积极掌握航空电子设备生产技术，为开展改型和自行设计创造条件。

(4)1965—1975年：国外飞机上已装备电子显示仪表、平显、下显、综合显示系统、脉冲多普勒雷达；国内处于改型和开始自行设计阶段。简化航空电子设备品种，实现系列化。采用新材料、新元件，延长使用寿命，提高产品性能。改进产品结构，改进工艺，提高生产效率，降低成本。

(5)1975—1985年：国外飞机上已使用数据系统总线传输信息的数字化综合航空电子系统、座舱综合显示系统；国内开始自行设计和对航空电子设备新领域开展预研工作。

(6)1985—1995年：国外已使用光电设备和综合电子对抗系统；国内已安装通信导航识别系统、座舱显示控制记录系统、探测系统、电子对抗系统和信息综合系统。

(7)1995—2015年：国外使用综合核心处理机技术，具有更高综合度。

(8)2015年至今：2017年5月5日，我国自主研制的新一代喷气式大型客机C919在上海浦东机场首飞成功，该机配备了当今最为先进的航空电子系统，有效提高了客机综合效能。

1.1.2 航空电子设备在飞机上的安装布局

飞机上的电子设备应尽可能地相对集中在专门设计的各种电子设备舱内，使设备可以工作在飞机环境控制系统之中。民用客机的电子设备舱一般位于旅客座舱下部。军用飞机的电子设备舱一般位于飞机头部、驾驶舱下部和后部。某些电子设备应根据其使用特性选择飞机上特定位置进行安装。如飞机的飞行数据记录器(俗称黑匣子)应选择放置在飞机坠毁后破坏程度可能最轻的部位，以便将飞行数据记录器回收后，还能正确分析出事故原因，例如安装在飞机尾翼前沿的根部。气象雷达为了取得飞机前方的气象资料，一般安装在飞机头部。

1.1.3 航空电子设备的重要性

航空电子设备从简单到复杂,从单台到系统,发展至今已成为飞机的重要组成部分,其性能的优劣对飞机的经济性、安全性和舒适性起着极为重要的作用,在某些特定条件下甚至会起决定性作用。航空电子设备的重要性可从以下三方面充分体现出来。

1. 使用性能

在 20 世纪 60 年代以前,评论一架飞机的性能往往只介绍飞机机体(包括机身、机翼、尾翼等)的气动特性和发动机特性,很少提及飞机上的电子设备性能,因为当时飞机上为数不多的几台通信设备和雷达决定不了飞机的性能。

数十年来,飞机机体和发动机的充分发展使航空电子设备的性能日臻完善,各国的发展水平逐渐相近。相对来说,电子技术的发展却日新月异,在短短的数十年内,从电子管、半导体、中规模集成电路和大规模集成电路迅速发展到现代的超大规模集成电路,航空电子设备也随之更新换代。设备的功能增加和性能提高使飞机上的电子设备数量也不断增多,从过去的几台设备发展到现在的十几台或几十台设备。由这些设备组成的系统大大改善和提高了飞机运输的经济效益,使电子设备的性能在飞机性能中占有越来越重要的地位。今天,评论一架飞机时除了飞机机体和发动机性能外还必须介绍机上电子设备的型号和性能。换句话说,同样的飞机机体和发动机,安装不同的电子设备,飞机的性能可能完全不同。

2. 设计性能

传统的飞机设计主要包括气动外形、结构强度和发动机三大要素,而现代飞机设计必须同时考虑按系统工程要求设计航空电子综合系统,进行大量的软、硬件开发工作。复杂的航空电子设备系统开发周期一般为 10 年左右,长于飞机研制的周期——8 年左右。为了配合电子技术的日益发展,世界各国都投入大量的人力、财力,进行长期的预研工作,研制、设计和生产出各种性能优异的机载航空电子设备来装备飞机。

3. 价格性能

近代飞机上由于装备了大量的先进电子设备,使得电子设备的价格在飞机总价格中所占的比例明显上升。电子设备本身的价格也在不断增长,其增长速度比飞机价格的增长速度高 5 倍左右。

1.1.4 飞机无线电系统的功能与分类

飞机无线电系统是现代飞机的重要组成部分。现代民用飞机装备有多种先进的无线电导航、通信和雷达系统。

飞机无线电系统从不同的角度出发,有不同的分类法。按系统的功能,飞机无线电系统分为通信系统与导航系统两大类;按机载设备能否独立实现系统功能,飞机无线电系统分为自备式系统与他备式系统;按系统内部处理信号的方式不同,飞机无线电系统可分为模拟式设备与数字式设备。

民航无线电系统通用的划分方法是按照美国航空运输协会(American Transportation Association,ATA)的 ATA100 规范所规定的 ATA 章节号分类来进行的。

1. ATA 编号说明

ATA100 规范已被世界上大多数国家所采用,现在已成为一种民航各种产品在设计、制造、使用、维护等领域中的各种资料、文件、函电、报告和目录索引的国际统一编号,它使各种技术记录和数据处理趋于统一,改进了各种资料和文件的归档和管理方式,促进了民航各种情况的交流和对比。

波音系列飞机的各种手册,如飞机维护手册、线路手册、结构修理手册、图解零件目录、部件维护手册、图解工具和设备手册、无损探伤手册、发动机手册、故障报告和隔离手册等,均是按 ATA100 规范的修改版或更新的修改版的要求编写的。

(1)编号。按 ATA100 编号系统的规定,各类资料的编号是由章号-节号-标题号三组编号组成的。章号代表一个大系统,如 21 章为空调系统;节号代表章号下的一个子系统,如 21－50 为空调系统中的冷却系统;标题号代表一个组件,所谓组件就是指构成系统或子系统的各零部件。为了便于理解,现举例说明:

例:编号说明。

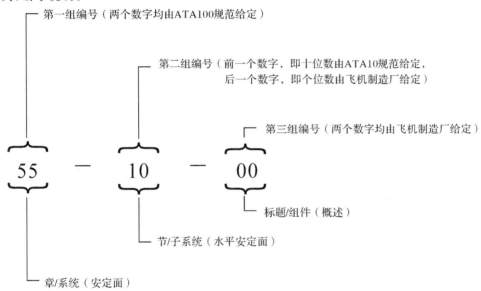

(2)ATA 编号系统举例。

章/系统	节/子系统	标题/组件
21	21	22
空调系统	冲压空气系统	循环风扇
23	50	81
通信系统	音频综合	REU
24	40	11
电源系统	外部电源	插座

2. 通信系统和导航系统的基本功能

通信系统:主要用于实现飞机与地面之间、飞机与飞机之间的相互通信,也用于进行机内通话、广播、记录驾驶舱内的语音以及向旅客提供视听娱乐信号等,如高频、甚高频通信系统、选择呼叫系统、内话系统、音频综合系统等。

导航系统:基本功能是引导飞机按选定航路安全、经济地完成规定的飞行任务。按照各个系统的功能,又可以把飞机无线电导航系统进一步划分为定位、测高、着陆引导和环境监测四大类。测距机、定向机、全向信标系统、多普勒雷达、奥米伽导航系统等是用于确定飞机位置的无线电定位系统;低空无线电高度表是典型的测高设备;仪表着陆系统属于着陆引导设备;气象雷达则是最常用的环境监测系统。

3. 自备式与他备式系统

自备式(或自主式)系统:不需依赖任何地面设施,便可实现系统的既定功能,如无线电高度表、气象雷达和多普勒导航系统。

他备式系统:需要和地面设施配合才能实现既定功能的系统,如 DME(测距机)、ATC(空中交通管制)应答机、ADF(自动定向机)、VOR(甚高频全向信标)等。

4. 模拟式设备与数字式设备

模拟式设备:其内部处理信号的形式是模拟量,大多采用分立的电路器件或小规模集成电路。

数字式设备:其内部处理信号的形式是数字量,大多采用 LSI(大规模集成电路)、VLSI(超大规模集成电路)或 CPU(中央处理器)。

1.1.5 飞机无线电通信系统

飞机装备的通信系统主要有甚高频通信系统、高频通信系统、选择呼叫系统、内话系统四类。

1. 甚高频通信(Very High Frequency,VHF)系统

频段为 118~135.975 MHz,波道间隔为 25 kHz。频段内最多可提供 720 个通信波道。

特点:VHF 信号只能以直达波的形式在视距内传播,所以通信距离较短,并受飞行高度的限制。

用途:主要用于飞机在起飞、着陆期间以及飞机通过管制空域时与地面交通管制人员间的双向话音通信。

2. 高频通信(High Frequency,HF)系统

频段为 2~30 MHz,典型设备的频率范围为 2.8~24 MHz,波道间隔为 1 kHz,频段内最多可提供 28 000 个通信波道。

特点:HF 信号可通过电离层与地表面之间的反射达到远程通信的目的,通信距离可达数千千米。

用途:用于在远程飞行时保持与基地间的通信联络。

3. 选择呼叫(Select Call,SECAL)系统

SECAL 不是一种独立的通信系统,它是配合 VHF 和 HF 系统工作的。

用途:当地面呼叫指定飞机时,以灯光和钟声谐音的形式通知机组进行联络,从而免除机组对地面呼叫的长期守候,减轻机组的工作负担。

飞机上 SECAL 的代码由四位字母组成,每位可以是英文字母 A~S(I,N,O 除外)中的一个,这样总共可有 10 920 个 SECAL 代码。

4. 内话系统

内话系统主要用于进行机内通话、广播、维修人员通话,以及向旅客提供视听娱乐信号。

1.1.6　飞机无线电导航系统

1.自动定向机（Automatic Direction Finder，ADF）系统

ADF 又称无线电罗盘，是一种中低频近程测向设备。它的功用是测量地面导航台相对于飞机纵轴的方位，以引导飞机向台飞行或背台飞行。

频段为 100～2 000 kHz 的中长波段，典型设备的工作频率为 190～1 750 kHz。

2.甚高频全向信标（VHF Omnidirectional Range，VOR）系统

VOR 系统是一种工作在甚高频频段的近程测向系统，可在航线飞行和进近着陆期间对飞机进行引导。它的基本功能是测量 VOR 方位，以进一步确定飞机相对于所选定的 VOR 航道的偏离情况。

频段为 108～118 MHz，波道间隔为 50 kHz，频段内共有 160 个通信波道。

在通过全方位选择器（Omnibearing Selector，OBS）选定飞行的 VOR 航道后，在测定 VOR 方位的基础上，系统即可显示飞机相对于所选定的 VOR 航道的偏离情况，由水平状态显示器（HSI）上的偏离杆（即航道指示杆）显示。若偏离杆在方位指针的右侧，则表示飞机在所选航道的左侧，飞机应向右机动，以进入所选定的航道。

3.仪表着陆系统（Instrument Landing System，ILS）

ILS 用于引导飞机沿正确的航向下滑线着陆，是保证飞机安全着陆的重要设备。由于它可在能见度很差的情况下引导飞机安全着陆，因此也称为盲降系统。

ILS 由航向信标系统、下滑信标系统和指点信标系统三部分组成。

（1）航向信标（Localizer）系统。

功能：利用 90 Hz 和 150 Hz 的调幅（Amplitude Modulation，AM）VHF 信号，产生一个垂直于跑道平面并通过跑道中心线的航向引导平面。

频段为 108.1～111.95 MHz。十分位小数为奇数的频率，波道间隔为 50 kHz，频段内共有 40 个通信波道。

系统：包括航向接收机、天线、控制面板和指示器，选择航向接收频率后即确定了下滑接收频率，两者有固定的配对准则。

（2）下滑信标（Glide Slope，GS）系统。

功能：利用 90 Hz 和 150 Hz 的 AM VHF 信号，产生一个与跑道平面成 2°～4°夹角的下滑引导平面，与航向平面相交即可得到一条航向下滑线。

频段为 329.15～335.0 MHz，波道间隔为 150 kHz，频段内也有 40 个通信波道。

系统：包括下滑接收机、天线和指示器。

（3）指点信标（Marker Beacon，MB）系统。

功能：利用两个或三个准确安装在跑道中心线的延长线上的地面指点信标台及相应的机载信标接收机，引导飞机对准跑道中心线，检查飞机通过信标台时的高度和速度是否适当，以及飞机距跑道的距离是否适当。当飞机准确通过指定信标台上空时，相应的信标灯接通，并可通过耳机听到信标台的音频识别信号。

频段：固定在 75 MHz 上。

系统：由信标台接收机、天线、信标灯组件和音响组件组成。

4.无线电高度表（Radio Altimeter，RA）

功用：主要用于在飞机进近着陆时测量飞机相对于地表面的实际高度。

频段：4 200～4 400 MHz。

系统：由收发组、发射天线、接收天线和高度指示器组成。它是通过测量地面反射回来的回波信号与发射信号之间的时间间隔来计算高度的。

5.测距机（Distance Measurement Equipment，DME）

功能：通过测量所接收的应答脉冲与询问脉冲之间的时间间隔，计算出飞机与测距台之间的斜距。测量范围可达 390 n mile，显示在水平状态指示器（Horizontal Status Indicator，HSI）或电子水平状态指示器（Electronic Horizontal Status Indicator，EHSI）上（近似代表水平距离）。

频段：L 波段，机载 DME 询问频率为 1 025～1 150 MHz，地面信标台的应答频率为962～1 213 MHz。DME 的频道是与 VOR 及 ILS 的频道配套选择的。

系统：由测距机（询问器）、天线（短刀型）、显示器和控制面板（与 VHF 导航控制面板共用）等组成。

6.ATC 应答机（ATC Transponder）

功用：ATC 应答机与地面二次雷达配合，用于向地面管制中心报告飞机的识别码和气压高度，并可用于确定飞机的平面位置。

频段：L 频段，与 DME 一样是采用脉冲问答方式工作，但 ATC 应答机是由地面二次雷达发出的询问信号触发应答的，地面询问频率（应答机接收频率）为 1 030 MHz，应答机应答发射频率为 1 090 MHz。

系统：由 ATC 应答机、控制面板和天线组成。

7.气象雷达（Weather Radar，WXR）系统

功用：WXR 系统主要用于探测飞机前方扇形区内的危险气象目标及其他障碍物，以选择安全的绕避航线。

频段：9 330～9 400 MHz 的 X 波段。

系统：由显示器、收发机和天线组成。

1.2 导航参量与位置线

为便于理解导航系统的工作原理，有必要对常用导航参量和位置线的基本概念加以说明。

1.2.1 地理坐标参量

1.大圆和大圆航线

通过地心的平面与地球表面相交的圆是地球表面最大的圆，称为大圆。

大圆弧连线是地球表面上任何两点之间距离最短的连线，尽可能沿大圆弧连线飞行的航线称为大圆航线。

2.赤道和纬度（Latitude）

赤道是通过地心，且与地轴相垂直的平面与地球表面的交线。

其余与地轴相垂直的平面与地球表面的交线称为纬圈（纬线）。纬度是指纬圈和地心的

连线与赤道平面之间的夹角,用其可表示地球上任一点的南、北位置,如图 1-1 所示。

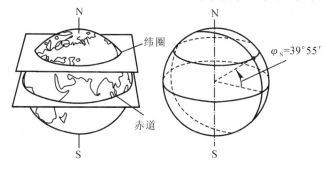

图 1-1　赤道、纬圈和纬度

3. 子午线和经度(Longitude)

通过地轴的平面与地球表面的交线称为经圈,经圈的一半叫作经线,又叫子午线。国际上规定通过英国格林尼治天文台的经线作为起始经线,又叫本初子午线,如图 1-2 所示。地球上任一点的经度规定为通过该点的子午线平面与起始经线平面之间的夹角。

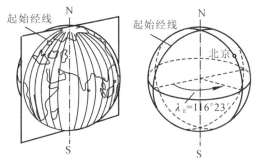

图 1-2　经线和经度

1.2.2　导航参量

1. 航向(Heading,HDG)

航向(角)是由飞机所在位置的经线北端顺时针测量到航向线(飞机纵轴前端的延长线在水平面上的投影)的角度,如图 1-3 所示。

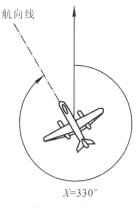

图 1-3　航向

磁航向:以磁经线为基准的航向。

真航向:以真经线为基准的航向。

2.方位角(Bearing)

方位角是以经线北端为基准,顺时针测量到水平面上某方向线的角度,如图1-4所示。

相对方位角:以飞机纵轴的前端与观测线在水平面上的夹角来表示目标的方向。ADF测量的是电台的相对方位角,如图1-5所示。

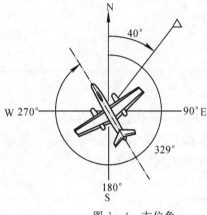

图1-4 方位角

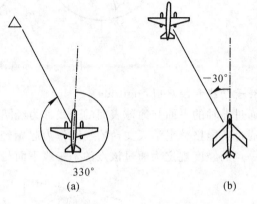

图1-5 相对方位角

与航向相同,方位角也有磁方位角和真方位角两种。

3.航迹(Track)和航迹角(Track Angle,TA)

航迹:飞机重心在地面的投影点的移动轨迹,如图1-6所示。航迹又称航迹线。

航迹角:飞机在某时刻的方位角。

4.所需航迹角(Desired Track Angle,DTA)

所需航迹(角)是驾驶员所希望的飞机的理想运动方向,如图1-6(a)所示。有时也称待飞航迹角。

5.航迹角误差(Track Angle Error,TAE)

航迹角误差是所需航迹和实际航迹之间的夹角,如图1-6(b)所示。

航迹角误差通常标明左(L)或右(R)。

6.偏流角(Draft Angle,DA)

当存在侧风时,飞机的实际航迹就会与飞机的航向不一致。航向线与航迹线之间的夹角,称为偏流角,如图1-6所示。

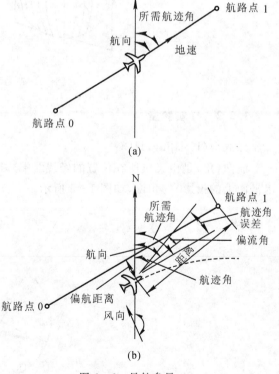

图1-6 导航参量

(a)飞机沿航迹飞行且无偏流角;

(b)飞机偏航且偏流角不为零

偏流角的正负取值:当航迹线偏向航向的右边时规定偏流角为正值,反之为负值。

7. 航路点(Way Point,WPT)

航路点:飞机的飞行目的地、航路上可用于飞机改变航向、高度、速度等或向 ATC 中心报告的明显位置/规定位置,称为航路点。

8. 距离(Distance,DIS)

航路点距:连接两个航路点的大圆距离。

待飞距离:飞机当前位置至飞行的目的地或前方航路点之间的距离。

距离:一般是指飞机沿指定航路飞往目的地的沿航距离。

航路:由几个航路点连成的折线。

9. 偏航距离(XTK)

偏航距离:从飞机实际位置到飞行航段两个航路点连线之间的垂直距离,如图 1-6(b)所示。

10. 地速(Ground Speed,GS)

地速:航行中飞机相对于地面的运动速度。

11. 空速(Air Speed,AS)

空速:航行中飞机相对于空气的运动速度。

12. 风速(Wind Speed,WS)与风向(Wind Direction,WD)

风速及风向是指飞机当前位置的大气相对于地面的运动速度及方向。

空速 S_A、风速 S_W 与地速 S_G 的关系为

$$S_G = S_A + S_W \qquad (1-1)$$

式(1-1)可用图 1-7 表示。

13. 估计到达时间(ETA)与待飞时间

估计到达时间:以格林尼治时间为基准,从飞机目前位置到飞行目的地(或前方航路点)之间的估计飞行时间。

待飞时间:自飞机当前位置起,按飞机当前的地速值等计算的沿航线到达目的地的空中飞行时间。

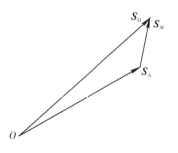

图 1-7　地速、空速和风速的
　　　　向量关系

1.2.3　位置线与导航定位方法

1. 位置线

位置线:当一个导航系统所测得的电信号的某一参量为定值时,该参量所对应的飞机可能位置的轨迹线。

2. 位置线的种类与导航系统

位置线的种类有直线、圆、双曲线等,如图 1-8 所示。

测向系统:VOR,ADF 的位置线为直线。

测距系统:DME 的位置线是平面上的圆。

测距差系统:利用测距差原理工作的奥米伽导航系统、罗兰系统等,其位置线为双曲线,因此这类系统又称为双曲导航系统。

3.导航定位方法

从前面内容可知,必须利用两条或两条以上的位置线相交,才能确定飞机的具体位置点。按照所利用的位置线的形状,可以把导航定位系统分为 $\rho-\theta$ 系统、$\theta-\theta$ 系统(见图1-9),$\rho-\rho$ 系统或 $\rho-\rho-\rho$ 系统(见图1-10),以及双曲线系统等。其中,ρ 表示距离,θ 表示角度或方位。

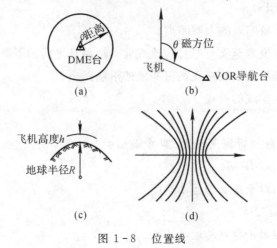

图 1-8 位置线

(a)圆位置线; (b)直线位置线; (c)等高线; (d)双曲线

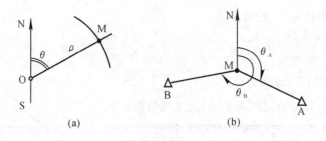

图 1-9 $\rho-\theta$ 定位与 $\theta-\theta$ 定位

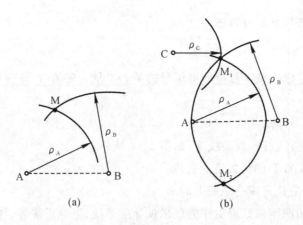

图 1-10 $\rho-\rho$ 定位与 $\rho-\rho-\rho$ 定位

习　　题

1. 简述飞机无线电通信和导航系统的基本功能。

2. 名词解释：

①航向角；②方位角；③航迹；④偏流角；⑤地速；⑥空速；⑦一次雷达；⑧二次雷达。

3. 分析地速、空速和风速之间的相互关系。

4. 分析飞机无线电通信和导航系统的工作频率范围。

5. 分析各种导航定位方法的特点。

第 2 章 调幅收发基础

发送与接收是无线电系统所包含的两个基本过程。飞机无线电系统通常采用调幅收发和调频收发两种方式,本章主要介绍无线电调幅发送设备和接收设备的基础知识,着重说明无线电调幅发送设备和接收设备的整机结构、发射信号的产生过程和接收信号的处理过程,以及一些整机功能电路的基本原理。

2.1 调幅发送设备基础

2.1.1 发射机的基本组成

无线电发射机的基本任务是向发射天线提供传送信息的射频信号,并且射频信号的频率、功率又需满足系统的整体要求。为此,就必须产生功率足够的射频载波,并按系统的要求实现对射频信号的调制。尽管无线电发射机的电路千差万别,但基本上是由射频振荡、功率放大、调制器、低频放大及电源几部分功能电路组成的,如图 2-1 所示。

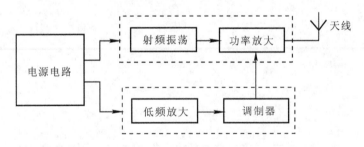

图 2-1 无线电发送设备的基本组成

1. 高电平调制发送设备

图 2-2(a)所示是高电平调制的调幅通信发射机的组成方框图。射频振荡电路产生频率稳定度符合要求的正弦载波,由射频放大器或缓冲放大器进行放大后,再由高频功率放大电路进行功率放大,以达到所需的发射功率。设置在射频振荡器和功率放大器之间的射频放大器除了具有放大信号的作用外,还可以消除或者减弱功率放大器对主振频率稳定度的影响,因此有时可称为缓冲放大器。

与此同时,音频信号经音频放大器放大后输至调制器。调制器对调制信号进行功率放大,使调制信号具有足够的功率,以实现对高频载波信号的有效调制。

调制信号对载波振荡的调制是在末级功率放大器中实现的。实现调制的高频放大级称为受调级。末级功率放大器通常工作在 C 类(丙类)状态,在对高频信号进行功率放大的同时,由输入的调制信号控制高频载波的振幅,实现振幅调制。由于是在射频载波电平较高的末级实现调制的,因此称为高电平调制。这类发射机的效率较高,所需的调制功率较大。通常小功率的发射机采用这种高电平调制方式。

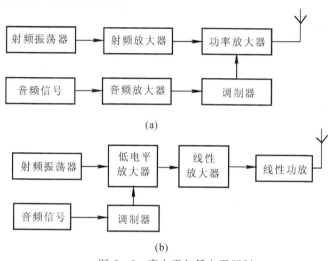

图 2-2　高电平与低电平调制
(a)高电平调制方框图; (b)低电平调制方框图

2. 低电平调制发送设备

在低电平调制发送设备中,调制信号对射频载波的调制是在载波电平较低的高频电路中进行的,其组成方框图如图 2-2(b)所示。由于受调级的射频载波电平较低,相应地所需的调制信号功率就较小,因而在低频通道中就不需要像高电平调制那样设置多级低频放大器。另外,为了保证已调制的高频信号在放大过程中不失真,受调级以后的各功率放大级应为线性的功率放大器,因而效率较低。

2.1.2　发射机的电气性能指标

发射机的电气性能指标主要是对输出功率、效率和频率的要求。

1. 输出功率

发射机的输出功率是指发射机末级输往天线的射频信号功率 P,它是决定系统作用距离和可靠性的主要因素之一。

无线电发送设备的输出功率,视系统的作用距离和功能不同而差别悬殊;机载发送设备的功率,有的只有几百毫瓦,有的则达数百瓦。

在要求输出功率足够的同时,输出信号中的谐波分量应尽量小,以免对其他设备产生干扰。飞机上的无线电设备多而密集,这个要求是必须注意的。

2. 总效率

发射机的总效率 η_t 是发射机的输出功率 P 与发射机所消耗的全部电源功率 P_0 之比,即

$$\eta_t = \frac{P}{P_0} \tag{2-1}$$

提高发射机的总效率对减小设备体积、减轻设备质量和降低设备能耗具有明显的意义。

3. 频率

(1) 频率稳定度。频率稳定度指发射机的工作频率保持稳定的程度,它通常用频率的漂移量 Δf 与工作频率 f_0 的比值 $\Delta f / f_0$ 来表示。频率漂移与工作时间、温度及飞行高度等因素有关,所以有时又分别提出短期频率稳定度和长期频率稳定度的要求。

频率稳定度是发射机的一项极为重要的指标,对于保证系统工作的可靠性,提高系统的抗干扰能力和压缩系统占用的频带等具有重要意义。

飞机无线电系统的功用不同,对频率稳定度的要求也不同。一般来说,对频率稳定度的要求越高,发射机的结构就越复杂,成本也越高。

现代机载无线电系统通常都利用晶体振荡器和频率合成器来提高频率稳定度。通常机载无线电系统的频率稳定度可达到 10^{-5} 左右,有的导航系统则可达到 $10^{-7} \sim 10^{-9}$,甚至更高。

(2) 频率准确度。除了要求频率高度稳定外,飞机无线电系统还要求设备的实际工作频率与控制面板所选择的频率指示值之间准确符合,以保证系统工作可靠、快速。

使用机械式频率调谐,利用频率调节刻度盘指示频率的旧式设备的频率准确度较差;新式设备使用频率合成器,其频率显示为数码显示,因而频率指示非常准确。

(3) 频率范围与波道间隔。不少无线电系统的工作频率不是单一的固定频率,而是一定宽度的频带。系统应能满足频率范围、波道间隔以及波道数量的要求。

2.1.3 发射机的高频载波电路

发射设备的首要任务,是提供稳定的高频正弦载波,以产生所需要的无线电射频信号。

1. 对载波信号的基本要求

(1)输出频率符合系统的要求。

(2)频率变化范围应覆盖系统所规定的频段。在指定频段内的任意工作频率上,所提供的正弦载波的幅度、波形等均应符合要求。

(3)频率稳定度应该达到系统的规定。载波振荡的频率稳定度就是发射信号的频率稳定度。

(4)载波应具有良好的波形,其波形失真系数应在规定范围之内。

(5)应具有足够的输出功率。

上述五方面是对各种无线电发射设备载波振荡的共同要求。不同的系统由于其功能和性能的差别很大,因而对其中一点或几点的要求也会有很大的不同。

2. 高频电路的基本结构

各种发射机对功率、频率稳定度等性能指标的要求不同,其高频电路的组成结构也往往不同,常见的高频电路有以下几种结构形式。

(1) 单级发射机。在有的简单发射机中,高频振荡器所产生的高频振荡直接输至天线。旧式机载气象雷达发射机、应答机的发射机等就是这类简单的单级发射机。不少工作于微波段的发射机也采用这种结构形式。

单级发射机很难同时兼顾输出功率和频率稳定度的要求,因而其频率稳定度往往较差。

(2)主振放大式高频电路。这种高频电路由主振级和功率放大级组成。主振级用于产生所需频率的高频振荡;功率放大级满足设备对功率的要求。这种结构形式在一定程度上减轻了负载对振荡器频率稳定度的影响。

为了进一步解决输出功率和频率稳定度之间的矛盾,可以在输出级和主振级之间设置中间级。中间级用于实现对主振信号的放大,供给后级以足够的激励功率,并可隔离后级负载变动对主振的影响,因而有利于提高载波振荡的频率稳定度,也有利于输出功率的提高。紧接主振级的中间级常称为缓冲级或缓冲放大级。中间级还可用作基波放大和倍频。

(3) 主振倍频放大式高频电路。工作频率较高的发射设备,往往在主振级和输出功率放大级之间加入一级或多级倍频器,用以逐级提高载波的频率。对于波段发射机来说,倍频器的设置可以在保证设备所需的工作频率范围的同时,大大压缩主振的频率变化范围。

例如,设发射机的工作频率范围为 2.4~30 MHz,则当各倍频器的总倍频次数 N 为 12 时,主振级的振荡频率仅需在 0.2~2.5 MHz 之间变化就可以了。可见,采用多级倍频方案,不仅可以降低主振级的振荡频率,减小分布参数对振荡频率的影响,还可以减小所需的主振频率变化范围,从而有利于载波频率的稳定和频率控制。

每级倍频器的倍频次数通常为 2 和 3。倍频次数再高,会使倍频级的效率和功率降低过多。图 2-3 所示是采用三级倍频的多级发射机的方框图。

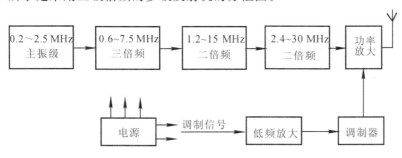

图 2-3　采用三级倍频的多级发射机

(4) 采用频率合成器的波段发射机。现代波段发射机普遍采用频率合成器,以满足系统对工作频率范围及频率稳定度等方面的要求。采用频率合成器作载波频率源,可以使波段内的所有工作频率都达到晶体振荡器的频率稳定度。

2.1.4　信号调幅与低频电路

1. 调幅方法

本节开始时已经说明,调幅发射机中调幅的实施,可以在高电平级进行,也可以在低电平级进行。

下面概略介绍实现高电平调幅和低电平调幅的主要方法。

(1) 高电平调幅。高电平调幅通常在工作于 C 类(内类)的功率放大级中进行,所需要的调制功率较大。常用的电路有集电极调幅和基极调幅两种。

1) 晶体管集电极调幅。集电极调幅的基本电路如图 2-4(a)所示。调制信号与集电极电源相串联,作用在晶体管的集电极与发射极之间。这样当集电极电压随调制电压变化时,集电极电流中的基波分量即按调制信号的规律变化。

调幅信号由调谐于工作频率的集电极谐振回路输出。

在利用电子管作功率放大器的发射设备中,调制电压作用在电子管的阳极和阴极之间。

对电子管的阳极电流进行调幅，称为阳极调幅。阳极调幅的基本原理和晶体管集电极调幅相同。

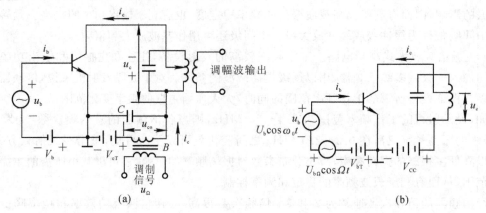

图 2-4　高电平调幅电路

(a) 集电极调幅电路；　(b) 基极调幅电路

晶体管集电极调幅的调制特性如图 2-5 所示。

调制电路与集电极电源 V_{cT} 相串联，作用于发射极与集电极之间，当 V_{CC} 随 U_Ω 变化时，即 I_{cm} 随 U_Ω 变化。

2）基极调幅。基极调幅的基本电路如图 2-4(b) 所示。调幅信号作用于 C 类放大器的基极，使集电极电流的基波振幅按调制信号的规律变化，从而实现对载波振幅的调制。基极调幅和电子管栅极调幅相当。

基极调幅的调制特性如图 2-6 所示。

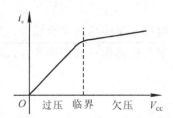

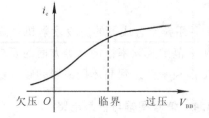

图 2-5　晶体管集电极调幅的调制特性　　　图 2-6　基极调幅的调制特性

$U_\Omega(t)$ 作用于 C 类放大器的基极，使 I_{cm} 随 U_Ω 变化实现调幅。

（2）低电平调幅。发射机的低电平调幅所需的调制功率较小。实现低电平调幅的主要方法有平方律调幅、模拟乘积调幅和斩波调幅等。

平方律调幅是利用晶体管、场效应管或电子管的非线性特性实现的。适当选择工作点，使晶体管等工作在甲类非线性状态，并使信号变化范围限制在特性曲线的平方律区域内，即可实现对载波振幅的调制。图 2-7 所示为场效应管平方律调幅的原理电路图。

采用平方律调幅时，由于器件工作于甲类状态，所以效率不高。

平方律调幅是常用的低电平调幅方法。

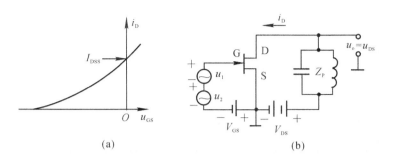

图 2-7　场效应管平方律调幅原理电路图

2. 调幅指数

由调幅信号的频谱分析已知,若调幅信号的幅度为 U_0,调幅指数为 m_a,则上、下边频的幅度为 $\frac{m_a}{2}U_0$。当上述调幅信号作用在负载 R 两端时,负载上的载波功率为

$$P_{\sim T} = \frac{U_0^2}{2R} \qquad (2-2)$$

$$P_{w_0-\Omega} = P_{w_0+\Omega} = \frac{1}{2R}\left(\frac{m_a U_0}{2}\right)^2 = \frac{m_a^2}{4}P_{\sim T} \qquad (2-3)$$

可见,调幅信号中所包含的信号功率(两个边频功率之和)为 $\frac{m_a^2}{2}P_{\sim T}$,而调幅波的平均输出总功率为

$$P_{\sim} = P_{\sim T} + P_{w_0-\Omega} + P_{w_0+\Omega} = \left(1 + \frac{m_a^2}{2}\right)P_{\sim T} \qquad (2-4)$$

由此可知,当 $m_a = 0$ 时,$P_{\sim} = P_{\sim T}$,载波中不包含任何信号功率;当 m_a 增大时,调幅波的功率随之增大,所增加的部分就是信号边频所包含的信号功率;当 $m_a = 1$ 时,边频信号功率等于载波功率的一半。因此,为了增强传输有用信号的能力,应当尽可能增大调幅指数,使其接近于 100%。图 2-8 所示为不同 m_a 值的调幅信号波形。

然而调幅指数 m_a 的值不应超过 100%,否则已调波的振幅在一段时间内会变为零,如图 2-8(c)所示。$m_a > 1$ 的调幅叫过调幅。过调幅信号在接收机中经检波后不可能恢复原来的信号波形,从而导致信号失真,并且过调幅信号占据的频带也会明显增宽,所以必须避免产生过调幅。

总之,在调幅中,应当使调幅指数接近但不超过 100%。

3. 低频电路与调制功率

由上可知,已调波中所增加的能量,来源于低频电路所提供的调制功率。对集电极高电平调幅来说,当 $m_a = 100\%$ 时,低频调制电路所供给的调制功率约等于被调级载波功率的一半。因此,为了提供所需的调制功率,低频电路也需要采用多级放大电路,增加了发射电路的复杂性。除了要求供给足够的功率外,还应使调制器与受调级之间达到阻抗匹配,以获得失真小的

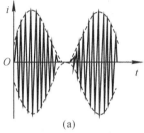

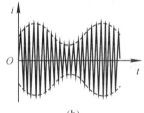

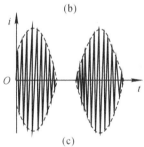

图 2-8　不同 m_a 值时的
调幅信号波形
(a) $m_a = 1$;　(b) $m_a < 1$;
(c) $m_a > 1$

调制电压。

低电平调幅电路所需的调制功率较小,其低频电路也相应比较简单。

2.1.5 功率放大器与功率合成器

1. 对功率放大器的要求

发射机输出的射频信号,是由末级功率放大器提供的。发射机的主要电气指标,除了频率稳定度外,在很大程度上取决于末级功率放大器。

对末级功率放大器的主要要求是:它能提供足够的输出功率和具有较高的效率。

在器件所能承受的功耗已经确定的前提下,提高效率可以明显增大所能输出的功率。设末级使用晶体管,其集电极功耗为 P_c,输出功率为 $P_\sim$,直流电源所供给的直流功率为 P_0,则集电极的效率为

$$\eta_c = \frac{P_\sim}{P_0} = \frac{P_\sim}{P_\sim + P_c} \tag{2-5}$$

由式(2-5)可知:当 η_c 为 20% 时,$P_\sim = \frac{1}{4} P_c$;当 η_c 提高到 75% 时,$P_\sim = 3P_c$。由此可见,在集电极功耗限定不变的前提下,当 η_c 由 20% 提高到 75% 时,输出功率将增加 12 倍,从而有效地增大了系统的作用距离。

反之,在所需要的输出功率一定时,提高效率可以降低晶体管集电极的功耗和所消耗的直流功率。末级所消耗的电源功率远比其他各级多,提高末级效率对提高发射机的总效率具有明显意义。

除了应满足大功率和高效率的要求外,末级功率放大器还应具有较理想的选频特性,以尽可能降低谐波的输出电平。这主要取决于谐振回路的品质因数和精确调谐程度。

此外,末级所使用的晶体管或电子管所能承受的功耗应能满足要求,并在规定工作时间内的性能稳定,不应因温度变化而产生明显的频率漂移。

2. 输出电路与阻抗匹配

我们知道,在天线的形状、尺寸确定以后,随着工作频率的变化,天线所呈现的阻抗的数值和性质就会有很大的变化。作为发射机负载的天线阻抗的大幅度变化,势必会影响发射机输出级的工作状态和输出功率。对宽波段的发射机来说,这种影响尤为明显。因此,宽波段发射机的输出耦合电路往往比较复杂。

(1)负载特性。在末级功率放大器的器件固定、维持输入信号电压幅度、直流电源及偏置电源不变的条件下,增大负载阻抗 R_L 的数值,会使晶体管的工作状态由欠压状态逐渐转变为临界状态和过压状态。此时,集电极电流 i_c(在电子管中为阳极电流 i_a)脉冲的幅度和波形随之发生明显的变化,如图 2-9(a)所示。图 2-9 中,波形 1,2,3 分别为欠压、临界和过压状态下集电极电流脉冲和负载线。

对上述电流脉冲进行分解,可知其中的电流基波及直流分量幅度是随负载阻抗 R_L 改变而改变的,因而输出功率、效率以及集电极功耗等都随 R_L 变化而变化,这些就是所谓负载特性。图 2-9(b)所示为输出功率 $P_\sim$、集电极功耗 P_c、直流电源消耗功率 P_0 及集电极效率 η_c 随 R_L 变化的特性曲线。由图可见,输出功率在临界状态时最大,而效率则在弱过压状态时最高。

末级功率放大器通常工作在临界状态或微过压状态,中间放大级一般工作在弱过压状态。

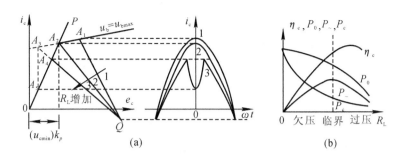

图 2-9　电流脉冲波形与负载特性

（a）负载变化时集电极电流脉冲波形的变化；（b）负载特性曲线

（2）输出电路与阻抗匹配。由上可知,高频功率放大器的等效负载阻抗直接影响功率放大器的输出功率和效率。末级功率放大器输出电路的作用是使末级功率放大器获得所需要的最佳阻抗,以向天线提供所需的射频功率,即达到阻抗匹配的目的。同时,输出电路应能准确地调谐在基波频率上,以在输出射频基波信号的同时,滤除工作频率以外的信号。对末级功率放大器而言,所谓阻抗匹配,就是在给定的电路条件下,电子器件能送出所需要的输出功率 $P_\sim$ 至负载,这就叫达到了匹配状态。

末级功率放大器与天线之间的输出电路,可以分为简单输出电路和复合输出电路两类。

简单输出电路是将实际负载天线直接接入末级功率放大器的集电极电路,成为并联谐振电路的一臂,如图 2-10(a)(b)(c) 所示。这些电路适用于天线等效电抗为电容性的天线。图中用 X_A 和 R_A 来表示天线的等效输入电抗和等效输入电阻。

图 2-10(a) 所示电路为自耦变压器耦合的简单输出电路,调节 L_1 可使输出电路准确谐振于基波频率;调节自耦变压器(改变电感 L_a 的滑动触点位置)即可使末级功率放大器达到阻抗匹配状态。自耦变压器耦合的简单输出电路适用于天线等效阻抗 Z_A 大于末级最佳匹配阻抗 Z 的情况。

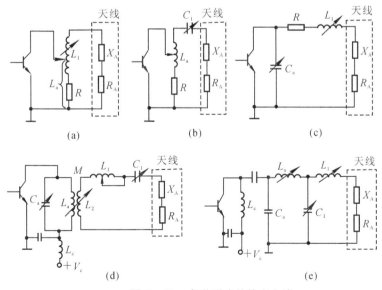

图 2-10　各种形式的输出电路

（a）自耦变压器耦合的简单输出电路；（b）接有缩短电容的自耦变压器耦合简单输出电路；

（c）电容耦合简单输出电路；（d）互感耦合复合输出电路；（e）电容耦合复合输出电路

图 2-10(b) 所示的电路仍采用自耦变压器耦合的方式,通过调节 L_a 的滑动臂实现末级阻抗匹配,但回路的调谐是通过调节电容 C_1 来实现的。因为调谐电容 C_1 与天线电抗 X_A 相串联的效果是减小了天线回路的等效电容 —— 相当于缩短了天线,所以也可以把调谐电容 C_1 称为缩短电容。

图 2-10(c) 所示的电路为电容耦合的简单输出电路。调节耦合电容 C_a 可使输出电路与末级功率放大器实现阻抗匹配;调节电感 L_1 则可保证输出电路谐振于基波频率。在图 2-10(b) 中,调谐元件为电容 C_1;在图 2-10(c) 中,调谐元件则为 L_1 和 C_a。

上述简单输出电路只有一个回路,其优点是电路简单,但当天线输入阻抗改变时,很难兼顾调谐、输出功率及效率等要求,只能用于一些要求不高的小型轻便发射机。

机载发送设备通常采用由两个或两个以上互感耦合的回路组成的复合输出电路。图 2-10(d) 所示为一种互感耦合的复合输出电路。直接接于输出级集电极的 L_a,C_a 初级回路可称为中介回路;包括天线输入阻抗在内的次级回路称为天线回路。C_a 为集电极电路的调谐元件;中介回路与天线回路通过 L_a,L_2 之间的互感耦合;L_1,C_1 为天线回路的调谐元件。图 2-10(e) 为另一种电容耦合的复合输出电路,也称 π 型输出电路。调节电感 L_a 可调谐中介回路;调节耦合电容 C_1 可改变耦合度;天线回路则通过 L_1 来调谐。此外,还有其他形式的输出电路。复合输出电路虽然比较复杂,但由于具有两个回路和多个调节元件,可以分别用于满足电路对调谐、耦合度、阻抗匹配及滤波等要求,因而可获得较理想的电气性能。

3. 功率合成器

由于晶体管等器件的功率尚难进一步提高,所以在有的现代发送设备中,当所需要的输出功率超过单个器件所能输出的功率时,就需要利用多个器件的输出功率相叠加的方法来满足设备对输出功率的要求,这就是功率合成。

功率合成电路由多个功率放大器和功率分配及功率合成电路组成。图 2-11 所示是一种功率合成器的电路方框图。设所需输出的功率为 35 W,但所用器件的输出功率只能达到 11 W。为此,先将放大器 A_2 所输出的信号(功率为 11 W)加至功率分配器(图中的棱形符号)P_{D1},得到两路功率均为 5 W 的相等功率信号输出。这两路信号分别经功率放大器 A_3,A_4 放大后,又由分配网络 P_{D2},P_{D3} 各自分成两路,再分别由 A_5,A_6 和 A_7,A_8 分别放大,共得到四路功率均为 11 W 的信号。此后,用 3 个功率合成网络将这四路信号逐次合成,最后得到功率为 35 W 的信号输至负载。

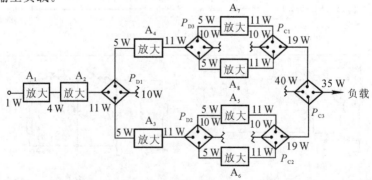

图 2-11 功率合成器的电路方框图

为了实现功率合成,各功率放大器应是互相隔离的。当一个放大器发生故障时,不应影响其他放大器的正常工作。各放大器应为同类型的,其输出振幅和功率应相等。

由上可知,利用功率合成电路,可以应用较小功率的功率放大器件获得较大的输出功率,但这是以一定的功率损耗为代价的,并且需要应用较多的器件。

2.2　调幅接收原理

本节以调幅接收机为例,说明无线电接收设备的基本组成、主要性能参数及整机电路的基本工作原理。

2.2.1　接收机的组成及基本工作原理

无线电接收设备的基本任务,是在接收端从无线电信号中提取系统所需的信息。

接收机可以分为高频、检波和低频三个基本组成部分。高频部分的首要任务,是从天线所接收到的各种高频信号和干扰中,选出本系统所需要的信号。由于信号往往很微弱,所以高频部分的第二个任务是对微弱的信号进行放大,以使检波器能正常工作。检波器(或其他类型接收机中的解调装置)的作用,是把高频信号变换成低频信号,即实现对已调高频信号的解调。低频部分用于放大低频信号,使其满足扬声器、耳机等终端器件或者信号处理电路的需要。

飞机无线电接收设备通常采用超外差接收电路。高频信号在超外差接收机中经过一次或两次变频,由中频放大器进行放大后再输往检波器,其灵敏度、选择性及抗干扰性等性能均比较优越。图 2-12 为两次变频的超外差接收机的电路方框图。下面结合图 2-12 说明超外差接收机主要电路的功用和工作原理。

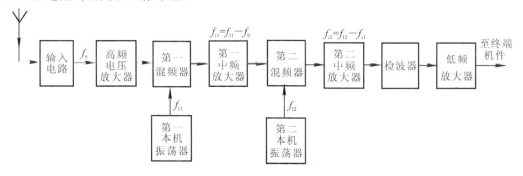

图 2-12　两次变频的超外差接收机的电路方框图

1. 输入电路

输入电路的主要任务是选取系统所需频率的有用信号,尽可能滤除其他频率的信号和噪声干扰。输入电路应具有较高的电压传输系数,并且应在整个工作波段内保持均匀。

不同用途、不同工作频率的接收机对输入电路的要求各有侧重,其电路形式也会有所区别。常见的输入电路有电感耦合、电容耦合和电感-电容耦合几种形式,如图 2-13 所示。

2. 高频放大器

除了某些工作频率极高(1 000 MHz 以上)的接收机外,超外差接收机通常设置一级或两级高频放大器。

高频放大器一般采用调谐于工作频率的谐振电路作为输入和输出电路,因此高频放大器在放大微弱的高频信号的同时,还有滤除镜像干扰和中频干扰的作用。

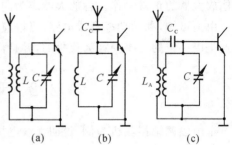

虽然高频放大器对信号具有放大作用,但设置高频放大器的主要目的不是为了提高整机的放大能力,而是着眼于提高接收机的输出信噪比。这是因为,接收机的第一级(以及第二级)对整机信噪比的影响最为直接、最为明显。而变频器所产生的噪声往往较大,所以在变频器之前设置一级或二级高频放大器,即使放大器对信号的放大倍数不是很高,但却可以明显地提高输至变频器

图 2-13 几种形式的输入电路

(a) 电感耦合; (b) 电容耦合; (c) 电感-电容耦合

的信号电平与变频器噪声电平的比值,从而明显地改善整机信噪比。因此,高频放大器件必须是本身噪声极小的低噪声器件,并且在电路设计上采用有利于降低噪声的措施,这是高频放大器的明显特点。

设置高频放大器可以在变频之前滤除相当多的干扰信号和噪声,也有利于降低变频噪声和减少组合干扰。此外,还可以防止本机振荡信号从接收天线辐射出去,干扰机上其他接收设备。

3. 变频

(1) 变频电路的作用。变频就是在保持原信号调制规律的前提下降低或者增高载频的频率,即实现所谓频率搬移。在超外差式接收机中,通常是将所接收的高频信号的频率变换为较低频率的中频信号,但也有一些设备需要增高所接收的高频信号的频率,如有的自动定向机和单边带接收机。

变频的基本方法是把高频信号 f_0 与本机振荡信号 f_1 在非线性混频器中相混频,再利用选频回路选出其差频 $f_0 - f_1$ 或者和频 $f_0 + f_1$。

变频器由本机振荡器、非线性元件及选频回路等组成,如图 2-14 所示。其中非线性元件及其回路合称混频器。

采用变频的方案,可以有效地提高接收机的灵敏度和邻道选择性。这是超外差接收机的突出优点,也正是其特点。因为接收机中频较低且为固定值,所以中频放大比高频放大更容易获得高的增益,有利于整机灵敏度的提高。同时,中频较低,其通频带相对较窄,又可以用较复杂的回路

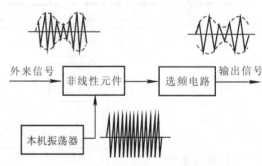

图 2-14 变频器电路方框图

系统或滤波器来获得比较理想的矩形频率特性,从而使接收机具有较好的邻道选择性。因此,采用变频方案对提高接收机的性能是很有必要的。

(2) 变频原理。我们先来分析一下差拍现象的形成过程。

把两个频率分别为 f_1 和 f_2 的高频等幅振荡(注意:这里是未经调幅的等幅振荡)u_1 和 u_2 叠加时,会得到一个振幅随时间变化的合成电压 u_Σ,如图 2-15 所示。合成电压的瞬时值是两电压 u_1,u_2 之和,由于 u_1,u_2 的频率不同,所以在随时间变化的过程中,两者的相位关系是在不

断变化的,有时同相,有时反相。正是由于两者相
对相位的不断变化,使得它们在不同时刻所叠加
得到的合成电压幅度也随时间而变化。同相时,
合成电压的振幅最大,$u_{\Sigma max} = u_{1m} + u_{2m}$;相差为
一定角度时,合成电压的振幅减小;反相时,合成
电压的振幅最小,$u_{\Sigma min} = u_{1m} - u_{2m}$。这样,合成电
压 u_{Σ} 的振幅随时间作周期性的变化。其包络的
频率为两个高频振荡的频率之差,即

$$f_d = f_1 - f_2 \qquad (2-6)$$

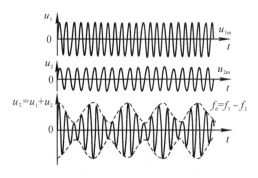

图 2-15 差拍的形成

式中,f_d——差拍频率,简称差频。在超外差接收
机中,由于差频通常是低于输入高频信号的频率,
所以称为中频,常以符号 f_i 来表示。

由差拍现象可知,只要使机内产生的本机振荡
信号的频率 f_1 与接收信号的频率 f_0 相差一个中频
f_i,就可以使两者合成电压的振幅随中频变化,如
图 2-16 所示。图 2-16(a) 所示为输入的调幅信号
u_0,其载频为 f_0,调制频率为 F;图 2-16(b) 所示为
等幅的本机振荡信号 u_1,其频率为 f_1(图中 $f_1 > f_0$;
$f_1 - f_0 = f_i$)。两者的合成电压波形如图 2-16(c)
所示。由图可见,合成电压的振幅除了随差拍频
率 $f_i = f_1 - f_0$ 周期性地变化外[图 2-16(c) 中的
点虚线],还保持了输入高频信号的幅度变化规
律——随信号调制频率 F 变化[2-16(c) 中的
线虚线]。

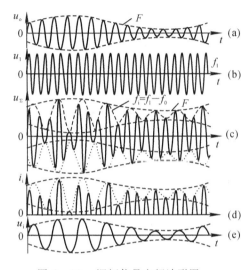

图 2-16 调幅信号变频波形图

将这一合成电压加到一个非线性元件——混频二极管的两端,即可得如图 2-16(d) 所示
的高频脉冲信号,其振幅变化保持了图 2-16(c) 所示的规律。这就是变频中的非线性过程。
没有这一非线性过程,是不可能实现频率搬移的任务的。经过混频二极管(或其他非线性元
件)的非线性变换后,下面的任务只是利用谐振于中频频率 f_i 的选频电路来选出中频信号,同
时滤除 $f_1、f_0$ 及其他频率成分。选频电路所输出的中频信号如图 2-16(e) 所示。与图 2-
16(a) 中的输入高频调幅信号相对照可见,它保持了输入信号的调制规律,只是载频由高频 f_0
变为较低的中频 f_i,即实现了频率搬移。

在接收等幅报信号时所采用的差拍检波法与上述过程相似,在此一并加以简略说明。等
幅报信号直接经检波所得到的直流脉冲信号,如图 2-17(b) 所示。这种直流脉冲信号在扬声
器或耳机中只能发出"喀、喀"的声音,是无法辨明电码的点、划的。为此,根据上述差拍原理,
在检波器之前设置一个差拍振荡器[见图 2-17(c)],使它所产生的振荡频率 f_d 与等幅报信号
频率 f_i(已变换为中频信号)相差一个音频($f_i - f_d = F$)。这样,两者叠加后在等幅报的点、划
期内即可得到幅度随两者差频(这里差频为音频 F)而变化的合成电压。合成电压经检波后,
即可在耳机中听到音频点、划信号发出的声音。调节差拍振荡频率 f_d,即可改变所产生的差
频 F 的频率,以适应不同收听者的需要。

（3）中频选择。中频数值的高低对接收机的性能有明显的影响。从有利于提高中频放大器最大稳定放大倍数的角度出发,应该选择较低的中频。同时,选择较低的中频可以使中频电路的通频带（亦即整机的通频带）较窄,有利于提高接收机抑制邻道干扰的能力。但是,由于镜像干扰频率与所需工作频率相距两倍中频,所以选择低中频对抑制镜像干扰是不利的,如图2-18（a）所示。

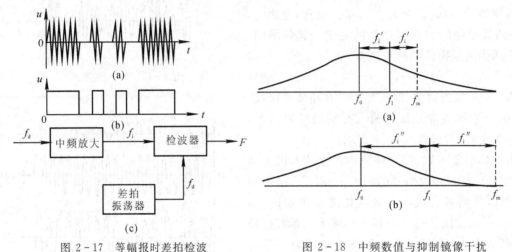

图 2-17 等幅报时差拍检波
（a）中频等幅报信号；（b）直接检波输出；
（c）差拍检波电路图

图 2-18 中频数值与抑制镜像干扰
（a）低中频抑制镜像干扰能力差；（b）高中频抑制镜像干扰能力好

选择较高的中频,有利于输入回路和高频放大器抑制镜像干扰。但中频的增高使中频通带增宽,从而使整机选择性降低,减弱了对邻道干扰的抑制能力。同时,中频放大器所能提供的最大稳定放大倍数也可能会低一些。选择中频时,注意应使中频数值在接收机的波段范围以外,以免对频率与中频接近的信号造成中频干扰。

综上所述,应根据接收机的工作频率范围,综合考虑通频带和抑制镜像干扰的能力,来折中选择中频的数值。通常,中短波接收机选用的中频数值为数百千赫兹,例如广播接收机的中频为 465 kHz；甚高频接收机及频率更高的接收机所选用的中频则通常为数十兆赫,例如广播接收机的中频为10.5 MHz,24 MHz,30 MHz,60 MHz,等等。

（4）两次变频。在采用两次变频方案的接收机中（见图2-12）,所接收的高频信号在第一混频器中与第一本机振荡信号混频,由第一中频放大器选出第一中频信号并进行放大。为了进一步降低信号的频率,将第一中频信号与第二本机振荡信号在第二混频器中混频,由第二中频放大器的调谐回路选取出第二中频信号。高频信号经过这样的两次变频、放大后,再输至检波器进行检波。

当前使用的大多数机载无线电接收机都采用这种两次变频方案。采用两次变频方案,就不必再兼顾接收机抑制邻道干扰和抑制镜像干扰能力。选用较高的第一中频,可以使接收机具有较理想的抑制镜像干扰能力；第一中频信号与第二本机振荡信号混频所产生的第二中频信号较低,又保证了接收机抑制邻道干扰的能力,并使第二中频放大器易于提供较高的增益。

（5）混频器。混频器有晶体管混频器、二极管混频器和场效应管混频器等几种。旧式接收设备中应用电子管作为混频器件,如三极管混频器、五极管混频器等。

晶体管混频器在变换信号频率的同时,可以提供一定的增益,其缺点是噪声较大,动态范围小。

目前较为常用的是二极管混频器。不少机载设备中都应用由两个对称的二极管组成的平衡混频器,其原理电路如图 2-19(a)所示。二极管平衡混频器具有噪声小、动态范围大及组合频率小等优点,其不足是变频增益小于 1,且对电路对称性的要求比较严格。此外,也可用二极管组成单管混频器(单端混频器)。由 4 个二极管组成的环形混频器比由两个二极管组成的平衡混频器可以更进一步抑制一些非线性组合信号,因而应用也较广泛。其电路原理如图 2-19(b)所示。

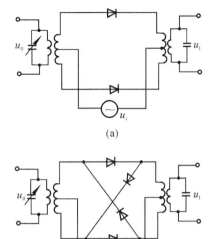

图 2-19　平衡混频器与环形混频器
(a)平衡混频器;　(b)环形混频器

4. 中频放大器

超外差接收机所需的整机增益,主要由中频放大器提供,因此可以说,接收机的灵敏度在很大程度上取决于中频放大器的放大能力。在采用两次变频方案的接收机中,主要依靠第二中频放大器来获得所需的增益。为了获得高达几十万倍或者更高的放大能力,中频放大器总是多级运用的,一般为几级,有的则可以多达十几级。

中频放大器的增益及通带直接影响接收机的灵敏度及选择性等性能指标。

中频放大器可以采用固定调谐于中频频率的谐振电路作为负载,也可以采用参差调谐的方式,以获得足够宽的通频带。前面已介绍过,接收机的选择性取决于中频放大器的频率特性。当中频放大器具有较窄的接近矩形的频率特性时,接收机可以获得较为理想的抑制邻道干扰能力。当然,中频放大器通频带宽度也不可过窄,应满足信号传输的要求。

为了满足接收机动态范围的要求,中频放大器的增益往往是可以控制和调节的。利用控制面板上的增益调节旋钮可以人工调节接收机的增益,而中频放大器增益的自动控制通常是采用自动增益控制电路或对数中频放大电路来实现的。

5. 检波与低频放大电路

调幅接收机的检波电路一般比较简单。二极管检波器是最常用的检波电路。检波器输出的低频信号经低频电压放大和低频功率放大后,向终端负载提供足够的信号功率。低频放大电路的通频带应该满足不失真传输信号的要求。通频带的具体宽度,视接收机的用途不同而异。

2.2.2　接收机的主要性能指标

接收机的性能指标,从电气方面来说,主要指的是灵敏度、选择性、保真度及频率准确度等。

1. 灵敏度

灵敏度表示接收机接收弱信号的能力,它直接影响系统的作用距离。在接收机输出端的信噪比维持所需数值的条件下,接收机输出标准功率所需的天线输入端的最小电动势称为接收机的灵敏度。

显然,放大倍数直接影响接收弱信号的能力,但是,噪声总是伴随着弱信号同时出现的。接收机中的有源器件和其他器件也都会产生一定的噪声功率。因此,在外来信号被放大的同时,噪声也同样得到了放大。所以,只有在维持接收机输出端信噪比为所需数值的前提下,提高接收机的放大能力才是有实际意义的。

机载接收机的灵敏度一般为 1 μV 至数十微伏。

有的接收机用"最小可检测信号功率(MDS)"来表示检测弱信号的能力,其常用的单位是 dB·mW(分贝毫瓦)。例如,某接收机的 MDS 为-110 dB·mW,表示该接收机所能够检测的最小信号功率,相当于 1 mW 的额定功率衰减 110 dB。

2. 选择性

选择性表示接收机选择所需信号抑制其他信号及干扰的能力。

前面已介绍过,接收机的邻道选择性基本上取决于中频放大器的通频带宽度,而对镜像干扰的抑制能力则取决于高频电路。选择性可以用选择性曲线来表示,但在一般技术文件中通常只需给出指定频率偏移处的衰减分贝数,即可定量地表明接收机的选择性。例如,某接收机的选择性为±15 kHz,6 dB;±31.5 kHz,60 dB,这表明对偏离工作频率±15 kHz 的干扰信号来说,其信号电平要增加到工作频率信号的 6 dB 才能得到和工作信号同样的标准功率输出;而当偏离工作频率±31.5 kHz 时,则需增加到 60 dB。

3. 保真度

保真度表示接收机输出端的低频信号波形与接收机输入端高频信号的调制信号波形的相似程度。反过来,也可用失真度来表示接收机的这种性能。

从频谱分析可知,接收机的通带宽度直接影响信号的失真程度。接收机的通频带较宽时,所能通过的信号谐波分量较多,失真较小;通频带过窄则被滤除的信号谐波分量太多,信号波形失真就较明显。为了避免信号失真,中频放大器和低频放大器应分别有足够宽的中频通带和低频通带,且在通带内具有较为平坦的幅频特性。

4. 频率准确度与稳定度

频率准确度与稳定度的含义与发射机相同。

接收机的频率准确度主要取决于本机振荡器的频率准确度。稳定度则取决于本机振荡器的频率稳定度。

5. 其他要求

对接收机的其他要求还有输出电平、输出信号形式及使用简便性、自动化程度、电源功耗、体积、质量等等。

2.2.3 跟踪与波段划分

1. 统一调谐与三点跟踪

在工作于一定波段的超外差接收机中,当工作频率改变时,需要同时改变输入回路、高频放大器谐振回路和本机振荡的频率。为了使用方便,通常都是采用同轴的可变电容器对上述各谐振回路进行统一调谐的,如图 2-20 所示。

在统一调谐中,本机振荡频率应能随所需的工作频率一同增减,并应能保持与工作频率(即高频放大器的频率)相差一个固定的中频,这就是统一调谐中的跟踪。

当本振回路采用与高频回路相同容量的可
变电容器调谐时,不采取其他措施是不能实现
波段跟踪的。例如,设某波段的最高频率 $f_{\max}$
为 1 500 kHz,最低频率 $f_{\min}$ 为 500 kHz,且设
中频为 465 kHz,则波段覆盖系数为

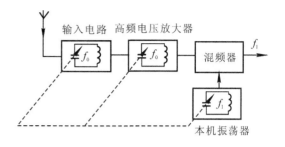

图 2 - 20 　超外差接收机中的统一调谐

$$K_{\mathrm{d}} = \frac{f_{\max}}{f_{\min}} = \frac{\dfrac{1}{2\sqrt{L_0 C_{\min}}}}{\dfrac{1}{2\sqrt{L_0 C_{\max}}}} = \sqrt{\frac{C_{\max}}{C_{\min}}} = 3$$

这样,如果使本振频率在最低频率端恰好
比高频回路频率高一个中频,即

$$f_{\mathrm{l,min}} = 500 \text{ kHz} + 465 \text{ kHz} = 965 \text{ kHz}$$

那么,当电容调至最小值 $C_{\min}$ 时,最高本振频率 $f_{\mathrm{l.max}} = 965 \text{ kHz} \times 3 = 2\,895 \text{ kHz}$。因此,
在波段的高频端两者频率之差为 2 895 kHz $-$ 1 500 kHz $=$ 1 395 kHz,而不是所希望的 465
kHz。这种情况如图 2 - 21(a)所示。图中,实线 1 为电容变化时高频回路频率 f_0 的变化情
况;虚线 2 表示实现理想跟踪时本振频率 f_1 应具有的变化规律——它应是与实线 1 相平行的;
而实线 3 则表示实际的本振频率 f_1' 的变化情况。由图 2 - 21 可见,此时只能在低频端实现一
点跟踪,而在高频端存在较大的偏差。反之,若使本振频率在高频端恰好与高频回路相差一个
中频,则在低频端又会相差较大的数值,也不能实现跟踪,这种情况如图 2 - 21(b)中的 f_1''
所示。

目前,实现波段跟踪的方法是在本振回路中串联容量较大的垫补电容 C_{p} 和并联容量较小
的修整电容 C_{t},以在最低频率、最高频率和中间频率上实现三点跟踪来基本满足统调的要求,
其原理电路如图2 - 22(a)所示。图 2 - 22(b)中的 S 形曲线 ABC 是采用上述措施后本振频率
的变化曲线,可见它与理想的直线 ABC 的偏差在整个波段内都比较小。

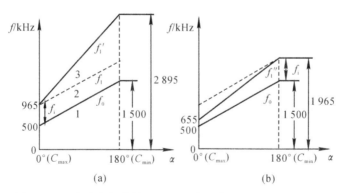

图 2 - 21 　电容与频率关系(α 为可变电容器的极片旋转角度)
(a) 选择本振回路电容在低端跟踪; 　(b) 选择本振回路电容在高端跟踪

选择本振回路的电感 L_1,使本振频率与信号频率在波段中间频率上相差一个中频。若不
考虑 C_{p} 和 C_{t} 的作用,此时本振频率的变化将如图 2 - 22(b)中的虚线 1 所示。可见,在高频端
和在低频端,本振频率偏离理想跟踪频率(虚线 2)的数值均比图 2 - 21 所示的情况要小。随着
频率的升高,调谐电容的容量变小,与它串联的大电容 C_{p} 的作用可以忽略不计,但与之并联的

小容量修整电容 C_t 的作用却逐渐明显。它的作用是使本振频率比没有 C_t 时的变化降低。只要 C_t 的数值选择恰当，就可以在高频端[图 2-22(b) 中的 C 处]实现跟踪。与此相似，在低频端调谐电容的容量较大，所并联的小电容 C_t 可以忽略不计，但串联的大容量垫补电容 C_p 使总容量减小，因而本振频率的变化曲线要比没有垫补电容时的虚线 1 抬高，同样也可以在低频端[图 2-22(b) 中的 A 处]实现跟踪。

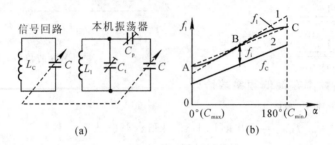

图 2-22 三点跟踪

(a) 三点跟踪电路； (b) 本振频率的变化曲线

观察图中的曲线 ABC，可知采取上述措施可以实现三点跟踪，且使波段内的跟踪偏差减小。

2. 波段划分

由上可知，在波段中除了跟踪点外，在其他点上都存在一定的跟踪偏差，波段覆盖系数 K_d 越大，偏差越大。因此宽波段接收机总是划分为若干较窄的分波段，以减小整个波段内的跟踪偏差。使用较小的波段覆盖系数，也有利于本振输出幅度的稳定。对于高频放大器来说，则可以使波段内谐振放大倍数的差别缩小。

分波段的更换，是通过更换输入回路、高频电压放大器谐振回路和本机振荡回路中的电感来实现的，如图 2-23 所示。

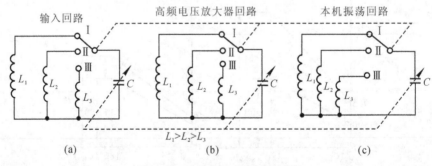

图 2-23 接收机中的波段转换

接收机由频率较低的分波段转换到频率较高的分波段时，由于线圈电感减小，回路谐振阻抗变小，因而会使谐振放大倍数普遍减小，导致整个波段放大倍数相差悬殊。图 2-24(a) 所示为直接耦合放大器的放大倍数在各分波段内的变化情况。对于变压器耦合的高频放大器，可以在改变电感线圈的同时改变变压器初、次级间的耦合松紧程度，使各波段放大倍数趋于平稳，如图 2-24(b) 所示。

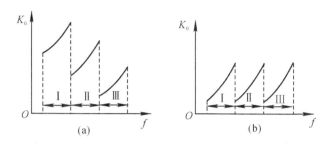

图 2 - 24　分波段中的放大倍数

（a）直接耦合；　（b）变压器耦合

2.2.4　自动增益控制

1. 基本原理

由于信号传播条件的改变(例如电离层的衰落)以及传播距离等因素的变化,或者由于信号源本身功率的不同,接收机所接收的信号的强弱相差甚为悬殊。这就使得接收机的输出也随之大幅度起落,甚至出现过载饱和或不能正常接收等现象。为了使接收机输出尽量平稳,接收机中通常采取自动增益控制电路(简称 AGC)来控制接收机的增益。

自动增益控制电路的基本工作原理,是根据接收机中频放大器的输出电平的高低来自动调节高、中频电路的增益,使接收机在输入信号很强时的增益减小,而在输入信号较弱时的增益较大(接收机保持最高增益),从而保持接收机输出电平的稳定。

实现自动增益控制的方法,是在接收机中设法获得一个随外来信号强度变化的直流电压(或电流),然后再用这个电压或电流去控制有关受控级的增益。

2. 电路形式

接收机所采用的自动增益控制电路的形式,取决于所要求的自动增益控制的完善程度。

(1) 简单自动增益控制电路。简单自动增益控制电路如图 2 - 25 所示。接收机检波器输出的电压中除包含信号低频分量外,还包含有直流分量,这一直流分量是与检波器输入的中频信号的振幅成正比的。在检波器的输出端接入一个 RC 低通滤波器,即可将所获得的 AGC 控制电压——检波直流分量输至受控级。

这种简单自动增益控制电路,一有信号输入时即产生自动增益控制电压输出,使接收机的增益减小。简单自动增益控制电路的控制特性如图 2 - 26 所示。

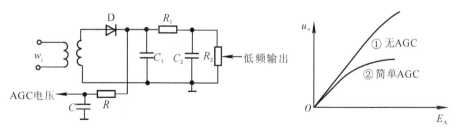

图 2 - 25　简单自动增益控制电路　　　　图 2 - 26　简单 AGC 的控制特性

简单自动增益控制电路在接收弱信号时也输出 AGC 控制电压,使增益减小,降低了接收机的灵敏度,这是其明显缺点。

(2)延迟自动增益控制。延迟自动增益控制电路只在信号大于一定电平后才输出 AGC 电压去减小接收机的增益,而在输入信号较小时不起控制作用,因而克服了上述简单自动增益控制电路的缺点。其控制特性如图 2-27 所示,图中 E_{AO} 为延迟式 AGC 开始起作用时的天线输入信号电压。

延迟自动增益控制电路如图 2-28 所示。自动增益控制检波器 D 是专用的。为了实现延迟控制,在检波器 D 的两端加有一个负的直流电压——延迟电压。这样,在输入信号较弱时,中频放大器的输出不能使增益控制检波器 D 导通,因而接收机保持原有的高增益;在天线上的输入信号超过一定电压 E_{AO} 后,中频放大器的输出即超过所加的延迟电压而使检波器 D 工作,从而产生自动增益控制电压降低接收机的增益,达到稳定接收机输出的目的。

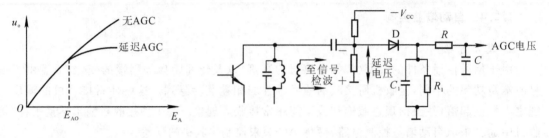

图 2-27　延迟式 AGC 特性曲线　　　　图 2-28　延迟式 AGC 电路

(3) 延迟放大式自动增益控制。在较为完善的自动增益控制电路中,往往在检波器之后加有直流放大器,或者在 AGC 检波之前增加专用的 AGC 中频放大器,以提高自动增益电路的控制能力,其电路方框图如图 2-29 所示。

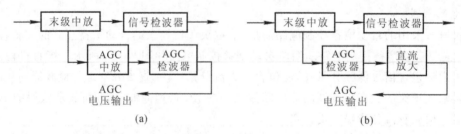

(a)　　　　　　　　　　　　　　(b)

图 2-29　延迟放大式 AGC 电路方框图

(a) 检波前放大电路;　(b) 检波后放大电路

3. 自动增益的控制方式

在接收机中,自动增益控制电路通常是控制中频放大器的增益,也可以同时控制高频放大器及变频级。增益控制电压对受控级增益的常用控制方式有以下几种。

(1) 反向自动增益控制 ——I_e 控制法。图 2-30 所示为目前应用较多的一种反向增益控制电路。自动增益控制电路产生的正极性 AGC 电压,加到受控级的基极,以控制发射极电流 I_e。当外来信号增强时,正的 AGC 控制电压加大,受控级的基极-发射极正向偏置减小,使 I_e 减小;反之,当信号减弱时,AGC 电压也减小,从而使 I_e 加大,达到控制增益的目的。

由于当 AGC 电压增大时,受控级的发射极电流 I_e 减小,因此把这种控制方式称为反向自动增益控制。

（2）正向自动增益控制——V_{ce} 控制法。和反向自动增益控制电路不同的是,正向自动增益控制电路加到受控级基极的 AGC 控制电压是负极性的。这样,当输入信号增强时,负极性的 AGC 电压(的绝对值)增大,使受控级的基极-发射极正向偏置加大,发射极电流 I_e 随之增大,因而称为正向自动增益控制,其电路如图 2-31 所示。

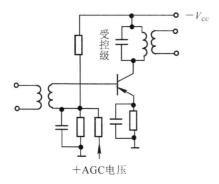

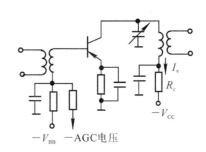

图 2-30　反向自动增益控制　　　　　　图 2-31　正向自动增益控制

由于在集电极电路中串接了一个阻值为几千欧至 10 kΩ 的大电阻 R_c,所以当 I_e 随外来信号的增强而增大时,晶体管的集电极与发射极之间的电压 V_{ce} 反而减小,从而使受控级的增益降低。反之,当外来信号减弱时,负 AGC 电压减小,基极与发射极之间的正向偏置减小,所以 I_e 减小,此时 V_{ce} 增大,使受控级的增益提高。

（3）阻尼二极管 AGC 电路。图 2-32 所示为一种阻尼二极管 AGC 电路。放大器为前面所介绍的反向 AGC 电路,正极性的 AGC 电压加至其基极;阻尼二极管 D 以及 R_1,R_2,R_3 等用于控制 T_1 的负载阻抗,从而实现对 T_1 增益的控制。

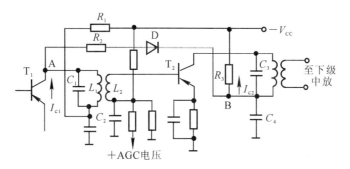

图 2-32　阻尼二极管 AGC 控制电路

以下说明 AGC 电压在控制 T_2 增益的同时,对 T_1 增益的控制原理。当外来信号很小时,正确选择 R_1,R_2 等元件数值,可使 $I_{c1}R_1 < I_{c2}R_3$。于是,B 点电位高于 A 点电位,二极管处于反偏状态,呈现很高的阻抗,因而对 T_1 没有影响。当外来信号增大时,如前所述,反向 AGC 控制使 T_2 的集电极电流 I_{c2} 减小,致使 B 点电位低于 A 点电位,阻尼二极管阻抗减小,对 T_1 的集电极电路呈现旁路作用。当外来信号很强时,二极管导通,其正向电阻与 R_2 相串联,并联于 T_1 的回路两端,使其等效 Q 值大大下降,从而使 T_1 放大器的增益随着信号的增强而下降,实现了自动增益控制。

（4）改变级间耦合度的二极管 AGC 电路。这种电路的基本原理是用 AGC 电压来控制级间耦合电路的分压比，以使输入信号增大时，输往后级的信号强度基本稳定，实现使接收机输出保持稳定的目的。

分压系数可控的分压电路，由二极管与电阻等组成。图 2－33 所示为两种常见的电路形式。

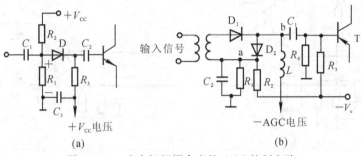

(a)   (b)

图 2－33　改变级间耦合度的 AGC 控制电路

图 2－33(a) 所示为由二极管 D 和电阻 R_3 组成的受控可变分压器。当信号很弱时。AGC 电压几乎等于零。此时电源 V_{cc} 在 R_1 上产生的固定电压使二极管 D 处于正偏状态，信号顺利通过耦合电容 C_1，C_2 正常加至受控级基极。当信号增强时，正极性的 AGC 电压增大，使二极管处于反偏状态，其交流阻抗明显增大，因而 D，R_3 分压器对输入信号的衰减显著增大，实现了增益的自动控制。

也可以用两个二极管来组成受控可变分压器，其电路如图 2－33(b) 所示。负极性的 AGC 控制电压的变化范围为 $-V_e \sim 0$，无信号时的 AGC 电压为 $-V_e$。信号很弱时，AGC 电压接近于 $-V_e$，通过扼流圈 L 加至 b 点；而 a 点电位由电源电压 $-V_e$ 经 R_1，R_2 分压，所以高于 b 点电位。可见，此时 D_1 处于正偏状态，交流阻抗小；而 D_2 处于反偏状态，交流阻抗最大。因此，弱信号可顺利通过由 D_1，D_2 等组成的分压器输往后级的基极放大。当外来信号增强时，AGC 电压逐渐由 $-V_e$ 增大至 0，使得 D_1 的正偏逐渐减小，交流阻抗随之增大；与此同时，D_2 的反偏也逐渐减小，甚至转为正偏，其交流阻抗随之减小。因此，由 D_1，D_2 组成的受控可变分压器对输入信号的衰减量随信号增大而增大，使加到后级 T 的基极的信号电压能基本保持稳定，从而实现自动增益控制。

2.2.5　对数中频放大器

输出电压 u_o 与输入电压 u_i 的对数成正比的放大器称为对数放大器。

对数中频放大器是一种机载接收设备常用的中频放大器。和自动增益控制电路相同，它是自动地根据中频放大器的输入信号的幅度状况来控制放大器的增益的。

1. 对数放大器的功用

由于飞机的活动范围大、距离变化迅速，飞机飞经不同地区时气象状况及地形条件的不同也会对信号的传播产生明显的影响，致使机载无线电设备所接收到的信号的幅度会在很大的范围内变动。另一方面，对于雷达等依靠目标反射电磁波而工作的无线电设备来说，由于气象目标、地面目标的性质和反射能力差别很大，更会使所接收到的信号能量差别悬殊。为了使接收机具有较强的检测远距离弱信号的能力，其中频放大器必须具有较高的增益。在这种情况下,当输入信号的幅度超过某一数值之后再继续增大时,中频放大器的输出非但不再继续增大,反而会减小甚至导致接收机不能正常输出,这就是接收机的"过载"现象。

发生过载现象的原因,是由于输至中频放大器后几级的信号过强,造成了集电极和基极电流严重饱和。当发生过载时,不仅该强信号不能正常输出,还会使得该信号之后一段时间内的弱信号不能通过中频放大器,即强信号使接收机短暂阻塞。

当输入信号的动态范围很大时,采用对数中频放大器可以有效地防止发生过载现象,以保证接收机既具有对弱信号的高度放大能力,又能使强信号正常通过。

2. 对数中频放大器的特性

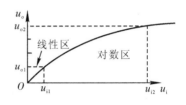

图 2 - 34　对数放大器的特性

一般实际的对数放大器是线性-对数放大器,即在小信号区内放大器的特性是线性的 —— 输出信号 u_o 随 u_i 的增大而线性地增大,而在强信号区内则呈现对数特性 —— 输出按输入信号的对数关系增加。线性-对数放大器的特性可用图 2 - 34 表示。图中,u_{i1} 为放大器线性与对数特性的转折点,即对数段的起点;u_{i2} 为对数段的终点。

由图 2 - 34 可见,在线性区($0 \sim u_{i1}$)内,放大器呈线性特性,u_o 与 u_i 成比例增长,即

$$u_o = Ku_i \tag{2-7}$$

式中,K—— 放大器的线性放大倍数,它保证了接收机对弱信号的放大能力。

在对数区($u_{i1} \sim u_{i2}$)内,u_o 是按 u_i 的对数关系增长的。

2.3　频率合成器

现代飞机无线电设备除了应具有足够高的频率稳定度和准确度外,不少设备还要求能在相当宽的频带范围内迅速、方便地转换工作频率。应用频率合成技术可以很好地实现上述要求。

我们知道,石英晶体振荡器具有很高的频率稳定度和准确度,在各类无线电设备中早有应用。但是,石英晶体振荡器改换频率很不方便,只宜工作于单一固定频率的设备中应用。与此相反,LC 振荡器可以方便地改变工作频率,但其频率稳定度和准确度很难达到较高的量级,因而难以满足现代无线电设备的要求。频率合成,就是设法把石英晶体振荡器的频率稳定度、准确度高的优点和 LC 振荡器改变工作频率方便的优点结合起来,利用合成的方法,形成高稳定度的频段信号源。

频率合成的基本方法,可以归纳为直接合成法和间接合成法两类。

2.3.1　直接合成法

1. 基本原理

直接合成法是利用一个或多个晶体振荡器的振荡频率作为基准频率,由这些基准频率产生一系列谐波,然后利用混频器对这些基准频率和谐波中的两个或两个以上的频率进行和差组合,再通过滤波等处理,获得所需的众多新频率。所产生的组合频率,具有与晶体振荡器同样的频率稳定度和准确度。

实现直接频率合成的主要方法,有相干式直接合成、非相干式直接合成及外差补偿法等几种。

所谓相干式直接合成,是指只用一块晶体作为标准频率源,而利用谐波发生器来产生混频所需的基准频率,因而用来混频的两个基准频率彼此之间是相关的。非相干式直接合成则是用多个晶体产生基准频率,因而用于混频的两个基准频率是相互独立、互不相干的。外差补偿法是利用外差原理来消除可变振荡器的频率漂移,又称频率漂移抵消法。

以下以相干式直接合成为例来说明直接合成的工作原理。

2. 相干式直接合成

相干式直接合成器由晶体振荡器、谐波发生器、混频器、滤波器、分频器和开关等组成,图 2-35 所示为这种合成器的一个实例。

图 2-35 所示的电路可提供的频率范围为 3 ~ 3.999 9 MHz,频率间隔为 0.000 1 MHz,共可提供 10^4 个稳定频率。因为有四位频率需要选择,所以需用 4 组十进制开关和 4 组相似的分频、混频、滤波电路。其中,D 组用来确定十分位频率;C 组用来确定百分位频率;B 组和 A 组分别用来确定千分位和万分位频率。

设所需输出的频率为 3.450 9 MHz,则开关 D,C,B,A 应分别置于 4,5,0,9。开关 A 在位置 9,所选取的谐波频率为 3.6 MHz,加至 A 组混频器;加到该分频器的另一基准频率是固定的 0.3 MHz(由 3 MHz 经 10 分频而得到)。这样,A 组混频器进行相加混频,由滤波器选出 3.9 MHz 的信号,输往第二个(B 组)10 分频器。B,C,D 三组的电路结构和工作过程与 A 组完全相同,只是开关位置不同。所选取的谐波频率分别为 2.7 MHz,3.2 MHz,3.1 MHz,因而混频输出的频率不同,各组混频及分频所得到的具体频率,如图 2-35 所示。最后,由 D 组滤波输出的频率即为 3.450 9 MHz。

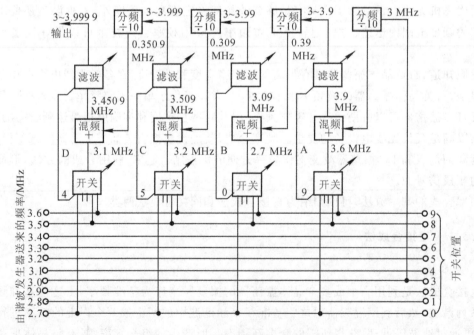

图 2-35　相干式直接合成器举例

可见,改变四组开关的位置,即可方便地改变所输出的频率,而所输出的每一个频率的稳定度和准确度都和晶体基准振荡器相同,达到了频率合成的目的。

这类直接合成法虽然具有输出频率稳定可靠等优点,但显而易见,电路需使用较多的混频器、分频器及滤波器,因而体积较大,成本较高,且使用较多的混频器容易影响频率的稳定度。所以目前应用最广泛的是间接合成法。

3. 非相干式频率合成

非相干式频率合成用多个石英晶体产生基准频率,产生混频的两个基频相互之间独立,如图 2 - 36 所示。

图中 f_1 和 f_2 为两个石英晶体振荡器的频率,f_1 可以从 5.000 ~ 5.009 MHz 这 10 个频率中任选一个,f_2 可以从 6.00 ~ 6.09 MHz 这 10 个频率中任选一个。所选出的两个频率在混频器中相加,通过带通滤波器取出合成频率。

4. 直接数字频率合成(DDS)

DDS 技术是一种先进的波形产生技术,已经在实际中获得广泛应用。DDS 基本结构如图 2 - 37 所示。

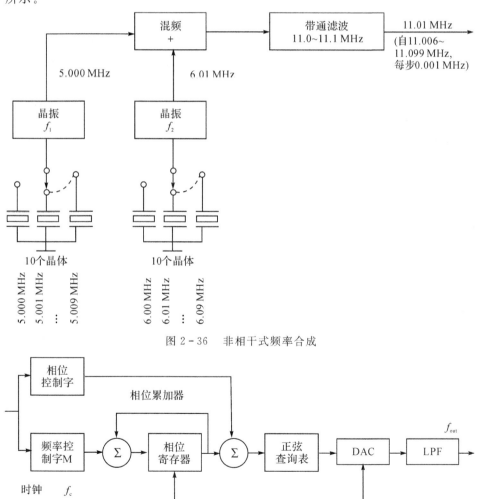

图 2 - 36　非相干式频率合成

图 2 - 37　DDS 基本框图

DDS 工作过程可简单描述为：

（1）将存于数表中的数字波形经数模转换器 D/A，形成模拟量波形。

（2）两种方法可以改变输出信号的频率：① 改变查表寻址的时钟 CLOCK 的频率，可以改变输出波形的频率。② 改变寻址的步长来改变输出信号的频率，DDS 即采用此法。步长即为对数字波形查表的相位增量，由累加器对相位增量进行累加，累加器的值作为查表地址。

（3）D/A 输出的阶梯形波形，经低通（带通）滤波，成为质量符合需要的模拟波形。

DDS 具有输出频率相对带宽较宽，频率转换时间短，频率分辨率极高，相位变化连续，输出波形灵活等优点，由于 DDS 中所有部件大都属于数字电路，易于集成，功耗低，体积小，可靠性高，且易于程控，因此性价比极高。但同时也具有一定的局限性，由于 DDS 内部 DAC 和波形存储器（ROM）的工作速度限制，使得 DDS 输出的最高频有限；DDS 采用全数字结构，不可避免的引入了杂散，其来源主要有三个：相位累加器相位舍位误差造成的杂散、幅度量化误差（由存储器有限字长引起）造成的杂散和 DAC 非理想特性造成的杂散。

2.3.2 间接合成法

1. 基本原理

间接合成法是利用闭合的锁相环路来稳频的。合成器以一个频率为 f_0 的晶体振荡器作为频率基准，用一个可变频率振荡器 —— 通常是压控振荡器（VCO）提供输出频率，由鉴相器等组成闭合环路来稳定压控振荡器的振荡频率。

压控振荡器的信号 f_V 与基准信号同时加到鉴相器进行比较。当压控振荡器的振荡频率因某种原因发生漂移时，它的相位也必然随之漂移，这样便会偏离基准频率信号的相位。压控振荡器输出信号的相位变化在鉴相器中与基准信号的稳定相位相比较，使鉴相器输出一个与相位误差成比例的控制电压，经滤波后加至压控振荡器的压控元件。在误差电压的控制下，压控振荡器的振荡频率 f_V 回到稳定值，此后鉴相器闭合环路恢复到锁定状态。这样压控振荡器的频率即由晶体振荡器的基准频率所稳定。

由上可知，加至锁相环路鉴相器的压控振荡频率，应该是与基准频率相等的。但实际上又往往要求压控振荡器能在一定频段内输出稳定的频率。为此，需设法使这二者的频率在鉴相器处相等，以便进行相位比较。实现的方案，大致有数字锁相环路、模拟锁相环路及脉冲控制锁相等几种。

2. 数字锁相环路 —— 可变分频法

利用数字锁相环路实现间接频率合成，是机载无线电设备广泛采用的频率合成方式。这种方式的特点是通过除法降频，把压控振荡器的输出频率降低到鉴相器的频率上。由于要求压控振荡器工作在指定的频段而不是单一的固定频率，所以必须利用分频比是可变的可变分频器来实现除法降频，以把指定频段的频率都降低为同一个鉴相器的工作频率。因此，通常也把这种方案称为可变分频法。

图 2-38 所示为常见的采用可变分频方案的数字锁相环路的简化方框图。这种频率合成器是由晶体基准振荡器、压控振荡器、鉴相器、可变分频器、固定分频器以及低通滤波器等组成的。

在图 2-38 所示的电路中，鉴相器的工作频率为 50 kHz，它等于设备所要求的波道间隔。晶体振荡器所产生的基准频率 f_R 为 4.8 MHz，所以需利用固定分频端（图 2-38 中表示了两个分频比分别为 16 和 6 的分频器),把 f_R 降为 50 kHz。设备所要求的压控振荡器输出频段为 86.55～96.55 MHz,因此,可变分频器的分频比应为 1 731～1 931。

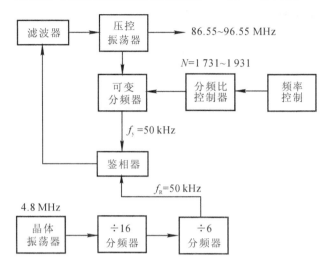

图 2－38　可变分频频率合成器

分频比为 1 731～1 931 的可变分频器是由数字器件组成的。控制面板上的频率控制旋钮,利用五中取二方式改变可变分频器的分频比,从而实现对设备工作频率的控制。关于五中取二的控制原理,可参见甚高频通信系统的有关说明。

与直接合成法相比,锁相环路法不需使用大量的混频器、滤波器,且输出波形理想,所以获得了广泛的应用。

习　　题

1. 为什么调制必须利用电子器件的非线性特性才能实现? 它与放大在本质上有什么不同?

2. 有一调幅波,载波功率为 1 000 W,试求调幅度 $m_a=1$ 和 $m_a=0.6$ 时的总功率和两个边频功率各为多少?

3. 试比较高电平调幅和低电平调幅的特点。

4. 提高放大器的效率与功率,应从哪几方面入手?

5. 对检波器有哪些主要指标要求? 如果检波器用于飞机通信系统的接收机,这几个主要指标对整机的质量有哪些影响?

6. 试简述变频器对高频调幅信号实现频率搬移的原理。

7. 对单边带信号如何检波? 画出原理图。

8. 变频器的任务是什么? 变频作用是如何产生的?

9. 试述为何要进行波段划分,如何实现波段跟踪。

10. 为何接收机中设置自动增益控制电路? 有哪些控制方式?

11. 试说明对数中频放大器的作用及电路工作原理。

12. 试说明频率合成器实现频率合成的方法,并说明直接合成法与间接合成法各有什么特点。

13. 超外差接收机频率跟踪是如何实现的?

14. 直接频率合成器的特点是什么?

15. 直接频率合成与间接频率合成的区别是什么?

16. 可变分频法的工作原理是什么?

第3章 调频收发基础

在无线电高度表、多普勒雷达及甚高频全向信标系统中,为了获取系统所需的导航信息,采用了调频信号。采用调频制的优点是它的抗干扰能力强,这也正是民用电视伴音和调频广播系统应用调频信号的一个重要原因。本章主要介绍调频收发的基础知识和典型电路。

3.1 调频信号的产生与解调

调频发送、接收设备的组成及其基本工作原理与调幅发送、接收设备是大体相同的。主要的差别在于发送设备中的信号调制电路和接收设备中的信号解调电路不同。

3.1.1 调频收发设备的特点

1. 调频制的主要特点

与调幅制相比,调频制的主要特点是抗干扰能力强和占用的频带宽。

我们知道调频信号所占用的频谱宽度 B 为 $2(m_f+1)F$,这里 m_f 为调频指数,F 为调制频率。由此可知,调频信号中的有用信号能量分布在较宽的频带中。例如,当调制频率为 30 Hz 时,调幅信号的频谱宽度只有 60 Hz,而对调制指数 m_f 为 6 的调频信号来说,其频谱宽度则为 420 Hz。由于调频信号占用的频谱较宽,所以调频发射设备及调频接收设备中的有关电路也应当具有较宽的通频带,以保证信号的不失真传输。

虽然调频信号需要占用较宽的频带,但却具有比调幅信号优越的抗干扰性能,这正是在一些场合应用调频制的重要原因。

当调制指数 m_f 较大时,不仅调频信号的边频数目较多,而且幅度也较大。图 3-1 所示为 m_f 由 0.5 增至 4 时调频信号频谱的变化情况(调制频率 F 不变)。由图可知,在 m_f 较大的情况下,调频信号中有用的边频信号所占用的功率比例远比载频大,而调幅波的边频功率最大只能等于载波功率的一半(当调幅系数 $m_a=1$ 时)。正因为调频波具有比调幅波更大的信号边频功率,所以才能具有优越的抑制噪声和干扰的能力。

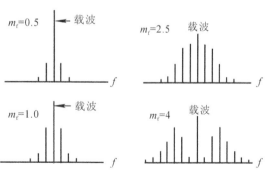

图 3-1 信号频谱与 m_f 的关系

2. 对调频电路的基本要求

调频发射机中的调频电路一般应能满足以下几方面的要求。

（1）调制特性。为避免失真，我们总是希望已调信号的频率偏移能够线性地随调制信号变化，即实现线性调频。受调振荡器的频率偏移量 Δf 与调制电压的关系称为调制特性。设载频中心频率为 f_0，调制电压为 $u(t)$，则有

$$\frac{\Delta f}{f_0} = u(t) \tag{3-1}$$

但实际的调频电路总是会产生一定程度的非线性失真，应视系统的具体要求尽可能减小调制失真。

（2）最大频移与相对频偏。调频信号频率偏离中心频率 f_0 的最大偏移值 Δf 叫作最大频移，通常称为频偏。最大频移应与调制频率无关。最大频移与中心频率的比值 $\Delta f / f_0$ 称为相对频偏。对最大频移和相对频偏的要求，视系统的功能不同而异。例如，调频式无线电高度表为了提高测高精度，要求具有较大的频偏，典型设备的最大频偏达 50 MHz。不过由于载频高达 4 300 MHz，相对频偏只有 0.011。全向信标系统基准信号副载波 9 960 Hz 的最大频偏虽只有 480 Hz，但相对频偏却为 0.048。

（3）调制灵敏度。调制电压变化单位数值所产生的振荡频率偏移，称为调制灵敏度。若为理想线性调频，则调制灵敏度等于最大频偏 Δf_m 与调制电压幅度 U_m 之比，即

$$S = \frac{\Delta f_m}{U_m} \tag{3-2}$$

显然，S 越大，获得大频偏的调频信号越容易。

（4）载波频率稳定度。调频信号的频率随调制信号变化时，其中心频率（载频）f_0 应保持一定的稳定度，以便接收机能正常地接收调频信号。在采用简单的直接调频方式的电路中，要获得较大的频偏而又要求中心频率稳定，往往是比较困难的。

（5）寄生调幅。调频时往往会伴随产生附加的调幅，应尽可能减小寄生调幅或不产生寄生调幅。

3. 调频接收电路

图 3-2 为简单的调频接收电路的原理框图，它和一般调幅接收机的主要区别在于信号解调部分。调频接收机的信号解调部分是由限幅器和鉴频器组成的。

限幅器的功能是消除调频信号的寄生调幅。当调频信号通过鉴频器之前的高频放大器、中频放大器等电路时，由于信号频率偏离这些回路谐振频率的程度不等，所以必然会产生附加的寄生调幅。为了使鉴频器的输出只与信号频率偏移量有关而不受振幅变化的影响，需在鉴频器之前设置限幅器，以获得等幅的调频信号输至鉴频器。

鉴频器的功用和调幅接收机中的包络检波器相似，用来从调频信号中解调出低频调制信号，所以又可以称为频率检波器。

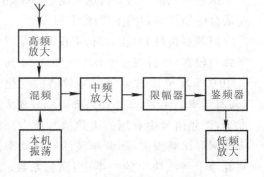

图 3-2 调频接收机原理框图

3.1.2 调频信号的产生

产生调频信号的方法很多，主要的有直接调频和间接调频。

1. 直接调频

直接调频是用调制信号去直接控制振荡器的振荡频率,使振荡器的瞬时频率线性地按调制信号的规律变化,对于 LC 振荡器来说,其振荡频率取决于振荡回路的电感 L 和电容 C。如果能够在回路中加入一个可变电抗元件,而以调制信号去控制该可变电抗的数值,则可实现对振荡频率的控制。根据这一基本原理实现直接调频的具体方法有变容二极管调频、电抗管调频、电容式微音器调频等等。对于晶体振荡器,也可利用变容二极管实现直接调频。

此外,对于在雷达等设备中所使用的速调管振荡器,可通过改变加在速调管反射极上的控制电压的方法来实现直接调频。

(1) 变容二极管调频。利用变容二极管实现直接调频,是无线电高度表常用的调频方法。其他无线电设备中各种用途的压控振荡器,也往往采用变容二极管来实现频率控制。这种方法电路简单,几乎不需要调制功率,却可以获得较大的频移,其缺点是中心频率的稳定度较差。

变容二极管是一种特殊的半导体二极管,是利用半导体 PN 结的结电容随反向电压变化而变化的特性制成的,其电路符号如图 3-3(a) 所示。可以将变容二极管看成是由等效的结电容 C_j 和电阻 R_s 串联而成的,即如图 3-3(b) 所示的等效电路。根据变容二极管的上述特性,实用中往往把变容二极管作为一种电压控制的可变电抗元件来使用。当加在二极管两端的控制电压变化时,它所等效的电容随之改变:控制电压增大,等效电容减小;控制电

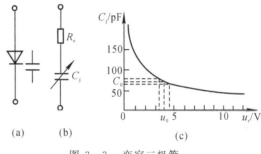

图 3-3 变容二极管

(a) 变容二极管的电路符号;

(b) 等效电路;(c) 电容控制特性

压减小,等效电容增大。图3-3(c) 所示是一种典型的变容二极管的结电容 C_j 随反相压控电压 u_r 变化的特性曲线。

在普通振荡器的振荡回路两端并联一个变容二极管,并设法引入调制电压来控制其等效电容,即可实现变容二极管调频,其原理电路如图 3-4 所示。图中,虚线左边是典型的变压器耦合振荡器;C_2 为耦合电容,C_1 为回路电容,L_2 是高频振流圈(可使低频调制信号通过)。

加在变容二极管上的反向电压为

$$u_r = V_{CC} - E + u_\Omega(t) = V_0 + u_\Omega(t)$$

当调制信号 $u_\Omega(t) = 0$ 时,对应于图 3-3 中反向偏置电压 V_0 的变容二极管的结电容为 C_0,设此时振荡器的振荡频率为 f_0,它是由回路电感 L_0、回路电容 C_1、变容二极管结电容 C_0 与耦合电容 C_2 所共同决定的。若调制信号为单一余弦信号 $U_\Omega \cos\Omega t$,则结电容 C_j 将随之交替变化,从而使振荡频率随调制信号而变化,实现频率的调制。

然而,观察图 3-3(c) 可以发现,C_j-u_r 特性曲线并不是线性的。因此,当反向偏置电压 u_r 随调制信号按余弦规律变化时,结电容不是线性地按余弦规律变化,

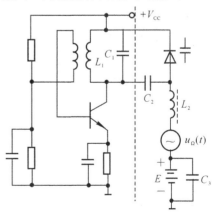

图 3-4 变容二极管调频电路

在调制信号正负半周中结电容的变化量也是不对称的。所以,振荡频率的偏移量和调制信号之间不能保持准确的线性关系,而出现一定的失真,且中心频率往往会偏离调制信号为零时的振荡频率 f_0。正确选择变容二极管的工作点,选用合适的耦合电容 C_2 及回路电容 C_1,可以在满足最大频率的前提下尽可能减小非线性失真和中心频率的偏移。

(2) 电抗管调频。我们知道,电抗元件两端电压的相位与通过它的电流相位相差 $90°$。根据这一特性,如果能使一个晶体管放大器输出端之间的电压与电流的相位也相差 $90°$,则该放大器即相当于一个电抗元件。所谓电抗管,就是根据这一原理组成的,放大器件可以是晶体管,也可以是场效应管,早期应用的是电子管。

图 3-5(a) 为一种用电抗管调频的原理电路。左侧的 T_1 为振荡器,右侧是由场效应管 T_2 所组成的电抗管。

要使图中的场效应管电路等效为电抗,必须满足两个条件:一是通过 R_1,C_1 支路的电流 i_1 必须远小于通过 T_2 的漏极电流 i_D,即 R_1,C_1 支路的旁路作用可以忽略不计;二是 R_1 必须远大于 Z_{C_1},当满足条件时,可以认为 R_1,C_1 支路是电阻性的,因而 i_1 与 A,B 两点间的电压 u_{AB} 是同相的,如图 3-5(b) 所示。这样,加至 T_2 栅极的电压 u_g,就落后于 i_1 $90°$——容性电压落后于电流 $90°$。场效应管的漏极电流 i_D 与 u_g 同相,也落后于 i_1 $90°$。由于电路又满足 $i_1 \ll i_D$ 的条件,所以 $i_{AB} = i_D + i_1 \approx i_D$。

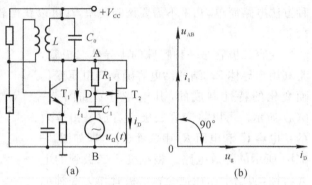

图 3-5 电抗管调频电路
(a) 电抗管调频电路; (b) 向量图

由此可见,A,B 两点间的电流 i_{AB} 落后于这两点间的电压 u_{AB} $90°$,即 A,B 两点间的放大器电路相当于一个等效的电感 L_c。

调制电信号 $u_\Omega(t)$ 加在 T_2 的栅源之间,控制 i_D 的幅度,从而控制了 A,B 间等效电抗的大小,由于 T_1 的振荡回路是由 L,C_0 及 A,B 两点间等效电抗 L_{C_1} 所组成的,所以它的振荡频率随调制信号 $u_\Omega(t)$ 变化。

电抗管的电路有多种,只要能够满足 $Z_{AD} \gg Z_{DB}$ 且两者之一为电抗的条件和 $i_1 \ll i_D$(或晶体管的集电极电流 i_c)的条件,就能得到等效的电抗。等效电抗可以是电感性的,也可以是电容性的。

(3) 晶体振荡器直接调频。上述两种直接调频电路的缺点是中心频率的稳定性较差。如果把变容二极管应用于石英晶体振荡器,则可得到中心频率稳定的调频振荡。

变容二极管可以与石英晶体并联,也可以与之串联。应用较为广泛的是串联方式,图 3-6 所

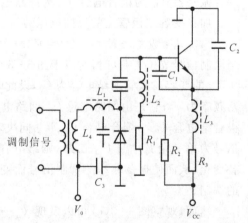

图 3-6 晶体振荡器直接调频

示就是一种变容二极管与晶体相串联的直接调频电路。C_1,C_2 为振荡回路电容;C_3 是变容二极管偏置电压 V_0 的旁路电容;L_1,L_2,L_3 为高频扼流圈;调制信号通过变压器输入。石英晶体作为一个等效电感元件,决定振荡器的振荡频率,因而使振荡频率具有较高的稳定度。变容二极管相当于一个可变微调电容,当其结电容在调制信号的控制下变化时,即可使晶体振荡器的振荡频率随调制信号而变化。

显然,由于振荡回路中引入了变容二极管来实现调频,这种晶体振荡器的频率稳定度比不调频的晶体振荡器有所降低,一般可达 $10^{-5} \sim 10^{-6}$ 数量级。

（4）电容微音器直接调频。电容式话筒调频发射机是常见的便携式发射机。电容式微音器在声波的作用下,内部的金属薄膜产生振动,从而使薄膜与另一电极之间的电容量发生变化。把电容式话筒直接接到振荡器的谐振回路中,即可构成直接调频电路。图 3-7 所示为一种工作频率为 40 MHz 的电容式话筒调频发射电路。

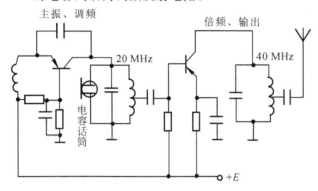

图 3-7　电容式话筒调频电路

2. 间接调频

一般采用间接调频方案,以得到中心频率稳定度较为理想的调频信号。所谓间接调频,就是借助于调相而实现调频,如图 3-8 所示的原理方框图。

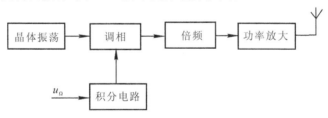

图 3-8　间接调频原理方框图

我们知道,调频波的瞬时频率为

$$\omega(t) = \omega_0 + Su_\Omega(t) \tag{3-3}$$

式中,S—— 调制灵敏度。

对于角频率为 $\omega(t)$ 的简谐振荡来说,其瞬时相位可通过对角频率的积分求出,即

$$\theta(t) = \int_0^t \omega(\tau)\mathrm{d}\tau = \omega_0 t + S\int_0^t u_\Omega(\tau)\mathrm{d}\tau \tag{3-4}$$

由此可见,调频波的相位也是随调制信号变化的,其相应变化量为

$$\Delta\theta(t) = S\int_0^t u_\Omega(\tau)\mathrm{d}\tau \qquad (3-5)$$

它等于调制信号对时间的积分值与调频灵敏度 S 的乘积。这就告诉我们,若能对调制信号进行积分处理,然后再用来对载频调相,则同样也可以得到频率随调制规律变化的调频波。这就是借助于调相实现间接调频的依据。图3-8所示的间接调频原理方框图正是根据这一基本原理组成的。图中所示调制信号先通过积分器,再在调相器中对载频进行调相,即可获得调频波输出。

由于这种间接调频电路中的信号调制不在主振级中进行,而在缓冲级以后的调相级中进行,所以不会对主振频率产生不利的影响,因而可以获得很高的中心频率稳定度,这正是采用间接调频的主要目的。

实现调相的方法有多种。最简单的一种是利用可变电抗控制谐振回路的失谐程度以实现调相。至于所用的可变电抗,可以是变容二极管或电抗管。如同直接调频中所用的器件一样。图3-9所示是一种用变容二极管实现调相的原理电路。载频信号自 A 端输入,加至由变容二极管和电感 L 组成的谐振回路;调制信号经 B 端输入,经 R_1、C_1 积分电路后去控制变容二极管的结电容;V_0 为变容二极管的反偏电

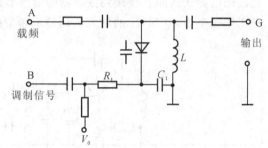

图 3-9　变容二极管调相电路

压;调相信号自 G 端输出。当载频加至上述谐振电路时,通过调制信号对变容二极管结电容的控制而使回路的失谐程度随调制信号而变,从而使回路输出的载频信号的相位随调制信号的积分值而变化,在 G 端得到调频信号输出。

3.1.3　调频信号的解调

对调频信号的解调方法是多种多样的。以下简略介绍常用的鉴频电路及全向信标接收机中所应用的锁相环路鉴频器的基本原理。

应用最普遍的鉴频方法是先把等幅调频波变换成幅度与调频波频率变化成正比的调幅调频波,然后再用振幅检波器进行幅度检波,以恢复调制信号。按照这一方法实现鉴频的常用电路有平衡鉴频器、相位鉴频器和比例鉴频器。

1. 振幅鉴频器

振幅鉴频器又称为斜率鉴频器,它利用调谐回路等具有线性的振幅-频率特性的电路,把等幅调频波变换成调幅调频波。最常见的是平衡鉴频器,其原理电路如图 3-10(a) 所示。等幅调频信号自左端输入,加至第一个调谐回路,该回路调谐于信号的中心频率 f_0。

与该回路耦合的两个次级回路分别调谐于 ω_1 和 ω_2;这两个失谐回路(相对于 ω_0 而言)的输出分别加至两个二极管检波器 D_1 和 D_2。这种电路的输出是两侧检波器输出之差。由于两个回路的谐振频率是对称于调频波的中心频率 ω_0 的,正确选择失谐量$(\omega_2-\omega_0)$,$(\omega_0-\omega_1)$ 以及回路的 Q 值,可以在一定范围内获得近似线性的输出特性[见图 3-10(b)]。

这种平衡鉴频器有 3 个调谐回路,其中两个次级回路是失谐的,所以有时又把它称为三调谐平衡鉴频器或双失谐回路鉴频器。

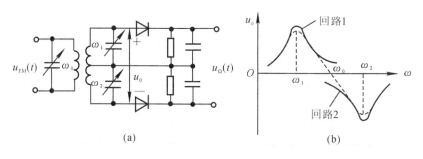

图 3 - 10　平衡鉴频器

(a) 平衡鉴频器电路；　(b) 频率特性

2. 相位鉴频器

相位鉴频器也是先把等幅调频波换成调幅-调频波,然后再进行幅度检波的,但它不是利用回路的振幅-频率特性来实现这种波形变换的。其原理电路如图 3 - 11 所示。

相位鉴频器的初、次级回路都调谐于信号的中心频率 f_0,初、次级回路都通过电感耦合或电容耦合(图 3 - 11 所示为电感耦合)。上、下两个振幅检波器完全相同。

初级回路两端的电压 u_1 通过耦合电容 C_4 作用于次级高频扼流圈 L_3 的两端。这样,作用在检波二极管 D_1,D_2 上的高频电压就分别等于扼流圈 L_3 上的初级回路电压 u_1 与次级回路上、下两部分高频电压的向量和。

当调频信号的瞬时频率不超出回路的通频带时,u_1,u_2 的幅度是恒定的;而次级回路电压 u_2 与初级回路电压 u_1 之间的相位差却

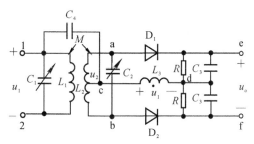

图 3 - 11　相位鉴频器

是随输入信号的频率而变化的,这是回路的相位-频率特性所决定的。当瞬时频率 $f(t)$ 等于回路谐振频率 f_0 时,u_2 超前于 u_1 90°,因而合成电压 u_{D1} 和 u_{D2} 的幅度相等,如图 3 - 12(a) 所示,鉴频器此时的输出等于零。当信号瞬时频率高于 f_0 时,u_2 的超前角度小于 90°[见图 3 - 12(b)],这样合成电压 $u_{D1} > u_{D2}$,因而鉴频器输出大于零;而当信号瞬时频率低于 f_0 时,u_2 的超前角度大于 90°,从而使 $u_{D2} > u_{D1}$,如图3 - 12(c) 所示,鉴频器的输出小于零。可见,瞬时频率相对于中心频率 f_0 的偏移量改变时,u_2 与 u_1 的相对关系随之改变,从而使鉴频器的输出幅度随瞬时频率而变化。

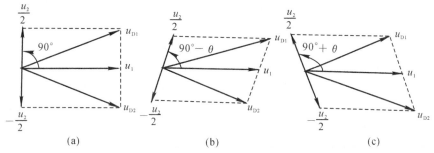

图 3 - 12　相位鉴频器向量图

(a) $f = f_0$；(b) $f > f_0$；(c) $f < f_0$

3. 比例鉴频器

比例鉴频器的特点是可以消除输入调频信号寄生调幅的影响,它是在相位鉴频器的基础上改进而成的,但输出只是相位鉴频器的1/2。

比例鉴频器的原理电路如图3-13所示。它与图3-11所示的相位鉴频器的不同之处是检波二极管D_2是反接的,并在检波负载电阻R_1,R_2两端增加了大容量电容C_0和两个大电阻R_3,R_4,同时鉴频电压也改由R_3,R_4的中点o与接地点d之间输出。比例鉴频器鉴频的原理与相位鉴频器相同。其限幅作用的关键是接入了大电容C_0。当调频信号由于寄生调幅而导致信号幅度增大时,流过二极管D_1和D_2的平均电流都增加,u_{ad}和u_{bd}也同时增加,但由于大电容C_0的作用使e,f两点间电压保持不变,因而鉴频输出幅度不受调频信号幅度变化的影响,反之亦然。可见比例鉴频器在实现鉴频的同时,具有限幅作用。

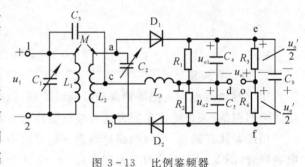

图3-13 比例鉴频器

4. 锁相环路鉴频器

图3-14所示为全向信标接收机中所应用的锁相环路鉴频器的原理框图。此鉴频器是由相位比较器(鉴相器)、压控振荡器、分频器、30 Hz环路滤波器等组成的,用以对9 960 Hz副载波信号进行鉴频。调频信号由A端输入,鉴频所得的30 Hz基准相位信号由B端输出。

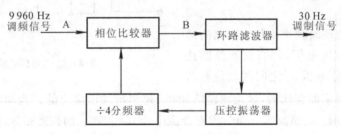

图3-14 锁相环路鉴频器

当没有9 960 Hz调频信号输入时,压控振荡器的输出频率为39 840 Hz。此信号经固定分频器进行4分频后,得到9 960 Hz信号,加到相位比较器的一个输入端。30 Hz调制的9 960 Hz调频信号加至相位比较器的另一个输入端。前已说明,调频信号的瞬时相位是随信号的瞬时频率变化的,所以输入相位比较器的调频信号的瞬时相位是按30 Hz正弦规律变化的。这样,任一瞬间当相位比较器输入端的调频信号相位与压控振荡器来的信号相位不一致(偏离固定值)时,鉴相器将产生与两者相位偏差成比例的误差信号输出,这一误差信号经环路滤波器滤波后加回到压控振荡器的输入端,总是力图使压控振荡信号的频率去跟随输入信号的频率,以使两个输入信号的相位偏差趋近于某一固定值(在典型电路中此固定值为90°)。因而,在闭合的相位锁定环路进入跟踪状态后,当调频信号按30 Hz规律变化时,相位比较器产生的误差信号也是随之按30 Hz规律变化的。将此误差信号通过低通滤波器滤波,即可得到30 Hz正弦信号——9 960 Hz调频信号的调制信号输出。

以上只是对几种常用的调频波解调方法的简略介绍。对各种具体鉴频电路的详细分析,可参见航空电子电气基础及高频电路等方面的图书。

3.2　自动频率微调原理

3.2.1　自动频率微调系统的功用

自动频率微调(AFC)可简称自频调。自频调系统的作用是自动地控制自激振荡器的频率,使系统的频率近似锁定在标准频率上。为了实现这一任务,自频调系统中的受控振荡器必须是一种频率可控的振荡器(即压控振荡器),自频调系统中也必须包含有频率鉴别电路。这些电路的工作原理,是和前面介绍的调频信号产生与解调电路中的同类电路相同的。

在设备长期工作的过程中,由于工作温度、气压及元件数值变化等原因的影响,一些无线电接收和发射电路中的振荡器的频率是可能漂离原有的振荡频率的。应用自频调电路,可以锁定系统的振荡频率,保持系统的正常性能。

3.2.2　自频调系统的基本工作过程

自频调系统的原理性方框图如图 3-15 所示。由图可见,自频调系统是由被控振荡器、鉴频器、控制电路及标准频率源等基本电路组成的一个自动调整系统。当被控振荡器的频率 f_s 等于所期望的标准频率 f_0 时,鉴频器不产生输出,控制电路就不会改变被控振荡器振荡频率,即振荡器输出的频率 f_s 等于标准频率 f_0。设被控振荡器的频率 f_s 由于某种原因而高于标准频率,则鉴频器产生正极性的误差电压 ΔE,经控制电路后调节被控振荡器的频率,使之下降,直到 f_s 近似地等于标准频率 f_0 时,鉴频器的输出减小到不再能够影响被控振荡器的频率为止。此时被控振荡器的频率 f_s 近似地等于标准频率,其误差 $|f_s - f_0| = \Delta f$ 称为剩余失谐。反之当被控振荡器频率 f_s 由于某种原因而低于 f_0 时,鉴频器产生负极性的误差电压 $(-\Delta E)$ 输出,使振荡器的频率升高,直到 $|f_s - f_0| = \Delta f$ 为止。可见,在两种情况下,被控振荡器的振荡频率都可以被锁定到标准频率 f_0 附近。

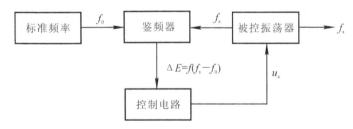

图 3-15　自频调系统原理方框图

3.2.3　自频调电路的组成

由上可知,被控振荡器的频率是由鉴频器输出的误差电压来控制调节的。可见,自频调系统的标准频率实际上就是鉴频器的中心频率 f_0,即系统并不需要另外提供标准频率。这一点,可以通过下面所举的实际自频调系统的电路方框图来说明。

图 3-16 所示为一种雷达设备中的自频调电路方框图。图中下部虚线方框内的是自频调

电路,上部则是信号电路。

图 3-16 所示的自频调电路所控制的是接收机本机振荡器的频率 f_1。输入自频调电路的是发射信号的取样(其频率为 f_0),它是通过一个衰减量很大的极限衰减器输入的。发射信号与本振信号经自频调混频器混频后,产生差频(中频)信号输出。这一差频信号经过 1~2 级中频放大器放大后,送到自频调鉴频器。鉴频器鉴别差频是否等于额定中频,如果不等,则输出正极性或负极性误差信号(视频脉冲信号)。该误差信号经放大后,输至控制器,由控制器产生直流控制电压去调节本机振荡器的频率,直到本振频率 f_1 与发射信号频率 f_0 的差频等于额定中频 f_{i0} 为止。

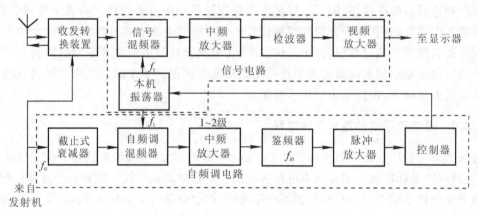

图 3-16　自频调电路方框图

图 3-16 所示的自频调电路与前面所介绍的自频调原理电路是一致的,也是由鉴频器、被控振荡器、控制器等基本部分组成的。所不同的是实际电路中增加了混频器、中频放大器、脉冲放大器及输入衰减器等电路。自频调电路中的混频器、中频放大器的电路结构和工作原理与信号通路中的信号混频器、信号中频放大器是基本相同的,甚至是完全相同的。这种自频调电路与信号电路是彼此独立的系统,可以称为"双路自频调系统"与之对照,在有些设备中,为了简化电路,也可以使自频调系统与信号系统共用一个混频器及中频放大器。

由上可见,上述自频调电路的标准频率就是设备的额定中频 f_{i0},即鉴频器的中心频率。自频调系统的功用,就是在发射信号频率 f_0 漂移时,自动地调整本机振荡的频率 f_1,使两者的差频 f_i 近似地锁定在额定中频信号 f_{i0} 上。

3.2.4　自频调系统的动态平衡

设自频调鉴频器的鉴频特性曲线如图 3-17 所示,图中特性曲线与横轴(Δf)的夹角为 α,它表示鉴频器输出的误差电压 ΔE 与频率偏离量 Δf 在零点处的比例,即特性曲线的斜率。对被控振荡器的频率控制特性可用图 3-18 所示的曲线表示,这一曲线称为调制特性曲线,也可称为控制特性。注意图 3-17 和图 3-18 所示的是理想化的线性特性,实际的鉴频特性和压控振荡器的控制调整特性都只可能在一定的范围内才呈现为线性。

为了说明 AFC 系统的动态平衡过程,可以将上述鉴频特性与控制调整特性画到一个坐标系统中。为此,可将图 3-18 的纵坐标 f 改为频率偏差 Δf 再将坐标轴翻转 90°,即将纵坐标改为横坐标,横坐标改为纵坐标。这样,即可将两条特性曲线画在同一个坐标系统中,如图 3-19 所示。

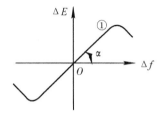

图 3-17 鉴频特性

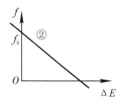

图 3-18 调整特性

设系统有初始失谐 Δf_1,此时鉴频器输出一个误差控制电压 ΔE_1,如图 3-19 中的 a′ 点所示。在这一误差电压 ΔE_1 的作用下,被控振荡器的频率下降了 $\Delta f'$。这样,鉴频器所产生的误差控制电压也下降为 ΔE_2,如图中 a″ 点所示。接着,压控振荡器的频率又降低了 $\Delta f''$,至图中的 a‴ 点,此时鉴频器的输出误差控制电压又降为 ΔE_3,如此继续下去,最后到达两条曲线的交点 Q 时,鉴频器输出电压 ΔE 不再继续减小,系统即达到了动态平衡状态,此时频率失谐 Δf_Q 即为系统的剩余失谐。Q 即为系统的动态平衡点。

到达 Q 点后,如果由于某种原因而使工作点下降到 b′ 点,则控制电压便会向正方向增加,沿图中 b′ 方向,b″ 点回到平衡点 Q。

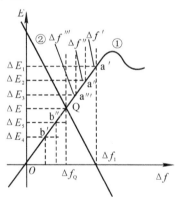

图 3-19 AFC 系统的动态平衡

由上述动态平衡过程可知,在正确设计系统的鉴频特性和控制调整特性以后,AFC 系统可以将振荡器的频率锁定,其剩余失谐为 Δf_Q。

习 题

1. 锁相环路稳频与自频调在工作原理上有哪些异同之处?

2. 已知载波频率 $f_0 = 100$ MHz,载波电压幅度 $U_0 = 6$ V,调制信号 $u_\Omega(t) = \cos(2\pi \times 10^2 t) + 2\cos(2\pi \times 200t)$,最大频偏 $\Delta f_{max} = 30$ kHz,试写出调频波的数学表达式。

3. 若调制信号频率为 500 Hz,振幅为 2.4 V,调制指数为 60,求频偏。当调制信号频率减小为 200 Hz,同时振幅上升为 3.2 V 时,调制指数将变为多少?

4. 证明:当调制信号为简谐信号时,调频波所含能量与频偏及调制频率无关。

5. 为什么通常在鉴频器之前要采用限幅器?

6. 为什么比例鉴频器有抑制寄生调幅的作用,而相位鉴频器却没有,其根本原因何在?

7. 分别说明振幅鉴频器和相位鉴频器的特点。

8. 分析平衡鉴频器的原理。

9. 分析比例鉴频器的特点。

10. 分析自频调系统的动态平衡原理。

第4章 电波传输与天线

从物理学可知,变动的电场和磁场可以互相激发而形成电磁波,电磁波能离开场源向空间传播。因此可以说,电磁波是在空间传播的交变电磁场。电磁场是一种特殊形式的物质,而能量又是物质的主要属性,因而电磁波的传播过程,也就是电磁能量的传播过程。

电磁波频谱范围极其宽阔,按波长从长到短可以分为无线电波、红外线、可见光、紫外线、X射线、γ射线等。通常将频率在3 000 GHz以下(波长0.1 mm以上)的电磁波称为无线电波,简称电波。

所有无线电系统都是利用无线电波来传递信息的。无线电系统的工作和用途是产生、发射、接收、处理无线电信号以提取所需信息,从而实现系统的各种功能。而电波信号的发射与接收需要借助天线才能完成。因此,天线是无线电设备中不可缺少的重要组成部分。由上所述可见,为了全面理解无线电系统的工作特性,必须对无线电波和天线的相关知识有一个基本的了解。为此本章主要介绍无线电设备通过天线传送无线电信号的基本原理及电波传播的基础知识。由于传输线理论是天线理论的基础,因此有必要对其进行较详细的介绍。

4.1 传输线的基础知识

4.1.1 传输线的基本概念

根据电磁场理论,电磁波通常在导体引导下才能在有限空间中向一定方向传播。否则它将扩散到漫无边际的空间中去。传输线是用来引导传输电磁波能量和信号的装置。例如,信号从发射机到天线或从天线到接收机的传递都是由传输线来完成的。

对传输线的基本要求:
(1)传输损耗要小,传输效率要高;
(2)工作频带要宽,以增加传输信息容量和保证信号的无畸变传输;
(3)在大功率系统中,要求传输功率容量要大;
(4)尺寸要小,质量要轻,以及能便于生产与安装。

为了满足上述要求,在不同的工作条件下,需要采用不同形式的传输线。在低频时,普通的双线导线就可完成电磁能量和信号的传输。但随着工作频率的升高,由于导线的趋肤效应和辐射效应的增大,它的正常工作状态被破坏。因此,在高频和微波波段必须采用完全不同的传输线类型。

传输线类型主要有平行双线、同轴线、金属波导管、微带以及介质波导等。这几种传输线各具有其特点和应用范围,并有一个相关的发展过程。

在低频时,把能源传到负载只要两根导线就可以了,对这两根导线的形状并没有什么要求。但如果频率很高,波长短到可同两根导线的长度相比拟时,能量就会通过导线辐射到空间中去,即在高频下这两根导线同时起着天线的作用,结果输送到负载的能量就少了。

为了避免辐射损耗,可以把传输线做成封闭形式,像同轴线那样,电磁场就完全被限制在内外导体之间,因而消除了因辐射而引起的能量损耗。同轴线是目前射频波段常用的一种能量及信号传输系统,在机载设备中应用最为普遍。

随着频率的提高,一方面同轴线横截面尺寸必须相应减少以保证信号传输不失真;另一方面,同轴线中导体的有效导电截面因趋肤效应而减少。这样使同轴线的欧姆损耗增加,而且损耗主要发生在较细的内导体上;同时由于同轴线横截面尺寸的减小,使得在同样电压条件下,内外导体间的电场增强,因而容易引起击穿,这样就限制了它的传输功率。因此,同轴线不能工作于很高的频率,功率容量也比较小。

由于内导体的存在影响了同轴线的工作特性,人们自然会想到是否能将同轴线的内导体取掉,以提高它的工作频率、减少损耗、增大功率容量呢?取掉内导体的同轴线实际上就是一个空心的金属管。理论与实验研究表明,当金属管的截面尺寸与波长相比足够大时,电磁波是可以在这种空心管中传播的。这种能传输电磁波的空心金属管就称为波导。

波导的截面形状可以是各种形式的,常用的是圆形截面的波导与矩形截面的波导。波导具有损耗小、功率容量大、结构简单、牢固等优点,但其使用频带较窄,通常只用于厘米波段和毫米波段。

随着航空、航天事业的发展,对设备的性能、体积、质量、一致性和可靠性提出了更高的要求。原有的同轴线与波导管已不能适应对微波电路集成化的要求。

微带是由介质基片一边的导体带和另一边的接地板所构成的。导体带采用印刷技术敷在介质基片上。可见,这是一种平面型结构,其优点是可以通过调整单一平面尺寸来控制其传输特性,同时这种结构尺寸小巧,利用印刷工艺可以在不大的体积内制成复杂的微波电路,而且便于同固体微波器件连接,从而能够实现微波电路的集成化。总之,微带具有频带宽、体积小、质量轻、易于集成化等优点,其缺点是损耗大、功率容量小。因此,微带主要用于小功率微波系统中。

传输线的性质与所传送的电磁信号的频率有着密切的关系,对于直流电来说,可以简单地把传输线看成是电阻为零的导体;在传输低频信号时,由于波长很长,传输线的长度 l 与信号波长 λ(l/λ 称为传输线的电长度)相比拟。所以,在同一瞬间可以认为传输线上各处的电压、电流是相同的,即沿传输线电压、电流只随时间变化而与空间位置无关。然而,在传输高频信号时,传输线的电长度并不趋近于零,传输线上各处的电压、电流就不再处处相同,而是有的地方大,有的地方小,呈现为电压、电流波的形式。

因此,工作于甚高频波段以上的无线电设备(例如无线电高度表)对传输线的要求往往是比较严格的。对工作于微波波段的雷达设备来说,对高频部件几何尺寸的要求就更为严格了。

4.1.2　均匀传输线方程及其解

1. 传输线的分布参数及其等效电路

由电磁场理论可知,当信号通过传输线时,会产生下列分布参数:电流流过导线时会产生高频磁场,因而沿导线各点会存在串联分布电感;两导线间加上电压时,线间会存在电场,于是线间会产生并联分布电容;导电率有限的导线有电流流过时会发热,而且高频时由于趋肤效应,电阻会加大,这就说明导线存在分布电阻;当两导线不处于完全绝缘状态时,就会有漏电流产生,这就意味着导线间有分布电导。因此,应认为传输线各部分都存在电感、电容、电阻和电导。只是在低频时这些分布参数远小于电路元件的阻抗,影响很小,可以忽略不计。

传输线的分布参数可用单位长度上的分布电感 L、分布电容 C、分布电阻 R 和分布电导 G 来描述,它们的数值取决于传输线的形式、尺寸、导体材料及周围介质的参数。表 4-1 列出了平行双线和同轴线分布参数的计算公式。表中,ε,μ 和 σ 分别为介质材料的介电常数、磁导率和电导率;μ_2 和 σ_2 分别为导体材料的磁导率和电导率。

表 4-1　平行双线和同轴线分布参数的计算公式

形　式	结　构	$L/(\mathrm{H\cdot m^{-1}})$	$C/(\mathrm{F\cdot m^{-1}})$	$R/(\Omega\cdot m^{-1})$	$G/(\mathrm{S\cdot m^{-1}})$
平行双线		$\dfrac{\mu}{\pi}\ln\dfrac{2D}{d}$	$\dfrac{\pi\varepsilon}{\ln\dfrac{2D}{d}}$	$\dfrac{2}{\pi d}\sqrt{\dfrac{\omega\mu_2}{2\sigma_2}}$	$\dfrac{\pi\sigma}{\ln\dfrac{2D}{d}}$
同轴线		$\dfrac{\mu}{2\pi}\ln\dfrac{D}{d}$	$\dfrac{2\pi\varepsilon}{\ln\dfrac{D}{d}}$	$\dfrac{1}{\pi}\sqrt{\dfrac{\omega\mu_2}{2\sigma_2}}\left(\dfrac{1}{d}+\dfrac{1}{D}\right)$	$\dfrac{2\pi\sigma}{\ln\dfrac{D}{d}}$

根据传输线沿线的分布参数是否均匀,可将传输线分为均匀传输线和非均匀传输线。均匀传输线是一类结构比较简单且应用广泛的导波系统,同时均匀传输线理论也是学习其他导波系统的基础。故此,这里作一概要介绍。

由均匀传输线组成的导波系统都可等效为均匀平行双导线系统,如图 4-1(a) 所示。其中,传输线始端接微波信号源(简称信源),终端接负载,选取传输线的纵向坐标为 z,坐标原点选在终端处,波沿 z 的负方向传播。在均匀传输线上任意一点 z 处,取一微分线元 $\Delta z(\Delta z \ll \lambda)$,该微分线元可视为集总参数电路,其上有电阻 $R_{\Delta z}$、电感 $L_{\Delta z}$、电容 $C_{\Delta z}$ 和漏电导 $G_{\Delta z}$(其中 R,L,C,G 分别为单位长电阻、单位长电感、单位长电容和单位长漏电导),由其构成的等效电路如图 4-1(b) 所示,则整个传输线可看做由无限多个上述等效电路的级联构成。有耗和无耗传输线的等效电路分别如图 4-1(c),4-1(d) 所示。

2. 均匀传输线方程

设在时刻 t,位置 z 处的电压和电流分别为 $u(z,t)$ 和 $i(z,t)$,而在位置 $(z+\Delta z)$ 处的电压和电流分别为 $u(z+\Delta z,t)$ 和 $i(z+\Delta z,t)$。对很小的 Δz,忽略高阶小量,有

$$
\left.
\begin{aligned}
u(z+\Delta z,t)-u(z,t) &= \frac{\partial u(z,t)}{\partial z}\Delta z \\
i(z+\Delta z,t)-i(z,t) &= \frac{\partial i(z,t)}{\partial z}\Delta z
\end{aligned}
\right\}
\tag{4-1}
$$

对图 4-1(b) 所示,应用基尔霍夫定律可得

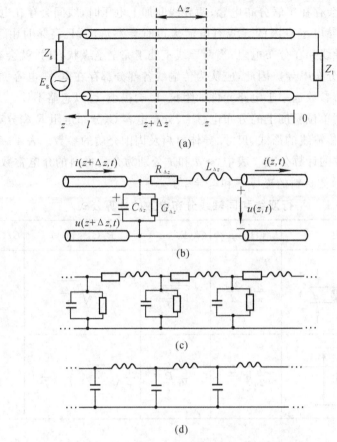

图 4-1 均匀传输线及其等效电路

$$u(z,t) + R_{\Delta z}i(z,t) + L_{\Delta z}\frac{\partial i(z,t)}{\partial t} - u(z+\Delta z,t) = 0 \left.\right\}$$
$$i(z,t) + G_{\Delta z}u(z+\Delta z,t) + C_{\Delta z}\frac{\partial u(z+\Delta z,t)}{\partial t} - i(z+\Delta z,t) = 0 \left.\right\} \tag{4-2}$$

将式(4-1)代入式(4-2),并忽略高阶小量,可得

$$\frac{\partial u(z,t)}{\partial z} = Ri(z,t) + L\frac{\partial i(z,t)}{\partial t} \left.\right\}$$
$$\frac{\partial i(z,t)}{\partial z} = Gu(z,t) + C\frac{\partial u(z,t)}{\partial t} \left.\right\} \tag{4-3}$$

式(4-3)称为均匀传输线方程,也就是电报方程。

对于时谐电压和电流,可用复振幅表示为

$$u(z,t) = \mathrm{Re}[U(z)\mathrm{e}^{\mathrm{j}\omega t}] \left.\right\}$$
$$i(z,t) = \mathrm{Re}[I(z)\mathrm{e}^{\mathrm{j}\omega t}] \left.\right\} \tag{4-4}$$

将式(4-4)代入式(4-3),即可得到时谐传输线方程为

$$\frac{\mathrm{d}U(z)}{\mathrm{d}z} = ZI(z) \left.\right\}$$
$$\frac{\mathrm{d}I(z)}{\mathrm{d}z} = YU(z) \left.\right\} \tag{4-5}$$

式中，$Z = R + j\omega L$，$Y = G + j\omega C$，分别称为传输线单位长串联阻抗和单位长并联导纳。

3. 均匀传输线方程的解

将式(4-5)第 1 式等号两边微分并将第 2 式代入，得

$$\frac{d^2 U(z)}{dz^2} - ZYU(z) = 0$$

同理可得

$$\frac{d^2 I(z)}{dz^2} - ZYI(z) = 0$$

令 $\gamma^2 = ZY = (R + j\omega L)(G + j\omega C)$，则上两式可写为

$$\left. \begin{aligned} \frac{d^2 U(z)}{dz^2} - \gamma^2 U(z) = 0 \\ \frac{d^2 I(z)}{dz^2} - \gamma^2 I(z) = 0 \end{aligned} \right\} \tag{4-6}$$

显然，电压和电流均满足一维波动方程。电压的通解为

$$U(z) = U_+(z) + U_-(z) = A_1 e^{+\gamma z} + A_2 e^{-\gamma z} \tag{4-7a}$$

式中，A_1，A_2 为待定系数，由边界条件确定。

利用式(4-5)，可得电流的通解为

$$I(z) = I_+(z) + I_-(z) = \frac{1}{Z_0}(A_1 e^{+\gamma z} - A_2 e^{-\gamma z}) \tag{4-7b}$$

式中，$Z_0 = \sqrt{(R + j\omega L)/(G + j\omega C)}$。

令 $\gamma = \alpha + j\beta$，则可得传输线上的电压和电流的瞬时值表达式为

$$\left. \begin{aligned} u(z,t) = u_+(z,t) + u_-(z,t) = A_1 e^{+\alpha z}\cos(\omega t + \beta z) + A_2 e^{-\alpha z}\cos(\omega t - \beta z) \\ i(z,t) = i_+(z,t) + i_-(z,t) = \frac{1}{Z_0}[A_1 e^{+\alpha z}\cos(\omega t + \beta z) - A_2 e^{-\alpha z}\cos(\omega t - \beta z)] \end{aligned} \right\} \tag{4-8}$$

由式(4-8)可见，传输线上电压和电流以波的形式传播，在任意一点的电压或电流均由沿 z 负方向传播的行波(称为入射波)和沿 z 正方向传播的行波(称为反射波)叠加而成。

为了求得传输线上电压、电流分布情况，需要利用边界条件以确定待定常数 A_1 与 A_2。当已知线上终端电压和电流分别为 U_1 和 I_1 时，则可写出其边界条件：当 $z = 0$ 时，$U(0) = U_1$，$I(0) = I_1$，代入式(4-7)，得

$$\left. \begin{aligned} U_1 = A_1 + A_2 \\ I_1 = \frac{1}{Z_0}(A_1 - A_2) \end{aligned} \right\} \tag{4-9}$$

由此解得

$$\left. \begin{aligned} A_1 = \frac{1}{2}(U_1 + I_1 Z_0) \\ A_2 = \frac{1}{2}(U_1 - I_1 Z_0) \end{aligned} \right\} \tag{4-10}$$

将式(4-10)代入式(4-7)，则有

$$\left. \begin{aligned} U(z) = U_1 \text{ch}\gamma z + I_1 Z_0 \text{sh}\gamma z \\ I(z) = I_1 \text{ch}\gamma z + \frac{U_1}{Z_0}\text{sh}\gamma z \end{aligned} \right\} \tag{4-11}$$

4. 传输线的工作特性参数

(1) 特性阻抗 Z_0。将传输线上导行波的电压与电流之比定义为传输线的特性阻抗,用 Z_0 来表示,其倒数称为特性导纳,用 Y_0 来表示。由定义得

$$Z_0 = \frac{U_+(z)}{I_+(z)} = -\frac{U_-(z)}{I_-(z)}$$

由式(4-6)及式(4-7)得特性阻抗的一般表达式为

$$Z_0 = \sqrt{\frac{R + \mathrm{j}\omega L}{G + \mathrm{j}\omega C}} \qquad (4-12)$$

可见特性阻抗 Z_0 通常是个复数,且与工作频率有关。它由传输线自身分布参数决定而与负载及信源无关,故称为特性阻抗。

对于均匀无耗传输线,$R = G = 0$,传输线的特性阻抗为

$$Z_0 = \sqrt{\frac{L}{C}} \qquad (4-13)$$

此时,特性阻抗 Z_0 为实数,且与频率无关。

当损耗很小,即满足 $R \ll \omega L, G \ll \omega C$ 时,有

$$Z_0 = \sqrt{\frac{R + \mathrm{j}\omega L}{G + \mathrm{j}\omega C}} = \sqrt{\frac{L}{C}\left(\frac{1 + \dfrac{R}{\mathrm{j}\omega L}}{1 + \dfrac{G}{\mathrm{j}\omega C}}\right)} \approx \sqrt{\frac{L}{C}} \qquad (4-14)$$

可见,损耗很小时的特性阻抗近似为实数。

(2) 传播常数 γ。传播常数 γ 是描述传输线上导行波沿导波系统传播过程中衰减和相移的参数,通常为复数,由前面分析可知

$$\gamma = \sqrt{(R + \mathrm{j}\omega L)(G + \mathrm{j}\omega C)} = \alpha + \mathrm{j}\beta \qquad (4-15)$$

式中,α 为衰减常数,单位为 $\mathrm{dB/m}$;β 为相移常数,单位为 $\mathrm{rad/m}$。

对于无耗传输线,$R = G = 0$,则 $\alpha = 0$,此时 $\gamma = \mathrm{j}\beta, \beta = \omega\sqrt{LC}$。

对于损耗很小的传输线,即满足 $R \ll \omega L, G \ll \omega C$ 时,有

$$\gamma = \mathrm{j}\omega\sqrt{LC}\left(1 + \frac{R}{\mathrm{j}\omega L}\right)^{\frac{1}{2}}\left(1 + \frac{G}{\mathrm{j}\omega C}\right)^{\frac{1}{2}} \approx \frac{1}{2}(RY_0 + GZ_0) + \mathrm{j}\omega\sqrt{LC} \qquad (4-16)$$

于是小损耗传输线的衰减常数 α 和相移常数 β 分别为

$$\left.\begin{array}{l} \alpha = \dfrac{1}{2}(RY_0 + GZ_0) \\[2mm] \beta = \omega\sqrt{LC} \end{array}\right\} \qquad (4-17)$$

(3) 相速 v_p 与波长 λ。传输线上的相速定义为电压、电流入射波(或反射波)等相位面沿传播方向的传播速度,用 v_p 来表示。由式(4-8)得等相位面的运动方程为

$$\omega t \pm \beta z = \mathrm{const}$$

其中,"+"号代表波的传播方向为 z 轴的负方向(入射波);"−"号表示波的传播方向为 z 轴的正方向(反射波),如图4-1所示。

上式两边对 t 微分,有

$$v_p = \frac{\mp \mathrm{d}z}{\mathrm{d}t} = \frac{\omega}{\beta} = \frac{1}{\sqrt{LC}} = \frac{C_0}{\sqrt{\varepsilon_r \mu_r}} \qquad (4-18)$$

传输线上的波长 λ 与自由空间的波长 λ_0 有

$$\lambda = \frac{2\pi}{\beta} = \frac{v_p}{f} = \frac{\lambda_0}{\sqrt{\varepsilon_r \mu_r}} \qquad (4-19)$$

对于均匀无耗传输线来说,由于 β 与 ω 为线性关系,故导行波的相速与频率无关,称为无色散波。当传输线有损耗时,β 不再与 ω 成线性关系,使相速 v_p 与频率 ω 有关,称为色散特性。

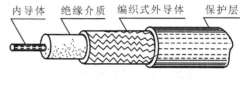

5. 同轴线的特性

前面介绍了均匀平行双导线系统的特性阻抗,由于同轴线在飞机上有着较为普遍的应用,这里有必要对同轴线的特性阻抗作深入分析。

同轴线是一种典型的双导体传输系统,它由内外同轴的两个导体柱构成,中间为支撑介质。其中,内外半径分别为 a 和 b,填充介质的磁导率和介

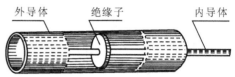

图 4-2　同轴线

(a) 软同轴线;(b) 硬同轴线

电常数分别为 μ 和 ε。同轴线是微波技术中最常见的 TEM 模传输线,分为硬、软两种结构,如图 4-2 所示。硬同轴线是以圆柱形铜棒作内导体,同心的铜管作外导体,内外导体间用介质支撑,这种同轴线也称为同轴波导。软同轴线的内导体一般采用多股铜丝,外导体是铜丝网,在内外导体间用介质填充,外导体网外有一层橡胶保护壳,这种同轴线又称为同轴电缆。

由电磁场理论分析得到同轴线的单位长分布电容和单位长分布电感分别为

$$\left.\begin{array}{l} C = \dfrac{2\pi\varepsilon}{\ln(b/a)} \\[3mm] L = \dfrac{\mu}{2\pi}\ln(b/a) \end{array}\right\} \qquad (4-20)$$

由式(4-13)得其特性阻抗为

$$Z_0 = \sqrt{\frac{L}{C}} = \sqrt{\frac{\mu}{\varepsilon}}\,\frac{\ln(b/a)}{2\pi} \qquad (4-21)$$

设同轴线的外导体接地,内导体上的传输电压为 $U(z)$,取传播方向为 $+z$,传播常数为 β,则同轴线上电压为

$$U(z) = U_0 e^{-j\beta z} \qquad (4-22)$$

同轴线上电流为

$$I(z) = \frac{U(z)}{Z_0} = \frac{2\pi U_0}{\sqrt{\mu/\varepsilon}\,\ln(b/a)} e^{-j\beta z} \qquad (4-23)$$

而传输功率为

$$P = \frac{1}{2}\mathrm{Re}[UI^*] = \frac{2\pi U_0^2}{\sqrt{\mu/\varepsilon}\,\ln(b/a)} \qquad (4-24)$$

现在重点讨论同轴线外半径 b 不变时,改变内半径 a,分别达到耐压最高、传输功率最大及衰减最小三种状态下,它们分别对应的不同阻抗特性。

(1) 耐压最高时的阻抗特性。设外导体接地,内导体接上的电压为 U_m,则内导体表面的电场为

$$E_a = \frac{U_m}{a \ln x} \quad \left(x = \frac{b}{a} \right) \tag{4-25}$$

为达到耐压最大，设 E_a 取介质的极限击穿电场，即 $E_a = E_{max}$，故

$$U_{max} = a E_{max} \ln\left(\frac{b}{a}\right) = b E_{max} \frac{\ln x}{x} \tag{4-26}$$

求 U_{max} 取极限值，即令 $\frac{dU_{max}}{dx} = 0$，可得 $x = 2.72$。这时固定外导体半径的同轴线达到最大电压。此时同轴线的特性阻抗为

$$Z_0 = \frac{\sqrt{\mu/\varepsilon}}{2\pi} \tag{4-27}$$

当同轴线中填充空气时，相应于耐压最大时的特性阻抗为 60 Ω。

（2）传输功率最大时的特性阻抗。限制传输功率的因素也是内导体的表面电场，由式（4-24）及式（4-26）得

$$P = P_{max} = \frac{\pi a^2 E_{max}^2}{\sqrt{\mu/\varepsilon}} \ln\frac{b}{a} = \frac{\pi b^2 E_{max}^2}{\sqrt{\mu/\varepsilon}} \frac{\ln x}{x^2} \tag{4-28}$$

式中，$x = b/a$。要使 P_{max} 取最大值，则 P_{max} 应满足

$$\frac{dP_{max}}{dx} = 0 \tag{4-29}$$

于是可得 $x = b/a = \sqrt{e} = 1.65$，相应的特性阻抗为

$$Z_0 = \frac{\sqrt{\mu/\varepsilon}}{4\pi} \tag{4-30}$$

当同轴线中填充空气时，相应于传输功率最大时的特性阻抗为 30 Ω。

（3）衰减最小时的特性阻抗。同轴线的损耗由导体损耗和介质损耗引起，由于导体损耗远比介质损耗大，这里我们只讨论导体损耗的情形。设同轴线单位长电阻为 R，而导体的表面电阻为 R_s，两者之间的关系为

$$R = R_s \left(\frac{1}{2\pi a} + \frac{1}{2\pi b} \right) \tag{4-31}$$

由式（4-17）得导体损耗而引入的衰减系数 α_c 为

$$\alpha_c = \frac{R}{2Z_0} \tag{4-32}$$

将式（4-31）和式（4-21）代入式（4-32），得

$$\alpha_c = \frac{R_s}{2\sqrt{\mu/\varepsilon} \ln(b/a)} \left(\frac{1}{a} + \frac{1}{b} \right) = \frac{R_s}{2b\sqrt{\mu/\varepsilon} \ln x} (1 + x) \tag{4-33}$$

要使衰减系数 α_c 最小，则应满足

$$\frac{d\alpha_c}{dx} = 0 \tag{4-34}$$

于是可得 $x \ln x - x - 1 = 0$，即 $x = b/a = 3.59$，此时特性阻抗为

$$Z_0 = \frac{1.278\sqrt{\mu/\varepsilon}}{2\pi} \tag{4-35}$$

当同轴线中填充空气时，相应于衰减最小时的特性阻抗为 76.7 Ω。

可见，在不同的使用要求下，同轴线应有不同的特性阻抗。实际使用的同轴线的特性阻抗

一般有 50 Ω 和 75 Ω 两种。50 Ω 的同轴线兼顾了耐压、功率容量和衰减的要求,是一种通用型同轴传输线;75 Ω 的同轴线是衰减最小的同轴线,它主要用于远距离传输。

以上分析的前提是同轴线在 TEM 模式下工作。实际上要使同轴线工作于 TEM 模式,同轴线的内外半径还应满足以下条件:

$$\lambda_{min} > \pi(b+a) \tag{4-36}$$

式中,λ_{min} 为最短工作波长。

由上述分析可见,在决定同轴线的内、外直径时,必须同时考虑使用要求和工作模式。

实用中,通常可把传输线看作是无损耗的。因此,下面着重介绍均匀无耗传输线。

4.1.3　传输线阻抗与状态参量

传输线上任意一点的电压与电流之比称为传输线在该点的阻抗,它与导波系统的状态特性有关。由于微波阻抗是不能直接测量的,只能借助于状态参量如反射系数或驻波比的测量而获得,为此,引入以下 3 个重要的物理量:输入阻抗、反射系数和驻波比。

1. 输入阻抗

由上一节可知,对无耗均匀传输线,线上各点电压 $U(z)$、电流 $I(z)$ 与终端电压 U_1、终端电流 I_1 的关系为

$$\left. \begin{aligned} U(z) &= U_1\cos(\beta z) + jI_1 Z_0 \sin(\beta z) \\ I(z) &= I_1\cos(\beta z) + j\frac{U_1}{Z_0}\sin(\beta z) \end{aligned} \right\} \tag{4-37}$$

式中,Z_0 为无耗传输线的特性阻抗;β 为相移常数。

定义传输线上任意一点 z 处的输入电压和输入电流之比作为该点的输入阻抗,记作 $Z_i(z)$,即

$$Z_i(z) = \frac{U(z)}{I(z)} \tag{4-38}$$

由式(4-37)得

$$Z_i(z) = \frac{U_1\cos(\beta z) + jI_1 Z_0 \sin(\beta z)}{I_0\cos(\beta z) + j\dfrac{U_1}{Z_0}\sin(\beta z)} = Z_0\frac{Z_1 + jZ_0\tan(\beta z)}{Z_0 + jZ_1\tan(\beta z)} \tag{4-39}$$

式中,Z_1 为终端负载阻抗。

上式表明,均匀无耗传输线上任意一点的输入阻抗与观察点的位置、传输线的特性阻抗、终端负载阻抗及工作频率有关,且一般为复数,故不宜直接测量。另外,无耗传输线上任意相距 $\lambda/2$ 处的阻抗相同,一般称之为 $\lambda/2$ 重复性。

2. 反射系数

定义传输线上任意一点 z 处的反射波电压(或电流)与入射波电压(或电流)之比为电压(或电流)反射系数,即

$$\left. \begin{aligned} \Gamma_u &= \frac{U_-(z)}{U_+(z)} \\ \Gamma_i &= \frac{I_-(z)}{I_+(z)} \end{aligned} \right\} \tag{4-40}$$

由式(4-7)知,$\Gamma_u(z) = -\Gamma_i(z)$,因此只需讨论其中之一即可。通常将电压反射系数简称

为反射系数,并记作 $\Gamma(z)$。

由式(4-7)及式(4-10)并考虑到 $\gamma = j\beta$,有

$$\Gamma(z) = \frac{A_2 e^{-j\beta z}}{A_1 e^{j\beta z}} = \frac{Z_1 - Z_0}{Z_1 + Z_0} e^{-j2\beta z} = \Gamma_1 e^{-j\beta z} \tag{4-41}$$

式中,$\Gamma_1 = \frac{Z_1 - Z_0}{Z_1 + Z_0} = |\Gamma_1| e^{j\varphi_1}$,称为终端反射系数。于是任意点反射系数可用终端反射系数表示为

$$\Gamma(z) = |\Gamma_1| e^{j(\varphi_1 - 2\beta z)} \tag{4-42}$$

由此可见,对均匀无耗传输线来说,任意点反射系数 $\Gamma(z)$ 大小均相等,沿传输线只有相位按周期变化,其周期为 $\lambda/2$,即反射系数也具有 $\lambda/2$ 重复性。

3. 输入阻抗与反射系数的关系

由式(4-7)及式(4-40),得

$$U(z) = U_+(z) + U_-(z) = A_1 e^{j\beta z}[1 + \Gamma(z)] \\
I(z) = I_+(z) + I_-(z) = \frac{A_1}{Z_0} e^{j\beta z}[1 - \Gamma(z)] \tag{4-43}$$

于是有

$$Z_i = \frac{U(z)}{I(z)} = Z_0 \frac{1 + \Gamma(z)}{1 - \Gamma(z)} \tag{4-44}$$

式中,Z_0 为传输线特性阻抗。式(4-44)还可以写成

$$\Gamma(z) = \frac{Z_i(z) - Z_0}{Z_i(z) + Z_0} \tag{4-45}$$

由此可见,当传输线特性阻抗一定时,输入阻抗与反射系数有一一对应的关系,因此,输入阻抗 $Z_i(z)$ 可通过反射系数 $\Gamma(z)$ 的测量来确定。

当 $z = 0$ 时,$\Gamma(0) = \Gamma_1$,则终端负载阻抗 Z_1 与终端反射系数 Γ_1 的关系为

$$\Gamma_1 = \frac{Z_1 - Z_0}{Z_1 + Z_0} \tag{4-46}$$

这与式(4-41)得到的结果完全一致。

显然,当 $Z_1 = Z_0$ 时,$\Gamma_1 = 0$,即负载终端无反射,此时传输线上反射系数处处为零,一般称之为负载匹配。而当 $Z_1 \neq Z_0$ 时,负载端就会产生一反射波,向信源方向传播,若信源阻抗与传输线特性阻抗不相等时,则它将再次被反射。

4. 驻波比

由前面分析可知,终端不匹配的传输线上各点的电压和电流由入射波和反射波叠加而成,结果在线上形成驻波。对于无耗传输线,沿传输线各点的电压和电流的振幅不同,以 $\lambda/2$ 周期变化。为了描述传输线上驻波的大小,我们引入一个新的参量 —— 电压驻波比。

定义传输线上波腹点电压振幅与波节点电压振幅之比为电压驻波比,用 ρ 表示,即

$$\rho = \frac{|U|_{\max}}{|U|_{\min}} \tag{4-47}$$

电压驻波比有时也称为电压驻波系数,简称驻波系数,其倒数称为行波系数,用 K 表示。于是有

$$K = \frac{1}{\rho} = \frac{|U|_{\min}}{|U|_{\max}} \tag{4-48}$$

由于传输线上电压是由入射波电压和反射波电压叠加而成的,因此电压最大值位于入射波和反射波相位相同处,而最小值位于入射波和反射波相位相反处,即有

$$
\left.\begin{array}{l}
|U|_{\max} = |U_+| + |U_-| \\
|U|_{\min} = ||U_+| - |U_-||
\end{array}\right\} \tag{4-49}
$$

将式(4-49)代入式(4-47),并利用式(4-40),得

$$
\rho = \frac{1 + |U_-| / |U_+|}{1 - |U_-| / |U_+|} = \frac{1 + |\Gamma_1|}{1 - |\Gamma_1|} \tag{4-50}
$$

于是,$|\Gamma_1|$ 可用 ρ 表示为

$$
|\Gamma_1| = \frac{\rho - 1}{\rho + 1} \tag{4-51}
$$

由此可知,当 $|\Gamma_1| = 0$ 即传输线上无反射时,驻波比 $\rho = 1$;而当 $|\Gamma_1| = 1$ 即传输线上全反射时,驻波比 $\rho \to \infty$,因此驻波比 ρ 的取值范围为 $1 \leqslant \rho < \infty$。可见,驻波比和反射系数都可用来描述传输线的工作状态。

4.1.4　无耗传输线的状态分析

对于无耗传输线,负载阻抗不同则波的反射也不同;反射波不同则合成波也不同;合成波的不同意味着传输线有不同的工作状态。归纳起来,无耗传输线有 3 种不同的工作状态:行波状态、纯驻波状态、行驻波状态。

1. 行波状态

行波状态就是无反射的传输状态,此时反射系数 $\Gamma_1 = 0$,而负载阻抗等于传输线的特性阻抗,即 $Z_1 = Z_0$,也可称此时的负载阻抗为匹配阻抗。处于行波状态的传输线上只存在一个由信源传向负载的单向行波,此时传输线上任意一点的反射系数 $\Gamma(z) = 0$,将之代入式(4-26)就可得行波状态下传输线上的电压和电流为

$$
\left.\begin{array}{l}
U(z) = U_+(z) = A_1 e^{j\beta z} \\
I(z) = I_+(z) = \dfrac{A_1}{Z_0} e^{j\beta z}
\end{array}\right\} \tag{4-52}
$$

设 $A_1 = |A_1| e^{j\varphi_0}$,考虑到时间因子 $e^{j\omega t}$,则传输线上电压、电流瞬时表达式为

$$
\left.\begin{array}{l}
u(z,t) = |A_1| \cos(\omega t + \beta z + \varphi_0) \\
i(z,t) = \dfrac{|A_1|}{Z_0} \cos(\omega t + \beta z + \varphi_0)
\end{array}\right\} \tag{4-53}
$$

此时传输线上任意一点 z 处的输入阻抗为

$$
Z_i(z) = Z_0
$$

综上所述,对无耗传输线的行波状态有以下结论:
(1) 沿线电压和电流振幅不变,驻波比 $\rho = 1$;
(2) 在任意点上电压和电流都同相;
(3) 传输线上各点阻抗均等于传输线特性阻抗。

2. 纯驻波状态

纯驻波状态就是全反射状态,也即终端反射系数 $|\Gamma_1| = 1$。在此状态下,由式(4-46),负载阻抗必须满足

$$\left|\frac{Z_1 - Z_0}{Z_1 + Z_0}\right| = |\Gamma_1| = 1 \tag{4-54}$$

由于无耗传输线的特性阻抗 Z_0 为实数,因此要满足式(4-54),负载阻抗必须为短路 $(Z_1 = 0)$、开路$(Z_1 \to \infty)$ 或纯电抗$(Z_1 = jX_1)$3种情况之一。在上述3种情况下,传输线上入射波在终端将全部被反射,沿传输线入射波和反射波叠加都形成纯驻波分布,惟一的差异在于驻波的分布位置不同。下面以终端短路为例分析纯驻波状态。

终端负载短路时,即负载阻抗 $Z_1 = 0$,终端反射系数 $\Gamma_1 = -1$,而驻波系数 $\rho \to \infty$,此时,传输线上任意点 z 处的反射系数为 $\Gamma(z) = -e^{-j2\beta z}$,将之代入式(4-43)并经整理,得

$$\left.\begin{array}{l} U(z) = j2A_1 \sin\beta z \\ I(z) = \dfrac{2A_1}{Z_0}\cos\beta z \end{array}\right\} \tag{4-55}$$

设 $A_1 = |A_1|e^{j\varphi_0}$,考虑到时间因子 $e^{j\omega x}$,则传输线上电压、电流瞬时表达式为

$$\left.\begin{array}{l} u(z,t) = 2|A_1|\cos\left(\omega t + \varphi_0 + \dfrac{\pi}{2}\right)\sin\beta z \\ i(z,t) = \dfrac{2|A_1|}{Z_0}\cos(\omega t + \varphi_0)\cos\beta z \end{array}\right\} \tag{4-56}$$

此时传输线上任意一点 z 处的输入阻抗为

$$Z_i(z) = jZ_0\tan\beta z \tag{4-57}$$

对无耗传输线终端短路的情形有以下结论:

(1) 沿传输线各点电压和电流振幅按余弦变化,电压和电流相位差 $90°$,功率为无功功率,即无能量传输。

(2) 在 $z = n\lambda/2\ (n = 0,1,2,\cdots)$ 处电压为零,电流的振幅最大且等于 $2|A_1|/Z_0$,这些位置称为电压波节点,在 $z = (2n+1)\lambda/4\ (n = 0,1,2,\cdots)$ 处,电压的振幅值最大且等于 $2|A_1|$,而电流为零,这些位置称为电压波腹点。

(3) 传输线上各点阻抗为纯电抗,在电压波节点处 $Z_i = 0$,相当于串联谐振;在电压波腹点处 $|Z_i| \to \infty$,相当于并联谐振;在 $0 < z < \lambda/4$ 内,$Z_i = jX$ 相当于一个纯电感;在 $\lambda/4 < z < \lambda/2$ 内,$Z_i = -jX$ 相当于一个纯电容;从终端起每隔 $\lambda/4$ 阻抗性质就变换一次,这种特性称为 $\lambda/4$ 阻抗变换性。

根据同样的分析,终端开路时传输线上的电压和电流也呈纯驻波分布,因此也只能存储能量而不能传输能量。在 $z = n\lambda/2\ (n = 0,1,2,\cdots)$ 处为电压波腹点,而在 $z = (2n+1)\lambda/4\ (n = 0,1,2,\cdots)$ 处为电压波节点。实际上终端开口的传输线并不是开路传输线,因为在开口处会有辐射,所以理想的终端开路线是在终端开口处接上 $\lambda/4$ 短路线来实现的。

当均匀无耗传输线终端接纯电抗负载 $Z_1 = \pm jX$ 时,因负载不能消耗能量,仍将产生全反射,入射波和反射波振幅相等,但此时终端既不是波腹也不是波节,沿传输线电压、电流仍按纯驻波分布。由前面分析可得,小于 $\lambda/4$ 的短路线相当于一个纯电感,因此当终端负载为 $Z_1 = jX_1$ 的纯电感时,可用长度小于 $\lambda/4$ 的短路线 l_{sl} 来代替。由式(4-57)得

$$l_{sl} = \frac{\lambda}{2\pi}\arctan\left(\frac{X_1}{Z_0}\right) \tag{4-58}$$

同理可得,当终端负载为 $Z_1 = -jX_c$ 的纯电容时,可用长度小于 $\lambda/4$ 的开路线 l_{oc} 来代替(或用长度为大于 $\lambda/4$ 小于 $\lambda/2$ 的短路线来代替),其中

$$l_{oc} = \frac{\lambda}{2\pi} \text{arccot}\left(\frac{X_c}{Z_0}\right) \tag{4-59}$$

总之,处于纯驻波工作状态的无耗传输线,沿传输线各点电压、电流在时间和空间上相位差均为 $\pi/2$,故它们不能用于微波功率的传输;但因其输入阻抗的纯电抗特性,在微波技术中却有着非常广泛的应用。

3. 行驻波状态

当微波传输线终端接任意复数阻抗负载时,由信源入射的电磁波功率一部分被终端负载吸收,另一部分则被反射,因此传输线上既有行波又有驻波,构成混合波状态,故称为行驻波状态。

设终端负载为 $Z_1 = R_1 \pm jX_1$,由式(4-41)得终端反射系数为

$$\Gamma_1 = \frac{Z_1 - Z_0}{Z_1 + Z_0} = \frac{R_1 \pm jX_1 - Z_0}{R_1 \pm jX_1 + Z_0} = |\Gamma_1| e^{\pm j\varphi_1} \tag{4-60}$$

式中　　　　　$|\Gamma_1| = \sqrt{\frac{(R_1 - Z_0)^2 + X_1^2}{(R_1 + Z_0)^2 + X_1^2}}, \quad \varphi_1 = \arctan\frac{2X_1 Z_0}{R_1^2 + X_1^2 - Z_0^2}$

由式(4-43)可得传输线上各点电压、电流的时谐表达式为

$$\left.\begin{array}{l} U(z) = A_1 e^{j\beta z}\left[1 + \Gamma_1 e^{-j2\beta z}\right] \\ I(z) = \dfrac{A_1}{Z_0} e^{j\beta z}\left[1 - \Gamma_1 e^{-j2\beta z}\right] \end{array}\right\} \tag{4-61}$$

设 $A_1 = |A_1| e^{j\varphi_0}$,则传输线上电压、电流的模值为

$$\left.\begin{array}{l} |U(z)| = |A_1|\left[1 + |\Gamma_1|^2 + 2|\Gamma_1|\cos(\varphi_1 - 2\beta z)\right]^{1/2} \\ |I(z)| = \dfrac{|A_1|}{Z_0}\left[1 + |\Gamma_1|^2 - 2|\Gamma_1|\cos(\varphi_1 - 2\beta z)\right]^{1/2} \end{array}\right\} \tag{4-62}$$

传输线上任意点输入阻抗为复数,其表达式为

$$Z_i(z) = Z_0 \frac{Z_1 + jZ_0\tan(\beta z)}{Z_0 + jZ_1\tan(\beta z)} \tag{4-63}$$

讨论:

(1) 当 $\cos(\varphi_1 - 2\beta z) = 1$ 时,电压幅度最大,而电流幅度最小,此处称为电压的波腹点,对应位置为

$$z_{max} = \frac{\lambda}{4\pi}\varphi_1 + n\frac{\lambda}{2} \qquad (n = 0, 1, 2, \cdots)$$

该处相应的电压、电流分别为

$$\left.\begin{array}{l} |U|_{max} = |A_1|\left[1 + |\Gamma_1|\right] \\ |I|_{min} = \dfrac{|A_2|}{Z_0}\left[1 - |\Gamma_1|\right] \end{array}\right\} \tag{4-64}$$

于是可得电压波腹点阻抗为纯电阻,其值为

$$R_{max} = Z_0 \frac{1 + |\Gamma_1|}{1 - |\Gamma_1|} = Z_0\rho \tag{4-65}$$

(2) 当 $\cos(\varphi_1 - 2\beta z) = -1$ 时,电压幅度最小,而电流幅度最大,此处称为电压的波节点,对应位置为

$$z_{min} = \frac{\lambda}{4\pi}\varphi_1 + (2n \pm 1)\frac{\lambda}{4} \qquad (n = 0, 1, 2, \cdots)$$

该处相应的电压、电流分别为

$$\left.\begin{array}{l} |U|_{\min} = |A_1|[1 - |\Gamma_1|] \\ |I|_{\max} = \dfrac{|A_1|}{Z_0}[1 + |\Gamma_1|] \end{array}\right\} \qquad (4-66)$$

该处的阻抗也为纯电阻,其值为

$$R_{\min} = Z_0 \frac{1 - |\Gamma_1|}{1 + |\Gamma_1|} = \frac{Z_0}{\rho} \qquad (4-67)$$

可见电压波腹点和波节点相距 $\lambda/4$,且两点阻抗有如下关系:

$$R_{\max} R_{\min} = Z_0^2$$

实际上,无耗传输线上距离为 $\lambda/4$ 的任意两点处阻抗的乘积均等于传输线特性阻抗的平方,这种特性称之为 $\lambda/4$ 阻抗变换性。

综合上述 3 种情况,对无耗传输线来说,其传输特性均有 $\lambda/2$ 重复性和 $\lambda/4$ 变换性。

4.2 天 线 基 础

天线是用来辐射和接收无线电波的装置,它的选择与设计是否合理,对整个无线电通信系统的性能有很大的影响,若天线设计不当,就可能导致整个系统不能正常工作。

实质上,天线是一个转换器,它把高频电流形式(或导波形式)的能量转换为同频率的电磁波能量,或反之。因此,在利用无线电波进行工作的一切电子工程,特别是雷达、导航等系统中,天线是必不可少的重要设备之一。

4.2.1 天线分类

天线的种类繁多,分类方法不一。按用途分为广播天线、电视天线、雷达天线、导航天线等;按工作波长分为长波、中波、短波、超短波和微波天线等;按使用方法分为发射天线、接收天线和收发共用天线等;按方向特性分为强、弱方向性天线、定向天线、全向天线等;按极化特性分为线极化天线(垂直极化、水平极化)、圆极化(左旋和右旋圆极化)天线、椭圆极化天线等;按频率特性分为窄、宽和超宽频带天线等;个别时候还按馈电方式分为对称天线、不对称天线、驻波天线和行波天线等;但更多的是按结构分为线天线和面天线两大类;再由天线外形形状又分为 T 形天线、P 形天线、V 形天线、菱形天线、螺旋天线、环行天线、喇叭天线、反射抛物面天线以及微带天线、单脉冲天线和相控阵天线等。

4.2.2 天线的电参量

天线质量的优劣取决于天线的性能,通常表示天线各种性能的电参量为:

(1)辐射功率 P_r。表示天线向空间辐射的电磁波功率。P_r 是发射机输入到天线的功率 P_i 与天线中损耗的功率 P_1 之差,即 $P_r = P_i - P_1$。

(2)天线效率。表示辐射功率与输入到天线的总功率之比。

(3)方向性。表示天线向一定方向集中辐射电磁波的能力,即定向辐射的能力,常用下列参数判断:

1)方向性图。表示天线在不同方向上辐射场的相对大小,即场强与方向间的关系。

2) 主瓣宽度。半功率点上的主花瓣宽度(以角度计)。

3) 方向性系数 D。天线的方向性系数天线在最大辐射方向的电场强度值的平方与辐射功率相同的各向均匀辐射天线电场强度值平方之比,即最大辐射方向的功率通量密度与辐射功率相同的各向均匀天线的辐射功率通量密度之比。

4) 增益系数 G。增益系数是方向性系数与效率的乘积。如果把效率为1的无方向性天线称为理想的无方向性天线,那么天线的增益系数表示天线在最大辐射方向上比起理想的无方向性天线来说,其输入功率增大的倍数。

(4)频带宽度。当工作频率变化时,天线的各种电参数不超过允许变动值的频率范围,称为天线的频带宽度。

(5)输入阻抗。天线在馈电点的电压与电流的比值等于输入阻抗。要使天线从馈线得到最大功率必须使天线和馈线匹配良好,即天线的输入阻抗须等于馈线的特性阻抗。

(6)极化。极化是指电场矢量在空间的取向。天线的极化是指在最大辐射方向上的电场矢量的取向。天线的极化必须和它辐射的电磁波的极化一致。电磁波的电场垂直地面时称为垂直极化,与地面平行时称为水平极化,电磁波有左旋或右旋圆极化,也有左旋或右旋椭圆极化,与此相应的天线称为垂直极化天线、水平极化天线、左旋或右旋圆极化天线、左旋或右旋椭圆极化天线。接收天线和发射天线的极化方向必须一致,否则将影响接收效果。

除此之外,天线还有一些电参数,如天线的有效面积、表面利用系数等。

对于任何天线,实际上都有一些共同要求:如机械强度牢固、使用可靠、尺寸小、质量轻、天馈系统匹配良好、结构简单易调整、使用安全、安装时间短、成本低等。

4.2.3　常见天线的特性

1.偶极天线

偶极天线(见图 4-3)一般是圆棍式的全向天线,全向天线以水平 360°信号覆盖,不同的全向天线有不同大小的垂直方向的发射夹角,一般约为 60°。

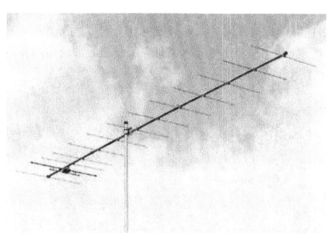

图 4-3　偶极天线

偶极天线架设简单,有着极高的效率和信噪比,适合中近程距离通信的入射仰角和接近 8字形的辐射波瓣,成本最低,因此使用最普遍。

2. 长线天线

长线天线是指天线长度大于一个波长而且是半波长的整数倍的天线。长线天线配合自动天调或手动天调,不用修剪振子可实现效率接近 60%,由于是不对称天线,所以底噪大,效率低。

3. 垂直天线

垂直天线(见图 4-4)是指与地面垂直放置的天线。它有对称与不对称两种形式,而后者应用较广。对称垂直天线常常是中心馈电的。不对称垂直天线则在天线底端与地面之间馈电,其最大辐射方向在高度小于 1/2 波长的情况下,集中在地面方向,故适用于广播。不对称垂直天线又称垂直接地天线。垂直天线有着全向辐射和低仰角的优点,但因为是垂直架设,所以底噪大。

图 4-4 垂直天线

4. 八木天线

八木天线(见图 4-5)又叫作引向天线。它由几根金属棒组成,其中一根是辐射器,辐射器后面一根较长的为反射器,前面数根较短的是引向器。辐射器通常用折叠式半波振子。天线最大辐射方向与引向器的指向相同。八木天线的优点是结构简单、轻便坚固、馈电方便,缺点是频带窄、抗干扰性差、造价高。这种天线主要应用在超短波通信和雷达中。

图 4-5 八木天线

5.抛物面天线

抛物面天线(见图 4-6)是一种定向微波天线,由抛物面反射器和辐射器组成,辐射器装在抛物面反射器的焦点或焦轴上。辐射器发出的电磁波经过抛物面的反射,形成方向性很强的波束。抛物面反射器由导电性很好的金属做成,主要有旋转抛物面、柱形抛物面、割截旋转抛物面和椭圆形边缘抛物面四种方式,最常用的是旋转抛物面和柱形抛物面。辐射器一般采用半波振子、开口波导、开槽波导等。抛物面天线具有结构简单、方向性强、工作频带较宽等优点。缺点是:①由于辐射器位于抛物面反射器的电场中,因而反射器对辐射器的反作用大,天线与馈线很难得到良好匹配;②背面辐射较大;③防护度较差;④制作精度要求高。这种天线广泛应用在微波中继通信、对流层散射通信、雷达及电视中。

图 4-6　抛物面天线

6.透镜天线

在厘米波段,许多光学原理可以用于天线方面。在光学中,利用透镜能使放在透镜焦点上的点光源辐射出的球面波,经过透镜折射后变为平面波。透镜天线(见图 4-7)就是利用这一原理制作而成的。它由透镜和放在透镜焦点上的辐射器组成。透镜天线有介质减速透镜天线和金属加速透镜天线两种。透镜由低损耗高频介质制成,中间厚,四周薄。从辐射源发出的球面波经过介质透镜时被减速,所以球面波在透镜中间部分被减速的路径长,在四周部分被减速的路径短。因此,球面波经过透镜后就变成平面波,也就是说,辐射变成为定向的。透镜由许多块长度不同的金属板平行放置而成,金属板垂直于地面,愈靠近中间的金属板其长度愈短。电波在平行金属板中传播时被加速。从辐射源发出的球面波经过金属透镜时,愈靠近透镜边缘,被加速的路径愈长,而在中间被加速的路径就短。因此,经过金属透镜后的球面波就变成为平面波。透镜天线具有下列优点:①旁瓣和后瓣小,因而方向图较好;②制造透镜的精度要求不高,因而制造比较方便。其缺点是效率低,结构复杂,价格昂贵。这种天线主要应用在微波中继通信中。

图 4-7　透镜天线

4.3 电波传播

一般情况下,将电波传播方式分为天波传播和地面波传播、视距传播、不均匀媒质传播等,如图4-8所示。其中图4-8(a)表示天波传播方式,图4-8(b)表示地面波传播方式,图4-8(c)表示视距传播方式,图4-8(d)表示不均匀媒质传播方式。为建立电波传播的基本概念,本节首先介绍无线电波在自由空间的传播及传输媒质对电波传播的影响,然后再对上述几种具体的传输方式加以说明。

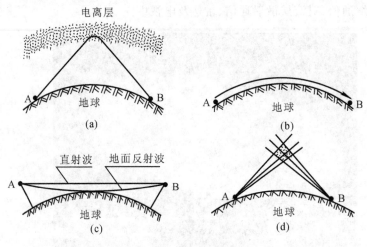

图4-8 电波传播方式

(a)天波;(b)地面波;(c)空间波;(d)散射波

4.3.1 无线电波传播的基本概念

1. 无线电波在自由空间的传播

在空间传播的交变电磁场称为电磁波,通常将频率在3 000 GHz以下的电磁波称为无线电波。当把射频信号加至天线输入端时,天线就可以有效地把射频信号所包含的电磁能量辐射到空间中去。即发射机所产生的射频能量通过天线转化成为空间电磁波。

空间电磁波是由天线上的射频信号形成的,其变化规律取决于射频信号的变化规律。当天线射频电流按正弦规律变化时,空间各点的电场强度和磁场强度随之按正弦规律变化,并且在其传播方向上也按正弦规律分布。

2. 传输媒质对电波传播的影响

(1)传输损耗。电波在实际的媒质(信道)中传播时是有能量损耗的。这种能量损耗可能是由于大气对电波的吸收或散射引起的,也可能是由于电波绕过球形地面或障碍物的绕射而引起的。

(2)衰落现象。所谓衰落,一般是指信号电平随时间的随机起伏。根据引起衰落的原因分类,大致可分为吸收型衰落和干涉型衰落。

吸收型衰落主要是由于传输媒质电参数的变化,使得信号在介质中的衰减发生相应的变化而引起的。由这种原因引起的信号电平的变化较慢,所以称为慢衰落。

干涉型衰落主要是由随机多径干涉现象引起的。这种原因引起的信号电平的变化很快,所以称为快衰落。

(3)传输失真。无线电波在介质中传输时,除产生传输损耗外,还会产生失真——振幅失真和相位失真。产生失真的原因有两个:一是介质的色散效应,二是随机多径传输效应。

色散效应是由于不同频率的无线电波在介质中的传播速度有差别而引起的信号失真。载有信号的无线电波都占有一定频带,当电波通过介质传播到达接收点时,由于各频率成分传播速度不同,因而不能保持原来信号中的相位关系,从而引起波形失真。至于色散效应引起信号畸变的程度,则要结合具体信道的传输情况而定。

多径传输也会引起信号畸变。这是因为无线电波在传播时通过两个以上不同长度的路径到达接收点,接收天线所接收的信号为从几个不同路径传来的信号电场强度之和,如图 4-9 所示。

(4)电波传播方向的变化。当电波在无限大的均匀、线性介质内传播时,射线是沿直线传播的。然而电波传播实际所经历的空间场所是复杂多样的:不同介质的分界处将使电波折射、反射;介质中的不均匀体如对流层中的湍流团将使电波产生散射;球形地面和障碍物将使电波产生绕射;特别是某些传输介质的时变性使射线轨迹随机变化,使得到达接收天线处的射线入射角随机变化,使接收信号产生严重的衰落。如图 4-10 所示为电离层对电波传播的影响。

因此,在研究实际传输介质对电波传播的影响问题时,电波传播方向的变化也是重要内容之一。

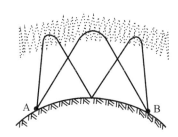
图 4-9　电波传播的多径效益

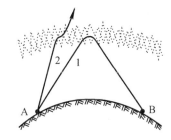
图 4-10　电离层对电波的折射作用

4.3.2　天波传播

天波传播通常是指自发射天线发出的电波在高空被电离层反射后到达接收点的传播方式,有时也称电离层电波传播,主要用于中波和短波波段。

天波传播有以下特点:

(1)频率的选择很重要,频率太高,电波会穿透电离层射向太空;频率太低,电离层吸收太大,以至不能保证必要的信噪比。

(2)天波传播的随机多径效应严重,多径时延较大,信道带宽较窄。因此,对传输信号的带宽有很大限制,特别是对数字通信来说,为了保证通信质量,在接收时必须采用相应的抗多径措施。

（3）天波传播不太稳定，衰落严重，在设计电路时必须考虑衰落影响，使电路设计留有足够的电平余量。

（4）电离层所能反射的频率范围是有限的，一般是短波范围。由于波段范围较窄，因此短波电台特别拥挤，电台间的干扰很大，尤其是夜间，由于电离层吸收减少，电波传播条件有所改善，台间干扰更大。

（5）由于天波传播是靠高空电离层的反射，因而受地面的吸收及障碍物的影响较小，所以这种传输方式的传输损耗较小，因此能以较小功率进行远距离通信。

（6）天波通信，尤其是短波通信，具有建立迅速、机动性好、设备简单等优点。

4.3.3　地面波传播

无线电波沿地球表面传播的传播方式称为地面波传播。其特点是：

（1）地面波传播主要用于长、中波传播。当短波小型电台采用这种传播方式工作时，只能进行数千米或十几千米的近距离通信。海水的电导率比陆地的高，因此在海面上要比在陆地上传的远得多。

（2）地面波由于地表面的电性能及地貌、地物等并不随时间很快地变化，并且基本上不受气候条件的影响，因此信号稳定，这是其突出优点。

（3）只有垂直极化波才能进行地面波传播。

4.3.4　视距传播

所谓视距传播，是指发射天线和接收天线均处于视线距离内的传播方式。它主要用于超短波和微波波段的电波传播。其特点为：

（1）当工作波长和收、发天线间距都不变时，接收点场强随天线高度的变化在零值与最大值之间波动。

（2）当工作波长和两天线高度都不变时，接收点场强随两天线间距的增大呈波动变化，间距减小，波动范围减小。

（3）当两天线高度和间距都不变时，接收点场强随工作波长呈波动变化。

4.3.5　不均匀介质的散射传播

当电波在低空对流层或高空电离层下缘遇到不均匀的"介质团"时就会发生散射，散射波只有一部分到达接收天线处。这种传播方式称为不均匀介质的散射传播。散射传播具有以下特点：

（1）由于传输损耗很大，散射波相当微弱，因此散射通信要采用大功率发射机，高灵敏度接收机和高增益天线。

（2）由于散射体是随机变化的，它们之间在电性能上是相互独立的，因而它们对接收点的场强影响是随机的。这种随机多径传播现象，使信号产生严重的快衰落。

（3）这种传播方式的优点是：容量大、可靠性高、保密性好，一般用于无法建立微波中继站的地区，如用于海岛之间或跨越湖泊、沙漠、雪山等地区。

习　　题

1. 何谓微波? 微波有何特点?

2. 传输线主要有哪几种? 它们的特点分别是什么?

3. 对传输线的基本要求是什么?

4. 设一特性阻抗为 50 Ω 的均匀传输线终端接负载 $R=100\ \Omega$,求负载反射系数 Γ。在离负载 0.2λ,0.5λ 处的输入阻抗及反射系数分别为多少?

5. 证明:无耗传输线上任意相距 $\lambda/4$ 的两点处的阻抗的乘积等于传输线特性阻抗的二次方。

6. 什么是衰落? 简述引起衰落的原因。

7. 简述天线的功能。

8. 从接收角度讲,对天线的方向性有哪些要求?

9. 试分析夜晚听到的电台数目多且杂音大的原因。

10. 什么是视距传播和天波传播? 分别简述其特点。

11. 什么是传输失真? 简述引起传输失真的原因。

第 5 章 通 信 系 统

通信系统用于飞机与地面站或与其他飞机之间进行通信联络,机组人员与驾驶舱和地面人员之间互相通话,在飞机内机组人员之间进行通话,向旅客传送话音和娱乐信号,以及进行话音数据的记录等。

民航飞机的通信系统大体上分为两类,一类是机外通信系统,另一类是机内通信系统。飞机的型号不同,所安装的通信系统也会有一些差异。

机外通信系统主要包括:

(1)高频(High Frequency,HF)通信系统。

(2)甚高频(Very High Frequency,VHF)通信系统。

(3)卫星通信(Satellite Communication,SATCOM)系统。

(4)选择呼叫(Selective Calling,SELCAL)系统。

(5)通信寻址报告系统(Aircraft Communications Addressing and Reporting System,ACARS)。

(6)应急定位发射机(Emergency Locator Transmitter,ELT)等。

HF 通信系统的工作频率范围为 2~29.999 MHz,用于飞机与地面站或与其他飞机之间进行远距离通信联络。VHF 通信系统的工作频率范围为 118~136 MHz,用于视线距离内的通信联络。SATCOM 系统利用人造地球卫星作中继,实现飞机和地面站之间的信息传输,通信距离更远,覆盖面积更大。SELCAL 系统供地面人员向某一指定的飞机进行呼叫,地面发出的音频信号通过高频通信系统或甚高频通信系统传输到飞机上,并以灯光和音响告知飞行员。ACARS 主要用于在飞机和地面站之间通过无线电或卫星传输短消息和报文。ELT 用于在飞机失事情况下发出呼救信号,帮助进行搜救工作。

机内通信系统主要包括:

(1)内话系统(Interphone,INT)。

(2)呼叫系统(CALL)。

(3)旅客广播(Passenger Address,PA)。

(4)驾驶舱话音记录器(Cockpit Voice Recorder,CVR)等。

其中,内话、呼叫、旅客广播等系统也被统称为音频综合系统(Audio Integrated System,AIS),主要用于各类人员(包括飞行机组、乘务员、乘客以及地面维护人员等)之间的信息交换。CVR 用于记录机组人员与地面的通信和驾驶舱内的谈话情况,供飞机出现问题时作参考。

飞机上需要对无线电及音频通信进行管理,即管理和控制通信、导航、音频警告等系统中的无线电和音频信号,并为机组人员提供人机操作界面,使机组人员能够处理各种通信需要,同时还可对机载导航系统的语音和识别码进行监控。在现代民航大型运输机上,通常不会设置很多单独的控制器,而是把通信系统的控制功能组合成控制面板。控制面板是无线电和音频管理的人机接口(Human Machine Interface,HMI)设备,通过这些面板,机组人员能够选择所需的无线电通信设备、导航设备、内话和广播系统,以进行发话、收听和监控。

一般机长、副驾驶和观察员的位置各安装有一个音频控制面板(Audio Control Panel, ACP)。另外,还有无线电通信面板(Radio Communication Panel,RCP)、无线电管理面板 (Radio Management Panel,RMP)或调谐控制面板(Tuning Control Panel,TCP)等面板,在遥控电子组件(Remote Electronics Unit,REU)或音频管理组件(Audio Management Unit, AMU)等设备管理下,一起完成无线电和音频管理功能。

随着机载通信系统的发展,A380 飞机专门设立了无线电及音频综合管理系统(Radio and Audio Integrating Management System,RAIMS),用来帮助进行音频、无线电和数据管理,以及呼叫指示。在 B777 和 B787 飞机上,有专门的数据通信管理功能(Data Communications Management Function,DCMF),对机组与地面之间,以及飞机系统与计算机之间的数据通信进行管理。

本章将对几种主要的机外通信系统进行详细介绍。

5.1　甚高频通信系统

5.1.1　系统功能组成

1.概述

甚高频(VHF)通信系统是目前民航飞机主要的通信设备,主要用于近距离通信,如飞机与地面台站、飞机与飞机之间进行双向话音和数据通信联络,特别是飞机在起飞、降落时或通过管制空域时机组人员和地面管制人员的双向语音通信。由于起飞和降落时期是驾驶员处理问题最繁忙的时期,也是飞行中最容易发生事故的时期,必须保证甚高频通信的高度可靠,所以民航飞机上一般都装有 2 套或 3 套该系统。

甚高频通信系统采用调幅工作方式,工作频率为 118.00～136.975 MHz,频道间隔为 25 kHz,这是国际民航组织规定的频率范围和频道间隔,可设置 700 多个频道供飞机和地面台选用,近年来为节约频带,也选择 8.33 kHz 的间隔。其中空中交通管制人员与飞行机组之间的通话主要集中在 118.00～121.400 MHz,121.500 MHz 为遇难呼救的全世界统一的频道, 121.600～121.925 MHz 主要用于地面管制。

VHF 使用甚高频无线电波,由于频率较高,其表面波衰减较快,所以它的有效传输距离较短,只在视距(line-of-sight)范围之内,电波受对流层、地形、地物的影响也较大,而且传输距离随高度变化,在高度为 300 m 时传输距离约为 74 km。

VHF 通信采用单信道半双工工作方式,即交替用同频率发射和接收。机载电台和地面台都有按压通话(Press To Talk,PTT)开关,按下时处于发射状态,松开时则为接收状态。每个地面台都有一个指定的工作频率,并覆盖一定地区,在此地区内,飞机均用此频率与其通话。因此,当某个地面台管制员正与某架飞机的飞行员通话时,覆盖区内其他飞机的飞行员也能听到他们的通话内容,这便于飞行员了解邻近飞机的飞行动态,有利于保障飞行安全。

甚高频通信系统由收发机、控制面板和天线三部分组成。收发机用频率合成器提供稳定的基准频率,信号调制到载波后,通过天线发射出去。接收机从天线上收到信号后,经过放大、检波、静噪处理之后变成音频信号,输入驾驶员的耳机。天线一般都安装在机腹和机背上。

2.系统组成

VHF 通信系统主要由这些部件组成:无线电通信面板(RCP)、VHF 收发机、VHF 天线, 如图 5-1 所示。

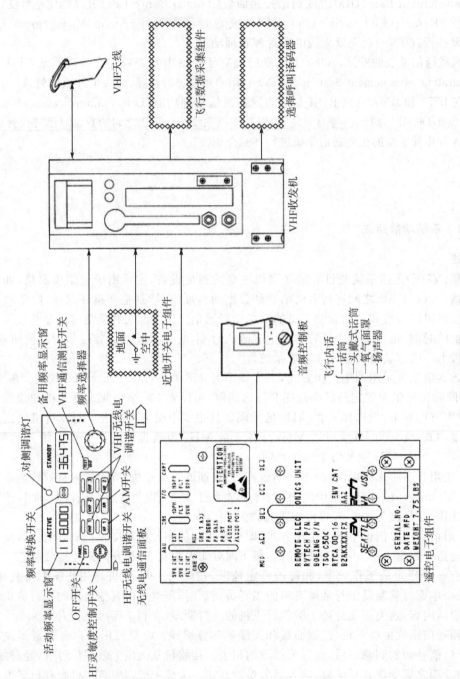

图5-1　甚高频通信系统组成

RCP 用于选择调谐 VHF 收发机所需的频率。旋钮上方有两个频率显示窗,从指示的数字就可知道所选的频率。

VHF 收发机发射电路用话音音频调制射频(Radio Frequency,RF)载波信号,接收电路解调进来的 RF 载波信号,从中检测出音频信号,供机组和其他飞机系统使用。

VHF 天线用于发射和接收 RF 信号。天线通常是刀型天线,长度通常为 12 in[①],天线与发射电路的阻抗是匹配的,甚高频收发机的输出阻抗为 50 Ω。天线通过同轴电缆与甚高频收发组件相连。

VHF 通信系统与这些部件/系统相连:遥控电子组件(Remote Electronics Unit,REU),近地开关电子组件(Proximity Switch Electronics Unit,PSEU),选择呼叫译码器组件,飞行数据获取组件(Flight Data Acquisition Unit,FDAU)。

5.1.2　系统工作原理

VHF 收发机用于发射和接收信息,一般为固态器件,包括电源、频率合成器、接收器、调制器、发射器、微处理器。

1. 发射原理

VHF 收发机的发射原理如图 5 - 2 所示。VHF 收发机从遥控电子组件接收音频,收发机经发射电路发送信号并发给天线进行发射。

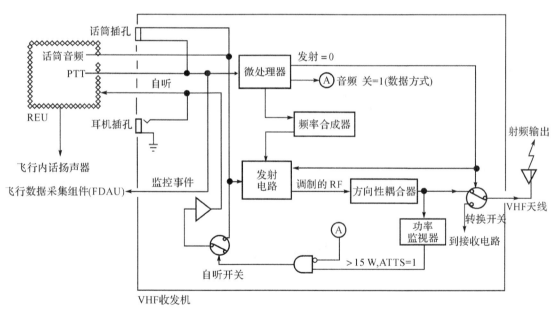

图 5 - 2　VHF 收发机发射原理

发射期间,微处理器从 REU 接收 PTT 信号,这使微处理器向转换开关发送一个逻辑位,转换开关把发送电路的输出连到 VHF 天线。

来自 REU 的话筒音频进入收发机的发射电路,发射电路用话筒音频调制 RF 载波,产生

---

①　1 in=2.54 cm。

调幅 RF 信号,这个信号进入转换开关,经转换开关送入天线,天线发射 RF 信号。

来自方向性耦合器的 RF 输出也被送入功率监视器,当输出功率大于 15 W 时,功率监视器发射一个逻辑"1"。当输出功率大于 15 W,且收发机在话音方式时,自听开关闭合,话筒音频经 REU 送给飞行内话扬声器。

2. 接收原理

VHF 接收机是一种二次变频的超外差接收机,用于接收调幅信号,接收原理如图 5-3 所示。

VHF 天线接收 RF 信号并经同轴电缆把它们传给 VHF 通信收发机。收发机经接收电路从 RF 信号中解调出音频信号,并把音频送给飞行内话系统。收发机还向选择呼叫译码器发送数据。

微处理器向频率合成器传送接收频率,频率合成器设置 AM 接收机的频率。当收发机处于接收方式时,微处理器也向转换开关发送一个逻辑"1"并合上转换开关,把从天线来的 RF 信号发送给 AM 接收机。

AM 接收机解调 RF 输入并检出音频信号,从 AM 接收机来的音频输出进入数据输出电路、开关 S_1 和静噪比较器电路。音频输出电路向飞行内话系统和耳机插孔发送音频信号。

静噪比较器电路把检出的音频与门限值进行比较,如果检出的音频电平高于门限值,静噪电路将向开关 S_1 发送一个地信号,开关 S_1 闭合并把音频发给音频输出电路。

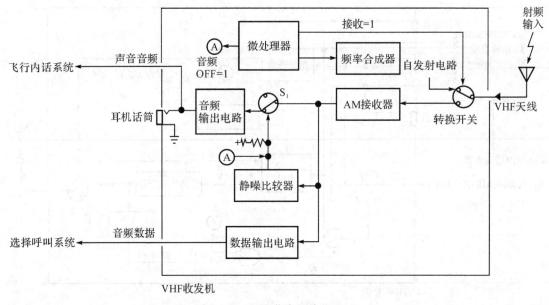

图 5-3 VHF 收发机接收原理

5.1.3 主要电路工作原理

20 世纪 80 年代通用的甚高频系统内的收发机是全固态收发机,它主要由电源、频率合成器、接收机、调制器和发射机组成。

甚高频频率合成器含有一块晶体控制的振荡器,由于使用了固态锁相环路和转换电路,所以可导出多个精确的射频输出频率。

在甚高频接收机的射频预选器内装有压变电容器(变容二极管),用它作为电子调谐而取代了老式的机械调谐。发射机内的射频放大器使用了宽带技术,从而取消了老式收发机的机械调谐。调制器电路能把话筒音频输入放大到发射机所需的电平。固态的收-发电门为收发机的工作提供了所需的转换速度和可靠性。

1. 发射/接收转换电路

发射/接收转换电路如图 5-4 所示。

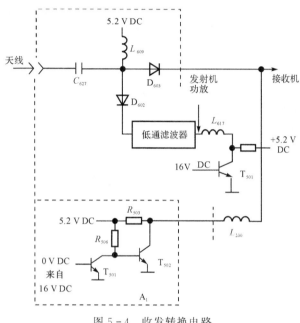

图 5-4　收发转换电路

来自天线的射频信号经预选器内发射部分的 D_{603}。在接收方式,由于没有 16 V 直流电压加至 T_{501} 的基极,因此 T_{501} 关断,T_{502} 导通。T_{502} 经 L_{200} 提供的通路,使 D_{603} 为正向偏置而导通,因而信号可进入接收机。

在发射时,16 V 直流电压使 T_{501} 导通,由 T_{501} 来的逻辑"0"经低通滤波器使 D_{602} 正向偏置导通,而 D_{603} 反向偏置截止,使天线与接收机断开。

2. 预选器电路

预选器电路用于对天线接收的频率进行选频以得到所需的频率,然后加至平衡混频器,如图 5-5 所示。

预选器电路是一个三级滤波器,每个滤波器由空气式线绕高 Q 值线圈组成,其线圈的调谐是由变容二极管进行。将频率合成器来的调谐电压加至变容二极管,就可改变变容二极管的电容,从而达到改变频率的目的。当频率合成器加至变容二极管的电压为直流 6.7～14 V 的时候,频率变化范围为 118.000～135.975 MHz。

3. 平衡混频器

平衡混频器把预选器的输出与频率合成器注入的频率进行混频以产生 20 MHz 差频,即中频。目前应用比较广泛的是双栅 MOS 场效应管混频器。

双栅 MOS 场效应管简称 DGMOS 管,其符号和转移特性如图 5-6(a)所示,离源极近的栅

极叫第一栅极 G_1，离漏极近的栅极叫第二栅极 G_2。与晶体三极管混频相比，因为场效应管具有平方律特性，所以场效应管混频器具有动态范围大、非线性失真小、更适于高频工作的特点。

从转移特性曲线可看出，第二栅极电压 u_{G2S} 的大小可以控制管子的跨导，u_{G2S} 越大，双栅场效应管的跨导越大。当用 DGMOS 管作放大器时，把 G_2 交流接地，可以将 G_1 和漏极 D 屏蔽起来，使管子的漏极到信号输入栅 G_1 间的电容减小到 $0.03 \sim 0.05$ pF，从而使放大器的工作频率提高。另外，通过改变第二栅极的直流电压可以构成增益可控放大器。

平衡混频电路如图 5-6(b)所示。利用 DGMOS 管作混频器时，信号由第一栅极 G_1 输入，本振电压由第二栅极 G_2 注入，通过本振电压对 DGMOS 管跨导的控制实现混频。

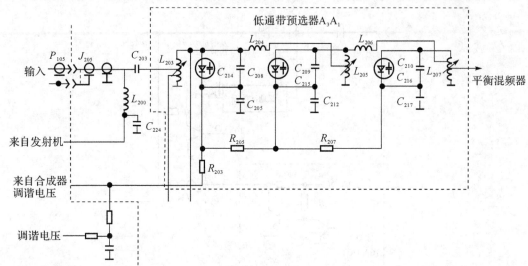

图 5-5 预选器电路

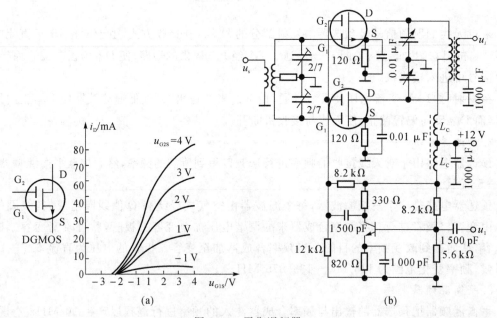

图 5-6 平衡混频器

(a)DGMOS 管符号和转移特性；　(b)平衡混频电路

平衡混频电路中,两管第一栅极的信号电压相位相差 180°,第二栅极 G_2 注入相位相同的本振电压,大小约为 2 V。通过调整微调电容可以保证两管电路的对称。双栅场效应管混频电路由于本振与输入信号由不同的栅极输入,大大减小了两者之间的耦合,有利于工作频率的提高和性能的稳定。

4. 中频放大器和检波器

20 MHz 中频放大器由两个带通滤波器和五级放大器组成,如图 5 - 7 所示。

带通滤波器保证接收机的选择性,放大器提供 100 dB 的增益。前三个中频放大器的增益由自动增益控制电压控制。自动增益控制电压是由检波器产生的直流电压,经低通滤波器自动增益控制放大器加至中频放大器的前三级中放。该中频信号经 D_{203} 检波,得到音频包络信号,甚高频接收机内所用的检波器是普通的串连式二极管检波器,其音频随后加至音频电路。

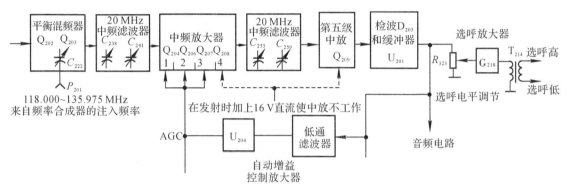

图 5 - 7　中频放大器和检波器

5. 音频电路

音频输出电路由噪声限制器、压缩器、有源滤波器和功率放大器组成,如图 5 - 8 所示。

(1)噪声限制器和压缩器。检波出来的音频由脉冲型噪声滤波器加至音频压缩器。音频压缩器的作用是在所接收的信号调制幅度从 40% 变化到 90% 时保持音频输出电压变化值在 3 dB 之内,压缩器由带有可变电压分压器电路的两个放大器组成。放大器 U_{219} 提供 6.5 V 电压增益以驱动有源滤波器电路。U_{219} 的输出由 U_{220} 抽样并放大,而 U_{220} 的输出电压电平是由 R_{320} 调节的。U_{220} 的输出被 D_{231} 和 D_{232} 整流以提供正电压,该电压对 C_{333} 充电。

当音频信号达到对 C_{333} 正向充电所需的电平时,D_{230} 开始导通。当 D_{231} 和 D_{230} 开始导通时,经 D_{231} 和 C_{333} 至地和经 D_{230} 至地形成低音频阻抗通路。如果检波的音频电平增加了,则 D_{231} 和 D_{230} 将进一步正向偏置,这就使对地阻抗更低。这个变化的电压分压器的作用是减少 U_{219} 的音频输入,以保持近似于恒定的输出。

(2)有源滤波器。压缩器电路的音频输出加至低通有源滤波器,有源滤波器使用三级有源低通谐振滤波器(又称电子滤波器)。有源滤波器的作用是在频率从 300 Hz 到 2.5 kHz 变化时保持理想的平坦响应(±1 dB)。

(3)音频功率放大器。音频功率放大器由两级放大器和一个输出阻抗匹配变压器组成。第一级放大器 U_{220B} 提供 7 V 电压增益去激励输出放大器 U_{203}。放大器 U_{203} 把音频电平升至 100 mW 输出电平,然后输出信号经 T_{203} 耦合,以提供 600 Ω 的平衡输出至后插头。放大器 U_{203} 还受静噪电路控制,如图 5 - 9 所示。当 D_{209} 的正端加有来自静噪触发器的负电压时,放大器关断；当 D_{209} 加有正电压时，放大器工作。

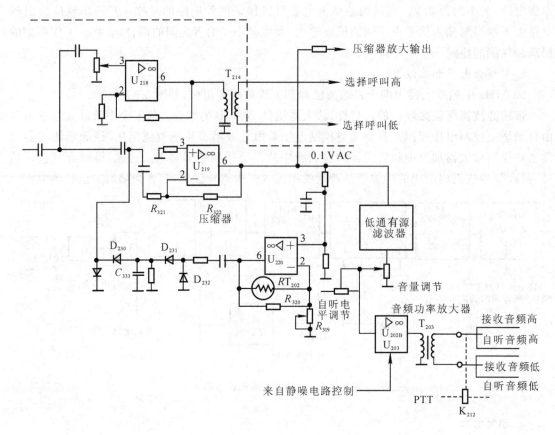

图 5-8　音频电路

6.静噪电路

静噪电路由三个探测器和一个能关断、接通音频功率放大器 U_{203} 的开关组成。感测器是一个带有噪声限幅器和载波超控噪声感测器的载波噪声比（静噪比）电路。静噪电路原理如图 5-9所示。

（1）静噪开关。静噪开关实际是一个电路，它由运算放大器 U_{206} 和有关的部件组成，U_{206} 被连接成有正回馈的高增益的电路，它能提供触发器转换功能。静噪开关的主要输入，来自静噪比感测器和噪声限幅器。当未加射频载波时，载波噪声比感测器的正电压耦合至 U_{206} 的反向输入端，U_{206} 输出是负值，它关断音频功率放大器 U_{203}。当载波噪声比大于 6 dB 时，断开 U_{206} 反向输入端的正电压，这样 U_{206} 输出转换为正值，使音频功率放大器工作。在这种情况中，要求噪声限幅器感测器有个输出，以便在断开载波时防止放大器产生的噪声。噪声限幅器用于感测载波的断开，并把一个正向电压加到 U_{206} 反向输入端以在载波噪声比感测器恢复时关断音频功率放大器。

静噪开关的第二个输入来自载波超控噪声感测器。当载波噪声比感测器检测到噪声（例如我们听不见的寄生振荡）而要抑制音频输出时，就需要这种功能。当射频载波等于或大于 20 μV 时，载波超控噪声感测器就把一个正值电压加至 U_{206} 的非反向输入端。由于这个输出正比于载波超控噪声感测器输出，所以 U_{206} 输出变为正值，使音频功率放大器工作。

收发机还连接有外部静噪控制,该控制通过改变 U_{206} 非反向输入端的正向偏置以达到控制静噪门限值的目的。

(2)载波噪声比静噪感测器。感测器使用接收机正常产生的噪声以提供输出电压,这个输出电压导致静噪开关工作抑制接收机音频输出。感测器由一个高通滤波器,噪声放大器和由两个并联二级管组成的限幅器和积分器组成。

来自检波器的接收机噪声加至感测器高通滤波器,滤波器抑制低于 8 kHz 以下的音频频率,以防止正常的话音发射影响感测器。滤波器输出加至高增益噪声放大器 U_{204},C_{202} 为噪声信号耦合电容,D_{207} 提供噪声信号的并联整流。正电压经 R_{287} 和 C_{288} 滤波然后加至静噪开关 U_{206},使音频功率放大器不工作,抑制音频输出。

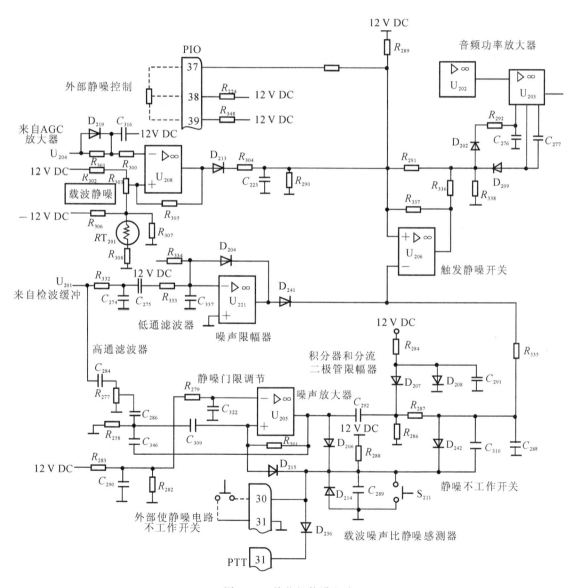

图 5-9　接收机静噪电路

当按下静噪不工作开关 S_{211} 时,经 D_{215} ,D_{206} 和 D_{242} 二极管使感测电路接地,此时 U_{206} 输出转为正值使音频功率放大器工作可以输出。按下发话按钮也能起到相同的作用,此时自听信号就可经接收机音频功率放大器进行放大。

当接收到射频信号时,中频自动增益控制电路就会减少接收机噪声。调节静噪门限电位计,可使电路在所需的静噪比值时有音频输出。

(3)噪声限幅器。噪声限幅器电路防止在载波噪声比感测恢复工作之前,以及在接收到的发射结束时听到所产生的噪声。该电路由一个低通滤波器和一个高增益放大器组成。

当接收到射频信号时,通过检测音频得到的正向电压从检波器缓冲器 U_{201} 加至低通滤波器。R_{334} 和 D_{204} 的偏置滤波器抑制输入,并使放大器 U_{221} 输出接近 0 V 直流电压,当没有射频信号时,正向电压很快降至零值。这种负瞬变电压经滤波器耦合至 U_{221} 的反向输入端,使 U_{221} 输出变为正,然后加至静噪电门 U_{206} 反向端,其输出关断,功率放大器无音频输出。这种状态一直保持到自动增益控制和载波噪声比静噪感测器恢复为止。

(4)载波超控静噪感测器。载波超控静噪感测器能够超控载波噪声静噪感测器。当接收到的信号强度为 20 mV 或更大时,电路将使音频放大器工作,不管载波噪声静噪是否工作。

该电路由运算放大器 U_{208} 和有关的部件组成。为对 U_{208} 非反向输入端提供正确的偏置,可调节 R_{303} 值。当接收到等于或大于 20 μV 的信号时,加到 U_{208} 反向输入端的自动增益输入电压相对于非反向输入端为负值,则 U_{208} 输出变为正值,这个正值控制音频功率放大器 U_{208} 使之工作。

7. 调制器

调幅调制器电路能把话筒音频信号输入放大到调制发射机所需的电平,它为发射机激励器和功放级提供 13.5 V 额定直流电压。调制器输出电压变化范围为 0.5~27 V 直流电压,这样就可以提供 90% 的调制度。调制器由压缩器和防止过调的限制器组成,其工作就像一个接收话筒音频信号输入的可变电压串联调压器电源调制放大器电路如图 5-10 所示。

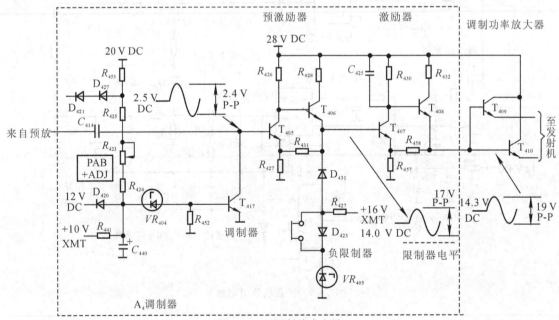

图 5-10 调制放大电路

（1）预放大器。话筒音频信号输入经变压器耦合，低通滤波器滤波加至预放大器，预放大器由 T_{404} 和 T_{411} 组成，它可以提供足够大的电压增益给激励器。

（2）预激励器。预激励器级产生额定的调制器输出电压，它提供信号电压增益，预激励器包括调制器限幅器电路。

调制器额定输出电压是由加至 T_{405} 的基极电压来控制的。当发话按钮按下时，接通 16 V 发射机串连调压器，该电压加至 R_{423} 和功率放大器 PAB＋ADJ 电阻之间。T_{405} 基极电压可在 $2.3\sim3.0$ V 之间变化，以控制调制器的额定输出电压。额定电压和峰值-峰值信号幅值如图 $5-10$ 所示。

T_{406} 的集电极电路对负信号峰值进行限幅。限幅值是由跨接在 R_{127} 至地之间的 16 V 直流发射电压来建立的。该分压电路为 D_{431} 的阴极提供 5.2 V 直流偏压。通过 VR_{405} 可防止负信号峰值降到 3.9 V 以下。

（3）激励器和功率放大器。由 T_{407} 到 T_{410} 组成的激励器和功率放大器为发射机激励器和功率放大工作提供所需的功率增益。其额定电压和信号幅值如图 $5-10$ 所示。

（4）压缩器电路。音频压缩电路能在不用限幅器的情况下，在输入信号有效值从 $0.125\sim 2.5$ V 变化时保持近似恒定的载波调制。实际上它的作用就是自动使音频放大量减少，防止音频信号太强时引起过调。压缩器电路由调制检波器 D_{407}，控制放大器 T_{412} 与 T_{416} 和桥式衰减二极管 D_{412}，D_{413}，D_{415} 和 D_{416} 组成，如图 $5-11$ 所示。

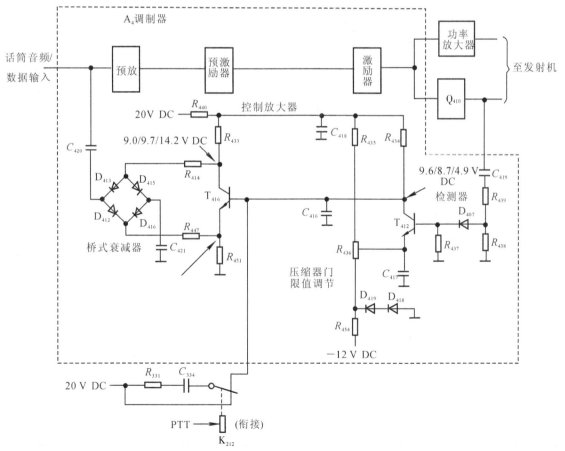

图 $5-11$ 调制器压缩电路

当调制器输出幅值低于压缩器门限值时，T_{412} 关断，T_{416} 导通。T_{416} 的集电极-发射级电压降至很低，不能使衰减二级管导通，所以调制器的输入信号不受衰减二极管的影响。

当调制器输出幅度高于压缩器门限值时，压缩器电路开始起作用。从检波器 D_{407} 加至 T_{412} 基极的下半周信号的电压超过发射极偏置电压，该电压是由压缩器门限值调节电阻 R_{436} 来调节的。T_{412} 开始导通，C_{416} 放电。T_{416} 导通减弱，导致 T_{416} 集电极电压增高。这样桥式衰减器内的二极管为正向偏置；从而产生旁路作用，使调制器输入信号幅度降低。

如果调制器输入信号幅度增加了，T_{416} 导通减少，这样就增加了衰减器桥式二极管的正向偏置，对调制器输入信号提供了对地的低阻抗，使之对音频信号分流增加，即调幅音频信号自动减少。调幅度减少，防止了过调。

8. 频率合成器

频率合成器是具有一定频率间隔、多频率点的可变频率的标准信号产生器。它的频率稳定度是由一块晶体或几块晶体所决定的，因此可得到和主控晶体振荡器相同的频率稳定度。

甚高频通信系统使用的是一块晶体的频率合成器，称为单锁相环路合成器，接收时它产生注入频率加至混频器作为本机振荡频率使用；发射时它产生发射机激励频率，频道间隔为 25 kHz，频率范围为 118.000～135.975 MHz。另外频率合成器还产生一个直流调谐电压加至接收机预选器控制变容二极管以选择频道频率。频率合成器的原理框图如图 5-12 所示。

(1) 合成器功能。甚高频系统用控制面板选择频率。控制面板把标准的 ARINC429 五中取二频率信息加至合成器，在合成器内滤波、缓冲，然后转换成二十进制编码格式(BCD)。此时逻辑电平经转换器从逻辑"0"和"1"转换为 0～5 V 直流电压。此电压加到高/低带选择逻辑电路，20 MHz 偏置逻辑电路和可变分频器电路。(常用的甚高频电台因频率范围为 118.000～135.975 MHz，所以没有高/低带选择电路。)

压控振荡器选择逻辑电路把由收发机来的接收状态"1"发射状态逻辑信号(接收为逻辑"1"，发射时为逻辑"0")与由 VHF 控制面板频率旋钮控制的高/低带选择逻辑电路来的高/低带信号进行组合，以产生相适用的压控振荡器控制信号。该控制信号经压控振荡器控制电路再分别控制 No.1 和 No.2 高/低带压控振荡器工作，压控振荡器所产生的振荡频率信号随后加至射频放大器和缓冲放大器。射频放大器的输出根据收发进行转换，分别加至接收机混频器或者作为发射机激励频率信号输出。压控振荡器的输出还经缓冲器输送至可变分频器，以进行可变分频。

可变分频器通常由来自五中取二到 BCD 转换器的 BCD 码控制，在接收方式时它还由来自 20 MHz 的偏置逻辑电路来控制。可变分频器的分频比是可选择的，范围为 4 640～6 239，实际的分频比取决于调谐数据(BCD 码)和工作方式。不管分频比为多少，最后它总是产生一个 25 kHz 的频率输出。只要工作频率内有一个 25 kHz 的频率变化，分频比就改变一次。可变分频器的输出加至频率相位检测器，与从标准频率产生器来的 25 kHz 信号进行比较。

标准频率产生器使用一块 3.2 MHz 的晶体。其振荡器产生的 3.2 MHz 信号加至固定的 128 次分频器，分频器输出的 25 kHz 信号加至频率/相位检测器。

频率/相位检测器由一组置位-复位触发器组成。来自可变分频器的 25 kHz 信号输入到置位端，此时相位检波器输出高电位。来自固定分频器的 25 kHz 信号输入到复位端，此时检测器输出低电位，转换是在脉冲的前沿发生的。输出的脉冲宽度或占空比与两个输入脉冲之间的相位差成正比。

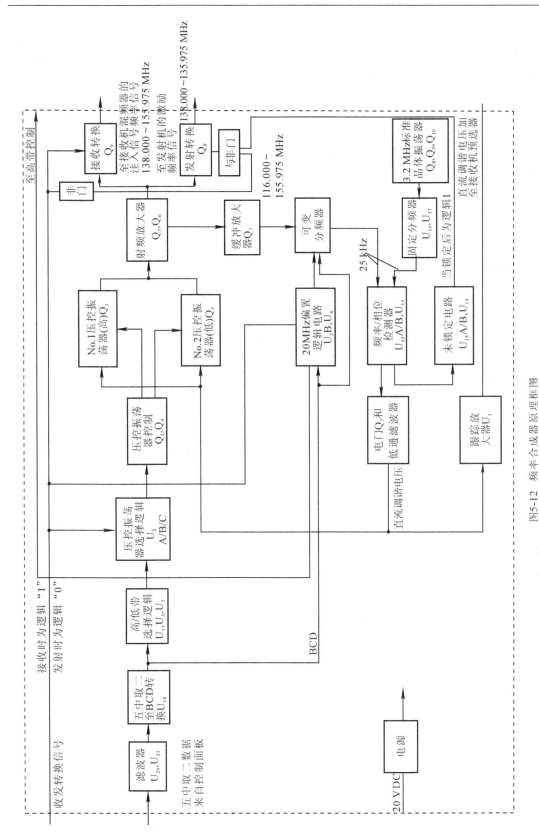

图5-12　频率合成器原理框图

频率/相位检测器的输出控制是一个开关,该开关控制直流电压为一固定范围的(5.2～16 V)低通滤波器。脉冲经低通滤波变成与脉冲占空比成正比的直流电压,这个电压是在低通滤波器内的电容器两端取得的,然后加到工作中的 No.1 或是 No.2 压控振荡器的变容二极管上,另外它还经跟踪放大器加到接收机预选器去控制预选环路的变容二极管。经过这个网路,即用标准的 25 kHz 信号与可变分频器输出信号之间的相位差实现控制压控振荡器频率的目的。当相位差增大时,调谐电压增大,压控振荡器频率提高。当相位差恒定即当对压控振荡器的频率分频后在相位检测器输出端得出一个固定的电压值时,就会形成相位锁定状态,可变分频器的分频比确定了形成相位锁定的压控振荡器频率。如果可变分频器的分频比改变或者压控振荡器频率漂移,则相位差改变,这导致压控振荡器频率改变直到再次达到锁相状态。一旦相位锁定,即说明由 VHF 控制面板上频率旋钮所选定的频率被确定下来,同时也确定了所选频率的准确性。

当合成器未锁定时,频率/相位检测器加一个信号至未锁定电路。在正常工作中,置位和复位输入之间脉冲交替存在。但无论是在置位还是在复位只要有两个或多于两个的连续脉冲产生,未锁定电路就会产生一个输出。这种情况在可变分频器输出信号频率大于或小于 25 kHz 时都会发生,另外在选择新的工作频率时也会产生输出。总之,无论何时在相位环路未锁定时合成器发射电门就抑制激励频率信号加至发射机,这是未锁定电路的功能。

(2)频率合成器可变分频器的工作原理。可变分频器对频率范围 116.000～155.975 MHz 的每个压控振荡器输出频率进行分频,分频后产生一个 25 kHz 的输出信号加至频率/相位检测器,以在检测器内与标准的 25 kHz 频率进行比较。检测器的输出信号再加至压控振荡器,使压控振荡器保证在精确的频率上。为完成这项任务,分频比是可选择的,范围为 4 640～6 239。可变分频器的原理框图如图 5-13 所示。

首先由 VHF 控制面板选频旋钮选择频率并用 BCD 格式控制压控振荡器频率,预置可变分频器内的各种计数器。10 MHz 位数预置可变计数器 U_6,所以它总是被 11,12,13,14 或 15 分频。U_6 有一个总线输出,当所有 U_6 内的触发器为逻辑"0"时,它的输出变为逻辑"1"。

十进制计数器 U_7 通常为 10 分频,但在第一次,即当由 1 MHz 位数预置时除外。在第一次 U_7 进行 10+N 分频,此处 N 为 1 MHz 位数。例如,若 1 MHz 位为 7,则 U_7 首先进行 17 分频然后才为 10 分频。U_7 也产生总线输出,其输出与 U_6 输出相同。

十进制计数器 U_{11} 通常由 10 分频,但被 11 分频时除外,那时分频数为 0～39。其分频数取决于置位计数器 U_8 和 U_9 有多少个 25 kHz 的增量,U_8 和 U_9 则由 0.1 MHz,0.01 MHz 和 0.001 MHz 的 BCD 数据置位。例如,若选择的压控振荡器的频率为 $1\times\times.375$ MHz,则 U_8 和 U_9 将置位于 15(对于 0.375 MHz 内的每一个 25 kHz 的增量均为 1,所以用 0.375 除以 0.25,得 1.5)。逻辑计数器 U_{10} 对 U_8 和 U_9 计数器内的数进行计数然后给 U_{11} 加上一个零,它导致 U_{11} 被 11 分频。当 U_8 和 U_9 向下计数到零时,十进制计数器被 11 分频 15 次。当计数达到零时,U_{10} 加一个逻辑"1"至 U_{11},从这时开始,U_{11} 又被 10 分频。

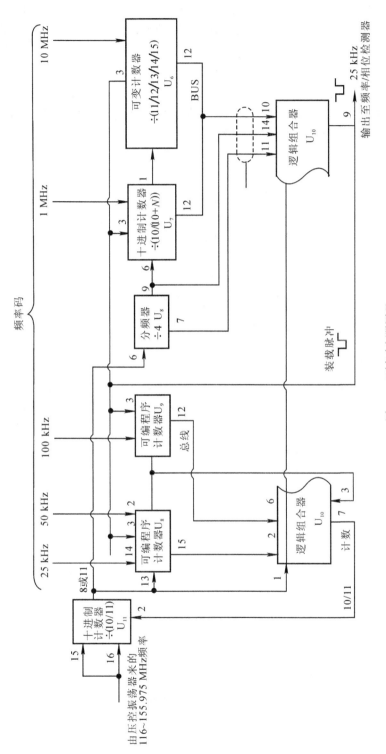

图5-13　可变分频器原理

可变分频器产生的单个输出的工作过程如下:由 U_{10} 来的负装载脉冲加至计数器 U_6,U_7,U_8 和 U_9,这导致 BCD 数据预置计数器。在 U_8 和 U_9 向下计位到 0 之前,U_{11} 计数器被 11 分频,到 0 后 U_{11} 被 10 分频。U_8 的固定分频部分对 U_{11} 的输出进行 4 分频。计数器 U_7 首先对 U_8 的输出用 10+N 分频,然后每次按 10 分频。计数器 U_6 对 U_7 的输出进行 1×分频,此处×为 10 MHz 位数字。通过逻辑组合器对 U_6,U_7,U_8 输出的监控,来完成分频循环。逻辑组合器 U_{10} 能感测两个状态,当它感测到还有两个状态时(脉冲),U_{10} 被预置。在两个输入脉冲之后,U_{10} 产生一个输出脉冲,输出脉冲加至频率/相位检测器,同时作为装载脉冲加至可变分频器。接下来分频循环重新开始,重复上述过程。

下面用例子来说明可变分频器的功能。

例 1:所选择的频率为 130.000 MHz。

当压控振荡器频率为 130.000 MHz 时,分频比必须为 5 200 才能产生一个 25 kHz 的输出。用这个频率的 BCD 格式预置可变分频器。由于 10 MHz 位数为 3,可变分频器 U_6 被预置为 13 分频;同时由于所有其他次数为零,U_7 和 U_{11} 预置被 10 分频。这样总的分频比为

$$\underset{(U_6)}{13} \times \underset{(U_7)}{10} \times \underset{(U_8)}{4} \times \underset{(U_{11})}{10} = 5\,200$$

用这个分频比,可变分频器对每 5 200 输入脉冲就从该可变分频器内的逻辑组合器产生一个输出脉冲。当逻辑组合器感测到仅有两个脉冲时(即在 5 198 输入脉冲以后),U_{10} 被预置。两个脉冲以后,U_{10} 产生该输出脉冲,此脉冲起始下一个分频循环。

例 2:所选择的频率为 135.000 MHz。

当压控振荡器频率为 135.000 MHz 时,分频比必须是 5 400 才能产生一个 25 kHz 输出。用这个频率的 BCD 编码预置可变分频器。由于 10 MHz 位数为 3,可变分频器 U_6 被预置由 13 分频。U_{11} 被预置由 10 分频,这是由于没有 25 kHz 增量存在的缘故。十进制计数器 U_7 首先由 1 MHz 预置以被 15 分频然后接下去每次由 10 分频。这样在 U_7 开始由 10 分频之前可计数产生附加的 200 个输入脉冲。

其过程如下:

$$\underset{(U_7)}{5} \times \underset{(U_8)}{4} \times \underset{(U_{11})}{10} = 200$$

因此总分频比为

$$\underset{(U_6)}{200} + \underset{(U_7)}{13} \times \underset{(U_8)}{10} \times 4 \times \underset{(U_{11})}{10} = 5\,400$$

由于有了这个分频比,对每 5 400 个输入脉冲可变分频就产生一个输出脉冲。

例 3:所选择的频率为 135.575 MHz。

当压控振荡器频率为 135.575 MHz 时,分频比应为 5 423 以产生一个 25 kHz 的输出。分频比 5 400 可按上述步骤产生;但是在产生之前计数器 U_{11} 必须产生 23 个附加脉冲。

由于 0.1 MHz,0.01 MHz 和 0.001 MHz 位数的压控振荡器的频率为 575,所以 23 的 BCD 数预置 U_8 和 U_9 计数器。这是由于在 0.575 MHz 内共有 23 个 25 kHz 增量的缘故。逻辑组合器 U_{10} 在 U_{11} 开始被 10 分频之前计数器 U_{11} 被 11 分频 23 次。因此先计数 23 个脉冲,这样总分频比为

$$23 \quad + \quad 200 \quad + \quad 5\,200 \quad = 5\,423$$
$$(U_{11}) \quad (U_7,U_8,U_{11}) \quad (U_6,U_7,U_8,U_{11})$$

由于有了这个分频比,对每 5 423 个输入脉冲可变分频器就产生一个输出。

由上可见,控制面板所选频率不同,分频次数不同。分频后得出大约 25 kHz 信号,此信号与标准信号进行比较,如果压控振荡器频率准确,则分频后得出准确的 25 kHz 信号。可变分频器就输出一定的调谐电压加到压控振荡器;如果压控振荡器频率不准,则可变分频器输出就不是 25 kHz,此时与标准 25 kHz 进行比较,就输出校正电压至压控振荡器,修正其振荡频率,使之达到准确的振荡频率为止。

(3)压控振荡器。频率合成器的主体是压控振荡器,该振荡器发射时作为主振频率,接收时作为本振频率。

压控振荡器就是频率受控制电压控制的振荡器,即是一种电压频率变换器,只要用变容二极管替换普通的振荡器振荡回路内的电容,就可组成压控振荡器,可参见 3.1 节的有关说明。变容二极管的电容受加在其上的反向电压控制,通过改变变容二极管上的反向偏压,即改变了回路的电容值也就会使振荡频率变化,从而实现了用控制电压改变振荡器频率的目的。

9. 故障检测电路

故障检测电路如图 5 - 14 所示。

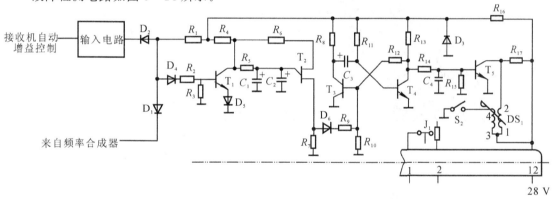

图 5 - 14　故障检测电路

(1)当接收机工作正常时,输入电路输出高电平,D_2 截止,当合成器工作正常时,D_1 截止,这会使 T_1 基极为高电位,导通,T_2 截止,单脉态触发器的 T_4 导通使 T_5 截止,DS_1 内无电流流过,无警告显示。

(2)当接收机工作不正常时,输入电路输出低电位,D_2 导通使 T_1 截止。28 V 直流电向电容 C_2 充电,充到一定时间 T_2 导通,输出一脉冲去触发单脉态的 T_3,T_3 导通,T_4 截止,T_5 导通,DS_1 内有电流流过,使故障显示出现。

另外当合成器有故障时,D_1 导通,T_1 截止,导致故障灯亮。

5.1.4　新型 VHF 通信系统

波音 787 飞机 VHF 通信系统是一个三冗余系统,有左、中、右 3 套,每套都包含 VHF 收发机、天线和调谐控制面板(Tuning Control Panel,TCP)。TCP 用来调谐 VHF 收发机(可调谐 VHF,HF 或 SATCOM),另外,使用音频控制面板(Audio Control Panel,ACP)选择 VHF 收发机和调节音量。新型 VHF 通信系统组成结构如图 5 - 15 所示。

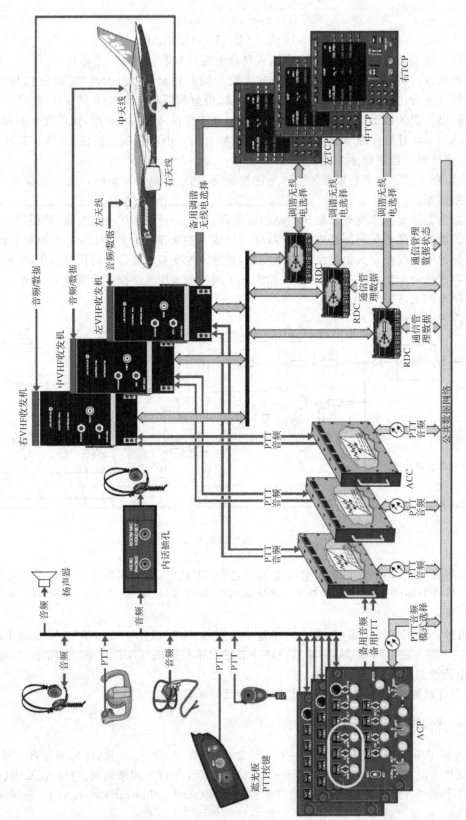

图5-15 波音787飞机VHF通信系统组成结构

公共计算资源(Common Computing Resource,CCR)机箱内的 COMM MGT 功能控制 VHF 数据链功能。

VHF 通信系统通过 RDC 和公共数据网络(Common Data Network,CDN)接收来自 TCP 的调谐控制输入,输入到 VHF 的数据格式是 ARICN 429 低速数据。VHF 通信系统通过模拟接口直接与音频网关组件(Audio Gateway Unit,AGU)接口,这是因为无线电和 AGU 之间的距离小,这样比数据在 CDN 上更实用、更简单。AGU 接收话筒(MIC)音频和按压通话(PTT)离散信号,并发送音频和 SELCAL 音频。

话筒模拟音频和按压通话 PTT 信号到音频控制面板(ACP)。ACP 将发送的模拟信号转换为数字数据,并将其发送到 CDN,然后进入 AGU,AGU 将数字数据转换为模拟信号并将其发送到工作的收发机,收发机将该音频信号发送到天线。

接收到的信号从天线到收发机,然后到 AGU,AGU 将模拟信号转换为数字数据,通过 CDN 发送给 ACP,ACP 将数字音频转换为模拟信号,并将音频发送到耳机或扬声器。另外 AGU 还从接收到的音频中获得 SELCAL 呼叫和数据,提供选择性呼叫解码器功能。

CCR 机柜将 VHF 数据发送到主飞行显示器的辅助显示区域上,故障消息显示在状态页或 EICAS 页上。

5.2　高频通信系统

高频(HF)通信系统供飞机与地面或飞机与其他飞机之间进行远距离话音和数据通信。HF 通信系统工作于短波波段,利用地球表面和电离层使无线电信号来回反射而传播,反射的距离随时间、频率和飞机的高度的不同而有所改变,一般可达 2 000 km。

HF 系统的工作频率范围为 2～29.999 9 MHz,频道间隔为 1 kHz。短波信号的不稳定、电台数量的众多及电台之间的相互干扰,会影响 HF 通信系统的通信质量。为了提高信噪比,节约频谱,节省发射功率,HF 通信系统普遍采用单边带(SSB)与普通调幅(AM)兼容的通信方式。在卫星通信还没有完全普及的情况下,HF 通信仍然是远距离通信的主要手段,即便采用卫星通信,HF 仍然是高纬度地区的主要通信手段。

5.2.1　系统功能组成

1.系统结构组成

大型飞机一般装有两套高频通信系统,其结构组成如图 5 - 16 所示。HF 通信系统通常由无线电通信面板(RCP)、HF 收发机、天线耦合器、HF 天线等部件组成。高频通信系统的输出功率较大,需要有通风散热装置。现代民航飞机的高频通信天线一般埋入飞机蒙皮之内,装在飞机尾部。

无线电通信面板(RCP)提供频率选择和控制信号来调谐 HF 收发机。用 RCP 可选择调幅(AM)或上边带(USB)调制,用 RF 灵敏度控制可增强 HF 接收能力。

HF 收发机发射和接收信息。收发机的发射电路用来自飞行内话系统的音频调制 RF 载波信号,声音信息送给其他飞机或地面台。接收电路解调接收的 RF 载波信号,从中分离出音频,发送给飞行内话系统,供机组或其他飞机系统使用。

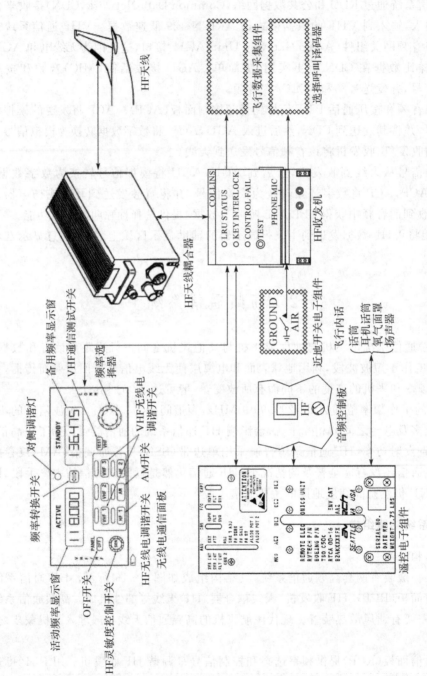

图5-16 HF通信系统结构组成

HF 天线发射和接收音频调制的 RF 信号。HF 天线耦合器使天线阻抗与收发机的 HF 频率范围的输出相匹配。发射期间,天线耦合器从收发机接收已被调制的 RF 信号并传给天线。接收期间,天线耦合器从天线接收已被调制的 RF 信号并送给收发机。天线耦合器提供一个 50 Ω 的阻抗,这个匹配阻抗降低了经 RF 输出电路送回到收发机的反射功率。

HF 通信系统与以下组件/系统相连:遥控电子组件 REU,选择呼叫译码器,空/地继电器,飞行数据采集组件(FDAU)。

2. HF 功能模式

HF 通信系统用各种功能模式完成接收、调谐和发射操作,这些功能模式有归零、接收/等待、调谐、接收/操作、发射等。HF 通信系统工作流程如图 5-17 所示。

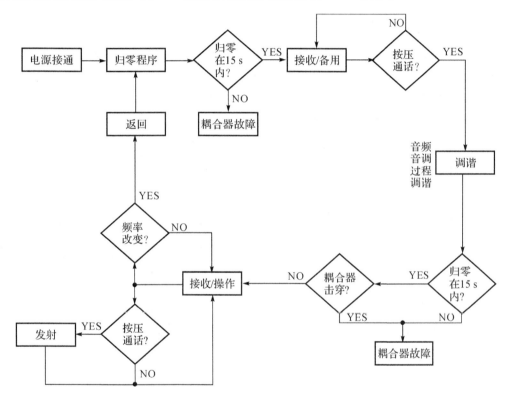

图 5-17　HF 通信系统工作流程

(1)归零模式。归零模式在加电或设置一个新频率时开始。收发机向耦合器发送一个改频道信号开始归零模式,耦合器内的天线调谐元件移动至零位,该元件的位置使进来的信号衰减至最小。

(2)接收/等待模式。当天线调谐元件在零位时,接收/等待模式开始。在接收/等待模式,HF 系统能接收所设定频率上的 RF 信号。当它从 REU 接收一个 PTT 信号时,系统已准备好随时键控调谐。

(3)调谐。调谐分 3 个步骤:A 过程(谐振);B 过程(负载);C 过程[电压驻波比(Voltage Standing Wave Ratio,VSWR)]。

要开始调谐 A 过程,可键控收发机。收发机微处理器设置 AM 模式并键控互锁。收发机向天线耦合器发送降低了的 RF 功率。调谐时,可从耳机插孔或飞行内话系统收听到一个 1 kHz 的音调。天线耦合器在 2~4 s 内完成,天线耦合的鉴频器电路调谐 RF 电压与电流间的相位差,天线耦合器调谐元件被设置在零相位差上。

调谐 B 过程期间,调谐元件被调谐到 50 Ω 或略小的阻抗并谐振。

调谐 C 过程期间,调谐元件移动使 RF 功率负载得到的电压驻波比小于 1.3∶1,射频反射功率小于 2 W。

(4)接收/操作。调谐 C 过程完成后,进入接收/操作模式。键互锁被解除,来自收发机的调谐 RF 功率关断,1 kHz 音调停止,系统准备进行接收和发射。

(5)发射。飞行员键控话筒便可发射。调制信号发射期间,耦合器调节调谐元件使电压波比保持低于 1.3∶1,这时飞行内话系统内无音调信号。

3.归零/接收功能

归零模式期间,天线耦合器调谐电路被调节到使进入的 RF 信号衰减至最小,这被称为调谐电路归零位。每当进入一个新的频带或接电时,调谐电路调节到归零位,HF 系统进入接收/等待模式,可以接收调制的音频信号。归零/接收功能原理如图 5 - 18 所示。

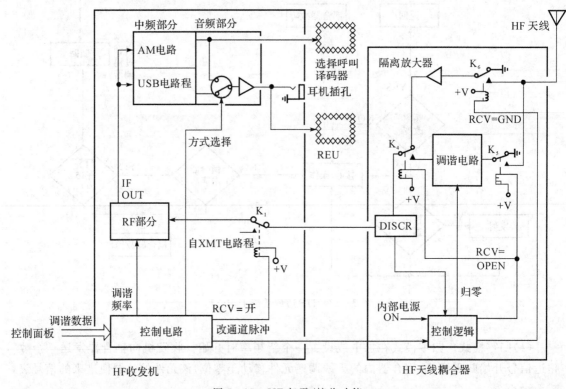

图 5 - 18　HF 归零/接收功能

(1)归零模式。控制面板向 HF 收发机控制电路传送调谐和调制信号(AM 或 USB)。当控制面板发送一个频率改变信号时,收发机控制电路向天线耦合器发送一个改通道脉冲。这使耦合器开始归零序列模式。归零模式在接电时也启动。

归零模式期间,耦合器控制逻辑通知调谐电路应列归零位;使继电器 K_6 吸合;使继电器 K_4 和 K_5 断开。控制逻辑使 K_6 吸合后,HF 系统能在归零模式期间接收信号。

（2）接收/等待状态。接收/等待模式期间,收发机中的 K_1 继电器和耦合器中的 K_4 和 K_5 继电器都断开,继电器 K_6 吸合。进来的 RF 信号进入耦合器的隔离放大器和鉴频器。从耦合器的 RF 输出进入收发机的 RF 部分。

RF 部分能够放大 RF 信号,能够混频、滤波并处理 RF 信号,产生一个中频(IF)信号输出。

IF 部分中的 AM 和 USB 电路放大 IF 信号并从信号中检出音频,AM 部分把音频送给 SECCAL 译码器和一个固定开关。来自 USB 检波器的音频也进入这个开关。来自收发机控制电路的模式选择输出,从 AM 或 USB 部分选出音频。

模式选择输出的音频经过一个放大器进入收发机前面板上的话筒插孔和飞行内话系统。

4.调谐功能

HF 通信系统能发射之前,天线耦合器必须被调谐使收发机和天线之间的阻抗匹配。天线耦合器电路在整个 HF 频段内保持 50 Ω 的阻抗。调谐电路在归零位后,且 HF 系统在接收/等待模式时,第一次按压通话(PTT)使调谐过程开始。调谐功能原理如图 5-19 所示。

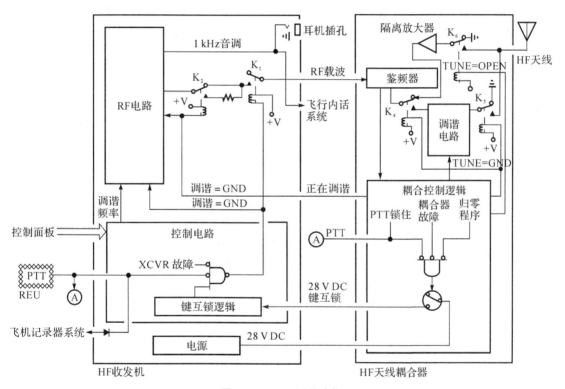

图 5-19　HF 调谐功能

（1）调谐模式起始。在控制板上选择高频通信频率并键控话筒。话筒经 REU 发送一个 PTT 信号起始调谐过程。这个 PTT 信号也进入收发机的控制电路和天线耦合器的控制逻辑电路。耦合器控制逻辑锁住 PTT 离散信号的"地"逻辑直到调谐完成。

耦合器控制逻辑使继电器 K_4 和 K_5 吸合,使 K_6 断开。耦合器控制逻辑还向 HF 收发机发送一个键互锁信号。

耦合器控制逻辑只有在以下条件下才开始调谐:PTT 线上有一个"地"信号;归零程序完

成;没有耦合器故障。

(2)调谐模式操作。耦合器处于调谐模式时,耦合器控制逻辑向收发机发送一个"正在调谐"逻辑信号。这个"正在调谐"逻辑信号通知收发机向耦合器发一个 RF 载波调谐信号。

"正在调谐"离散信号使收发机内的 K_2 继电器吸合,它还进入收发机的 RF 电路,使 RF 电路向前面板耳机插孔和飞行内话系统发送一个 1 kHz 音频信号。这个声音表明系统处于调谐模式。

收发机的控制电路使继电器 K_1 吸合。RF 电路在以下条件发送 RF 载波:有一个 PTT 信号;无收发机故障;有一个来自耦合器的键互锁信号。

调谐模式下,RF 载波不包含音频,载波进入 K_2 继电器。因为 K_2 在调谐模式下吸合,所以输出流经这个电阻,这个电阻使输出功率降至 75 W。

调谐模式下,K_1 吸合,RF 载波进入耦合器。RF 载波经鉴频器、吸合的 K_4 继电器、调谐元件和吸合的继电器 K_5 进入天线。

调谐模式期间,鉴频器从 RF 载波上取样,并向耦合器控制电路发送一个模拟信号。控制逻辑电路使用来自鉴频器的信号产生对调谐电路的控制。调谐模式继续直到收发机和天线的阻抗在机组所选的频率上达到平衡。阻抗平衡后,控制逻辑电路断开"正在调谐"逻辑信号、PTT 接地逻辑信号和 28 V 直流键互锁信号。

如果调谐模式在 15 s 内没有结束,耦合器控制电路向收发机发送一个耦合器故障信号。

(3)操作模式(接收)。调谐模式结束后,HF 系统进入操作(接收)模式。收发机内的 K_1 和 K_2 继电器以及天线耦合器内的 K_4 和 K_5 继电器都断开,K_6 吸合。HF 系统也准备好接收 PTT 信号以进行发射。

(4)键控事件输出。PTT 离散信号进入飞行记录器系统作为键控事件的标记。

5. 发射功能

调谐过程完成后,HF 系统进入接收/操作模式,已准备好进行发射。PTT 离散信号能起始收发机和天线耦合器的操作。发射功能原理如图 5-20 所示。

(1)发射模式。在接收/操作模式下,PTT 离散信号从 REU 出来进入收发机和耦合器的控制逻辑电路,开始发射模式。耦合控制电路使继电器 K_4 和 K_5 吸合,使 K_6 断开。这会向隔离放大器送入一个"地"信号。它使鉴频器与天线之间的调谐元件相连。

耦合控制逻辑向高频收发机发送一个键互锁信号。耦合器控制逻辑只在以下条件下发送:PTT 线上有"地"信号;耦合器控制逻辑电路不在归零模式;无耦合器故障。

收发机内的 K_1 继电器吸合通知 RF 电路在以下条件下发射载频:PTT 线上有"地"信号;无收发机故障;有一个来自耦合器的键互锁信号。

RF 电路将来自频率合成器的载波与话筒音频混合。RF 信号流经以下部件:功率放大器继电器 K_2 的断开点;继电器 K1 的吸合点;耦合器内的鉴频器。

接着 RF 信号经过吸合的 K_4,K_5 和调谐元件,从天线发射出去。

(2)自听信号。当收发机功率放大器的输出在 AM 模式下大于 40 W 时,一个开关把话筒音频与音频放大器连接起来,这个被放大的音频作为自听信号进入音频插孔和飞行内话系统。当输出小于 40 W 时,没有自听信号。当输出小于 30 W 时,有 LRU 故障。

(3)键控事件输出。PTT 离散信号作为键控事件标记进入飞行记录器系统。

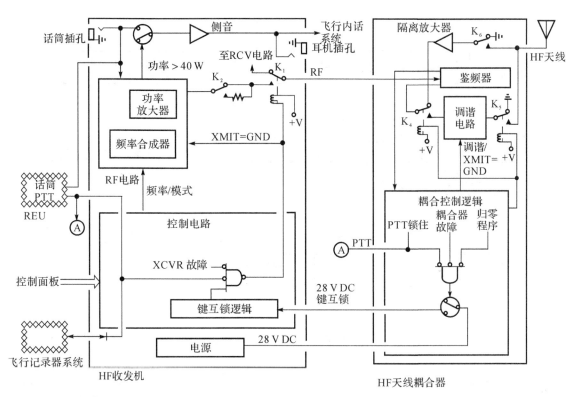

图 5 - 20　HF 发射功能

5.2.2　系统工作原理

1. 接收机工作原理

接收机为二次变频的超外差接收机,具有两种工作模式:一种是兼容调幅工作模式,接收机接收普通调幅信号;另一种是 SSB 工作模式,可以接收 LSB 信号或 USB 信号。这两种工作模式的区别仅在于解调电路和 AGC 电路,其简单原理如图 5 - 21 所示。

(1)高频电路部分。高频电路部分由输入回路、射频衰减器、高频放大器和混频器等组成。通常要求它的电路线性度高,动态范围宽,选择性强,传输系数大,以提高接收机的灵敏度和抗干扰能力。

输入回路用于选择系统所需要频率的有用信号,尽可能滤除其他频率信号和噪声干扰。

射频衰减器由 AGC(自动增益控制)电压放大器、差分放大器和恒流源等组成,其作用是使接收机输入电路有一个较宽的动态范围。衰减的大小可由控制板上的射频灵敏度控制旋钮来控制,衰减量为 20 dB。

高频放大器的主要作用是提高接收机的信噪比,此外还能隔离变频级和天线,以避免本地振荡器的能量从天线辐射出去,干扰其他电台。

混频器用来降低或提高接收信号的载频,实现频谱搬移。混频器输出中频的选择应有利于对镜像干扰和邻道干扰的抑制,为此,在短波和超短波接收机中,通常采用二次变频。选择较高的第一中频可保证对镜像干扰的抑制,第二次变频的中频选得较低,可以保证对邻道干扰的抑制,并使中放具有较高的增益。但随着变频次数的增加,接收机的噪声也会相应地增大。

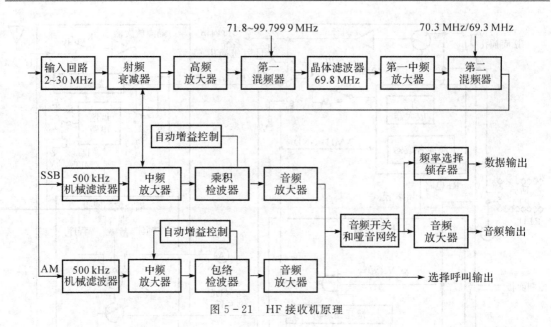

图 5-21　HF 接收机原理

（2）中频放大器和检波器。中频放大器由 500 kHz 机械滤波器和放大器组成，带通滤波器保证接收机的选择性，放大器提供 100 dB 的增益。

（3）自动增益控制。在短波通信中，由于发射功率的强弱、通信距离的远近、电波传播的衰落等不同，到达接收机输入端的信号电平变化很大，所以采用自动增益控制，使接收机输出端的信号电平变化小于 4～6 dB。

（4）音频电路。音频输出电路由静噪电路、音频压缩放大器、有源滤波器和低频功率放大器组成。

静噪电路的主要作用是当没有外来射频信号输入或输入射频信号的信噪比很小时，抑制噪声音频输出，从而减轻驾驶员的听觉疲劳。音频压缩放大器的主要作用是保证音频信号输出幅度的变化不超过 3 dB。

2. 发射机工作原理

高频发射机在单边带模式产生 400 W 峰值射频功率，在调幅模式产生 125 W 平均射频输出功率。

（1）音频输入电路。音频输入电路主要由音频选择器、低通滤波器、音频放大器和音频压缩放大器组成。

音频选择器用来从数据音频、话音音频和等幅报 3 个输入的音频信号中选择其中一个经过低通滤波器加到音频放大器。

（2）调制电路。平衡调制器的主要作用是抑制调幅信号的载波，输出上、下边带信号。

在平衡调制器内，音频信号对 500 kHz 低载波信号进行调制，产生一个抑制载波的 500 kHz 双边带信号。工作在 AM 调幅模式时，输出的 500 kHz 双边带信号经 AM 衰减器适当衰减后加至 500 kHz 下边带机械滤波器。

工作在单边带调幅模式时，AM 衰减器不工作，输出的 500 kHz 双边带信号直接加至 500 kHz 下边带机械滤波器。

（3）变频电路。以工作在下边带模式为例，500 kHz 下边带信号在第一混频器中与来自频率合成器的 70.3 MHz 本振信号混频后输出 69.8 MHz 的下边带信号，经 69.8 MHz 晶体滤波器加至第二混频器,在第二混频器中,69.8 MHz 下边带信号与来自频率合成器的 71.8～99.799 9 MHz 本振信号进行混频,得到 2～29.999 9 MHz 的下边带信号。变频原理如图5-22所示。

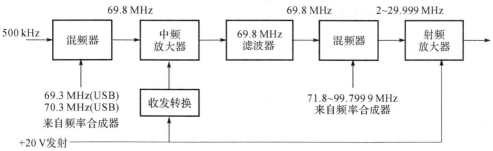

图 5-22 HF 变频原理

(4)射频功率放大电路。功率放大器对 100 mW 的射频信号进行放大,SSB 模式时输出 400 W 峰值包络功率,AM 模式时输出 125 W 平均功率,该输出加至低通滤波器。功率放大器中设有保护电路,当功率放大器内部功耗过大时,该电路可瞬时关断功率放大器。

(5)天线调谐耦合器。功率放大器输出的射频信号经定向功率耦合器和发/收继电器加至外部天线调谐耦合器。天线调谐耦合器的主要目的是使天线与高频电缆匹配,即天线与末级功放匹配。

3. A320 飞机高频通信系统工作原理

A320 飞机 HF 系统收发机的简化原理如图 5-23 所示。

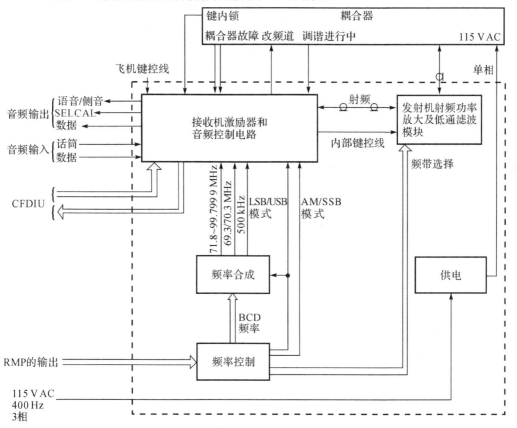

图 5-23 A320 HF 收发机简化原理

其中,频率控制提供:

(1)BCD(二进制编码十进制)频率信息到频率合成器;

(2)频带信息到低通滤波器;

(3)接收机-激励器的工作模式;

(4)改频道检测信号到天线耦合器。

微型计算机对 ARINC 429 串行字进行解码,并控制频率合成器解码数字的定时和分配。频率合成器产生 500 kHz,69.3 MHz 上边带、70.3 MHz 下边带和 71.8～99.799 9 MHz 信号,这些信号源自 9.9 MHz 频率标准。

接收机接收、放大和检测 2.0～29.999 9 MHz 的 AM 和/或 USB/LSB 信号。接收机能够接收音频数据和 SELCAL 模式。

激励器部分产生 USB/LSB 或 AM 2.0～29.999 9 MHz 信号。

发射机由具有 7 波段低通滤波器的固态功率放大器组成。功率放大器将 100 mW 额定峰值包络功率(Peak Envelope Power,PEP)的射频输入信号放大到 400 W PEP/125 W 平均值的水平。

频带开关低通滤波器对功率放大器的输出进行滤波。

(1)接收模式。在接收模式中,HF 收发机的天线接收频率在 2.0～29.999 9 MHz 之间的信号,该信号以 AM,USB 或 LSB 模式调制。接收模式原理如图 5-24 所示(图中,"*"表示发射和接收都有的步骤)。

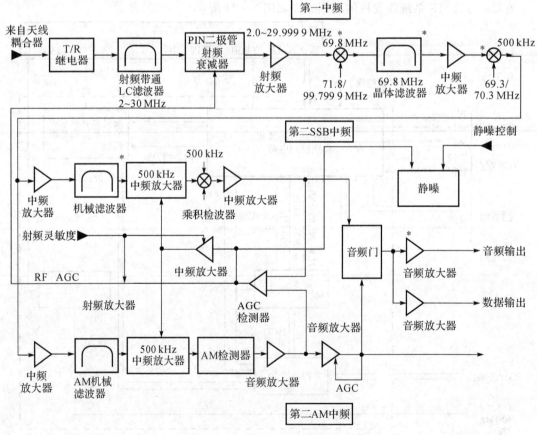

图 5-24　A320 HF 收发机-接收模式

来自天线耦合器的信号通过天线继电器传输到带通滤波器,该滤波器的频率范围为 2～30 MHz,滤波器输出通过变压器后到达衰减器。AGC(Automatic Gain Control,自动增益控制)电路和 RF 灵敏度电路控制衰减器。

该信号在宽带混频器中被放大,然后被输送到第一混频器。该混频器接收来自天线的 2.0～29.999 9 MHz 信号和来自合成器的 71.8～99.799 9 MHz 信号。

从混频器获得 69.8 MHz 频率信号,该信号被滤波、放大并输送到第二放大器和混频器。第二混频器还接收 USB 和 AM 中的 69.3 MHz 信号或 LSB 中的 70.3 MHz 信号。在混频器输出处,获得 500 kHz 的第二中频信号。

这个 500 kHz 信号根据工作模式(SSB 或 AM)以两种不同的模式处理。

1)SSB 模式。无论接收的信号是 USB 还是 LSB,从先前频率的变换中获得的 500 kHz 信号总是 LSB 信号。该信号被滤波、放大,然后被应用到混频器检测器。

混频器检测器从合成器接收 500 kHz 的 LSB 信号和 500 kHz 的方波信号。输出是检测到的音频信号。该信号被放大并输送到 AGC 和 AF 输入电路,后者从 AM 和 SSB 通道接收信号。

AF 输入电路通过由静噪电路控制的最终放大器提供音频输出和数据输出。

2)AM 模式。来自第二混频器的 500 kHz 信号被滤波和放大,然后被传输到 AGC 电路和 AF 电路。在音频输出处,信号被馈送到上述 AF 输入电路。

(2)发射模式。发射模式原理如图 5-25 所示。调制信号(音频、数据)被提供给压缩器/放大器。

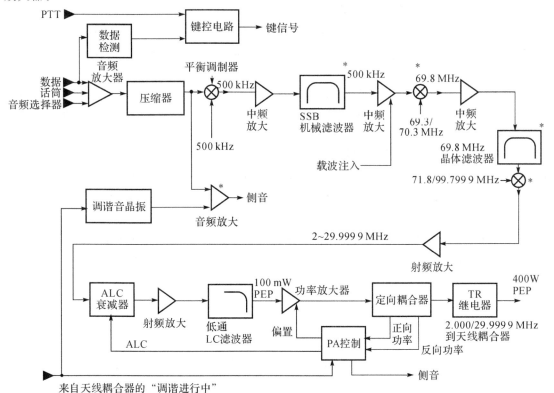

图 5-25　A320 HF 收发机-发射模式

音频信号被来自频率合成器的 500 kHz 注入信号调制。

500 kHz 载波被去掉,调制器输出只保留两个边带。第一放大器放大信号,并将该信号应用于下边带(LSB)机械滤波器,去除上频带(USB)。信号在第二个 500 kHz 放大器中被放大,然后被应用到第一混频器。

当以 AM 模式传输时,第二个 500 kHz 放大器从合成器接收 500 kHz 载波信号。然后,将 500 kHz 信号,不论有没有载波,在混合器中混合。在 USB 模式下,混频的信号为 69.3 MHz,在 LSB 模式下,混频的信号为 70.3 MHz。

来自频率合成器的这些信号与较低频带的 500 kHz 信号拍频产生 69.8 MHz 频率的信号。69.8 MHz 频率信号通过晶体滤波器被输送到第二混频器。在第二混频器中,69.8 MHz 信号与来自合成器的 71.8~99.799 9 MHz 的频率信号混合,得到的信号频率在 2~29.999 MHz 之间。这个输出信号被放大,然后滤波。

衰减器由自动负载控制(Automatic Load Control,ALC)系统控制,用来保持信号输出电平恒定。然后这个信号被输入到一个四级功率放大器,功率被提高到峰-峰值 400 W。功率放大器级含有保护电路,在部件过载或过热的情况下瞬时降低输出功率。根据信号的频率,信号通过七个滤波器进行路由,这些滤波器可以由电机切换。这些滤波器覆盖了 2~29.999 9 MHz 的频带,并消除了频率的谐波。然后通过天线继电器和内部定向瓦特计将信号传输到天线耦合器和天线。由瓦特计测量的发射和反射功率产生电压,该电压用于调制控制、自动负载控制(ALC)衰减器和功率放大器保护。

(3)频率合成器。频率合成器原理如图 5-26 所示。

频率合成器提供三个频率信号:71.8~99.799 9 MHz 的变频正弦波,500 kHz 的固定频率方波和 USB 69.3 MHz 正弦波或 LSB 70.3 MHz 正弦波信号。这些信号是由 9.9 MHz 频率标准产生的。

1)500 kHz 的信号。9.9 MHz 的晶体振荡器产生 500 kHz 的信号,该信号被分开。为了获得稳定性,监测电路将从晶振来的信号与频率标准进行比较。500 kHz 的信号被用于平衡调制器和混频器检测器,用于单边带接收。

2)69.3 MHz(USB)和 70.3 MHz(LSB)的信号。69.3 MHz 或 70.3 MHz 的压控振荡器(VCO)提供了两个信号。该信号被分开,与频率标准(9.9 MHz)提供的一个 100 kHz 的信号比较,这些频率被用于混频器,在发射模式,产生 69.8 MHz 中频,在接收模式,产生 500 kHz 的信号。

3)71.8~99.799 9 MHz 的信号。两个锁相环产生该信号,用来作为本地振荡器。本地振荡器输出与其他环路振荡器的输出混频,以确保频率精度。这两个环路使用来自频率标准的 9.9 kHz 和 10 kHz 的参考信号。

5.2.3　主要电路工作原理

1.接收机各电路的工作情况

(1)接收天线。接收天线用来"收集"空间电磁波能量,它是接收机的信号源。接收机天线不管其形式如何,工作频率怎样,都可等效为信号电动势和阻抗串联的电路,接收机垂直天线的等效电路是电阻、电容和电感的串联电路。

(2)输入电路。输入电路是天线和接收机第一级之间的耦合电路。输入电路的第一个作用是把天线上的信号电压传送到接收机第一极的输入端,第二个作用是减弱作用于第一极输入端的干扰电压。

要完成第一个作用,接收天线和输入电路之间应该有适当的耦合,以便于信号的传输。要完成第二个作用,输入电路应该具有选择性,因此输入电路通常由耦合元件和谐振回路组成。

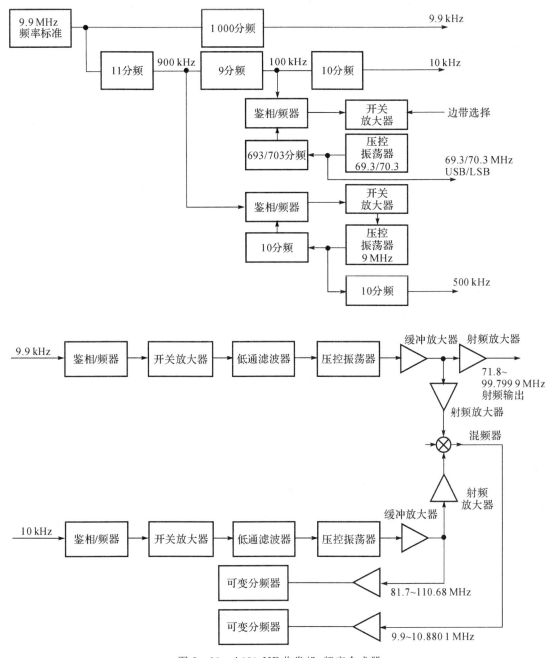

图 5 - 26　A320 HF 收发机-频率合成器

输入电路有多种组合形式。接收天线与回路间用电容耦合的叫电容耦合电路,其等效电路如图 5 - 27 所示。图中 C_c 的主要作用是用来减少天线变动时对预选环路的影响,这是因为

$$C = \frac{C_A C_C}{C_A + C_C}$$

当 $C_A \gg C_C$ 时，$C \approx C_0$。可见当天线变化时，对 C 几乎无影响，而完全取决于 C_C。

另一种输入电路是电感耦合输入电路。在天线阻抗为电容性阻抗的情况下（如使用鞭状天线的高频接收机），其输入电路为电感耦合输入电路，如图 5-28 所示。

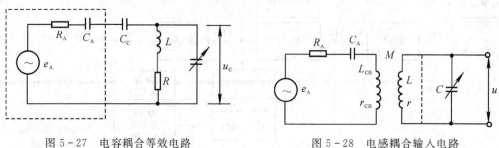

图 5-27 电容耦合等效电路　　　　图 5-28 电感耦合输入电路

在电感耦合输入电路内，天线回路在次级回路会产生反射阻抗，其中包括反射电阻。由于反射电阻随耦合程度减弱而变小，所以耦合程度会影响输入电路的选择性。当次级电容电感并联回路内反射电阻较小时，回路谐振曲线陡，因而选择性好。所以为获得较高灵敏度和较好选择性，电感输入电路应采用松耦合。

在电感输入电路中，为使电感耦合电路具有均匀的电压传输系数，应使天线的固有频率远低于波段最低频率。下面结合图 5-29 加以说明。

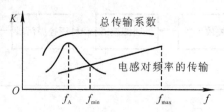

图 5-29 传输系数与所选频率关系图

电感耦合输入电路的主要元件参数为回路电感、调谐电容、互感和天线回路电感。其中回路电感和电容由工作波段而定；耦合系数若选为弱耦合，则只有天线电感可加以选择。显然天线电感必须从决定天线回路的谐振频率着手研究。如果使天线谐振频率低于工作频段 f_{min}，则由图 5-29 可见，低频端由于天线回路谐振使总传输系数升高，随着频率的升高，天线回路谐振曲线下降，但回路电感阻抗值增大，两条曲线合成，即可得到较平稳的总传输系数。

（3）增益控制电路。一般接收机内均采用自动增益（或自动音量）控制电路，它的作用是在输入信号电压改变时自动地改变接收机的放大系数，即接收强信号时灵敏度降低，而接收弱信号时灵敏度提高。

当自动增益控制偏压电路滤波器的时间常数不够大时，由于偏压不是一个固定值，即信号大偏压大，会产生反调作用。在晶体管电路中，常用检波输出电压的直流成分加到被控中放的基极，来控制它的基极偏置，改变中放的放大量，因此要求控制电压极性与原来基极偏流的极性相反。这样，当外来信号增强时，被控制管的总偏流就减小，放大量下降，从而使输出信号电平稳定。

（4）天电干扰及其消除。大气中发生的各种自然现象而引起的干扰称为天电干扰,其主要来源是雷电放电,带电水滴和灰尘的运动,以及大气层电离程度发生变化所引起的辐射等。此外,灰尘、水滴、雪花等带电微粒与天线接触也可能是天电干扰的一种来源。

天电干扰与接收机的工作频率有关。频率升高,干扰电平降低,一般情况下在超高频波段内,干扰电平急剧下降。天电干扰对接收机影响的严重波段是中长波段。

避免天电干扰的最有效方法是将电火花源、接收机分别屏蔽,搭铁和采用高、低通滤波器。

2. 平衡调制器与环形调制器

为产生单边带信号,首先用平衡调制器产生双边带信号,然后再用滤波法滤掉一个边带,从而得到一个边带信号。

图 5－30 所示为二极管平衡调制器与环形调制器的原理图。其中,图 5－30(a)为二极管平衡调制器原理图;图 5－30(b)为环形调制器原理图,并提供了两种线路接法。

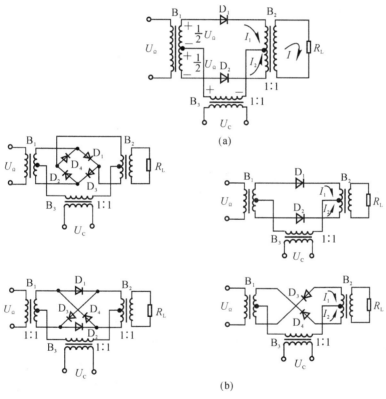

图 5－30　二极管平衡调制器与环形调制器

(a)二极管平衡调制器;　(b)环形调制器

当 U_c 和 U_Ω 为正半周时,D_1,D_2 导通,U_c 电压同时加至 B_2 上。由于在 B_2 的初级电流反相,大小相等(设电路各参数均相同),所以在 B_2 次级感应电压相互抑制无输出,即无载波 U_c 的输出,而 U_Ω 信号经 $B_1 \rightarrow B_2$ 中间点构成回路,在 B_2 次级产生音频输出。

当 U_c 为负半周而 U_Ω 为正半周时,D_3,D_4 导通,载波在 B_2 输出仍被抑制,而 U_Ω 则经中间点 $\rightarrow D_3 \rightarrow B_1$ 两端构成回路,因而仍有音频输出。

当音频信号为负半周时,双边带信号在 B_2 变压器初级的方向与上述两种情况相反,这样在次级得到两个边带信号。

平衡调制器实际上是一个二极管开关,它以 U_c 的变换速度来控制输入的极性。U_c 通常比 U_Ω 大 10 倍以上。

3. 单环数字式频率合成器

20 世纪 80 年代高频系统使用的典型频率合成器为单环数字式频率合成器,见图 5-31。它是将稳定的晶体振荡器产生的频率,经过加、减、乘、除运算,得到一系列和晶体振荡同稳定度的频率去控制其他振荡器。单环数字式频率合成器由基准晶体振荡器、固定分频器、鉴相器、低通滤波、压控振荡器和可变分频器构成。

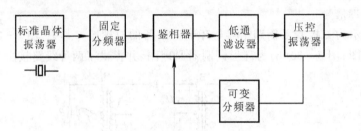

图 5-31　单环数字式合成器

高频系统使用的是 9.9 MHz 晶体基准频率产生器,它经过分频变化后产生 4 个信号:

1)500 kHz 方波:作为中频载波输往平衡调制器,供边带调制和发报,加至乘积检波器供解调用。

2)69.3 MHz 和 70.3 MHz 正弦波:用于接收机混频器注入信号。

3)19.8 MHz 方波:作为压控振荡器环路的基准信号。

4)71.8~99.799 9 MHz 正弦波:作为本地振荡频率信号加至混频器。

一般频率合成器是利用锁相环路来稳定频率的。当压控振荡器的频率由于某种原因而变化时,必然使相位产生相应变化。通过相位检波器(鉴相器)产生的直流误差电压是与相位偏离成比例的。变容二极管的控制作用将振荡器的频率拉回到原始值,从而使压控振荡器频率稳定在与晶体振荡器相同的数量级上。

单环数字式频率合成器的特点是加入了一个分频比可以变化的分频器,称为可变分频器。由于通常鉴相频率远低于压控振荡器的工作频率,所以可变分频器的第一个作用是将压控振荡器的频率降低到鉴相频率附近,以便在鉴相器内与基准频率相比,产生控制压控振荡器的误差信号,使压控振荡器为基准频率的整数倍。它的第二个作用是改变频率合成器的工作频率。当压控振荡器的工作频率改变时,环路失锁,鉴相器即输出一个控制信号,使压控振荡器的工作频率改变,直到重新锁定。

4. 晶体特性及其等效电路

在单边带收发机中,为了使频率稳定,振荡器和滤波器内均使用了晶体,即晶体振荡器和晶体滤波器。下面介绍晶体的特性及其等效电路。

把天然的石英按一定的角度切割成薄片,涂上一薄层铝、银或其他金属,然后安装到弹簧夹上,称为晶体。晶体片的机械振动可以转化为电信号,反之电信号也可以使晶体片产生机械振动。例如,当晶体片受机械力的作用被压缩时,晶体片表面会产生一定极性的电荷分布;当机械力的作用使其伸张时,电荷分布的极性随之改变。相反,若在晶体片两表面加一交流电压,就能使晶体片发生与该电压同频率的机械振动。这就是压电效应和逆电效应。

同所有弹性物质一样,晶体本身也具有固定的振动频率。当外加电压的频率等于晶体的固有频率时,晶体的振动幅度最大,表面所产生的电荷数量最多,外电路的电流最大。另外,外加电压与晶体压电电流之间存在相位差,此相位差随频率的变化关系与 LC 串联谐振回路的相位差相同。晶体片与电极支架间具有分布电容,相当于在串联回路上并联的电容 C_0,石英晶体的等效电路如图 5-32 所示。

石英晶体的突出特点是,动态电感 L_q 很大,而动态电容 C_q 和动态电阻 R_q 都很小,因此它的 Q 值非常高,可达 $10^{-4} \sim 10^{-5}$。

石英晶体的等效电阻很小,当忽略它时,其对应的等效电路及其电抗特性曲线如图 5-32(b)(c)所示。

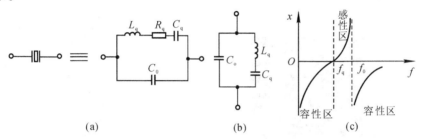

图 5-32　石英晶体及其等效电路、阻抗特性
(a)石英晶体的等效电路;　(b)忽略等效电阻时石英谐振器的等效电路;　(c)电抗特性曲线

由图 5-32(c)可以看出,在其串联和并联谐振频率附近,电抗曲线变化很陡,因此可用它组成频率稳定度很高的晶体振荡器。也就是说,晶体振荡器的谐振频率必须选在晶体的串联谐振频率和并联谐振频率之间,此时晶体的等效阻抗呈电感性。由于在感性区两侧均呈容性,故可把石英晶体当作电抗性质在谐振点发生变化的元件使用,以组成通带频率稳定,具有良好衰耗特性的带通滤波器。为了得到通带较宽的滤波器,需在石英谐振器上串联一个电感线圈。

5.2.4　新型 HF 通信系统

B787 飞机高频通信系统有 2 套(左、右),每个系统都有 HF 收发机和 HF 天线耦合器,2 个 HF 系统共享一个 HF 通信天线,如图 5-33 所示。

机组人员使用音频控制面板(ACP)来选择 HF 收发机。按压通话(PTT)和音频信号从 ACP 到公共数据网络(CDN)上的音频网关组件(AGU),AGU 将话筒音频和话筒开关信号发送到所选择的收发机。

HF 通信收发机发送和接收短波无线电信号。收发机将音频或数据链路信号调制,将其转换为射频信号,放大并发送到天线耦合器。天线耦合器将天线的阻抗与收发器的阻抗匹配(调谐),RF 信号通过耦合器进入天线进行发射。接收信号流是反向的。收发机的所有音频通过音频网关组件(AGU)。

B787 飞机的 HF 通信系统有 2 个高频天线耦合器。PTT 信号使选定的 HF 系统的耦合器调谐,当耦合器调谐时,高频收发机发出一个音调,当音调停止时,再次按压 PTT 发送。

耦合器能够保存最近调谐的频率并快速调谐到它们,可以存储多达 100 个频率。

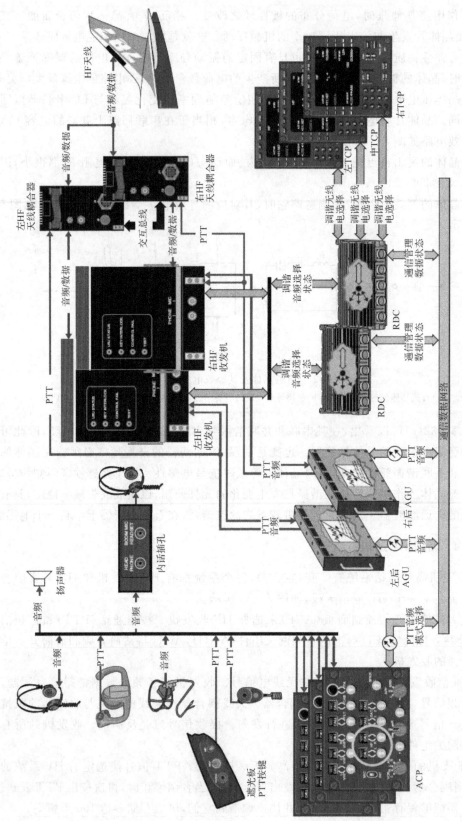

图5-33 B787飞机HF通信系统

5.3　卫星通信系统

卫星通信(Satellite Communication,SATCOM)系统是指利用空间的人造地球卫星作中继站,通过转发无线电信号,实现地面站和飞机之间的通信,如图 5-34 所示。与甚高频、高频通信相比,虽然卫星通信的发射和控制技术比较复杂,有较大的信号传播延迟和回波干扰,但具备通信距离远、覆盖面积大、可靠性高、通信频带宽、传输容量大等优点,因此在甚高频通信无法实现或高频通信不能保证的区域,卫星通信能够为飞行员和乘客提供一个全球覆盖的宽频语音和数据通信,以保证通信的全天候使用。

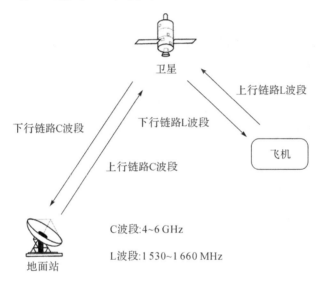

图 5-34　SATCOM 系统

卫星通信(SATCOM)系统使用卫星网络、地面站和飞机卫星通信设备来发送和接收数据和语音消息。飞机卫星通信系统使用国际海事卫星组织(INMARSAT)的卫星,通过 C 波段上行链路和下行链路与地面站进行通信,通过 L 波段与飞机之间进行通信。地面站将 SATCOM 系统连接到地面飞机通信寻址与报告系统(ACARS)和公用电话网络。

5.3.1　卫星通信系统的功能组成

飞机卫星通信系统由 3 部分组成:全球卫星通信网络、地面通信网络和机载设备。

1. 全球卫星通信网络

全球卫星通信网络是指停留在地球静止轨道上的 24 颗卫星组成的系统。卫星网络用于飞机和地面基站的连接,这些卫星目前所属的国际海事卫星组织,提供卫星网络的操作和维护。

根据卫星发展的代数,目前运用较广泛的是第三代卫星海事-3,主要提供航空器网络及海事卫星通信服务。能提供宽带上网服务(Swift Broad Band,SBB)的卫星称为第四代卫星,简称海事-4。海事-4 卫星能够提供世界范围内的语音通信、视频传输、邮件、电话以及高速度的局域网。

2.地面通信网络 GES

地面通信网络是卫星通信系统在地面上的通信网络,负责响应航空器机载设备在全球范围内的语音和数据需求。地面通信网络也和地面飞机通信与寻址报告系统基站及电信网络相连。

卫星通信系统主要使用以下频道:飞行通信的传统航空器网络语音频道、宽带网络语音频道和飞机通信与寻址报告系统通信的数据频道。

3.机载卫星通信设备

不同的机型安装的机载卫星通信设备有所不同。比较新的系统一般由卫星数据组件、低噪放大器和天线双工器、波控组件、高增益天线等部分组成。

卫星数据组件是机载卫星系统的中央控制器,用于卫星通信的交互界面和控制。低噪放大器和天线双工器位于机身客舱后顶部,用于卫星通信系统在同一时间发射和接收卫星信号,同时放大接收的低电平的卫星通信信号。高增益天线位于机身后顶部、垂直尾翼前面,用于接收和发射语音及通信数据的射频信号,它是电子式可变相位矩阵天线。

发射时,卫星数据组件将来自于遥控电子组件和飞机通信与寻址报告系统等组件的信号调制成 L 波段射频信号,送给卫星数据组件内部高功率放大器,然后通过低噪放大器和天线双工器送给波控组件,波控组件在天线的不同相位角度,以一个窄波束将射频信号发射出去。接收时的信号流向和处理相反。

当卫星通信系统通电时系统会自动登录。卫星数据组件利用已经存储的卫星频率找到卫星发射的信号,若该频率被激活,卫星数据组件会锁定该频率。

5.3.2　飞机卫星通信系统

1.组成和功能

B777 飞机卫星通信系统由以下部件组成:

(1)卫星数据组件(Satellite Data Unit,SDU)。

(2)射频组件(Radio Frequency Unit,RFU)。

(3)射频衰减器(Radio Frequency Attenuator,RF ATTN)。

(4)射频分路器(Radio Frequency Splitter,RFS)。

(5)C 类高功率放大器(High Power Amplifier,HPA)。

(6)A 类高功率放大器。

(7)高功率继电器(High Power Relay,HPR)。

(8)低噪声放大器/双工器(Low Noise Amplifier/Diplexer,LNA/DIP)。

(9)低增益天线(Low Gain Antenna,LGA)。

(10)波束导向组件(Beam Steering Unit,BSU)。

(11)高增益天线(High Gain Antenna,HGA)。

(12)射频合并器(Radio Frequency Combiner,RFC)。

B777 飞机卫星通信系统的工作原理如图 5-35 所示。

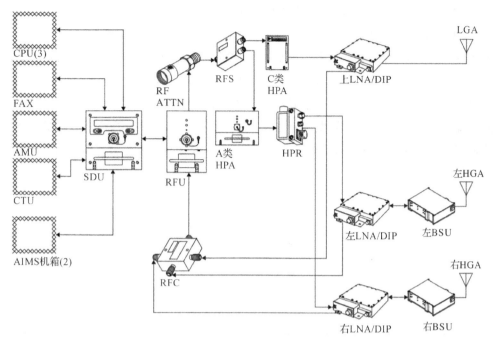

图 5 - 35　B777 飞机卫星通信系统工作原理

2.各组件功能

SDU 是 SATCOM 系统的接口和控制器,它包含系统操作软件,以及每个卫星的位置和频率数据。

RFU 将从客舱电信组件(Cabin Telecommunications Unit,CTU)和 SDU 来的数字音频变为射频(Radio Frequency,RF)信号,RF 信号与来自 SDU 的 RF 信号混频,混频后的 RF 信号通过 RF 衰减器发送到高功率放大器。它也将来自卫星的 RF 信号转换为 CTU 的数字音频信号。

衰减器调整射频信号电平,使来自 RFU 的输出与 HPA 所需的输入电平兼容。

RFS 可以使 SATCOM 用多个天线工作。来自 RFU 的一个发射信号进入 RFS 后,RFS 将信号分成两路分别发送到 C 类和 A 类高功率放大器(HPA)。

A 类和 C 类高功率放大器(HPA)增加 RF 信号的信号强度,并将它们发送到高功率继电器(HPR)或低噪声放大器/双工器(LNA/DIP)。A 类 HPA 可以同时处理多个通道以进行数据链路和语音操作,对于多个信道,强度可增加多达 40 W,对于单个信道可短时间增加 80 W。C 类 HPA 只能一次处理一个通道,可增加信号强度 40 W。

高功率继电器(HPR)将高功率放大器(HPA)的输出发送到高增益天线。HPR 一次只向一个高增益天线发送信号,即发送到离卫星最近的天线。波束导向组件(BSU)控制 HPR。

LNA/DIP 是滤波器和放大器,它使卫星通信系统同时接收和发送信号,还能增加接收到的卫星信号的强度。

每个高增益天线都有一个波束导向组件(BSU),负责将射频信号指向卫星。BSU 接收来自 SDU 的数字波束指向信号,将其转换成相移数据,该数据改变发送到特定天线单元的信号的角度,天线单元形成一个指向卫星的窄波束。

高增益天线(HGA)是与机身表面齐平的 20 单元阵列天线,安装在机身上方两侧,负责发射和接收信号,如图 5-36 所示。HGA 发送来自 BSU 的信号,当信号通过天线元件时形成窄波束,天线把这个波束传送到卫星。它还能接收卫星信号,将接收到的信号传入 BSU。

低增益天线(LGA)为低速数据链路发送和接收射频信号,只有当高增益天线(HGA)系统失效时,低增益天线才工作。LGA 包含单个天线单元,外面有叶片形气动天线罩保护,如图 5-37 所示。

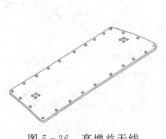 

图 5-36　高增益天线　　　　图 5-37　低增益天线

射频合并器(RFC)可以使 SATCOM 接收来自多个天线的信号,RFC 从工作的那一路 LNA/DIP 中获取 RF 信号并将其发送到射频组件(RFU)。

5.3.3　B787 飞机卫星通信系统

B787 飞机卫星通信系统使用地面站和卫星进行全球语音和数据通信,系统有 1 个数据通道和 2 个语音通道。

卫星通信系统包括卫星收发机(Satellite Receiver Transmitter,SRT)、高增益天线(HGA)、双工低噪声放大器(Diplexer Low Noise Amplifier,DLNA)模块,如图 5-38 所示。

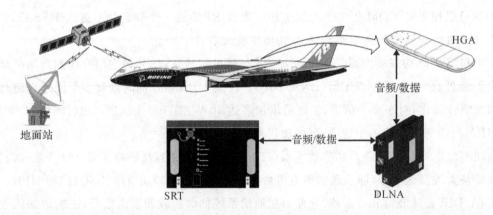

图 5-38　B787 飞机 SATCOM 系统组成

SRT 将语音和数据变为 RF 信号。SRT 将天线信号瞄准卫星,这就是波束转向。SRT 必须用飞机位置数据来计算卫星的方向,SRT 控制飞机地面站与地面地球站的连接,这叫作登录,SRT 在加电时自动登录。

高增益天线(HGA)接收并发送飞机和卫星之间的语音和数据信号。HGA 具有窄波束,从接收机发射机中获得瞄准命令,并与双工低噪声放大器(Diplexer Low Noise Amplifier,DLNA)模块相连。

双工低噪声放大器(DLNA)模块能够使卫星通信系统同时接收和发送信号(双工器),并放大来自卫星(低噪声放大器)的低电平信号。

B787 飞机卫星通信系统基本原理如图 5-39 所示。

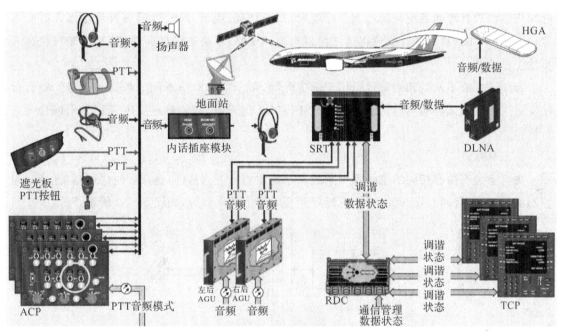

图 5-39　B787 飞机 SATCOM 系统基本原理

ACP 将发送的音频从模拟信号变为数字信号,数字信号进入公共数据网络(Common Data Network,CDN),然后进入音频网关组件(Audio Gateway Unit,AGU)。

AGU 将数字信号转换为模拟信号,并将音频发送到收发机,收发机通过 DLNA 模块向天线发送音频。

接收到的音频从天线通过 DLNA 模块发送到收发机,收发机将音频发送到 AGU,AGU 将模拟信号转换为数字信号,并将信息发送到 CDN。ACP 将接收到的数字音频变为模拟信号,并将音频发送到耳机或扬声器。

公共计算机资源(Common Computer Resource,CCR)机柜获得卫星通信呼叫信息,并将数据发送到显示组件。SATCOM 和 COMM 数据显示在主飞行显示器的辅助显示区域上。

机组人员用调谐控制面板(TCP)和音频控制面板(ACP)来选择和控制各种卫星通信功能。

5.4 选择呼叫系统

5.4.1 系统功能组成

1.系统功能

选择呼叫(SELCAL)向飞行机组提供来自航空公司地面台站的呼叫。SELCAL 不是一个独立的系统,它需要 HF 和 VHF 通信系统配合工作。航空公司无线网络提供地面台站与飞机间的通信,地面台站通过高频或甚高频通信系统对指定飞机或一组飞机进行联系。当被呼叫飞机的选择呼叫系统收到地面的呼叫后,指示灯亮、提示音响,告诉飞行员地面在呼叫本飞机。这样,飞行员只要在收到提醒之后再与地面联络,不必连续监听等待,从而减轻机组人员的工作负荷。

每架飞机有不同的四字母代码用于选择呼叫,每个字母对应不同的单音频信号。地面台站发出这一代码来呼叫飞机,飞机收到其 SELCAL 代码后,驾驶舱通过声音和显示以告知飞行机组。

2.系统组成

飞机上装有两套相同的选择呼叫系统。系统主要有下列部件:选择呼叫译码器,选择呼叫控制面板,选择呼叫程序开关组件,选择呼叫音响警告继电器等,如图 5-40 所示。

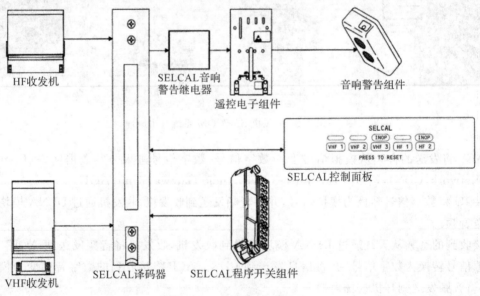

图 5-40 SELCAL 系统组成

选择呼叫系统与下列部件相连接:VHF 收发机、HF 收发机、遥控电子组件(REU)和音响警告组件。

HF 和 VHF 收发机接收来自地面台站的 SELCAL 音频信号,收发机将收到的音频送往

SELCAL 译码器。

SELCAL 音响警告继电器送出 28 V DC 到 REU,REU 送出 28 V DC 到音响警告组件,音响警告组件产生高/低谐音信号用于音响提示。

(1)选择呼叫译码器。选择呼叫译码器监视来自 VHF 和 HF 通信收发机的单音频信号,识别与其代码相同的选择呼叫信号,当有呼叫进来时,给出驾驶舱内的视觉和听觉指示。

选择呼叫译码器将从收发机来的单音频信号与程序开关组件上的选择呼叫代码相匹配。如果匹配成功,即这些单音频信号与来自程序开关组件的代码相同,译码器则向控制面板送出一信号点亮提示灯,也送出一接地信号以吸合选择呼叫音响警告继电器。

当选择呼叫译码器接收到呼叫时,它向 SELCAL 控制面板送出一个离散的呼叫位置信号,呼叫置位离散信号是一个点亮呼叫灯的地信号,该信号对译码器通道进行复位,每个收发机有一不同的呼叫置位离散信号。该地信号点亮接收到呼叫的收发机所对应的提示灯,按压提示灯开关则复位译码器通道。

选择呼叫译码器提供一个接地信号产生驾驶舱内的高/低谐音。地信号送到选择呼叫音响警告继电器,吸合的继电器送出 28 V DC,经过 REU 到音响警告组件,音响警告组件在驾驶舱内产生高/低谐音,用于声响提示。

(2)选择呼叫程序开关组件。SELCAL 程序开关组件给出飞机的 SELCAL 代码。当飞机加电时,程序开关组件向 SELCAL 译码器送出 SELCAL 代码。

选择呼叫程序开关组件有 24 个(16 个在用)开关,如图 5-41 所示。这些开关每 4 个一组,与选择呼叫编码中的 4 个字母相对应,每组开关中的开关位置确定四个选择呼叫字母代码中的一个字母。开关在 ON 位时向译码送出一个地信号,在 OFF 位时向译码器送出开路信号。

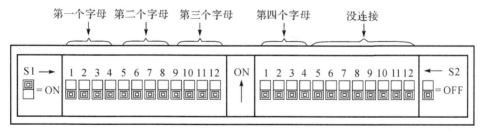

图 5-41　SELCAL 程序开关

(3)选择呼叫控制面板。选择呼叫控制面板提供选择呼叫系统的目视指示和复位操作。当译码器收到正确编码的音频呼叫时,控制板上这一有效的收发机所对应的提醒灯点亮,按压控制板上的灯/开关则对译码器通道进行复位。

5.4.2　系统工作原理

1.选择呼叫系统原理

选择呼叫系统原理如图 5-42 所示。

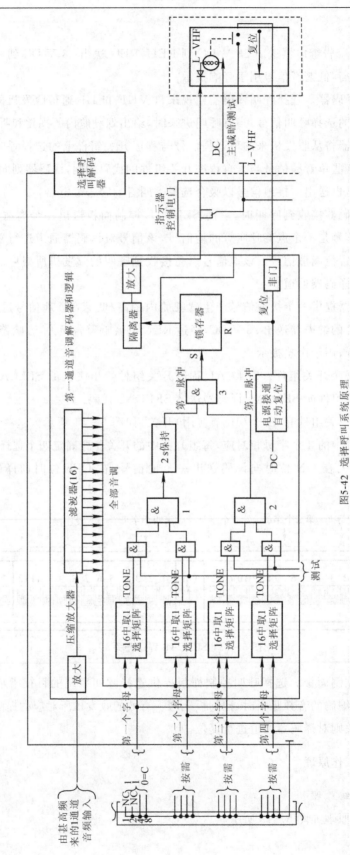

图5-42 选择呼叫系统原理

当机载 HF 或 VHF 接收机输出的编码音频信号(通常是来自收发机静噪电路之前的检波器)加到译码器后,首先经音频压缩放大器输出等幅音频信号,然后加到四组有源滤波器(每组有 16 个滤波器),每个滤波器只能通过一个相应的选呼音频频率。

因为选择呼叫编码信号是由两个 1 s 的音频脉冲组成,每个脉冲由两个不同的频率所组成,当收到选呼信号的第一个脉冲时,经滤波器和矩阵进行识别,以确定是否为本飞机所指定的音调,若相符则将两个音调信号送至积分器,积分器把音调转换为逻辑高电平(逻辑"1")到与门 1,与门 1 输出的高电平加到与门 3 并保持 2 s,在 2 s 内脉冲一直使与门 3 的一个输入端为"1";接收到的第二个脉冲经识别若相符,则加至积分器,使与门 3 的另一输入端也为高电平,这样与门 3 输出为高电平,使锁存器置位。锁存器输出逻辑"1",使指示灯开关接通,控制板指示灯亮,且控制音响组件发出谐音。

可见,当地面呼叫某飞机,通过 HF 或 VHF 电台发射的两对音调编码经飞机选择呼叫译码器译码。若与本飞机的编码相符,则灯亮,并发出谐音,完成呼叫该飞机的任务。当按下"复位"(RESET)键时,接地信号加到锁存器,使其复位,输出逻辑低电平,则灯灭,无谐音。

2.选择呼叫译码器工作原理

选择呼叫译码器具有下列部件:音频压缩器,滤波装置,模-数转换器,微处理器,复位缓冲器,输出驱动器。译码器结构如图 5 - 43 所示。

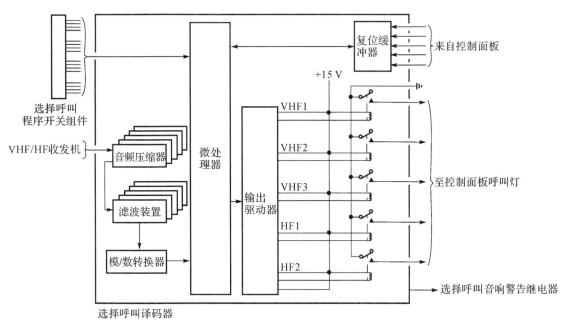

图 5 - 43　SELCAL 译码器

(1)上电。上电时,选择呼叫程序开关组件向微处理器发送飞机的选择呼叫代码。微处理器控制选择呼叫译码器。

(2)呼叫置位。每一 VHF 和 HF 收发机向相关音频压缩器发送音频信号。音频中有一选择呼叫单音。选择呼叫信号是一组四个单音信号。每个单音表示选择呼叫代码中的一个字母。音频压缩器放大或限幅音频信号输入以得到恒定电平。然后,音频压缩器将信号送到有关滤波装置。

在滤波装置中,信号送到 16 个不同的滤波器。每个滤波器仅通过能辨别一个选择呼叫单音或字母的音频信号。

滤波器的输出送到模/数转换器。转换器将模拟音频信号转换成数字信号并将其送到微处理器。

微处理器接收到选择呼叫单音频数字信号并与来自程序开关组件的选择呼叫代码相比较。如果数字信号与飞机代码相同,则微处理器向输出驱动器发出一个指令。

输出驱动器使输出继电器吸合。当继电器吸合时,控制面板接到一个地信号以点亮呼叫灯。

(3)呼叫复位。控制面板向选择呼叫译码器中的复位缓冲器送出一个接地信号。当复位缓冲器接收到"地"后,它向微处理器提供一个信号,以复位送到输出驱动器的指令。当输出驱动器复位后,所有的指示熄灭。

(4)音响警告。选择呼叫译码器向选择呼叫音响警告继电器提供一个离散的地信号。吸合的继电器送出 28 V DC 经 REU 给音响警告系统。音响警告系统产生一声高/低谐音以告知飞行机组有呼叫进来。

5.4.3 新型 SELCAL 系统

B787 飞机 SELCAL 系统原理如图 5-44 所示。

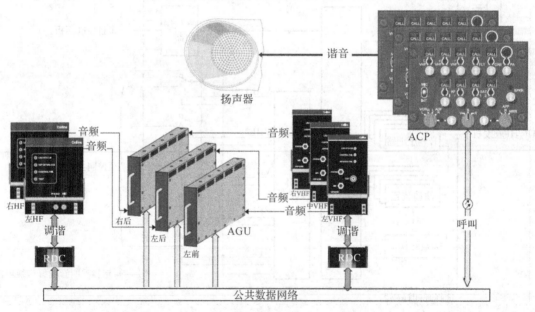

图 5-44 B787 飞机 SELCAL 系统

每架飞机都有一个独特的 SELCAL 代码,SELCAL 译码器软件包含在 AGU 中。

AGU 监测从每个通信系统来的音频信号。当 AGU 检测到正确的飞机代码时,它向音频控制面板(ACP)发送信号,打开话筒开关中的呼叫(CALL)灯,警告扬声器发出声音,EICAS 上显示 SELCAL。

在 ACP 上按下发射机选择键以响应无线电呼叫,这样会删除 EICAS 消息,ACP 呼叫灯熄灭,绿色话筒显示。

5.5 应急定位发射机

应急定位发射机(Emergency Locator Transmitter,ELT)是飞机上的应急通信设备。一旦出现飞机失事,能够自动发射呼救信号,因此可用于飞机发生事故后的应急定位,有助于搜救工作。

普通飞机上一般配备两种应急定位发射机,一种是便携式,一种是机载固定式。便携式应急定位发射机一般放在客舱尾部,主要用于当飞机在偏远地区实施水上迫降时,乘务员将天线扔到水面上,外部天线由水溶性胶带缠绕,一遇到水便会自动弹开。固定式应急定位发射机一般位于后乘务员站位顶板附近。当飞机发生剧烈撞击,ELT 会自动开启并发射信号,持续时间一般不少于 24 h,国际卫星搜救组织的卫星系统可以接收该信号。ELT 系统的天线一般安装在飞机垂尾前,在 3 号 VHF 天线之后。

民航应急定位发射机工作频率为 121.5 MHz,243 MHz 和 406~406.1 MHz。

(1)121.5 MHz 频率:供 117.975~137 MHz 频带内的航空移动业务电台进行遇险和安全无线电话的通信。还可用于营救器电台和应急示位无线电信标电台。

(2)243 MHz 频率:供营救器电台使用的频率。可用于有人驾驶空间飞行器的搜索和救援工作。

(3)406~406.1 MHz 频带:是卫星应急示位无线电信标地对空方向的专用频带。

5.5.1 系统功能组成

B787 飞机 ELT 系统由以下部件组成:ELT,ELT 天线,ELT 飞机识别模块(AIM),以及 ELT 控制面板,如图 5-45 所示。

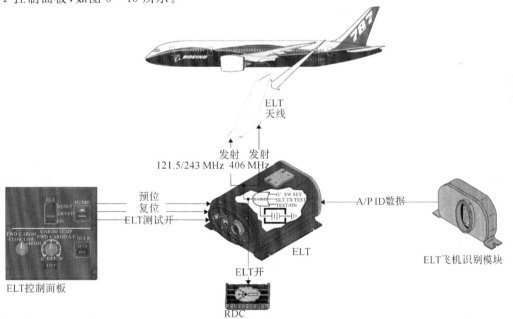

图 5-45 B787 飞机应急定位发射机系统

ELT 通过 CDN 发送状态(ON 或 OFF)数据,ELT 向天线发送 2 个 VHF 和 1 个 UHF 频率信号,ELT 从内部电池组获得电源,电池组有 4 个 D 型锂锰二氧化物单元,电池串联连接,向 ELT 提供 12 V 直流电。电池需要在定期维护中更换。

ELT 飞机识别模块(AIM)存储有关飞机的特定信息,并将该数据发送到发射机。改变 AIM 信息的方法有 2 种:一是更改连接到 AIM 的 24 开关控制模块的设置;二是用特殊的软件和第二个连接器对特定信息重新编程。

ELT 控制面板是带有保护装置的三位开关。其中,"RESET"用于关闭发射机。"ARMED"用于正常操作。在 ARMED 位置,系统在感应到大幅度减速时自动发射,开关将模拟控制信号发送到 ELT。"ON"用于发射应急信号。

ELT 还有一个前面板开关来手动控制发射机。其中,"OFF"用于关闭发射机。"ARM"用于当 P5 开关也设置为 ARM 时,系统检测到飞机失事时自动发射。"TX"供测试时使用,无论其他开关处于什么位置,ELT 都发射信号。

5.5.2　系统工作原理

1. 概述

ELT 发送卫星警报、识别信息和方向跟踪信号。ELT 在 3 个频率上发送应急信号:406 MHz(到卫星网络,包括 ELT 序列号和国家代码),121.5 MHz (VHF) 和 243 MHz (UHF)。

ELT 每 50 s 发送 520 ms 的 406 MHz 信号,发射持续 24 h,然后停止。在 406 MHz 信号传输期间以外,ELT 也连续不断地发射 121.5 MHz 和 243 MHz 信号,直到电池不能供电。

ELT 从控制面板接收 EXT ON,RESET 1 和 RESET 2 信号,并输出 ELT ON,LIGHT,RF OUT 信号。

当 ELT 工作时,它向公共计算资源(Common Computing Resource,CCR)机柜发送一个离散数据。EICAS 显示器显示 ELT ON 的咨询信息,ELT 前面板灯亮。

ELT 有 2 个发射部分,一个用于 121.5/243 MHz 信号,一个用于 406 MHz 信号。2 个发射部分通过独立的传输线路将射频应急信号发送到 ELT 天线的 2 个独立的部分。

121.5/243 MHz 发射机在同一传输线路同时发射两个频率,这些频率用 N 个音频进行幅度调制,该音频从 1 600 Hz 到 300 Hz 连续扫描,给搜救人员提供归航信号。

地面站和搜救人员接收并处理 121.5/243 MHz 信号,从中找到 ELT 的位置,定位精度为 15 km。121.5/243 MHz 发射机工作直到电池组无法供电,电池组电源持续至少 72 h。

处理器负责对两个发射机的工作进行同步管理,每次只有 1 个发射机接通。每 50 s,处理器关闭 121.5/243 MHz 发射一小段时间,并让 406 MHz 发射机发送信号。卫星检测到来自 406 MHz 发射机的应急信号后,地面站接收并处理卫星数据,以识别出飞机并找到其位置,精度为 1 km。24 h 后 406 MHz 发射机停止发射,以节省用电。

2. 应急信号特性

在 ELT 触发后,每隔 50 s 发射 112 位或 144 位二进制信息。112 位二进制信息又称短消息(Short Message),144 位二进制信息又称长消息(Long Message)。短消息发射时长为 440 ms,长消息发射时长为 520 ms。

这两个二进制消息的前 160 ms 均为未调制载波(Unmodulated Carrier),前 15 位比特(Bit)为位同步信息,第 16~24 位为帧(Frame)同步信息。第 25 位用来判断该二进制消息为长消息还是短消息（"1"代表长消息，"0"代表短消息），而第 26～85 位主要用来存储 ELT 身份标识等重要信息，又因为其重要性而被称为第一组受保护数据字段（PDF-1）。第 86～106 位为第一组 BCH 纠错码。对于 112 位短消息，剩余的 107～112 位为不被保护的数据字段。对于 144 位长消息第 107～132 位为第二组受保护数据字段（PFD-2），133～144 位为第二组博斯-乔赫里纠错码（BCH-2）。

全球卫星搜救系统对 ELT 的定位主要是通过 ELT 发射信息中的第 26～86 位数据进行的，通常这段二进制信息会被转换成 15 位的十六进制数，并且定义为 ELT 的发射机编码（Hex ID），每个 ELT 都有唯一的 Hex ID。ELT 的 Hex ID 包含 ELT 序列号或飞机注册号等编码信息，并使用国别码（中国区代码 412 或 413，美国区代码 366）划分其使用区域。

5.6　空地数据通信系统

5.6.1　数据链概述

1.发展

在数据链系统出现之前，机组人员和地面人员之间的交流只能通过语音进行，这种通信以甚高频或高频语音无线电通信模式实现，20 世纪 90 年代卫星通信技术的引入，使这种通信模式得到了进一步加强。话音通信在使用过程中不仅速度慢、易出错，而且传输的数据量很有限。

当前航空公司越来越依赖飞行中飞机提供的信息，话音通信的重要性逐渐被数据通信取代。数据链是地空数据通信系统的通称，该系统用于飞机机载设备和地空数据通信网络之间建立飞机与地面计算机系统之间的连接，实现地面系统与飞机之间的双向数据通信。

数据链通信具有抗干扰能力强、误码率低的特点，通过该技术可将飞机位置、飞行状态等各种信息传送给地面设备和人员，实现飞机与航空运行控制部门、飞机和管制中心之间的双向信息交换，从而实现飞机状态数据的实时传送和对飞机的实时跟踪和监视，减轻机组人员和地面空中交通管制部门、运行控制部门的负担，因此已成为航空公司运营的主要依靠手段。

航空公司最早应用的数据链是从 1978 年起开始的 VHF 数据链，这种数据链由美国 ARINC 公司开发，称为"ARINC 通信寻址与报告系统"（ARINC Communications Addressing and Reporting System，ACARS），但 ARINC 一词很快被改为"飞机"（Aircraft）。

到 2005 年，美国建立了 754 个地面站，覆盖了美国本土所有航线。加拿大航空公司于 1982 年开始在一架 B767-200 上安装了具有数据通信功能的航空电子设备，随后自主开发了其本国交通繁忙地区的 VHF 空-地数据通信系统。国际航空电信协会（SITA）于 1984 年开始运营一个与 ACARS 类似的系统，称为 AIRCOM。SITA 在欧洲、亚洲、美洲和澳洲等地建立了 732 个地面站，构成了全球覆盖范围最大的甚高频地-空数据通信网络——SITA 网络，西欧已基本全部覆盖，澳洲和东南亚也建立了许多远端地面站（RGS）。日本在 1989 年建立了 AVICOM JAPAN 公司，可在其海岸线 200 n mile 以内提供 AIRCOM/ACARS 模式的航务管理和航空行政管理数据通信。我国民航已经建立了 802 个地面站，覆盖了我国除西藏外的大部分航线。泰国无线电公司（Aerothai）在泰国、新加坡、中国（澳门和台湾）、菲律宾、韩国等地建立了 65 个地面站。这些系统的功能和采用的技术大同小异，都发源于 ACARS。

数据链是双向通信,从飞机到航空地面站的信息传输称为下行链路,从航空公司地面站到飞机的信息传输称为上行链路。早期的 ACARS 信息主要包括四个下行链路信息:离开登机口准备滑行-离开跑道起飞-已着陆-滑行到停机坪(称为 OOOI,即 Out,Off,On 和 In 信息)。这些信息使得航空公司能够更好地跟踪它们的飞机,并且为飞机上的机组人员提供自动计时。

现在,加入 ACARS 的飞机已经从原来的 50 架增加到近 1 万架,信息量高达每月 2 000 万条,而信息的类型包含了航空公司运营所能够想到的每一个方面:飞行运行信息;行政管理信息,如机组的计划;旅客信息,如登机口;维护信息,如发动机性能和故障报告;机场和航空公司间的业务协调,如除冰和加油等。

2. 系统组成

地-空数据链通信系统分为三大部分,即机载地-空数据通信设备、地-空数据通信地面网络和地-空数据通信系统信息地面处理系统,如图 5-46 所示。

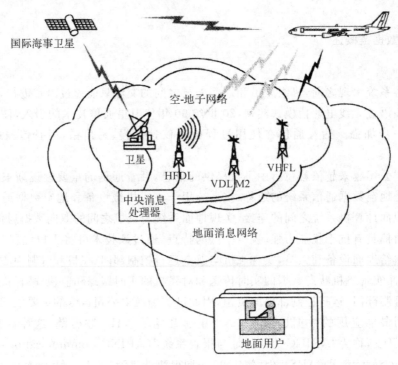

图 5-46　地空数据链系统

机载地-空数据通信设备主要包括通信管理组件、多功能控制显示组件或其他显示设备、VHF/HF/卫星收发信机(电台)和打印机。

地空数据通信地面网络主要包括 VHF 地面站(HF 地球站/卫星地面接收站)以及网络运行控制中心。

地空数据通信系统信息地面处理系统主要包括:

1)航空公司数据通信应用系统,包括飞行运行监控系统、飞机维修与远程状态监控与故障终端系统、地面服务与支持系统等。

2)空中交通管制与服务应用系统,包括飞机起飞前放行系统(PDC)、数字式自动化终端区信息服务系统(D-ATIS)、飞行员-管制员数据链通信系统(CPDLC)等。

3)公众服务应用系统。ACARS 可以使用 4 种不同的空地子网络:甚高频(VHF)子网络、航空移动卫星通信(AMSS)网络、高频数据链(HFDL)和甚高频数字数据链(VDL)。甚高频子网是最为廉价且通用的一种通信模式,但由于其直线传输的局限性而无法跨海洋传播。通信卫星通过 INMARSAT 卫星网络可以覆盖除极地外的全球其他区域,但却比较昂贵。高频子网络是较新建立起来的,其目的是为了覆盖通信卫星的死角。

5.6.2 飞机通信寻址报告系统

飞机通信寻址与报告系统(ACARS)是一种双向数据链通信系统,供飞机和航空地面站之间传递信息和报告。ACARS 包括语音和数据通信,用于管理飞机和航空公司之间的飞行计划数据和维护数据。ACARS 会在必要的时候和飞行的预定时间自动发送报告,以减少机组人员的工作量。

ACARS 系统包括 ACARS 机载设备,地空数据链传输系统,地面通信网络和设备,如图 5 - 47 所示。

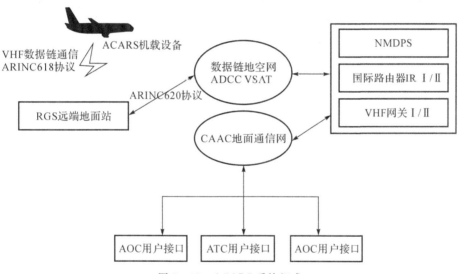

图 5 - 47 ACARS 系统组成

在地面,ACARS 系统由多个无线电收发机构成的网络组成,可以接收或发送数据链消息,并将其分发到网络上的不同航空公司。

1. ACARS 机载设备

ACARS 机载设备包括管理组件(MU)或通信管理组件(CMU)、多功能控制显示组件(MCDU)、VHF/HF 电台、卫星通信组件、打印机等,如图 5 - 48 所示。

ACARS 系统的核心设备是 ACARS 管理组件(MU)或者通信管理组件(CMU),MU 或CMU 起着机上路由器的作用,所有的地空电台都连接到 MU 或者 CMU,来发送和接收数据。多功能控制显示组件(MCDU)和打印机是 ACARS 与机组人员的主要接口。其他组件,例如,飞行管理系统(FMS)或空中交通服务组件(ATSU),也要与机组人员就 FANS 消息进行交互作用。

在飞机上,MU 一方面与机载通信收发机相连,用以发送和接收来自地面的无线电数字报文;另一方面通过 ARINC 429 总线与其他机载数字数据终端设备相连,完成数据采集、报文生成、话音/数据信道切换和频率管理等功能。

当今,大量重要的数据链消息是由飞机上各种系统自动生成后下行传输的。MU 识别每个上行消息块,并把它送到相应的装置。同样,MU 在每条下行链路上附加相应的飞机信息,例如,飞机的尾号,并把它发送到其中一个空地子网络。4 种子网络的每一种最新航空电子设备都通过一条数据总线(典型的为 ARINC429)接收 ACARS 消息块。然后,子网络航空电子设备将把消息块转换成与地面电台通信所需的信号。每个子网络都有自己的协议,用于物理层和链路层交换数据块。

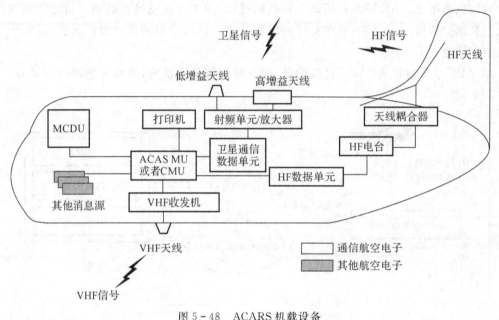

图 5 - 48　ACARS 机载设备

2. ACARS 报文类型

ACARS 有三种报文类型:空中交通管制(ATC)、航空运行控制(AOC)和航线管理控制(AAC)。ATC 报文由 ARINC 623 规范定义,主要用于机组请求放行,由地面人员进行放行。AOC 及 AAC 报文用于飞机和基站之间通信,这些报文或者由用户定义,或者由 ARINC 618/633 规范定义。不同的报文类型可能包含如油耗、发动机性能数据和飞机位置等信息。

ACARS 报文分为基本和建议两类,报文类型很多,主要有以下几种:

(1)飞机起降状态报告:推出(OUT)、起飞(OFF)、着陆(ON)和划入(IN)。

(2)飞机自动报告:位置报(POS)、航路位置报、预达时间报(ETA)。

(3)机组手工报告:自由格式报(FREE TEXT)、气象请求报(WXR)、服务应答报(SVR)、配载平衡数据请求报(LOAD SHEET)、旅客名单请求报(PASSENGER LIST)、航班初始化请求报(INIT)、飞行计划请求报(PLAN)、桥位请求报(GATE)。

(4)机务维修:起飞报(TKO)、发动机性能报告/巡航报(CRZ)、APU 性能报(APU)、发动机超限报、颠报(TUR)、重着陆报(HDL)、超重着陆报(OWL)、实时故障报。

（5）地面服务：自由格式报（FREE TEXT）、机坪服务报（RAMP）、服务应答报（SVR）。

（6）航空器气象资料下传：爬升阶段、巡航阶段、降落阶段。

（7）空中交通服务报告：起飞前方向（PDC）、自动化终端区信息服务（D-ATIS）、管制员-飞行员数据链通信（CPDLC）与合同式自动相关监视（ADS-C）。

（8）地面上行电报：语音通信请求。

（9）自组织电报。

3. ACARS 报文译码和获取

ACARS 中 VHF 收发机接收到的 ARINC 618 协议格式的报文不能直接使用，要首先译码为工程值。在 ARINC 618 报文中，用"Label"字段来区别不同的报文类型，报文的有效信息则存放在报文的正文部分，而报文正文存放信息的内容和格式则是由 ARINC 620 协议规定的。

因此，ACARS 报文的译码首先需要根据 ARINC 618 报文协议中"Label"字段确定报文的类型，"Label"字段用 ACARS 报文的第 11 和第 12 两个字符来标识，因此报文分类只需提取出报文的第 11 和第 12 两个字符即可；然后根据该类型对应的 ARINC 620 正文格式对报文进行译码。

4. ACARS 的应用

（1）OOOI 事件。ACARS 的第一个应用是去自动检测和报告飞机在主要飞行阶段的起降状态变化，即 OOOI 事件：推出登机门（Out of the gate），离地（Off the ground），着陆（On the ground），停靠登机门（Into the Gate）。这些 OOOI 事件是由 ACARS 管理组件 MU 通过飞机上各种传感器（例如舱门、停留刹车和起落架上的开关传感器）的输出信号来获得的。

在每一飞行阶段的开始时刻，ACARS 将一个数字报文发送到地面，其中包括飞行阶段名称、发生时刻，以及其他诸如燃油量或始发地和目的地。

（2）飞行管理系统接口。ACARS 和飞行管理系统（FMS）之间的数据链接口，可以将地面发送到机载 ACARS 管理组件上的飞行计划和气象信息转发到 FMS。这样，在飞行过程中航空公司就可以更新 FMS 中的数据，使得机组人员可以评估新的气象条件，或者变更飞行计划。

（3）机载维护数据下传。ACARS 同飞行数据采集与管理（FDAMS）或飞机状态监控系统（ACMS）之间的接口，使得数据链系统在更多的航空公司得到应用。通过使用 ACAS 网络，航空公司就可以在地面上实时得到 FDAMS/ACMS（用以分析飞机、发动机和操作性能）上的性能数据。这样，维护人员就不用非得等到飞机回到地面后才能到飞机上去获取这些数据。这些系统能够识别出不正常的飞行，并自动向航空公司发送实时报文。详细的发动状态报告也能经 ACARS 发送到地面，航空公司据此来监控发动机性能并规划维修活动。

（4）人机交互。上述处理过程都是由 ACARS 及相关系统自动执行的。随着 ACARS 的发展，ACARS 控制组件同驾驶舱内的控制显示组件（CDU）之间有了直接连接。CDU 通常也称 MCDU（多功能 CDU），让机组可以像今天收发电子邮件一样收发消息。这项功能使飞行人员能够处理更多类型的信息，包括从地面获取各种类型信息以及向地面发送各种类型报告。

习 题

1.请分别说明飞机高频和甚高频通信系统的组成。其收发机结构有什么不同？哪一个是必装系统？

2.为什么高频通信系统中有天线耦合器,而甚高频通信系统中没有？甚高频通信系统收发机中定向耦合器起什么作用？

3.请分别画出二极管平衡调制器与环形调制器的原理电路图,并指出它们各有什么特点。用公式说明为什么环形调制器的传输效率比平衡调制器高一倍。

4.请说明卫星通信系统的组成及各部分功能。

5.请说明选择呼叫系统的组成和工作原理。

6.请说明应急定位发射机的作用及原理。

7.请说明飞机通信寻址和报告系统的组成及报文类型。

第6章 气象雷达

机载气象雷达（Weather Radar, WXR）系统用于在飞行中实时探测飞机前方航路上的气象情况和地形轮廓，飞行员可以根据气象雷达所提供的目标信息，避绕各种危险的区域，选择安全的航路，保障飞行的安全和舒适。机载气象雷达可以探测飞机前方的降水、湍流情况，也可以探测飞机前下方的地形情况，并在显示器上用不同的颜色来表示降水的程度和地形情况。新型的气象雷达系统还具有预测式风切变（Predictive Windshear, PWS）功能，可以探测飞机前方风切变的情况，使飞机在起飞和进近着陆阶段更安全。

气象雷达的工作频率很高，其工作原理和电路器件与其他无线电通信导航设备有较大的差别。本章主要说明气象雷达的功能组成、探测原理、发射信号、天线特性，以及收发机的具体工作原理。

6.1 气象雷达系统概述

6.1.1 气象雷达的功能

气象雷达的主要功能包括：探测航路前方扇形区域中的降雨区、冰雹区夹带雨粒的湍流区和风切变等气象区域，观察飞机前下方的地形，发现航路上的山峰、相遇飞机等空中障碍物。气象雷达探测示意图如图 6-1 所示。

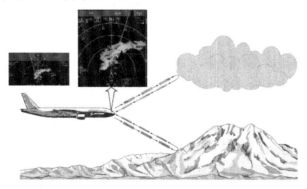

图 6-1 气象雷达探测示意图

1. 气象目标

（1）探测降雨。激烈的雷雨区、无形的湍流，是威胁飞行安全的一个重要因素，降水使能见度急剧转坏，破坏飞机空气动力，大雨可使发动机熄火，在雨中飞行还可能发生飞机结冰。遭遇冰雹时，轻则机身的蒙皮受到冰雹撞击而凹陷，严重时前风挡玻璃被击破，造成客舱失压。

对航路上气象情况的了解有益于保障飞行安全和舒适性。然而,对于航程上千或数千千米的飞行来说,要在飞行前依靠地面气象通报做到这一点是很困难的,利用机载气象雷达可以使这一问题得到圆满的解决。在飞行中,通过机载气象雷达实时地探测并显示气象信息,飞行员可以十分方便地了解飞机前方数百海里范围内的气象情况,从而选择更安全的航线。

(2)探测湍流。空气动力学中的湍流指的是短时间的风速波动。大多发生在不同速度、方向或温度的气流相遇之处。湍流对飞机的飞行结构载荷、飞行安全等影响很大,飞机在湍流中飞行时会产生颠簸,影响乘坐的舒适程度,还会造成飞机的疲劳损伤,是威胁航空安全的一种危险性天气。因为其一般不伴有明显的天气现象,所以难以检测,因湍流引发的飞行事故时有发生。

(3)探测风切变。风切变是指风速、风向的突然迅速的变化,经常出现于雷暴或其他不稳定的气流中,也被称为微爆(microburst)。它可以在很大区域内发生,并伴有狂风暴雨,或者只在一个很小区域内发生,特别是在接近地面的高度时发生,对飞机的起飞和着陆造成严重的威胁。

微下冲气流是风切变最危险的一种形式,一旦飞机进入微下冲气流,会导致飞机升力迅速减小、高度迅速降低,飞机爬升能力受到严重限制,直接威胁飞行安全,是飞机发生空难的重要原因之一。

低空风切变是指发生在靠近地面的风向和(或)风速的突然变化,低空风切变具有变化时间短、范围小、强度大等特点,是公认的起降阶段最严重的气象危害。

在飞行中,驾驶员需要尽快、尽早知道飞机航路上风切变的存在,以采取措施保障飞行安全。

2. 空中障碍物探测

除了能探测和发现空中气象目标外,机载气象雷达还能有效地探测和发现航路上的山峰、相遇飞机等目标。这一特性对在恶劣气象条件下和夜间飞行的飞机,以及在地形复杂地区飞行的飞机来说,具有特别重要的意义。

但是,必须强调指出,气象雷达对山峰、相遇飞机的探测能力不能满足地形回避和防撞的要求,因此,决不能把气象雷达作为地形回避和防撞引导设备来使用。

3. 地形观察

把雷达波束指向地面时,利用地表不同地物对雷达电波反射特性的差异,可以在雷达显示器上显示出飞机前下方扇区内的地表特征图像,这就是气象雷达工作于"地图"模式时的地形观察功能。

机载气象雷达根据地物对雷达信号反射特性的差异来显示地形轮廓。含有大量钢铁或其他金属结构的工业城市具有比周围大地更强的反射特性;河流、湖泊、海洋对电波的反射能力则明显不同于其周围或相邻的大地表面。当雷达电波投射到大地表面时,不同的地表特征便形成了强弱差别明显的雷达回波。根据雷达回波的这一特性,气象雷达便可在显示屏上显示出地表特征的平面位置分布图形。

6.1.2 气象雷达的组成

1. 传统机载气象雷达

传统机载气象雷达系统的基本组件为收发机(Receiver/Transmitter,R/T)、天线(Antenna,

ANT)、控制面板、显示器以及波导等附件,如图 6-2 所示。有的机载气象雷达系统具有和显示器分离的控制面板,有的则包括两套收发机,有的还可能包括单独的定时(同步)组件。

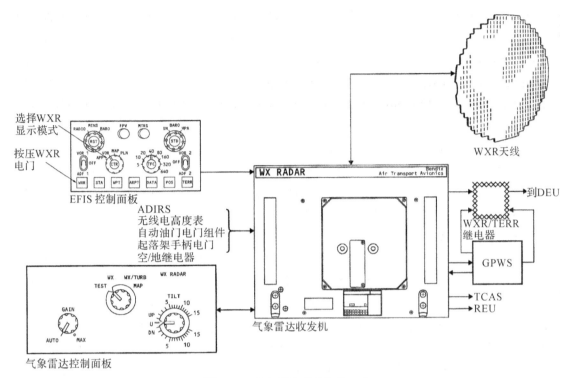

图 6-2　气象雷达系统结构组成

(1)收发机。收发机是系统的核心部件,其功能是产生、发送并接收处理雷达信号。收发机产生、发送雷达射频(Radio Frequency,RF)脉冲信号,经收发开关后由波导系统馈送至雷达天线进行辐射。同时接收、放大和处理回波信号,提取目标信息,输送给显示器。收发机一般也包含天线控制部分及信号数据处理,其他外部输入包括飞机的航迹、姿态、电源等。

机载气象雷达的工作频率为 9 333 MHz,9 345 MHz 或 9 375 MHz,这一波段属于 X 波段。由于雷达的工作波长仅为 3.2 cm,所以雷达发射电路及接收电路中的高频部分是由各种微波器件组成的,其结构和工作原理与工作在甚高频或高频的无线电设备有较大的差别。

雷达收发机安装在尽量靠近天线的位置,例如前设备舱或机头的雷达天线罩内,以尽可能缩短连接波导的长度。由于发射机耗散的功率较大,收发机通常装有散热通风的专用风扇。

(2)天线。天线用于辐射射频脉冲并接收回波信号。气象雷达一般采用平板天线,天线以恒定的速率进行周期性的方位扫掠,以探测飞机航路及其左右两侧扇形区域中目标或观察飞机前下方地貌。同时,天线还在姿态基准信号(由垂直陀螺组件供给)的控制下进行复杂的稳定修正运动。

(3)控制面板。控制面板主要用于选择气象雷达的工作模式,控制天线的俯仰角度和稳定性,以及对接收机灵敏度进行控制。控制面板上有各种按键、开关、调节旋钮,用来对雷达系统进行控制。面板上的开关控态、距离和系统增益等信息通过控制字产生器送至收发机的中央处理器(Central Processing Unit,CPU)。

（4）显示器。显示器是气象雷达的终端设备，用来显示接收机所提取出的目标信息。显示器根据系统的设置显示气象、地形画面，也显示工作状态以及故障组件告示。

在没有装电子飞行仪表系统（Electronic Flight Instrument System，EFIS）的飞机和小型飞机上，装备有专用的气象雷达显示工作模式等信息并附有工作模式选择、显示扇区选择、天线稳定通断、画面保持、人工天线俯仰调节、亮度调节、标志线亮度调节、地面杂波抑制控制等。

在装有 EFIS 的飞机上，气象雷达系统所提供的信息通常显示在电子水平位置指示器（Electronic Horizontal Situation Indicator，EHSI）或导航显示（Navigation Display，ND）上，与 EFIS 的其他信息相互叠加，综合显示。

（5）波导。波导用于实现雷达收发机和天线之间的射频能量传输。

由于雷达信号是频率极高的微波信号，所以不能用一般无线电设备所用的同轴电缆来传输，只能用封闭的波导管传送。发射机产生的功率强大的雷达发射信号，通过波导组件传送给天线，辐射到空中去；天线所接收的雷达回波信号，也经过同一波导传送给雷达收发机。

2. 新型机载气象雷达

随着综合模块化技术在机载设备中的不断应用，为了安全有效管理飞行作业，对飞行器、其他空中交通工具以及天气现象进行检测、跟踪、表征和观测，空中交通管制（Air Traffic Control，ATC）/应答机（Transponder，XPDR）系统、交通防撞系统（Traffic Collision Avoidance System，TCAS）、气象雷达、地形感知和告警系统（Terrain Awareness Warning System，TAWS）被综合到一起，集成为一个系统，在 A380 飞机上被称为飞机环境监视系统（Aircraft Environment Surveillance System，AESS），在 B787 飞机上被称为综合监视系统（Integrated Surveillance System，ISS）。该系统能够在飞机飞行过程中为机组人员提供交通、气象、地形等信息，增强其对空中环境的感知能力，有效提高飞行安全。

原有的 TCAS，ATC/XPDR，WXR，TAWS 的处理器集成为一个综合处理器组件，内部含有 ATC，TCAS，WXR 和 TAWS 模块。

新型飞机的气象雷达系统组成模块也有一些变化。B787 飞机的气象雷达系统由 WXR 收发机（R/T）模块（WXR RTM），平板天线和天线驱动组件几部分组成。

WXR 收发机模块执行以下功能：产生 WXR 发射信号；放大 WXR 回波信号，将雷达回波信号转换为数字数据，并将数字回波数据发送到综合监视系统处理器组件（ISSPU）；控制发送和接收信号的时序；产生天线驱动信号。

WXR 天线驱动组件包括：天线驱动电机，波导，波导开关，并为天线、R/T 模块和天线之间的波导连接提供安装表面。

6.1.3 系统工作模式

不同型号的机载气象雷达，有着不同的工作模式。一般共同的基本模式为气象（WX）模式、气象与湍流（WX+T）模式、地图（MAP）模式、测试（TEST）模式，新型雷达还设有风切变（PWS）模式，有的还具有地面杂波抑制（Ground Clutter Suppression，G/C）等特种工作模式。

1. 气象（WX）模式

气象模式是机载气象雷达最基本的工作模式。此时，天线波束在飞机前方及左右两侧的扇形区域内往复扫掠,以探测飞机航路前方扇形平面中的气象目标,通常是飞机所处的飞行高度层中的目标,显示器上所呈现的是空中气象目标及其他目标的分布图形。

雷达发射机产生周期性射频脉冲信号,经由波导组件送往天线辐射。天线所接收的空中气象目标及其他目标(例如突立的山峰或大型飞机)的回波,经由波导组件输入到接收机进行放大及其他处理。接收机的增益在气象模式时可以自动控制,也可以进行人工调节。

2. 气象与湍流(WX+T)模式

工作于此模式时,除了气象状况以外,还可以进行湍流区域探测与显示。湍流探测的最大范围是 40 n mile。如果控制面板上的选定范围超过 40 n mile,则在此范围内显示气象和湍流数据,超出的地方只显示气象数据。

3. 地图(MAP)模式

地图模式是各型机载气象雷达所共有的一个基本工作模式。

雷达以地图模式工作时,显示器上显示的是飞机前下方地面的地表特征,诸如山峰、河流、湖泊、海岸线、大城市等的地形轮廓图像。为此,雷达天线波束应下俯一定角度,照射飞机前下方的地区。此时天线所形成的波束仍为锥形窄波束,与雷达工作在气象模式时的波束形状相同。

4. 风切变(PWS)模式

新型气象雷达增加了预测式风切变功能,可以检测飞机前方的风切变。在风切变工作模式时,雷达天线只扫描 120°(±60°)。此时,天线从右至左扫描处理气象信息,从左至右扫描处理风切变信息,而且只有 40 n mile、±30°之内的风切变目标才被显示出来。

当发生以下情形之一时,WXR 启动 PWS 模式:

1)当机组按下 EFIS 控制面板上的 WXR 按钮时;

2)当油门杆移过 53°,发动机推力达到起飞推力时;

3)当飞机下降到无线电高度 2 300 ft[①] 时。

如果两台发动机都达到起飞推力,再次按压 EFIS 控制面板上的 WXR 按钮并不能关闭预告风切变功能,飞机爬升到无线电高度 2 300 ft 时预告风切变功能自动关闭。

而当飞机着陆或飞机爬升到无线电高度 2 300 ft 以上时,PWS 模式自动关闭。

5. 测试模式

大多数机载气象雷达都设置有功能完善的机内测试(BIT)电路,以对雷达进行快速的检查。测试完成后,测试通过或显示 WXR FAIL。

当测试模式期间,天线在全范围内进行扫描和倾斜运动后停止。显示器上显现测试图案,一般为彩色测试带,以及其他自检信息,如图 6-3 所示。维护和使用人员通过观察所呈现的测试图案与噪声的状况及显示的其他信息,即可了解雷达的性能状况。不同型号雷达有各自规定的标准自检图形,以及相应显现的自检信息,雷达自检时,应与维护手册所规定的图形相对照,以做出正确的判断。

---

① 　1 ft＝0.304 8 m。

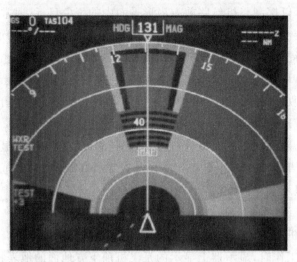

图 6-3　测试模式显示图案

雷达工作在测试模式时,收发机内的噪声产生器产生供测试用的噪声信号,加到接收机的高频输入端,以检查接收通道以及显示组件。此时,在显示器上显示三圈或四圈彩色测试带,或者产生彩色测试带及噪声带。有的雷达发射机部分仍如正常工作时一样产生射频脉冲信号,但所产生的射频能量被引导到等效负载上去耗散掉,天线并不向外辐射能量,因此当飞机停放在地面时,可以不受各种条件的限制,方便地检查雷达的性能状况。有的雷达则使发射机工作约 1 min 以检查收发机工作状况。

6.1.4　信息显示与控制

气象雷达数据通过飞机符号前方的不同颜色区域来表示,一般显示在 ND 和 PFD 迷你地图上。

1.气象信息及湍流的显示

显示器上的气象雷达数据显示飞机前方的气象和地形信息,如图 6-4 所示。不同的颜色表示不同气象或地形回波信号的强弱,以下这几种颜色用于气象雷达显示。

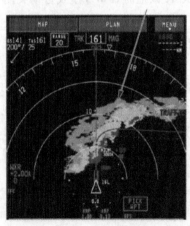

图 6-4　气象信息及湍流显示

1)黑色:没有明显的降水。

2)绿色:轻度气象条件。

3)黄色:中度气象条件。

4)红色:重度气象条件。

5)洋红色:湍流。

2.地形显示

大地表面上反射率较强的部分可以产生较强的地物回波,从而在显示器上呈现为黄色甚至红色的回波图形;反射率较弱的部分所产生的回波较弱,在荧光屏上呈现为绿色图形;而反射率很差或者面积很小的地物不能产生足够强度的回波,这些地域就相当于荧光屏上的黑色背景;反射率相差明显或地形变化陡峭的地物分界处,例如海岸线、河湖的轮廓线以及大型工业城市的轮廓线等,可以在所显示的地图上形成明显的分界线。

雷达工作于地图模式时,地面目标反射率的强弱同样表现为图像的不同色彩,但地图模式所采用的色彩可以与气象模式有所不同,以便于飞行员区分这两种不同的工作模式。

3.风切变信息的显示

在起飞和进近过程中,WXR R/T 会自动启动来探测飞机前方的风切变事件。如果有风切变事件被探测到,WXR 向驾驶舱发送警戒或警告信息。

风切变的位置根据相对于飞机纵轴的方位和机头的距离而确定。风切变符号是黑色和红色相同的条纹,还有黄色注意条从符号的边缘延伸到罗盘外沿,如图 6-5 所示。

主警告和警戒

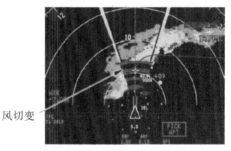

导航显示

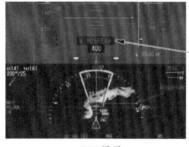

PDF显示

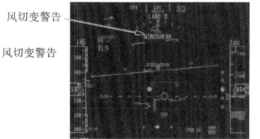

HUD显示

图 6-5　风切变信息显示

根据风切变的位置不同,风切变告警信息可以分为警戒级(Caution)和警告级(Warning),如图 6-6 所示。

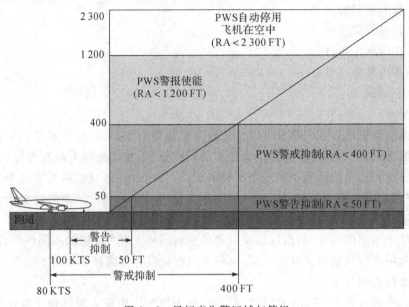

图 6-6　风切变告警区域与等级

KTS—knots per hour，n mile/h，kn；FT—ft

有风切变警告时，语音警告为"Windshear ahead"（前方有风切变）或"Go‑around，Windshear ahead"（复飞，前方有风切变），这时还会有红色的"WINDSHEAR"文字显示。当有风切变警戒时，"WINDSHEAR"以琥珀色文字显示。除了在显示器上有显示外，还会有语音警告："Monitor radar display"（监视雷达显示器）。

4.通告和故障信息

WXR 通告信息主要有模式、增益、天线倾斜角度-自动（A）或手动（M），以及故障信息，如图 6-7 所示。

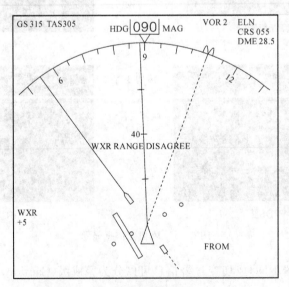

图 6-7　气象雷达通告和故障信息显示

WXR 故障信息主要有 WXR FAIL，WXR ATT（飞机俯仰和滚转数据丢失），AUTO-TILT FAIL（扫描功能所需的飞机数据丢失），WXR RANGE DISAGREE（WXR 收发机范围与 EFIS/DSP 控制面板范围不一致）。

5.系统控制

传统 WXR 系统的控制面板，如图 6-8 所示。控制面板主要有以下功能：

1）模式选择：选择显示的功能。

2）仰角控制：向 WXR R/T 提供天线仰角控制信号，控制范围为 ±15°。

3）增益控制：调节 WXR R/T 回波增益。

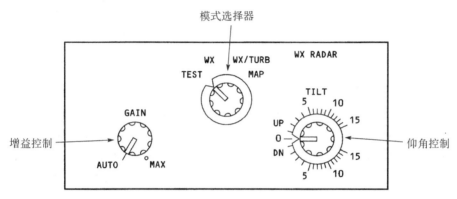

图 6-8　气象雷达控制面板

新型飞机的机载气象雷达系统没有 WXR 控制面板，可以使用以下方式来控制天气雷达功能并显示（见图 6-9）：

1）EFIS / DSP（WXR 开关）：在 PFD 小地图和 ND 上显示 WXR 数据。

2）ND 下拉菜单：选择或删除 ND 上的 WXR 数据。

3）调谐控制面板（Tuning Control Panel，TCP）：控制增益、模式、天线倾斜等选项。

图 6-9　新型飞机机载气象雷达系统控制

倾斜控制（TILT CTRL）可以手动（MAN）或自动（AUTO）控制天线倾斜角度。手动控制时,选择向上或向下以更改天线倾斜角度。在 AUTO 中,RTM 控制天线倾斜,上下扫描,使用软件从天气回波中消除地面杂波。

TCP 上的 WXR 测试选择仅供机组人员使用,维护人员使用 CMCF 测试 WXR 功能。

6.2 气象雷达探测原理

机载气象雷达主要用来探测飞机前方航路上的气象目标和其他目标的存在以及分布状况,并将雷雨区的强度、方位和距离以及探测目标的轮廓等显示在显示器上。

机载气象雷达是一种自主式的机载电子设备。它是利用电磁波经天线辐射后遇到障碍物被反射回来的原理,通过气象目标或其他目标对雷达所辐射微波信号的反射来探测目标,无需地面设备配合。

6.2.1 基本雷达探测信号

气象雷达发射机所产生的雷达发射信号,是一种工作频率在 9.3~9.4 GHz 之间的 X 波段周期性脉冲射频信号,其波长约为 3.2 cm,如图 6-10 所示。降雨区及其他空中降水气象目标能够对这一波段的信号产生有效的反射,形成具有一定能量的回波信号,从而被雷达接收机所检测。气象雷达发射机在极短的脉冲持续期间产生功率强大的射频脉冲信号,并由雷达天线汇聚成圆锥形波束后向空中辐射出去。

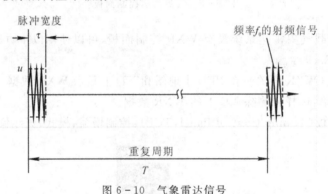

图 6-10 气象雷达信号

在雷达短暂的发射期内,雷达发射机产生功率很大的等幅正弦振荡,形成包络形状为矩形的周期性脉冲发射信号。在两次发射脉冲的间隔期内,接收机接收来自由不同距离的目标所反射回来的回波信号。回波信号的幅度远远小于发射信号,在时间上延迟于发射脉冲一定的时间,但其频率仍可认为与发射信号相同。

在雷达系统中,通常用工作频率、脉冲重复周期或脉冲重复频率、脉冲宽度和脉冲功率等参数来表征雷达信号的特性,说明雷达的性能。

1. 工作频率

雷达的工作频率即雷达发射信号的频率。工作频率也可以称为射频频率,通常用 f_0 来表示。

气象雷达的工作频率是固定的,通常在 9.3~9.4 GHz 范围内,例如 9.333 GHz,9.345 GHz,9.375 GHz。只有少数气象雷达的工作频率为 C 波段的 5.440 GHz。

2. 脉冲重复周期或脉冲重复频率

雷达发射机所产生的周期性脉冲射频信号的频率称为雷达的脉冲重复频率,常记为 PRF。有时,也习惯用脉冲重复周期 PRT 来表示雷达脉冲信号的发射间隔时间。脉冲重复周期是周期性脉冲信号相邻两个脉冲之间的间隔时间,应从脉冲的前沿测量到下一个脉冲的前沿时刻。

机载气象雷达的脉冲重复频率一般在 120~500 Hz 之间,有的现代气象雷达也可使其脉冲重复频率高达 1 446 Hz。常用的 PRF 值为 120 Hz,181 Hz,400 Hz 和 500 Hz。

脉冲重复周期等于脉冲重复频率的倒数。对应于上述常用 PRF 值的脉冲重复周期分别为 8 333 μs,5 525 μs,2 500 μs 和 2 000 μs。

脉冲重复频率的选择必须与雷达的最大探测范围相适应。也就是说,要保证探测范围内最远目标的回波信号,能在下一个发射脉冲信号产生之前被雷达所接收。因此,作用距离较远的雷达,其脉冲重复周期必须较长,或者说脉冲重复频率必须较低。

3. 脉冲宽度

脉冲宽度指射频脉冲信号的持续时间 τ。实际的脉冲不是理想的矩形脉冲,往往具有一定的上升沿、下降沿、波顶下降甚至尾部振荡。通常所定义的脉冲宽度 τ,指高频脉冲包络半功率点(0.707U_m 点)之间或前后沿 0.5U_m 点之间的时间间隔。在需要进一步说明脉冲波形的特性时,则以脉冲最大值的 10% 处的时间间隔为脉冲底部宽度,脉冲最大值的 90% 处的间隔为脉冲顶部宽度。如图 6-11 所示。

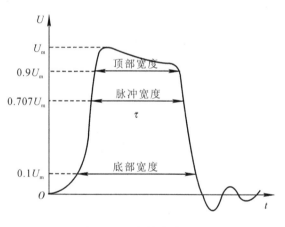

图 6-11　发射脉冲包络

发射信号的脉冲宽度,会影响雷达分辨距离相近目标的能力。脉冲宽度大时,同一方位上相距很近的两个目标的回波就会重叠在一起而无法分辨。

机载气象雷达的脉冲宽度,一般为 1~5 μs,常用的脉冲宽度为 2 μs,3.5 μs,4.2 μs 等。

4. 脉冲功率与平均功率

雷达发射机在脉冲期间所输出的信号功率称为脉冲功率,常用符号 P_t 来表示。脉冲功率是决定雷达探测范围的主要因素之一。提高脉冲功率,所发射的信号能量增大,远距离目标所产生的回波信号能量也相应增大,因而能够增大雷达的探测范围。

机载气象雷达的脉冲功率为几百瓦至几十千瓦。旧式雷达的功率较大,通常为几十千瓦。

新式雷达在探测范围相同的情况下，发射功率远低于旧式雷达。

平均功率指在整个发射周期中雷达发射信号的功率，常用 P_0 表示。气象雷达的平均功率从几瓦到几十瓦不等。

5. 占空比

脉冲占空比也叫脉冲占空系数或脉冲工作比，占空比等于脉冲宽度与脉冲重复周期的比值，即脉冲宽度与脉冲重复频率的乘积。

6. 信号的稳定度

雷达发射机除应能满足以上对发射信号的工作频率、发射功率、脉冲宽度和脉冲重复频率等主要技术要求外，还应能满足对信号的稳定度的要求。

信号的稳定度是指信号的频率、幅度、相位、脉冲宽度及脉冲重复频率等参数在规定的雷达工作时间内的稳定程度。显而易见，雷达信号参数的漂移会导致雷达性能的波动和下降。例如，雷达发射频率的漂移必然会引起回波信号频率的漂移，于是接收机中的中频频率随之漂移，从而导致中频放大器增益的下降甚至无法正常检测。对动目标显示雷达，它会造成不应有的系统对消剩余，在脉冲压缩系统中会造成目标的距离旁瓣以及在脉冲多普勒系统中会造成假目标等。

现在详细介绍气象雷达探测目标的原理。

6.2.2　目标及强度探测原理

机载气象雷达所探测的降水目标，如雷雨、冰雹、雪等，它们属于导电物质，对雷达辐射的射频脉冲电磁波除一部分能量被吸收、损耗和散射外，均能被有效地反射回雷达天线。而反射的强弱与气象目标含水量的多少有关，所以，天线接收的回波经雷达接收机处理后，在显示器上用不同的颜色显示出雷雨的强弱，被测目标的距离由电磁波从发射到接收所用的时间来确定。

由于雨滴不可能完全填充降雨区域，加之气象雷达所发射的电磁波的波长很短，因而当雷达波由无雨区射向降雨区界面时，除了会在雨区界面处反射一部分入射波能量外，雷达波仍可继续穿入整个降雨区域从而产生不断的反射。不仅如此，雷达波在穿透整个雨区而射向位于该雨区后面的其他气象目标时，也同样可使这些较远的气象目标产生各自的雷达回波。雷达波的这种穿透能力使气象雷达能够透过近距离目标的遮挡，而发现较远的气象目标，从而较为全面地把探测范围内不同距离处的气象目标分布情况以平面位置显示图形的形式提供给飞行员。

气象雷达能探测到的目标有雷雨、潮湿的冰雹和湍流、冰晶、干燥的冰雹、干燥的雪（回波弱）等。机载气象雷达并不能检测一切气象目标，例如云雾、直径较小的干冰雹、干雪花、沙尘暴、闪电以及洁净空气的湍流区域。这些目标对雷达波的反射很微弱，因而不能有效地被雷达检测到。降雨、冰雹等气象目标所产生的雷达回波的强弱情况如图 6 - 12 所示。可见，雨滴、湿冰雹均能对雷达波产生强反射，而干冰雹、雪花却对雷达波反射较弱。

机载气象雷达根据地物对雷达信号反射特性的差异来显示地形轮廓。含有大量钢铁或其他金属结构的工业城市具有的大地反射性更强；河流、湖泊、海洋对电波的反射能力则明显不同于其周围或相邻的大地表面（见图 6 - 13）。当雷达电波投射到大地表面时，不同的地表特征便形成了强弱差别明显的雷达回波。根据这一特性，气象雷达便可在显示屏上显示出地表特征的平面位置分布图形。

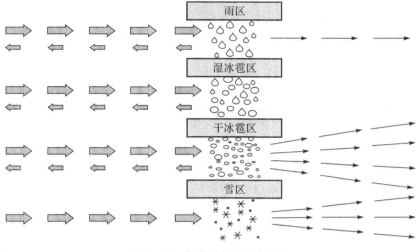

图 6 - 12　气象目标的反射特性

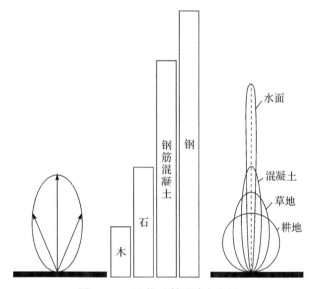

图 6 - 13　地物反射回波方向图

6.2.3　距离与方位测定原理

在发现气象目标并检测其强度的同时,气象雷达还必须完成测定目标距离和方位的任务才能在显示屏上正确的重现气象目标的空间位置、强度及其分布状况。

1. 距离测定

气象雷达天线所发射的射频脉冲能量被目标反射后,返回气象雷达天线,雷达信号所传播的路程等于目标距离的两倍,在气象雷达设备中设法度量这一时间间隔即可测定目标的距离。如图 6 - 14 所示。

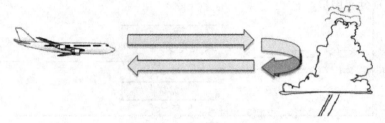

图 6-14　测距原理示意图

2. 目标方位测定

回波信号本身并不包含任何目标的方位信息，所以，气象雷达所采用的测定目标方位的模式也不同于距离测定。气象雷达是通过测定雷达天线本身的方位指向来确定目标的方位的。

雷达天线是在某一平面(通常为水平面)内往返扫掠的。假如当天线指向某一方向时，接收到了目标的回波，则测定这一时刻天线本身的方位指向，并设法将天线的方位信息传送给显示器，使在这一方位上所接收到的目标回波准确地显示在荧光屏上的对应方位，就可实现目标方位的测定。

为了实现目标方位的测定，雷达天线在水平面内必须具有极强的方向性，这是利用上述模式测定目标方位所必须满足的前提。当扫掠中的天线在某一瞬间指向某一方位时，天线所辐射的电磁能量也集中会聚于该方位，所以，这一瞬间只有位于该方位的目标才可能被天线波束照射并产生回波信号，返回天线而被接收；而其他方位的目标在这一瞬间不可能被照射，因而是不可能产生回波的。

6.2.4　湍流及风切变探测原理

1. 湍流的多普勒探测

机载气象雷达是利用与湍流夹杂在一起的水粒反射雷达波时产生多普勒效应这一特性来检测湍流的。被湍流所夹带的水粒在反射雷达波时，由于其急速多变的运动特性，相对于飞机有速度的变化。根据多普勒频移原理，接收信号的频率相对于发射信号的频率产生偏移，会形成一个偏离发射频率且频谱宽度较宽的多普勒频谱，它与一般降雨区所产生的反射回波明显不同。雷达通过接收、处理回波信号频率的变化来检测出湍流的存在。

如果湍流没有夹带足够的雨滴(此湍流即为晴空湍流)，对雷达波不会产生有效的回波，则难于被气象雷达所检测。机载气象雷达能显示中度(速度变化在 6~12 m/s)及以上的湍流。

(1)湍流回波的多普勒频谱。由于雨滴本身的运动和飞机与该目标之间的相对运动，当天线波束照射如图 6-15 所示的目标 A 和目标 B 中各处的雨滴时，这些雨滴所产生的反射回波的频率就会偏离雷达的发射频率。飞机与雨滴的运动方向是相向的，所以，回波的频率高于发射频率。

显然，由于目标 A 和目标 B 中各处雨滴的速度不同，它们所产生的多普勒频移量就不同：相对速度大的雨滴所产生的多普勒频移量较大，相对速度小的雨滴的多普勒频移量较小。这样，目标 A 和目标 B 中不同雨滴所产生的多普勒频率就构成了各自的多普勒频谱，如图 6-15 下面的频谱图所示。图中的横向表示不同速度雨粒所产生的多普勒频移，纵向为相同频率即相同速度雨粒的回波数。

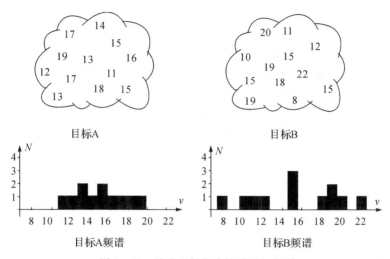

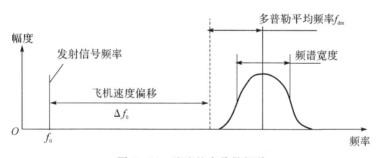

图 6 - 15 湍流目标与非湍流目标频谱

实际上,湍流区域中雨滴的速度是杂乱的,因而在接收机中所得到的湍流目标的多普勒频谱是连续的,如图 6 - 16 所示。图中 f_0 为雷达发射信号频率,Δf_0 为由于飞机与湍流区域的相对速度所导致的多普勒频移分量,f_{dm} 为对应于整个湍流区域平均速度的平均多普勒频率。由于整个湍流区中既有高于平均速度的雨粒,也有低于平均速度的雨粒,湍流的多普勒频谱曲线大体上对称于其中心(平均)频率。

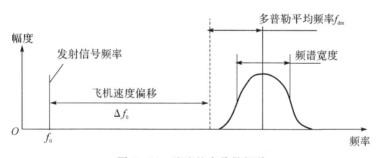

图 6 - 16 湍流的多普勒频谱

(2)湍流的多普勒检测原理。由上述可知,雨粒的相对速度偏差越大,信号的多普勒频谱宽度就越宽。因而,根据湍流的定义,气象雷达可以通过比较所接收到的信号多普勒频谱的宽度来检测湍流。

分析表明,多普勒频移与相对速度的偏差成正比,其关系为

$$f_d = 2v/\lambda \tag{6-1}$$

式中,f_d——多普勒频移,Hz;

v——相对速度,m/s,这里是与天线波束轴相平行方向的速度;

λ——信号波长,m。

由此可知,目前机载气象雷达所定义的湍流门限 5 m/s 所对应的多普勒频移为

$$(2 \times 5/0.032) \text{ Hz} = 312.5 \text{ Hz}$$

在雷达接收机中,将所接收的信号多普勒频谱宽度与规定的门限相比较,如果信号的多普

勒频谱宽度大于所规定的门限值,即可判断目标是湍流,从而给出湍流告警信息。

(3)湍流探测时的发射脉冲编码。由于湍流本身的急速多变,为了保证测量的精度,应尽可能提高采样的频率。例如,在 WXR-700X 雷达中,当选用湍流工作时,将发射脉冲重复频率提高到 1 448 Hz,为气象工作模式脉冲重复频率 181 Hz(或 362 Hz)的 8 倍(或 4 倍)。

提高湍流检测模式时发射脉冲的重复频率,达到了提高多普勒频谱测量精度的目的,但却限制了湍流检测的有效距离。当脉冲重复频率提高到 1 448 Hz 时,两个发射脉冲之间的间隔只有 690 μs。这样,为了避免产生二次回波,就必须把湍流检测的有效距离限制在 56 n mile 以内(实际选用 50 n mile)。

在雷达工作于湍流与降雨模式时,为了解决湍流检测与降雨检测的矛盾,雷达所发射的是 8 个脉冲为一组的复合脉冲,如图 6-17 所示。利用每组中的一个来检测普通的降雨回波,另外 7 个则用于湍流检测。这样,对降雨回波而言,其脉冲间隔仍为 5.5 ms,可以保证足够的有效检测范围。为了区分降雨回波和湍流回波,雷达采用了频率参差方案:用于检测降雨回波的射频脉冲频率为 9.334 8 GHz,而另外 7 个湍流检测脉冲则使用较低的 9.333 3 GHz。由于在 RDR-4A 雷达中,选用的湍流检测脉冲重复频率为 1 600 Hz,其脉冲间隔为 625 μs,因而湍流的有效检测范围限定为 4 n mile。

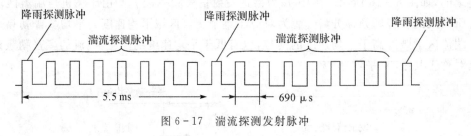

图 6-17　湍流探测发射脉冲

2.风切变探测

近些年,随着技术的进步,飞机上逐步配备了能探测出微下冲气流的多普勒气象雷达,该系统称为预测式风切变系统(Predictive Windshear System,PWS)。

(1)风切变。风切变通常与高空急流、地形波、锋面、雷暴和对流云、下击暴流等天气情况有关。与晴空湍流、地形波和锋面相关的风切变经常发生在高空,而下击暴流则由于发生在近地面附近,因此会对飞行安全产生较大的危害。下击暴流引起的风切变由两大部分组成:下冲气流部分和外冲气流部分。下冲气流部分可以导致强烈的下降气流(垂直速度达到 6 000 ft/min),外冲气流部分可以导致剧烈的水平风切变,并使风分量从顶风切变成顺风(水平风速变化可能高达 45 kn)。

风切变对飞行的影响包括:①逆风会突然加大飞机空速,提高升力,从而使飞机的运行路线提升并且加速。②下沉气流会增加飞机迎角,并使飞机下沉,改变飞行路线。③顺风气流降低飞机空速,减小升力,从而使飞机的运行路线偏低并且减速。

(2)风切变探测原理。目前,雷达检测风切变的原理与雷达检测湍流目标的原理基本相似,雷达依据风切变区域所产生雷达回波的多普勒频率偏移的频谱特征来检测风切变。当雷达天线发射的电磁波射向风切变所处区域时,产生的回波频率将偏离发射频率,频偏的大小正比于风速,根据回波可探测风速、风向等大气数据。当飞机逆风时,产生正的多普勒频移,而顺风会产生负的多普勒频移。如果在一个很短的距离范围内探测到有非常明显的正的和负的风速变化,则可认定为风切变,而飞机与风切变区域的距离由雷达发射和返回脉冲的时间差来确定。气象雷达收发机利用这些数据以及惯性数据等来确定风切变的存在。

图 6-18 可以说明风切变目标的多普勒频率偏移特性。

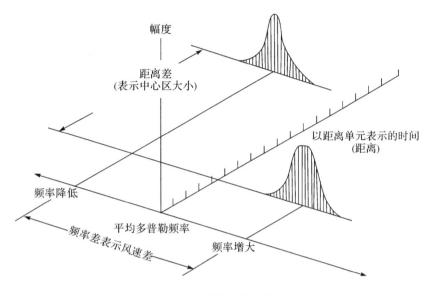

图 6-18　微下冲气流的多普勒频谱

当雷达信号照射到风切变区域时,首先照射到的是顶风一侧。此顶风区域相对于飞机的速度较高,所以其产生的反射回波的多普勒频率偏移就明显高于平均多普勒频率。反之,当雷达信号稍后照射到风切变区域的顺风一侧时,因其相对速度较低,所产生的反射回波的多普勒频率偏移就低于平均多普勒频率。显然,该风切变区域的水平速度分量越大,两侧所产生的多普勒频谱的中心频率之差就越大。

显而易见,顶风一侧与顺风一侧所产生的多普勒频谱沿时间轴(即距离轴)的差值,就是度量风切变区域直径的依据。根据风切变区域回波信号的上述频谱特征,雷达即可实现对风切变区域的检测。

(3)风切变探测的信号格式。为了实现对风切变目标的有效探测和雷达性能的最佳化,WXR-700 和 RDR-4B 等风切变探测雷达的收发机均采用复合脉冲重复频率和复合脉冲宽度体制。下面以 WXR-700 雷达的收发机 WRT-701 为例,说明风切变探测雷达的复合脉冲重复频率体制,如图 6-19 所示。

1)复合脉冲重复频率体制。雷达的脉冲重复频率及其组合体制,是由收发机中的微处理器控制的。微处理器根据设定的准则,按照所选择的工作模式和距离,确定最佳的脉冲重复频率及其组合模式,以保证雷达性能的最佳化。

当选择 60 n mile 或以下的近距离时,雷达选择较高的脉冲重复频率。这样,单位时间中雷达所发射的射频脉冲较多,所获得的信息可以增多,雷达的数据更新率也可以提高。WRT-701气象雷达收发机在近距离时所选择的脉冲重复频率为 1 280 Hz。

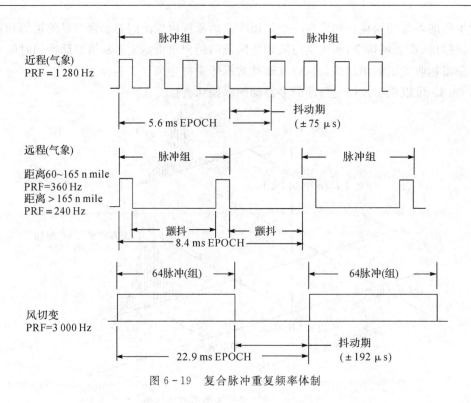

图 6-19 复合脉冲重复频率体制

近距离时发射机将所发射的每 4 个脉冲组成一个脉冲组。这一组脉冲形成了雷达在一个径向的数据处理时间间隔。近距离时一组脉冲的数据处理时间间隔为 5.6 ms。

当距离增大时,雷达所选择的脉冲重复频率随之降低。对于中等距离(大于 60 n mile,小于或等于 165 n mile),脉冲重复频率为 360 Hz。当距离大于 165 n mile 时,脉冲重复频率进一步降低为 240 Hz。在这两种情况下,每个脉冲组均由两个脉冲组成。脉冲组之间的间隔也增大为 8.4 ms。

在风切变探测模式,为了获得足够的回波信号能量,保证对风切变目标的有效探测,并使雷达具有足够高的更新率,雷达必须选用更高的脉冲重复频率。WRT-701 所选用的是 3 000 Hz;RTA-4B 为 6 000 Hz。风切变探测时,WRT-701 产生每组包含 64 个脉冲的脉冲组。一组脉冲组的信号间隔为 22.9 ms。

2)脉冲重复频率的颤抖。由图 6-19 可见,脉冲组之间的间隔时间不是恒定的,而是"颤抖"的。由于在同一空域中可能会有多架飞机的多部雷达在同时工作,采用这种脉冲重复频率的颤抖技术,可以消除由其他雷达所产生的回波干扰。近距离时的颤抖期为 ±75 μs。与近距离不同的是,远距离时不仅脉冲组之间的间隔时间是颤抖的,而且脉冲之间的间隔时间也是颤抖的。

同样,风切变模式所发射的脉冲组之间的时间间隔是颤抖的。颤抖范围为 192 μs,即延迟或颤抖的时间为 0～384 μs,增量为 10 μs。

远距离时颤抖时间的增量为 10 μs,颤抖值的变化范围为 0～150 μs。颤抖时间实际上是下一个脉冲发射时刻的延迟时间。

在湍流和风切变探测模式,连续的脉冲之间的间隔时间是不颤抖的。

3)复合脉冲宽度。WRT-701 风切变探测雷达为满足不同工作模式和不同距离的需要,采用不同的脉冲宽度。WRT-701 的脉冲宽度可在 $1 \sim 20\ \mu s$ 之间选择。

近距离时,为获得较高的距离分辨率,须选用较窄的脉冲;远距离时,为增大目标回波的信号能量,必须增大脉冲宽度。在选定距离和工作模式后,微处理器即自动确定最佳的脉冲宽度。

6.3 收发机工作原理

雷达收发机是机载气象雷达的核心组件,不同型号雷达收发机的电路结构及所应用的器件有很大的不同。

6.3.1 收发机的组成及功能

1.基本组成

气象雷达收发机一般包括发射电路、接收电路、收发转换电路三部分基本电路,天线稳定控制电路,电源供给电路,状态监控电路等,如图 6-20 所示。

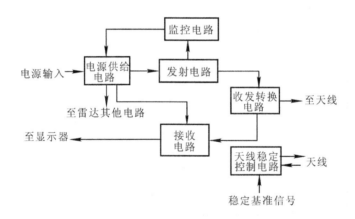

图 6-20 气象雷达收发机组成

发射电路用于产生功率强大的周期性脉冲射频信号,经由收发转换开关输出,通过波导系统传送到天线上辐射。

接收电路用于对天线所接收的微弱的回波信号进行放大及其他处理,产生视频回波信号或相应的视频信息输送给显示器,以进行进一步的处理和显示。

雷达的发射与接收共用一部天线和一套传输波导,收、发工作交替进行,所以必须设置性能完善的收发转换电路,使接收端与发射端互相隔离。

机载气象雷达使用的是 115 V,400 Hz 交流电源,有的雷达使用 28 V 直流电源。收发机内的电源供给电路将其转换为各种不同的直流稳定电压,供给内部的各部分电路以及系统的其他组件。

有的雷达发射高达数千伏甚至数十千伏的直流高压,在维护修理中应特别注意,以保障人身与设备的安全。

收发机特别是发射电路是在高电压、大功率的状态下工作的,所以需要对这些电路进行严密的监控,以在工作异常时自动采取相应的措施,保证设备的安全。监控电路主要用于监控发射机振荡器、调制器、高压电源等电路的工作状况。

2. 传统飞机 WXR R/T 基本结构

WXR R/T 形成无线电频率脉冲并将它们传送到天线。天线发射脉冲,接收回波信号并将它们传送到 WXR R/T。R/T 处理回波信号来生成显示数据,并显示在 ND 上。ND 上的 WXR 数据显示飞机前方的气象图。

在起飞和进近过程中,WXR R/T 会自动启动来探测飞机前方的风切变事件。如果有风切变事件被探测到,WXR 向驾驶舱发送警戒或警告信息。

WXR 收发机的结构如图 6-21 所示。

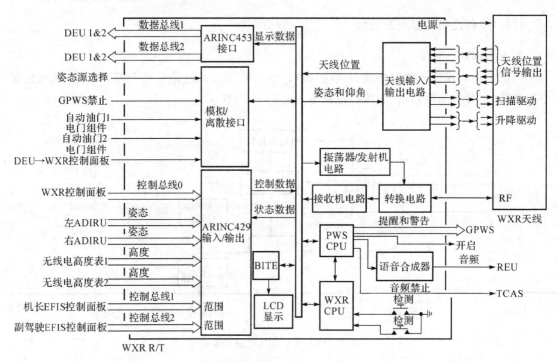

图 6-21 气象雷达收发机结构组成

(1) WXR 中央处理器。WXR 中央处理器(CPU)使用控制数据来控制 R/T 的工作和天线的驱动。CPU 向发射电路提供下列控制信号:范围、增益和模式。同时,WXR CPU 从大气数据惯性基准系统(Air Data Inertial Reference Unit,ADIRU)获得用于天线稳定性的姿态数据,生成扫描和升降信号,将这些信号发送到天线用于天线稳定性控制。WXR CPU 同时从天线组件获得天线位置信号。

预测风切变中央处理器 PWS CPU 控制天线扫描和发射机脉冲重复频率来探测飞机正前方的风切变事件。检测范围被限制在很小的范围内,因为脉冲重复频率很高。

(2) 振荡器/发射机电路。振荡器/发射机电路生成 RF 脉冲辐射信号并经过 WXR 天线发射。

(3) RF 发射。RF 脉冲自发射电路经过天线收发转换电门到达 WXR 天线。

（4）RF 接收。天线接收 RF 返回信号，然后经过天线收发转换电门到达接收机电路。接收机电路处理返回信号并将它们传送到 CPU，CPU 使用 RF 返回信号的强度计算降水密度并生成 WXR 显示数据。

当 PWS 开启时，返回信号中也包含风切变信息。PWS CPU 处理风切变返回信号并生成音频信号和显示信号。

（5）WXR 显示数据。CPU 将以下数据转换为 ARINC 453 格式：WXR 显示数据，处理范围，系统模式，状态数据。

CPU 将输出数据传送到 ARINC 453 发射机。ARINC 453 发射机在高速 ARINC 453 数据总线 1 和数据总线 2 上向显示电子组件（Display Electronics Unit，DEU）发送数据。

（6）系统状态数据。内嵌测试设备（Built - In Test Equipment，BITE）组件持续地获得系统状态数据。BITE 组件在内存中存贮故障信息。系统状态和故障显示在 ND 提醒行上。R/T 前面的 LCD 显示系统故障和故障历史。

6.3.2　收发机电路的特点及类型

机载气象雷达收发机中发射电路的任务是产生符合雷达系统要求的发射信号。发射机是一种脉冲工作模式的发射机，这类发射机的工作原理及技术要求与连续波工作模式的发射机有很大的差别。由于气象雷达发射机的工作频率高达 9.3 GHz，是一种典型的微波设备，因此所采用的电路结构和所使用的元器件也与高频、甚高频设备多有不同。

1. 电路特点

（1）处理的信号频率范围广。

雷达大多工作于数百至数千兆赫兹甚至更高的频率，所产生和处理的信号既包括数百赫兹的低频信号，也包括数千兆赫兹的微波信号，频率范围十分宽广。

在电路结构方面，雷达收发机可以分为高、中、低频部分。通常将雷达中信号频率为数百至几千赫兹的电路称为雷达的低频电路，而将信号频率为数十兆赫兹至数百兆赫兹信号的电路称为雷达的“中频”电路，雷达设备中的“高频”电路指微波电路。

雷达信号为 X 波段的微波信号，这一特点决定了发射信号的产生与接收电路的射频部分及收发转换部分必须用微波振荡器件及各种封闭的波导器件来构成，这就是收发机中的射频电路部件，通常称为高频头。

（2）电路元器件种类广泛。

由于雷达发射机中的信号频率范围广，所以收发机中所使用的电路元器件的种类就十分广泛：既有分立元器件，又有集成器件，既有集总参数器件，又有分布参数器件。

收发机中的中、低频电路的工作频率为数百赫兹至上百兆赫兹，其电路结构与一般电子设备相似，是由集成器件或分立元件组成的电路板。其中，信号频率为数百兆赫兹的“中频”电路所使用的分布参数器件为微波带状线器件，简称微带线。当频率达到 1 000 MHz 以上时，雷达所使用的是同轴谐振腔器件。当频率达到数千兆赫兹以上时，雷达就必须使用波导器件。

（3）高功率高电压。

雷达收发机具有与其他电子设备所不同的特点，这是由它的高频率与大功率的特点所决定的。在传统的单级振荡式雷达发射机中，由于输出发射机的输出功率很高，功率振荡器和功率放大器往往需要使用 10 kV 甚至更高的电压。这一特点对发射机元器件的耐压性能和电路结构安排提出了严格的要求,也是在维护中所必须高度注意的。

2.两种类型的发射电路

目前所使用的机载气象雷达发射机有两种不同的电路类型:一种是单级振荡式发射电路,另一种是主振放大式发射电路,其电路结构差别较大。传统的机载气象雷达采用单级振荡式发射电路,如图 6-22 所示,而先进的现代机载气象雷达普遍应用主振放大式雷达发射电路,如图 6-23 所示。

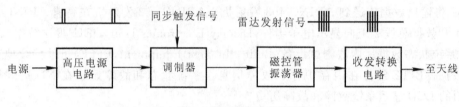

图 6-22 单级振荡式发射原理

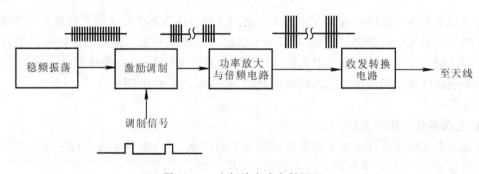

图 6-23 主振放大式发射原理

单级振荡式发射电路中,输送给天线的大功率射频脉冲信号由高频振荡器直接振荡产生,即利用大功率的微波振荡器,直接振荡产生射频脉冲信号,电路比较简单。但所产生的射频脉冲信号的频率稳定度较差,脉冲包络波形也不理想,脉冲宽度和脉冲重复频率的改变均十分不便。雷达整机的性能难以进一步提高。

新型数字式气象雷达通常采用主振放大式发射电路。振荡源所产生的高频振荡,需经多次倍频后才能达到雷达所要求的发射频率,而发射功率是通过功率放大器保证的,周期性的射频脉冲波形则由调制器来实现。

随着人们对现代民用飞机性能要求的不断提高,单级振荡式雷达发射机已无法满足对气象雷达越来越高的性能要求。为了实现对湍流和风切变的成功检测,要求雷达发射机必须能够提供相位相参信号,。在需要获得较高的频率稳定度的情况下,以及在需要提供相位相参信号的雷达中,雷达发射机必须采用主振放大体制。

主振放大式雷达发射电路的组成结构与单级振荡式雷达发射电路大体相同,接收电路有所区别。下面以典型的 WRT-701X 型主振放大式雷达发射机为例,说明发射与接收电路的组成以及典型电路和器件的基本工作原理。

6.3.3　发射电路工作原理

1. 发射电路的总体构成及基本原理

主振放大式雷达发射电路由频率源、上变频器、缓冲放大器、脉冲电路、脉冲宽度编码电路、功率放大器、功率倍频器、监测电路、频率环路、电源电路和收发转换装置等组成，如图6－24所示。

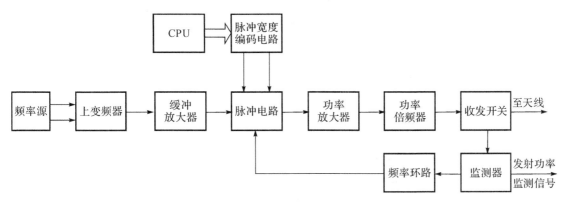

图 6－24　主振放大式雷达发射机基本原理

频率源是由晶体振荡器等组成的基准频率振荡器，用来产生频率稳定的等幅连续振荡信号。频率源向上变频器提供频率为 763.88 MHz 和 13.88 MHz 的两路稳频信号，经混频后得到两者的和频 777.77 MHz 信号输出。

缓冲放大器对 777.77 MHz 等幅信号进行放大后，送往脉冲电路。在脉冲电路中，该信号被周期性的低频脉冲信号，即驱动触发脉冲信号和发射机触发脉冲信号调制，形成 777.77 MHz 的周期性脉冲射频信号，脉冲宽度为 1～20 μs。调制脉冲由微机控制的脉冲宽度编码电路产生。

功率放大器的任务是对 777.77 MHz 脉冲信号进行功率放大，以满足雷达发射机对信号功率的要求。

功率倍频器用来对功率放大器输出的信号进行倍频，倍频次数为 12，从而将信号频率升高到 9 333.24 MHz，最终形成功率约为 100 W 的雷达发射信号，通过收发（转换）开关送往雷达天线。

监测器用来对发射机输出信号进行功率监测与频率监测。监测器输出的频率误差信号加至频率环路，频率环路的功用是保证发射信号频率的高度稳定。

2. 频率源与倍频器

为了保证发射频率的稳定，主振放大式雷达发射机首先用稳频晶体振荡器在较低的频率上产生基准振荡信号，然后再通过多级倍频的模式，使基准频率振荡器产生稳频信号的频率逐步增高到所需要的雷达发射频率。由于雷达发射信号的频率高达 9.3 GHz，因此，倍频链的后几级倍频电路只能利用各种微波器件组成。

（1）基准频率振荡器。频率源通常利用晶体稳频的晶体振荡器，以获得高稳定度的基准频率信号。收发机中的基准振荡器包含两个晶体振荡器，如图6－25所示。

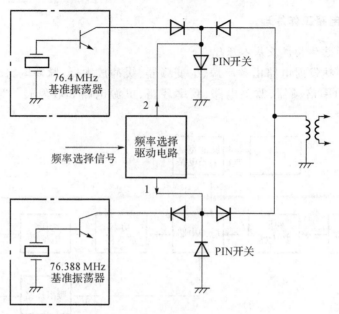

图 6-25 频率源及频率选择

　　两个振荡器分别产生 76.388 MHz 和 76.4 MHz 的稳频信号,以满足气象和湍流工作模式的需要。在同一时刻,只能有一种频率的信号送往后续的倍频电路,这由微处理器产生的频率控制信号来控制。

　　频率选择信号经缓冲放大后加至两组由 PIN 二极管组成的开关电路。当频率选择信号为高电平时,缓冲放大器的输出端为高电平。这样,下方的开关电路导通而上方的开关电路开路,使 76.388 MHz 的基准信号通过选择开关送往倍频器,而 76.4 MHz 信号不能输出。反之,当频率选择信号为低电平 0 时,则选择 76.4 MHz 的基准信号输出。

　　(2)倍频链。WRT-701X 收发机中倍频链的电路结构如图 6-26 所示。

　　正确选择倍频链各级倍频器的倍频次数,可以使整个发射电路及接收电路中的各种信号保持准确的频率对应关系,并具有相位相参特性。

　　基准频率信号经前几级倍频器倍频后,其频率已高达数百兆赫兹。因此,倍频链的最后两级(或最后几级)倍频器是由各种微波器件组成的微波倍频器。

　　主振放大式发射机中的末两级倍频器除了应具有良好的微波倍频特性外,还应具备良好的功率特性,以保证其输出功率满足发射机对信号功率的要求。

　　1)微波功率倍频器电路结构。

　　为了达到既实现倍频又能输出足够大的信号功率的要求,微波功率倍频器只能采用功率合成的模式。图 6-27 所示为采用 4 个并联倍频通道的电路结构形式,在较新的雷达收发机中,则更多地采用两个并联倍频通道。

　　倍频器的输入是功率放大器所输出的两路 777.77 MHz 信号,每路输入信号的功率可达 800 W 左右。输入功率分配电桥 PD_1,PD_2 将两路 777.77 MHz 的大功率信号分配为四路均等的信号,分别由四个完全相同的倍频通道进行倍频。倍频后的四路 9 333.24 MHz 信号先由功率合成电桥 PC_1,PC_2 合成为两路,再由功率合成电桥 PC_3 合成为一路。所形成的 9 333.24 MHz输出信号的功率约为 100 W,通过微波滤波器滤波后,经由环流器送往天线辐射。

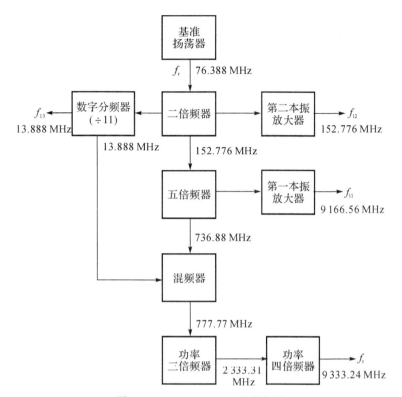

图 6-26　WRT-701X 的倍频链

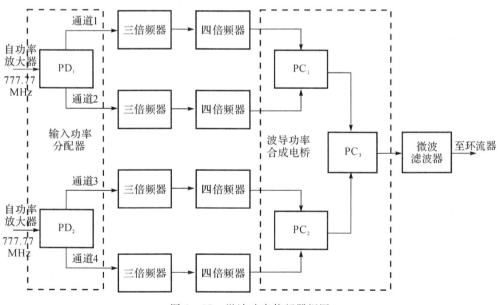

图 6-27　微波功率倍频器框图

2)变容二极管倍频原理。

四路并联的倍频通道是完全相同的,每一路都是两级大功率微波倍频器(即图中的功率三倍频器和功率四倍频器),由微波变容二极管、同轴线滤波器、波导谐振腔、输入匹配网络等组成。功率三倍频器将输入的 777.7 MHz 信号倍频为 2 333.31 MHz 信号;功率四倍频器为波导谐振腔倍频器,它的输出信号频率为 9 333.24 MHz,即主振放大式发射机的发射信号频率。

变容二极管也是由 PN 结构成的晶体二极管,它的外形与一般二极管没有明显的区别。变容二极管可用于实现调频、频率控制和变频。变容二极管是一种非线性电容元件,当在其两端施以反向偏压时,它的结电容能够灵敏地随反向电压的变化而变化,变容二极管即因此而得名。图 6-28 所示为变容二极管的电路符号、伏安特性、等效电路和简化等效电路。

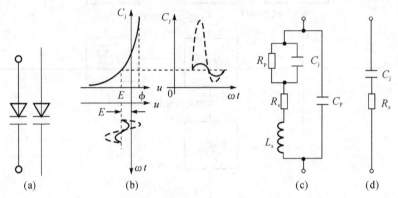

图 6-28　变容二极管电路符号、电容变化特性、等效电路、简化等效电路
(a)电路符号;　(b)电容变化特性;　(c)等效电路;　(d)简化等效电路

在等效电路中,C_j 为结电容,一般为数十皮法;R_s 为串联电阻,约为数欧姆;R_p 为并联电阻,亦即 PN 结的反向电阻,数值很大;L_s 为引线电感;C_p 为管壳分布电容。

在工作频率不是很高时,可以忽略数值很小的引线电感、分布电容和数值很大的并联电阻,而得到简化等效电路。

在反向偏置的情况下,当交流电压作用在变容二极管的两端时,变容二极管的结电容 C_j 将会随交流电压的变化而变化,从而在正弦交流电压激励下产生新的高次谐波电流。只要在电路中接入频率选择电路,就可以选取所需要的谐波成分以实现倍频。

3.脉冲调制与脉冲宽度控制

在利用倍频链将频率源所产生的稳频信号频率提高到气象雷达所需要的 9 333 MHz 的同时,发射机还必须实现对等幅正弦振荡的脉冲调制,以形成周期性的射频脉冲信号。所形成的射频脉冲信号的宽度(脉冲持续时间)由中央处理器确定和控制。

(1)脉冲调制。脉冲调制通常在功率放大之前进行,所需的周期性低频脉冲信号——调制信号,由脉冲宽度编码电路(Pulse Width Encoder,PWE)形成。所形成的脉冲调制信号在调制器中被放大到足够的功率后,用来控制脉冲调制电路的工作状态。这样,即可使通过脉冲调制电路的等幅连续正弦振荡被调制成周期性的射频脉冲信号。所形成的射频脉冲信号的包络变化规律取决于脉冲宽度编码电路所提供的低频脉冲调制信号。

中央处理器产生的脉冲宽度控制数据,通过数据总线加至脉冲宽度编码电路 PWE,使PWE 形成所需宽度和重复频率的脉冲调制信号。

中央处理器、脉冲宽度编码电路、调制器和脉冲电路的相互关系如图 6-29 所示。

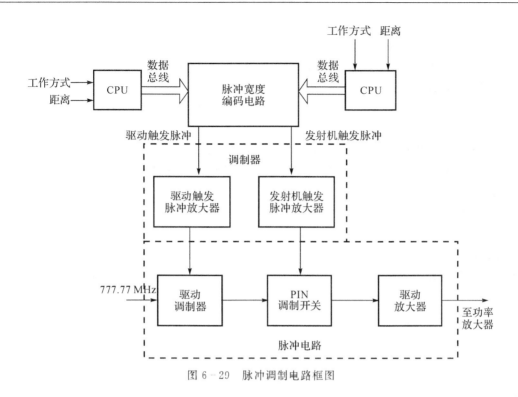

图 6-29　脉冲调制电路框图

脉冲宽度编码电路产生两路周期性的脉冲触发信号输送给调制器,一路是发射机触发信号(XMT TRIG),另一路是驱动触发信号(DRVR TRIG)。这两路信号均为波形较为理想的周期性的矩形脉冲信号,其重复周期相同。驱动触发脉冲的宽度较宽。

在 WRT-701 收发机中,驱动触发脉冲比发射机触发脉冲宽 4 μs,中心一致。即驱动触发脉冲于发射机触发脉冲前沿之前 2 μs 时开始,于发射触发脉冲后沿之后 2 μs 时终止,其波形如图 6-30 所示。

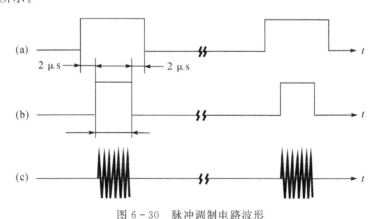

图 6-30　脉冲调制电路波形

(a)驱动触发脉冲;　(b)发射机触发脉冲;　(c)输出射频脉冲信号

调制器除了应能实现对发射机触发脉冲和驱动触发脉冲的功率放大,使调制信号具有足够的调制功率外,还应能保证调制器与脉冲电路之间的阻抗匹配,以实现对射频信号的有效调制。

主振放大式发射机中所采用的上述脉冲调制电路具有以下特点：

1）可以在微处理器的控制下形成多种宽度、多种重复频率的调制脉冲,脉冲宽度及脉冲重复频率的改变迅速灵活。

2）所产生的调制脉冲波形较好,脉冲宽度准确,因而可用于形成较为理想的矩形射频脉冲波形。

3）脉冲重复频率稳定、准确。这对接收机中的信号处理是十分有利的。

4）可以全部使用晶体管、集成器件等固态器件,使电路工作的可靠性大为提高,且电路的体积小、质量轻,功率消耗大为降低。

（2）PIN 二极管调制开关。脉冲调制电路由驱动调制级、PIN 二极管调制开关及匹配选频网络等组成。

驱动触发脉冲[见图6-30(a)]经放大后,加到驱动调制三极管的集电极,使射频信号在驱动触发脉冲作用期内通过驱动调制三极管送往后面的 PIN 调制开关。当驱动触发脉冲终止后,射频信号即被阻断,从而实现驱动触发脉冲对射频信号的脉冲调制。

PIN 二极管是一种特殊的半导体二极管,可用做由直流控制信号控制的微波高速开关。现代主振放大式发射机中常用 PIN 二极管来实现对射频信号的调制。

图 6-31(a)为 PIN 二极管的结构示意图。它由高度掺杂的 P 区、高度掺杂的 N 区以及两者之间不掺杂的本征区 I 三部分组成,P 区和 N 区掺杂浓度的分布情况见图 6-31(b)。

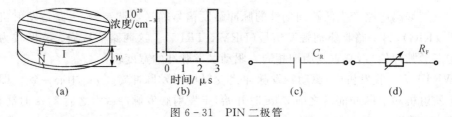

图 6-31　PIN 二极管

(a)PIN 二极管的结构；　(b)掺杂浓度；　(c)反偏等效电路；　(d)正偏等效电路

当在 PIN 二极管的两端施加以反向偏压时,它相当于一个电容,其容量几乎不变[见图6-31(c)];在正向偏置时 PIN 二极管则相当于一个可变电阻[见图 6-31(d)],其正向电阻随着电流的增大而减小。利用 PIN 二极管的上述特性,可以用 PIN 二极管、微带线和电感、电容器等组成 PN 高速调制开关,以实现对射频信号的脉冲调制。

PIN 调制开关及脉冲调制电路的结构有各种不同的形式。在图 6-29 所示的脉冲调制电路中,由两个 PIN 二极管与微带线、电容器、电感等组成的 PIN 调制开关,接在驱动调制器和驱动放大器之间,相当于一个并联在驱动调制器的集电极与地之间的可控阻抗,如图 6-32 所示。

当发射机触发脉冲经发射机触发脉冲放大器放大后加至 PIN 调制开关时,它呈现为较高的阻抗,从而使 777.77 MHz 射频信号在发射机触发脉冲持续期内能够正常地由驱动调制器放大,并送往后续的驱动放大器。在发射机触发脉冲终止后,PIN 调制开关相当于一个极小的阻抗,使驱动调制器的输出近乎短路,从而使射频信号无法通过 PIN 调制开关送往后面的驱动放大器。由此可见,由 PIN 二极管及微带线等组成的 PIN 高速调制开关,可以在调制脉冲

(此处是发射机触发脉冲)的控制下实现对频率很高的射频信号的脉冲调制。

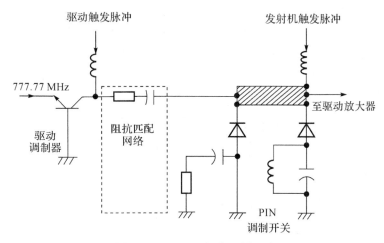

图 6-32　PIN 二极管调制开关

(3)微处理器对脉冲宽度的控制。先进的主振放大式发射机所产生的发射脉冲的宽度是由中央处理器控制的。图 6-33 为由微处理器控制的脉冲编码电路。

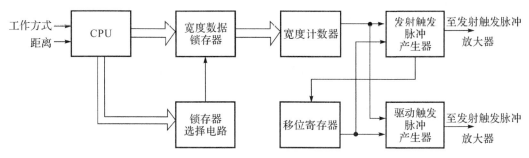

图 6-33　微处理器控制的脉冲宽度编码电路框图

该脉冲宽度编码电路由宽度数据锁存器、锁存器选择电路、宽度计数器、移位寄存器、发射和驱动触发脉冲产生器及一些逻辑门电路组成。CPU 根据在雷达控制面板(或显示器)上所选择的工作模式及距离,确定脉冲宽度预置数据。该数据经数据总线输出,锁存在宽度数据锁存器中。用于存储数据的锁存器由锁存器选择电路选择。在每个发射周期中,锁存器中所存储的脉冲宽度数据被置入宽度计数器,由触发脉冲产生器、门电路组成的逻辑电路即可在计数器的控制下产生相应宽度的触发脉冲。

4.脉冲功率放大器

脉冲功率放大器是主振放大式雷达发射机的关键电路之一。发射功率对雷达的探测距离具有直接的影响,脉冲功率放大器的任务是对射频信号进行功率放大,以满足雷达对发射功率的要求。

功率放大器可以设置在脉冲调制电路之后与功率倍频器之前,如图 6-34 所示。777.77 MHz 的已调射频脉冲信号经功率放大器放大后,形成两路各 800 W 的信号,输送给功率倍频器。

主振放大式雷达发射机中的功率放大器具有两个明显的特点:第一,能够提供足够大的脉冲信号功率;第二,必须能在 777.77 MHz 或更高的频率上稳定地放大脉冲射频信号。众所周知,将半导体放大器件的输出功率提高到数百瓦的数量级,是比较困难的;而要在数百兆赫兹或更高的频率上实现对大功率脉冲射频信号的稳定放大,则更为困难。

(1)功率合成器。由于单一的半导体放大器件在现阶段尚不能达到整机的功率要求,所以,功率放大器往往采用多路放大、功率合成的模式,这样的功率放大电路称为功率合成器。图 6-34 所示为包含四个放大通道的功率放大器电路框图。

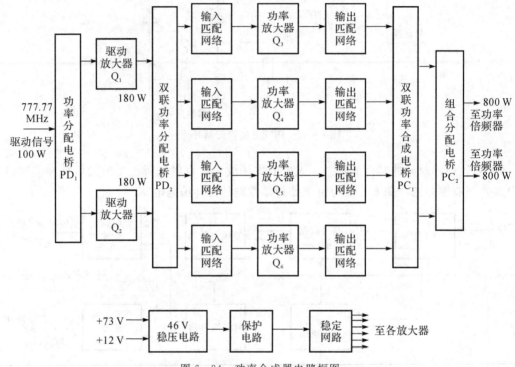

图 6-34　功率合成器电路框图

输入信号的功率约为 100 W。为实现对信号的多路放大,先利用一个三分贝功率分配电桥 PD_1 将输入信号分成均衡的两路,分别由两路驱动放大器 Q_1,Q_2 进行放大,每路驱动放大器的输出功率约可达到 180 W。然后,再利用一个双联(三分贝)功率分配电桥 PD_2,将两路驱动放大信号各自分成两路,得到四路 777.77 MHz 信号。这四路信号分别由四路并列的功率放大器 Q_3,Q_4,Q_5,Q_6 进行功率放大。

四路功率放大器的电路完全相同,每路的输出功率约可达到 450 W。放大后的四路大功率信号,由一个双联(三分贝)功率合成电桥 PC_1 合成为两路,再由组合分配电桥 PC_2 组合并形成功率均衡的两路 800 W 信号,馈送给功率倍频器进行倍频。

尽管功率合成器的电路比较复杂,但却能成功地解决单管功率不足的问题。此外,上述功率合成电路还具有以下特点:

1)所应用的功率分配电桥能保证各放大通道输入端的良好隔离。因此,在某一路放大通道损坏时,不会影响其他通道放大器的正常工作,功率合成器仍能输出 3/4 或 1/2 的功率,维持雷达对较强目标的检测能力。当然,由于发射功率低于正常值,雷达的探测距离会相应减小。

　2)放大器是先将四路信号组合后再分成均衡的两路输出的,因而输送给倍频器的两路信号的频率和相位是严格一致的,这就保证了整机的相位相参特性。

　　随着微波大功率晶体管技术的进步,已能制造出输出功率近 1 000 W 的大功率微波晶体管。因此,微波功率放大器只需利用两路并行的功率放大电路。

　　(2)微波晶体三极管功率放大器。功率放大器所选用的是可以提供数百瓦射频功率的大功率微波晶体三极管,放大器的电路结构及所应用的其他器件也与一般的高频或甚高频功率放大器有明显的区别。

　　1)共基极放大电路。微波晶体三极管功率放大器通常采用共基极电路,如图 6-35 所示,图中打剖面线的器件为微带器件。

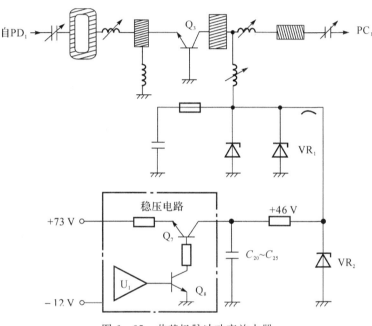

图 6-35　共基极脉冲功率放大器

　　由于基极是直接接地的,输出电路和输入电路之间就没有公共的耦合通道。所以,采用共基极放大电路,对保证放大器在放大频率极高的微波信号时的工作稳定性是十分有利的。共基极放大电路的电流放大倍数近似为 1,且基本上不受集电极电源电压变化的影响,输出特性十分平坦,这对脉冲信号输出幅度的稳定也是很有利的。

　　由 Q_7,Q_8 及运算放大器 U_1 等组成的稳压电路用来向各功率放大级提供稳定的 46 V 直流电源。稳压电路用大容量的电容器组 $C_{20} \sim C_{25}$ 作为储能电容,以保证在脉冲持续期内功率放大管集电极电压的稳定。VR_1 为稳压二极管,VR_2 用来消除瞬变脉冲。

　　2)微波晶体三极管功率放大器的结构特点。20 世纪 70 年代以来,大功率微波晶体三极管技术有了显著的进展。输出功率达数百瓦的微波晶体三极管的研制成功,解决了主振放大式雷达发射机全固态化中的一个关键性问题。

　　由于工作频率极高且输出功率大,大功率微波晶体三极管对尺寸、工艺过程控制、热沉及封装的要求更为苛刻。其突出的问题有两个:一个是当输出功率高达数百瓦、上千瓦时如何才能迅速消散由于直流功耗所产生的大量热量,以防止功率三极管过热而导致性能下降;另一个是如何减小管脚的分布电容和分布电感，以保证放大微波信号时的工作稳定。图6-36给出了用于共基极功率放大电路的大功率微波晶体三极管的封装外形及其与外电路的连接模式。

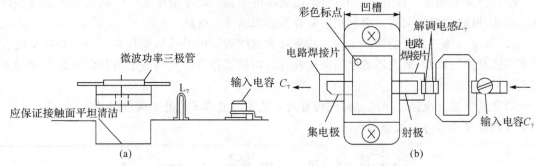

图6-36　大功率微波晶体三极管的连接与射极匹配网路
(a)侧视图；　(b)俯视图

由图6-36(a)可见，三极管的基极是直接嵌入电路板上的金属凹槽而实现基极的良好接地的。由图6-36(b)可知，集电极与发射极的引脚为较宽的扁平电极，以尽可能减小引脚电感。出于同一考虑，集电极电路与发射极电路的焊脚也是采用矩形的大面积焊片。发射极引脚及焊片与集电极引脚及焊片分列于功率三极管的两侧，且为薄形金属片，从而将集电极电路与发射极电路之间的分布电容减至最小。

图中还同时显示了共基极放大器发射极匹配网路与微波电感、电容的外形及连接方式，对照放大器的电路图可知图6-36(a)中的拱形金属片在微波波段相当于微调电感L_7，改变其间距，即可微调电感量。输入电容C_7实际上是借助于调节螺钉改变两个金属片的距离而微调的。

由上可知，在微波功率放大器中，对各种器件、元件的外形、几何尺寸、相对位置以及连接方式都有着极严格的要求。即使是几何外形或相对位置的微小变动，也会对放大器的性能产生直接的影响。关于微波器件和微波电路的这一观念，是相关人员应当理解的。

顺便指出，有的大功率微波晶体三极管的管壳由微波陶瓷制成，管内含有铍氧化物。这种铍氧化物是有毒的，对人体健康有害。因此，在拆换这种功率三极管时，不应敲击或强力撬拧，以免造成管壳破裂逸出有毒物质。

5.收发转换开关

(1)天线收发转换开关的功用与技术特性。天线收发转换开关的功用是使雷达发射机和接收机共用一部天线工作。在雷达发射脉冲期间，收发转换开关将发射机与天线相连接，使雷达发射机所产生的大功率射频脉冲信号经由波导系统送往天线辐射，而不会耦合到接收机输入端去。在接收期内，它将由同一部雷达天线所接收的回波能量传送到接收机的输入端。

理想的收发开关应能使能量无损耗地沿发射路径和接收路径传输，且保证上述路径之间的完全隔离。实际上，这样的理想收发开关是不存在的。通常用插入损耗、隔离度、驻波系数、开关转换时间等技术指标来衡量收发开关技术性能的优劣。

(2)微波环流器。天线收发开关有多种类型，机载气象雷达通常所采用的是由铁氧体及波导器件等组成的微波环流器(也可称为环行器)。微波环流器的优点是工作可靠、寿命长、频带宽。

气象雷达收发机中最通用的是具有四个端口的微波环流器除了发射端 1、天线端 2、接收端 3 外,它还有一个接有匹配负载的端口 4。端口 4 介于发射端与接收端之间,能进一步提高这两个端口间的隔离度,并可吸收可能由接收端反射回来的能量,以免这种反射能量环流至发射端。这种四端口微波环流器的电路符号如图 6 - 37 所示。输入环流器的微波能量只能沿 $1\rightarrow2,2\rightarrow3,3\rightarrow4$ 的方向传输,如图 6 - 37 中的箭头所示。

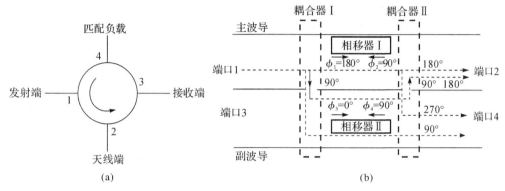

图 6 - 37　四端微波环流器电路符号及原理

(a)电路符号;　(b)原理

一种常用的铁氧体微波环流器是由两个二分贝定向耦合器与两个具有非可逆相移器的矩形波导、铁氧体、永久磁铁组成的,称为波导相移式环流器。从结构上看,它是一种特殊的双联波导器件,内部安装着微波铁氧体。四个端口的截面形状和尺寸与传输波导完全相同,以便与传输波导及发射机输出端、接收机输入端的波导器件相配合。

1)三分贝定向耦合器的工作原理。三分贝定向耦合器又称为三分贝电桥,共有四个臂(端口),各臂间微波能量的传输具有下述特性:当微波信号从某臂(如 1 臂)输入时,可在其相对的两臂(2 臂和 4 臂)得到均等的功率输出,其中直通臂 2 的电波比斜对臂 4 的电波超前 90°;相邻臂 2 与 4 臂则是互相隔离的。

当输入回臂的功率为 P_1 时,$P_2=P_4=P_{1/2}$,则有

$$10\lg P_1/P_2=10\lg2=3(\mathrm{dB})$$

三分贝电桥即因此而得名。

三分贝定向耦合器的上述功率分配与相位特性,使它在收发开关、功率分配器、微波混频器等方面获得了广泛的应用。

2)波导相移式四端口环流器的工作原理。波导相移式四端口环流器是利用微波铁氧体相移器及三分贝定向耦合器的相移及功率分配特性而实现收发转换功能的。

铁氧体是铁和一种或多种二价金属元素组成的具有铁磁性的复合氧化物。铁氧体的突出特点是具有磁性材料的高导磁性,但却具有极高的电阻率,是一种低损耗的介质材料。它在微波波段的相对介电常数 ε_r 约为 10~20,因而微波电磁波能够在铁氧体中传播,如同电磁波能在介质中传播一样。由于电磁波在铁氧体中正向传播和反向传播时的相移量不同,因而可利用铁氧体来组成微波环流器。

当发射信号从端口 1 输入时,被定向耦合器 I 分成均等的两个分量而进入主波导[图 6 - 37(b)的上部波导]和副波导[图 6 - 37(b)的下部波导],副波导中的电波相位滞后于主波导

90°。主波导中的电波通过相移器 I 正向传输的相移 ϕ_1 为 180°。这样,由主波导到达端口 2 的电波分量具有 180° 的相对相移。由定向耦合器 I 进入副波导的电波正向通过相移器 II 的相对相移 ϕ_3 为 0°;该电波分量由定向耦合器 II 的副波导耦合回到主波导时又将相对滞后 90°,这样,由副波导到达端口 2 的电波分量的总相移也是 180°。

可见,这两路电波分量在端口 2 处是同相叠加的,即电波能量可由发射端 1 耦合到天线端 2。但是,经过主波导、副波导到达端口 4 的电波的总相移分别为 270° 和 90°,即两者在端口 4 处是反相的,因而此时发射能量不会耦合到匹配负载端 4。

四端口环流器在接收状态的工作情况与发射状态相似,但由天线端 2 输入的回波信号反向。通过主波导中的相移器的相对相移 ϕ_2 为 90°,反向通过副波导相移器 II 的相对相移 ϕ_4 也是 90°。这样,在端口 3 处,通过主、副波导的两路电波的相位相同。回波能量可由天线端 2 馈送到接收端 3。而在端口 1 处,由主波导和副波导传输到该端口的两路回波信号的相位是相反的,即由天线端 2 输入的回波能量不会耦合到发射端 1。

6. 微波带状线

微波带状线简称微带线。微带线体积小、质量轻、稳定性好,又便于与微波固体器件连成整体,实现组件的小型化和固态化,在现代主振放大式雷达发射机、接收机中广泛地应用微带线来实现对信号的滤波、耦合、分配、隔离以及阻抗变换。图 6 - 38 所示为发射机脉冲电路部分的实际结构。

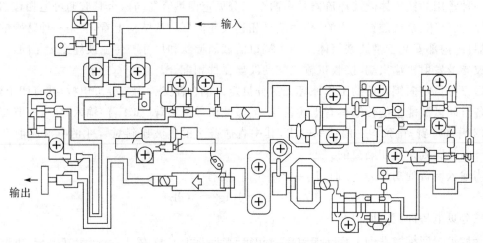

图 6 - 38　脉冲电路中的各种微带线器件

微带线的基本结构如图 6 - 39(a)所示,它是由介质基片、带状导体(导带)和基片底面的金属接地板构成的。导带为金属良导体,介质基片采用介电常数高和高频损耗小的陶瓷、石英或蓝宝石等材料制成,微带线用薄膜工艺制作。

微带线的特性阻抗取决于微带线的结构、形状及介质的相对介电常数 ε_r。导带的宽度 w 越宽,导带离接地板的距离 h 越小,微带线的特性阻抗越低;介质的相对介常数 ε_r 越大,特性阻抗越低。

微带线属于半开放式传输线,除了导体损耗和介质损耗以外还存在一定程度的辐射损耗,因此,其损耗大于同轴线。

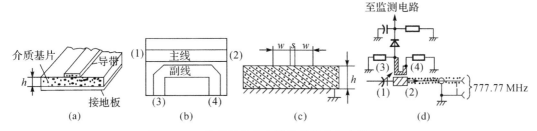

图 6-39　微带线的基本结构及微带走向耦合器

(a)微带线基本结构；　(b)微带定向合器；　(c)耦合器横截面形状；　(d)一种实际微带定向合器电路

6.3.4　接收电路工作原理

雷达接收机的任务是通过滤波处理，从所接收到的干扰杂波和信号中选择出微弱的高频回波，将其放大和解调，获得目标信息传送给显示器等终端设备。

机载气象雷达接收机通常采用两次变频的超外差式接收电路。

1. 雷达接收机工作原理

现代机载气象雷达采用全相参收发体制，实现对湍流和风切变目标的多普勒检测。雷达接收机的检测能力大为增强，接收的最小可检测信号电平可达 -125 dB，远远高于传统的接收机。

现代雷达接收机通过数据处理技术来改善接收机的滤波性能，对提高接收机的输出信噪比有明显的作用。图 6-40 所示为现代气象雷达收发机（WRT-701X）中接收电路的组成框图。

接收电路大体上可以按信号的频率划分为高频电路、中频电路和视频电路三部分。高频电路通常由限幅保护电路、预选器、第一混频器及本机振荡电路组成，这部分电路的任务是选取回波信号和滤除镜频及噪声干扰，并将信号频率由 9 333 MHz 降低为第一中频（WRT-701X 中为 166.66 MHz），中频信号的包络特性与高频回波信号相同。

中频电路包括第一中频放大器、第二混频器和第二中频放大器，其功用是放大第一中频信号，再次通过变频将信号频率降低为第二中频（13.888 MHz），并对中频信号进行稳定的放大，以使接收机获得足够高的增益。第二中频放大器的另一个重要任务是实现接收机对通频带的要求，提高信噪比。第二中频信号与第三本振信号在同步检波器中进行同步检波，产生两路视频信号——同相视频与正交视频，送往雷达数据处理电路中的距离滤波器。

天线所接收的回波信号和干扰，通过接收机保护电路——固态限幅器后进入接收机的高放或第一混频器。固态限幅器的功用是保护后续的高频放大器或混频器，使其免受强干扰的冲击。

信号经过低噪声高频放大器放大并初步滤除干扰后，送往混频器。在混频器中，高频脉冲信号与来自本机振荡电路的等幅高频连续波相混频，输出这两个高频信号的差频信号——中频信号，而回波信号的脉冲包络调制特性则仍保持不变。

中频脉冲信号通过多级中频放大器进行放大和滤波，以获得足够的幅度和最大的输出信噪比。在采用两次变频的超外差式接收机中，信号经第一中频放大器放大后，在第二混频器中与第二本振信号相混频，然后由第二中放进行放大，再送往检波器。在检波器中，中频脉冲信号通过非线性的频谱变换作用,解调得到其脉冲包络调制信号,此信号为视频信号。经视频放大器放大后,送往显示器或其他终端设备。

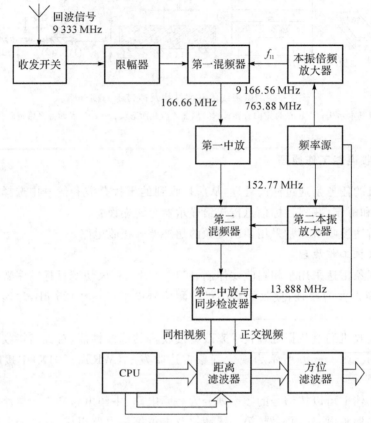

图 6 - 40　现代雷达接收电路的组成

在相参雷达收发系统中,为获得回波信号的相位信息,必须应用同步检波器。

雷达数据处理器由距离滤波器和方位滤波器两部分组成。距离滤波器和方位滤波器用来对视频回波信号进行数字式的滤波处理,提高接收机的输出信噪比。

接收机所需的第一、第二、第三本机振荡信号是由与发射机共用的基准频率源提供的,图中的本机振荡电路实际上是一个第一本机信号的倍频电路。

除上述信号电路外,雷达接收机中还包括自动增益控制(Automatic Gain Control,AGC)电路和灵敏度时间控制(Sensitivity Time Control,STC)电路等辅助电路,以进一步完善接收机的性能。AGC 电路和 STC 电路的工作是由中央处理器控制的。

2.各部分电路

(1)微波电路。气象雷达接收机的高频电路包括由收发开关的接收端口至中频放大器之前的各部分电路,这些电路工作于 9.3 GHz 左右的微波波段,由各种功能的波导器件和微波晶体管及其他器件组成如图 6 - 41 所示。在结构上,接收机高频电路往往与收发开关及发射机中的高频部分紧密相连,习惯上统称为高频头。

接收机高频电路由限幅器、预选器、混频器第一本振放大器和本振倍频器等组成。

天线所接收的回波信号由收发开关的接收端口 3 输入,经过限幅器组件、预选器,作用于

混频二极管 C_{R5} 的两端;由频率源提供的 763.88 MHz 稳频信号,经本振放大器放大后,提供给由 C_{R6} 和波导滤波器等组成的微波倍频器,形成 9 166.56 MHz 的第一本振信号,输送给混频二极管。两者混频所产生的 166.66 MHz 差频信号即为第一中频信号,送往第一中频放大器进行放大。

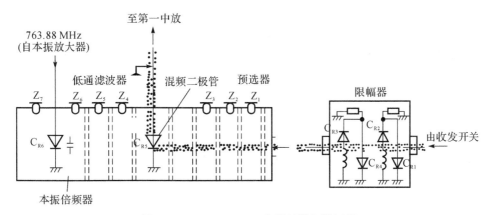

图 6 - 41　WRT - 701X 的混频器与限幅器

接收机输入端的限幅器是一个微波功率限幅器,它能使正常的回波信号顺利通过,而将超过一定功率电平的强干扰信号反射回去,以保护混频晶体管。当输入的微波能量超过一定电平时,二极管连同波导结构呈现为射频短路状态,从而阻止强干扰信号的通过。

(2)中频与检波电路。机载气象雷达接收机的增益主要是由中频放大器提供的。中频放大器的增益大小对雷达的作用距离有着直接的影响,同时,中频放大器的通带宽度和频率特性又直接影响着接收机的输出信噪比和选择性等性能。

中频放大器是工作于固定频率(中频)的多级调谐放大器。图 6 - 42 所示为中频与检波电路。

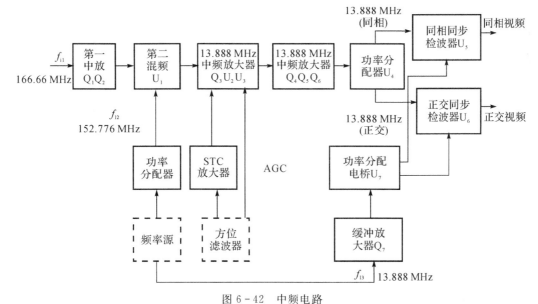

图 6 - 42　中频电路

第一中频信号由 Q_1，Q_2 两级中频放大器放大后，在第二混频器 U_1 中再次与来自频率源的 152.776 MHz 第二本振信号相混频，将信号频率降低为 13.888 MHz。第二中频放大器应能稳定地放大第二中频信号，提供足够高的增益，并使中放的通带满足接收机的要求。第二中放由 Q_3，U_2，U_3，Q_4，Q_5，Q_6 各级放大器组成。第二中放末级（Q_6）的输出，由功率分配器分成均等的两路，馈送给同相同步检波器和正交同步检波器进行同步检波，获得同相（I）视频与正交（Q）视频两路视频信号，输送给数据处理电路。

（3）增益控制。为了增大动态范围，防止强信号引起过载，气象雷达接收机中设置有完善的增益控制电路。

1）人工增益控制。人工增益控制（Manual Gain Control，MGC）是接收机中所使用的最简单的增益控制方式。调节增益控制电位计的旋钮，即可按需要调节接收机的增益。调节增益控制电位计，可以调节由电位计和电阻组成的直流分压器所确定的某几级中频放大器的偏置电压，从而达到人工控制接收机整机增益的目的。增益调节旋钮安装在雷达控制面板或雷达显示器上。

2）数字式自动增益控制电路。自动增益控制（AGC）电路的作用，是使接收机在信号很弱时具有很高的增益，而在信号很强时自动地减小接收机的增益，这样可以使接收机输出的噪声电平保持稳定。

现代雷达接收机的增益是由 CPU 自动控制的，其自动增益控制电路由噪声取样寄存器、AGC 参数寄存器、数模转换器、放大器组成，如图 6-43 所示。

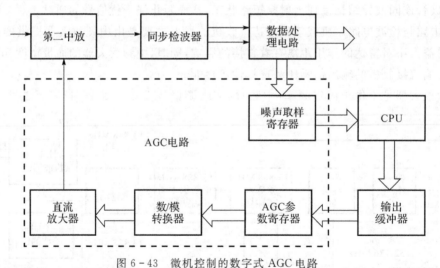

图 6-43　微机控制的数字式 AGC 电路

在中央处理器的控制下，噪声取样寄存器对接收机数据处理电路输出的视频信息进行取样。所获得的取样视频噪声数据，通过数据总线输入中央处理器 CPU。中央处理器根据这一噪声取样数据以及所选择的距离，经过一系列的计算和查表，产生 AGC 控制电压数据，通过数据总线输出，寄存在 AGC 参数寄存器中。然后，由数/模转换器将 AGC 控制电压数据变换为 AGC 控制电压，经放大后加到接收机的第二中频放大器。

利用上述自动增益控制电路，可以使接收机的增益随雷达所选择的距离而变化。选择距离越远，接收机的增益越高。

（4）灵敏度时间控制。

1）灵敏度时间控制电路的功用与基本原理。灵敏度时间控制电路（STC）又称近距增益控制电路或时间增益控制电路，它的作用是使一定范围内反射状况相同的目标在接收机输出端的输出电平基本接近而与目标的距离无关。图 6-44 所示为简单 STC 电路的原理图。

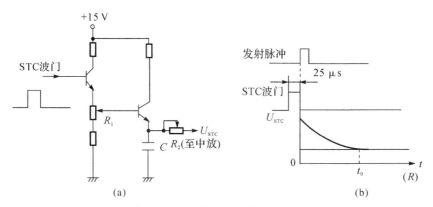

图 6-44 简单 STC 电路及其波形

（a）电路； （b）波形

它由 STC 波门触发工作。在该 STC 波门期间，电容 C 被充电；波门结束时，电容器即开始缓慢放电，从而产生指数形的 STC 控制电压。时间 t_0 时，放电过程基本结束，STC 控制电压消失，中放增益恢复为正常值。时间区间 $[0, t_0]$ 对应的距离范围一般为数十海里，这就是时间灵敏度控制的作用范围。

2）增强型灵敏度时间控制电路。目前，数字式雷达数据处理电路中通常采用性能更为完善的增强型 STC 电路。增强型 STC 电路可在雷达检测的全程范围内实现完善的 STC 控制，使接收机输出的目标视频信息基本上与目标的距离无关，而只取决于目标本身的特性。增强型 STC 是依靠微处理器、数字处理电路实现的，其电路结构形式与数字式自动增益控制电路相似。

（5）数据处理。现代机载气象雷达中广泛应用数字信号处理电路来实现各种信号处理功能。雷达接收机输出的视频回波信号，送往气象数据处理电路进行数字处理。气象数据处理电路的框图如图 6-45 所示。

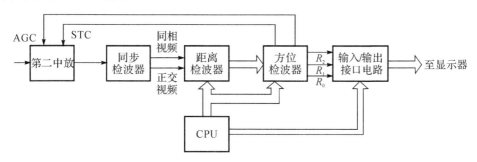

图 6-45 气象数据处理电路框图

气象数据处理器包括距离滤波器和方位滤波器两部分。这两部分电路在信号的数字处理过程中彼此联系，且又都与中央处理器密切相关，因此又进一步改进、组合为信号处理器。由接收机第二中频放大器中的同步检波器所输出的同相和正交两路视频信号,先在距离滤波器中进行数字式滤波,然后再送往方位滤波器进一步处理,输出数字视频信息,经输入输出接口电路送往显示器。

气象雷达收发机中的数字信号处理电路,实际上可以看成是一部专用数字计算机,信号在信号处理电路中的数字处理过程由中央处理器控制和管理。中央处理器通过数据总线,将有关控制数据置入距离滤波器和方位滤波器,以实现对信号处理过程的控制。与此同时,中央处理器还对距离滤波器和方位滤波器中产生 AGC,STC 电压及触发脉冲的过程及有关参数进行控制。

在气象雷达中应用数字式信号处理电路具有突出的优点。首先可以高质量地滤除噪声,明显提高接收机的输出信噪比,从而显著增强雷达对信号特别是弱信号的检测能力,改善雷达的整机性能。其次,数字电路的性能稳定、不易受环境温度、湿度等因素变动的影响,可以明显地提高电路的可靠性。此外,应用数字式信号处理电路,可通过改变所存储的数据或微机程序来灵活地改变电路的性能参数,改进或者扩展系统的性能,也易于实现雷达整机的大规模集成。

1)数字滤波器的基本原理。在 WRT - 701X 中,信号数字处理的核心是对视频信息进行数字滤波,从视频信息中滤除噪声,提高信噪比,从而提高接收机的检测能力。所采用的电路为递推滤波器,它相当于一个数字式的低通滤波器。

递推式的滤波方法,是用一个取样值处理出一个滤波值,然后在下一个取样值到来时,将下一个取样值与上一次处理出的滤波值一起,再处理出一个新的滤波值来。设递推滤波器上一次所得到的滤波值为 Y_{n-1},本次的输入取样值为 X_n,则滤波器的实时输出为

$$Y_n = \beta(X_n - Y_{n-1}) + Y_{n-1}$$

式中,β 为滤波系数,它取决于滤波器的带宽。在雷达工作模式及选择距离不变时,WRT - 701X 所使用的滤波系数为常量,这种滤波方式称为常增益递推滤波。

递推滤波器由 2 端口寄存器、输入加法器、乘法器、输出加法器及输出锁存器等数字器件组成,并由中央处理器控制其滤波过程,其原理如图 6 - 46 所示。

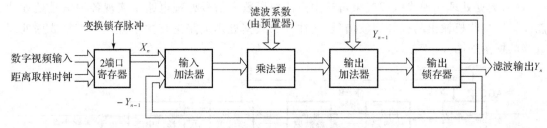

图 6 - 46　递推滤波器的原理框图

2)距离滤波器。距离滤波器的主要功用是在所选择的距离间隔内对接收机输出的视频信号进行数字式滤波处理。除此以外,距离滤波器还用来向发射机脉冲调制电路提供发射机触发脉冲,并向方位滤波器提供时钟信号。

距离滤波器由 AD 转换器、递推滤波器、数据预置器、锁相环路、距离单元时钟产生器和发射脉冲宽度编码器等几部分组成,如图 6 - 47 所示。

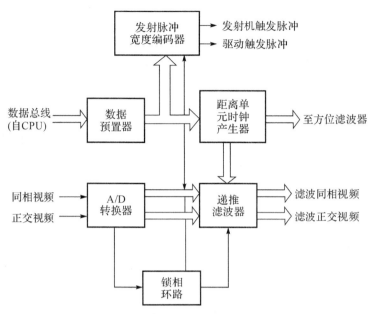

图 6 - 47　距离滤波器的组成框图

　　模数(AD)转换器在距离时钟控制下,对同步检波器输出的模拟视频信号进行数字距离取样,将模拟视频信号转换为 8 位数字视频数据。

　　AD 转换器输出的数字视频数据由递推滤波器进行滤波处理。距离滤波器中有两个并列的递推滤波器,以分别对同相视频与正交视频进行数字滤波处理。距离滤波器所进行的滤波是相对距离而言的,两路滤波视频数据送往方位滤波器。距离单元时钟产生器用来产生距离单元时钟。所选择距离(R_s)中的回波信号在数字处理过程中被分成均等的 256 个距离单元,每个距离单元的时间宽度 T_{RB} 为

$$T_{RB} = R_s \times 12.36/256(\mu s)$$

　　3)方位滤波器。方位滤波器包括多种对回波信号进行最终处理的电路。由距离滤波器输出的数字视频数据,在方位滤波器中经过滤波、比较、补偿校正后,形成三位数字视频信息。

　　方位滤波器对回波数据所进行的数字滤波过程与距离滤波器相似,但由于方位滤波器中还包括实现信号编码和增益控制等功能的电路,所以方位滤波器的电路结构远较距离滤波器复杂。

　　方位滤波器由方位扫掠滤波器、均方根估值电路、信号编码电路、STC 和 AGC 产生电路、地面杂波处理电路、路径衰减补偿电路、脉冲重复频率产生电路、发射机接收机监测器电路等电路组成,其组成框图如图 6 - 48 所示。

　　均方根估值电路的功用是根据距离滤波器输出的两路视频信息来计算回波信号幅度的均方根值,均方估值电路的输出经距离取样后,加至方位递推滤波器进行滤波处理。方位递推滤波器的工作原理及电路结构与距离滤波器中的递推滤波器相同,只不过方位滤波器是相对于方位扫掠对 256 个距离单元的视频取样信号进行滤波的。

　　信号编码电路用来对方位滤波视频进行门限比较,并根据比较的结果形成并行的 3 位视频信息。信号编码电路由四个门限比较器、三个门限可编程只读存储器、反射率编码存储器

（可编程只读存储器）及反射率/湍流组合器等组成，如图 6 - 49 所示。

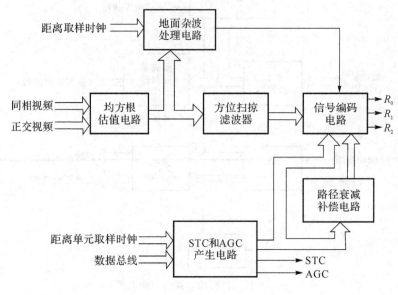

图 6 - 48　方位滤波器的组成

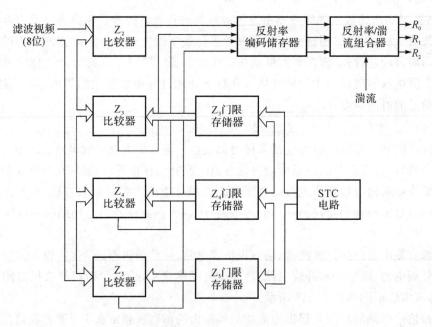

图 6 - 49　信号编码电路

　　用来对回波信号进行比较的门限电平分别储存在三个门限可编程只读存储器中，门限电平是根据一定降雨率的回波信号电平建立的。4 个门限电平所对应的回波幅度门限及降雨率见表 6 - 1。

表 6-1　反射率电平

门限电平	回波幅度电平/dB	降雨率/(mm·h⁻¹)
Z_2	20	0.76～3.81
Z_3	30	3.81～12.7
Z_4	40	12.7～50.8
Z_5	50	50.8 以上

门限存储器所存储的上述门限电平,只是用于对回波信号进行比较的初始电平,而未进行任何校正。实际上,提供给比较器的是经过校正、补偿的门限电平。对门限电平的校正是按照时间灵敏度控制(STC)电路和路径衰减校正电路所提供的校正数据进行的。在 8 位并行校正数据的控制下,门限可编程只读存储器可改变其送往比较器的门限电平。

四个电平比较器分别将所输入的 8 位滤波视频与 Z_2～Z_5 门限电平进行比较,以判明视频信号是否高于各比较器的门限电平。Z_3,Z_4,Z_5 比较器的比较电平分别由各自的可编程只读存储器提供。Z_2 电平相当于最小可检测信号(Minimum Detectable Signal,MDS)电平,Z_2 比较器的门限电平是通过电路接线确定的,不需另行由门限存储器提供。

四个比较器的输出,送往反射率编码可编程只读存储器,由该存储器译码后,即可得到对应于视频信号幅度的反射率信息。所形成的反射率信息为 3 位并行数据 R_0、R_1、R_2,可代表 7 个反射率等级,其中的前 5 级与表中的电平相对应,后两级则对应于湍流电平。

最后,反射率编码存储器的输出在反射率/湍流组合器中与来自湍流检测器的湍流信息相结合,送往收发机的输入/输出(I/O)接口电路,以形成 1 600 位的显示信息送往显示器。

6.4　气象雷达天线

气象雷达天线是一种方向性很强的 X 波段高频微波天线。与其他机载无线电设备的天线相比,它具有一个显著的特点,就是还要进行复杂的运动,即方位扫掠和俯仰倾斜稳定。为了探测飞机前方扇形区域的目标,天线在辐射和接收雷达信号的同时,还需要进行往复的方位扫掠。另外,天线还必须根据飞机俯仰和倾斜姿态的实时变化,自动进行修正运动。

为了实现雷达系统对天线运动及姿态的控制,雷达天线中除了用来辐射和接收雷达信号的天线本身以外,还包括各种用来驱动和控制天线运动的电机、控制器等部件,使雷达天线组成变得很复杂。

6.4.1　天线组件及工作原理

雷达天线从结构上可以分成两个部分:用于辐射和接收雷达信号的天线部分和控制天线运动的天线支座部分。前者由微波器件组成,可称为天线高频部分,高频部分除辐射器本身外,还包括天线波导部分和波导旋转关节。后者由各种机电部件组成,工作频率为低频,可称为天线低频部分。

气象雷达的天线系统包括天线和天线组件。天线由平板天线和天线支座组成,如图6-50所示。天线支座包含扫描马达、天线位置发射器、升降和扫描禁止开关等。

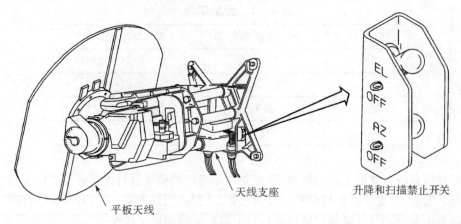

图 6-50　气象雷达天线

　　WXR R/T 向 WXR 天线组件发送信号来控制它并使它稳定。天线组件的功能组成及与 WXR R/T 的关系如图 6-51 所示。

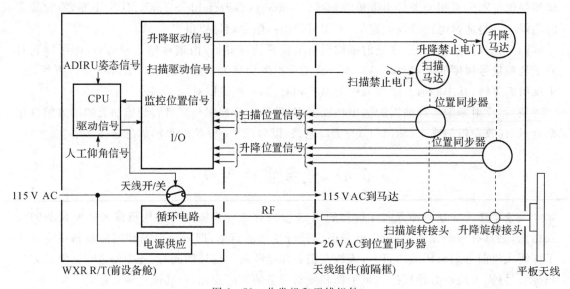

图 6-51　收发机和天线组件

　　(1)天线控制。WXR R/T 内的 CPU 控制和监控天线工作。

　　(2)天线稳定。WXR R/T 将来自 ADIRU 的姿态输入用于天线稳定性控制。天线用姿态输入计算和控制扫描和升降运动,并向天线发送扫描和升降驱动信号。

　　(3)天线工作。天线接收来自 WXR R/T 的 115 V 交流电,扫描和升降马达从 R/T 获得指令信号,WXR R/T 同时向扫描和升降位置同步器发送 26 V 直流电。

　　(4)天线驱动。天线有一个扫描马达和一个升降马达。扫描马达驱动一个齿轮系使天线水平运动,它使天线在飞机纵剖线±90°范围内运动。升降马达驱动一个垂直驱动天线的齿轮,使天线在±40°上下范围内运动。升降范围包括±15°的人工仰角。

　　(5)天线位置反馈。在 WXR R/T 内部有监控器,一个用于监控扫描马达,另一个用于监控升降马达。

（6）天线位置比较。监控器使用天线位置和指令信号，它将实际天线位置与预期天线位置进行比较当这两个值不同时，WXR R/T 将天线设定为故障状态。

6.4.2　平板天线及其方向性

气象雷达一般采用平板天线，平板天线是由很多波导缝隙天线组成的天线阵，缝隙天线阵的正面为平板，所以称为平板天线。平板天线一般用铝合金平板制成，其外沿一般为圆形或近似圆形。平板天线背面馈电波导的中央设置有馈电波导连接盘，当把平板天线安装在天线支架上后，即可将该配电盘与天线基座上的波导盘相连接，从而将射频电磁能量馈入平板天线。

平板天线辐射电磁波的特性是由波导缝隙本身的特性和整个缝隙天线阵的结构所决定的。天线的方向性可以用方向图来表示，方向图一般呈花瓣状，也称波瓣图。方向图是指在离天线一定距离处辐射场的相对强度随方向变化的图形，通常采用通过天线最大辐射方向上的两个相互垂直的平面方向图来表示。

对于气象雷达天线，我们通常用水平面和垂直面的两个方向图来表示天线的方向特性。水平面方向图表明了天线在方位平面内的波束特性，垂直面方向图则表明天线在俯仰面内的波束特性。由于平板天线基本上是对称的圆形，所以在水平面与垂直面的方向图是基本相同的。

气象雷达天线所辐射的是很窄的锥形波束，俗称"铅笔波束"，如图 6 - 52 所示。

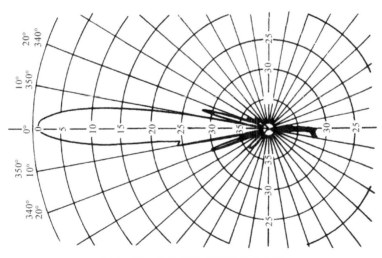

图 6 - 52　气象雷达平板天线方向图

气象雷达天线的波瓣张角（即波瓣宽度）是指方向图中主波瓣的两个半功率点之间的夹角。天线波瓣张角越小，说明天线的方向性越好，越能有效地把能量集中在天线轴向附近。气象雷达的天线主瓣宽通常在 3°～5°，这一窄波束有利于区分相同距离、不同方位的相邻目标。天线旁瓣很少而且电平很低，这意味着天线更有效地将能量集中于轴向附近，这对于雷达的作用距离、抑制杂波都是有利的。

习　题

1. 请简述气象雷达系统的组成及工作模式。
2. 请说明气象雷达对各种目标的探测原理。
3. 请说明气象雷达收发机的组成及各部分功能。
4. 请说明主振放大式发射电路的特点。
5. 请说明气象雷达发射机的组成及各部分功能。
6. 请说明气象雷达接收机的组成及各部分功能。
7. 灵敏度时间控制电路的作用是什么？请画出 STC 控制电压波形图。

第7章 空中交通管制应答机

空中交通管制的目的是有序地组织和实施空中交通,防止飞机相撞,保证飞行安全,同时提高航空交通繁忙空域特别是中心机场的利用效率。

空中交通管制系统可分为数据获取系统、数据远距传输系统、数据处理显示系统和空-地通信系统。

空中交通管制应答机(ATC transponder)是保证飞机在繁忙空域飞行和进行着陆过程中的安全的重要设备之一。应答机是空中交通管制雷达信标系统(ATCRBS)的机载设备,它的功用是向地面管制中心报告飞机的识别代码和气压高度。现代机载应答机则是机载防撞系统的主要组成设备之一,它可以利用数字形式传送更为广泛的信息。机载应答机是和地面二次雷达配合工作的,所以有时候把它叫作二次雷达应答机。

7.1 雷达信标系统的基本工作原理

空中交通管制雷达信标系统也可以称为航管二次监视雷达系统。通常,把系统的地面二次监视雷达简称为二次雷达。

7.1.1 空中交通管制

随着空中交通密度的不断增加,空中交通管制的作用和重要性日益明显。对空中交通的组织指挥与管理实施状况,在很大程度上影响着民用航空乃至整个航空事业的安全与效率。

空中交通管制通常分为终端区空中交通管制与航路(走廊)空中交通管制。对我国民航而言,通常所指的是以机场为中心的大约150 km范围内终端区中的空中交通管制,其目的是有秩序地组织和实施空中交通,防止飞机相撞,保证飞行安全,同时提高航空交通繁忙空域、特别是中心机场的利用效率。

空中交通管制所依赖的技术基础是空中交通管制系统。一般,空中交通管制系统可以分为数据获取系统、数据远距传输系统、数据处理显示系统和空-地通信系统。

目前,空中交通管制的数据获取主要依赖于一次雷达系统和二次雷达系统。系统将所获取的飞机代码、高度、距离、方位等信息传送到交通管制中心,经处理后显示在显示终端上。

7.1.2 一次雷达与二次雷达

一次雷达和二次雷达虽然都是通过发射和接收脉冲射频信号工作的,但它们的工作方式和设备组成有着明显的区别,其信号也具有不同的特点。

1. 一次监视雷达

地面一次监视雷达(PSR)的工作方式与机载气象雷达相似,是依靠目标对雷达天线所辐射的射频脉冲能量的反射来探测目标的。以一定速率在360°范围内旋转扫掠的天线,把雷达发射信号形成方向性很强的波束辐射出去,同时接收由飞机或其他目标反射回来的回波能量,以获取目标的距离、方位信息,监视空域中飞机的存在及活动情况。

地面一次监视雷达通常工作于 L 波段(1 000～2 000 MHz)和 S 波段(2 000～4 000 MHz),具有很强的脉冲功率,其探测距离可达 400 km 甚至更远,因而其发射设备和天线都相当庞大。

2. 二次雷达系统

二次雷达工作于 L 波段,其询问发射频率为 1 030 MHz,接收频率为 1 090 MHz,作用距离与配合工作的一次雷达相适应,但发射功率远低于一次雷达。

(1)二次雷达的工作方式。二次雷达的工作方式与一次雷达不同,它是由地面二次雷达询问器与机载应答机配合,采用问答方式工作的。地面二次雷达发射机产生询问脉冲信号由其天线辐射,机载应答机在接收到有效询问信号后产生相应的应答信号,地面二次雷达接收机接收这一应答信号,在进行一系列处理后获得所需的飞机代码等信息。可见,二次雷达系统必须经过二次雷达发射机与机载应答机的两次有源辐射(询问与应答各一次),才能实现其功能。

在同时装备有二次雷达与一次雷达的空中交通管制系统中,通常总是使二次雷达与一次监视雷达协同工作。二次雷达的条形天线安装在一次雷达的天线上方,二者同步扫掠,如图7-1所示。二次雷达与一次雷达共用定时电路与显示终端,以实现同步工作。

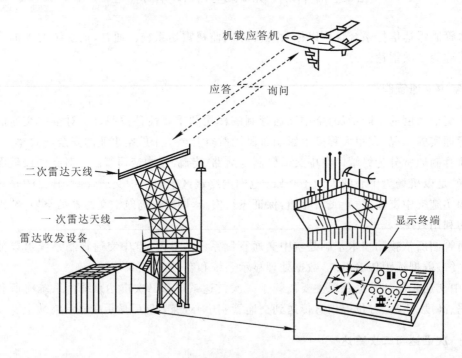

机载应答机

应答　询问

二次雷达天线

一次雷达天线

雷达收发设备

显示终端

图 7-1　二次雷达与一次雷达

（2）二次雷达系统的组成及工作概况。二次雷达系统的组成方框图如图7-2所示。图7-2中左侧虚线框为地面二次雷达（询问器），右侧虚线框为机载应答机。由图7-2可见，地面二次雷达包括发射电路、编码器及接收电路。机载应答机也是由接收电路、译码器、编码器和发射电路等电路组成的。

图7-2表示二次雷达与一次雷达协同工作的情况：共用的定时电路触发二次雷达与一次雷达同步工作，二者所产生的视频信息和数据传输至公用的显示终端上。

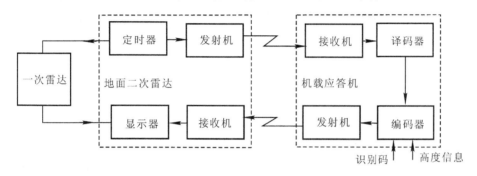

图7-2　二次雷达系统的组成方框图

二次雷达发射机在编码器的控制下，产生一定模式的询问脉冲对信号。通过它的条形方向性天线辐射。天线波束的方向是与一次雷达协调一致的，发射时刻也是与一次雷达同步的。在其天线波束照射范围内的机载应答机对所接收到的询问信号进行接收处理与译码识别，如果判断为有效的询问信号，则由应答机中的编码电路控制发射电路产生应答发射信号。所产生的应答信号是由多个射频脉冲组成的射频脉冲串，它包含飞机的代码或高度信息。应答信号被地面二次雷达天线接收后，经过接收电路、译码电路的一系列处理，将所获得的信息输至数据处理与显示系统。在控制中心的圆形平面位置显示器上的同一位置，产生飞机的一次雷达回波图像和二次雷达所获得的飞机代码及高度信息。

（3）二次雷达信息。目前，航管二次雷达系统可以获得的信息主要包括：

1）飞机的距离与方位信息；

2）目标的识别信息及飞机（军用或民用）的代码；

3）飞机的气压高度信息；

4）一些紧急警告信息，如飞机发生紧急故障、无线电通信失效或飞机被劫持等。

由此可见，二次雷达兼有雷达与进行指定信息交换的功能，它所提供的信息比一次雷达广泛。当然，装备二次雷达的主要目的是获取飞机的代码信息与高度信息，以利于空中交通管制员识别、指挥飞机。

上述4个信息在二次雷达显示终端的显示图像根据设备的不同而有所区别，图7-3所示是一种典型的显示图像。图中虚线表示的弧形图像为装备有应答机的飞机回波图像，点形图像则为没有装备应答机的飞机的图像。弧形图像旁的二层数字显示中的上层为飞机的代码信息，下层为飞机的气压高度信息（以100 ft为单位）。当弧形图像闪烁时，表示该飞机遇到了紧急情况。加粗、增辉的图像为按下识别按钮发射SPI脉冲时所产生的图像。在现代空中交通管制系统的数字处理与显示系统中，为了便于管制人员判断飞机在管制区域中的平面位置及航迹等情况，航管二次雷达显示器所提供的信息比图7-3所示的更为丰富。图7-4所示为一种实际的航管二次雷达显示画面。这种显示器称为综合显示器,它除了可以显示上述目标的图像、代码、高度及其他信息外,还可以显示地图背景及必要的标志和字符以及飞机的航迹等信息。图7-4中,虚线表示航空管制区域;双线表示航路和走廊,中央的双线图形表示机场跑道的位置和方向;单线表示小航路,在航路上的小点代表导航台的位置,其他小点是地标。与一次雷达显示器相同,为了便于判断飞机的距离与方位,显示器上显示有同心圆形的距离标志圈和代表方位的方位射线(为清晰起见,方位线与距离标志圈在图中均未画出)。除此之外,显示器上还有管制区内的较高的各种地物回波。

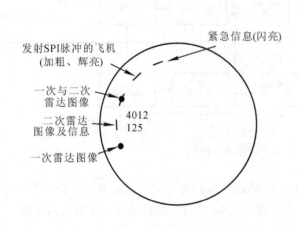
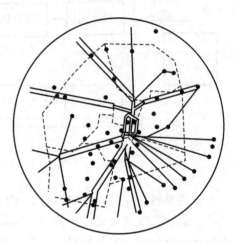

图7-3 二次雷达图像举例　　　　图7-4 一种实际航管二次雷达显示画面

3. 二次雷达系统的特点

二次雷达系统能够提供比一次雷达更为丰富的信息内容。由于系统采用不同于一次雷达的问答工作方式,使系统的工作具有以下一些明显的特点。

(1)发射功率较小。二次雷达与机载应答机配合工作,进行有源接收,其询问距离与发射功率的平方根成正比。而一次雷达依赖于目标对雷达发射能量的反射,其作用距离与发射功率的四次方根成正比。因此,在覆盖范围相同的条件下,二次雷达系统的发射功率要比一次雷达小得多。例如,当作用距离为370 km时,工作于同一波段的一次雷达需要约2 500 kW的脉冲功率,而二次雷达仅需2.5 kW的脉冲询问功率。相应地,二次雷达及应答机的接收灵敏度的要求也可以比一次雷达的低一些。

(2)干扰杂波较少。二次雷达系统的接收频率与发射频率不同,各种地物、气象目标对1 030 MHz发射信号的反射信号,不会被频率为1 090 MHz的接收机所接收,因此二次雷达基本上没有上述杂波干扰。这是与一次雷达不同的。

当然,二次雷达不可能像一次雷达那样,利用一些目标的反射特性获得这些目标的信息。

(3)不存在目标闪烁现象。二次雷达回波是机载应答机主动辐射的信号形成的,不是目标反射能量形成的,因而与目标的反射面积无关,不存在由于目标姿态变化及散射所引起的回波忽强忽弱而导致的闪烁现象。虽然飞机机动飞行时可能会暂时遮挡住应答机天线而造成回波的瞬时中断,但这种情况不会经常出现。

(4)方位精度较差而高度精度较高。前已说明,二次雷达系统可以获得较为准确的飞机高度信息。与一次雷达相比,这是一个突出的优点。另一方面,由于二次雷达通常采用较为简单的条形天线,所以它的方位精度较差。由于二次雷达与一次雷达相比具有上述特点,实用中往往是使二次雷达与一次雷达配合工作,取长补短,提供空中交通管制所需的广泛信息。

7.1.3 询问信号

机载应答机所回答的信息内容,取决于地面二次雷达的询问信号。询问信号的模式与询问的方式,由管制中心确定。

1. 询问模式

地面二次雷达发射的是射频脉冲信号,这种信号由间隔不同的脉冲对信号组成。脉冲信号的编码方式称为询问模式。目前,国际民航组织规定的航管二次雷达询问模式共有 6 种,分别称为模式 1,2,3/A,B,C 和 D。其中模式 1,2 为军用;模式 3/A 可用于军用与民用识别;模式 B 只用于民用识别;模式 C 用于高度询问;模式 D 为备用询问模式,其询问内容尚未确定。可见,与民航有关的是 A,B 模式(用于飞机代码识别)和 C 模式(用于高度询问)。

图 7-5 为模式 A,B,C,D 的脉冲间隔关系。图中画出了一对脉冲 P_1 与 P_3,实际上在各模式的 P_1 脉冲之后还有一个幅度较小的脉冲 P_2,它的作用将在旁瓣抑制的介绍中说明。由图 7-5 可知,模式 A 的脉冲间隔为 8 μs,模式 B 为 17 μs,模式 C 为 21 μs,模式 D 为 25 μs。各模式脉冲间隔时间的误差为 ± 0.2 μs,脉冲宽度为 (0.8 ± 0.1) μs。

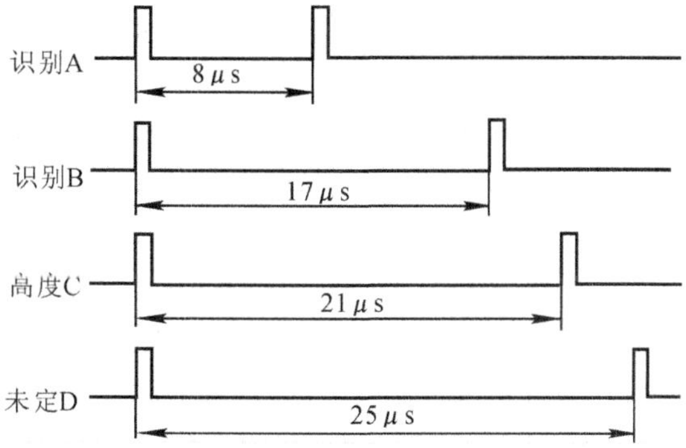

图 7-5 询问模式

2. 询问方式

实际上航管人员既需要掌握飞机的代码信息又需要了解飞机的高度信息,所以二次雷达总是交替发射不同模式的询问信号。

通常,采用每组三重模式的询问方式,即每组轮流发射三种模式的询问信号。三种模式以 1:1:1 的比例交替询问。当然,也可以采用每组二重模式的询问方式。模式之间的比例也可以是其他数值,比如三重模式的 2:2:2 和 2:1:1,二重模式的 2:1,等等。

与此同时,还可以按天线的扫掠来改换询问方式,由天线通过正北方位时的信号来转换。例如,在某一天线扫掠周期中,以 X 组三重模式交替询问;在天线的下一个扫掠周期中,则以另一 Y 组的三重(或二重)模式编排方式询问。

询问方式由航管人员来控制。通过询问方式开关,可以控制二次雷达询问器中的编码电路,生成所需要的询问模式与询问编排方式。编码电路通常由二极管编码矩阵及定时电路等组成。

3. 询问重复频率

询问重复频率主要取决于二次雷达的作用距离,同时与应答机所能承受的最大应答率有关。对二次雷达来说,应使最大作用距离内的飞机应答信号能在本询问周期内被接收到,而不能落在下一个询问脉冲之后。为此,就应保证信号的往返时间小于询问周期。例如最大作用距离为 370 km,则电磁波的往返时间约为 2.5 ms,这样重复频率就必须低于 400 Hz。再考虑机载应答机的询问阻塞、延迟时间,以及二次雷达与终端显示系统的处理、显示时间,实际的重复频率还应低于这一值。

另外,机载应答机只允许最大应答率为一定量。当询问率高于这一定量时,接收机中的自动过载控制电路将自动降低接收机的灵敏度,所以也限制了询问重复频率的提高。

综上所述,通常把询问重复频率限制在使每架飞机在一次扫掠中被询问 20～40 次的范围内。一般,询问重复频率为 150～450 Hz。当作用距离较近时,可以取较高的询问重复频率。

询问频率也是由二次雷达中的编码器控制的。

7.1.4 应答信号——识别码与高度码

收到地面二次雷达的有效询问信号后,机载应答机将产生相应的应答信号。对于识别询问,应答机所产生的是识别码应答信号;对于高度询问,则回答飞机的实时气压高度编码信号。所谓有效询问模式,是指与应答机置定模式相符合的主瓣询问信号,即应答机只对事先约定的识别询问模式产生识别应答信号。对于高度询问模式 C,在应答机控制面板上的高度报告开关(ALT)置于接通位的情况下,应答机是自动应答的。

1. 应答格式

应答机产生的识别或高度应答格式是相同的,都是 1 090 MHz 的脉冲编码信号;所不同的只是脉冲编码的组成。

应答格式如图 7-6 所示,由图 7-6 可见,应答脉冲串是由框架脉冲 F_1 与 F_2,信息脉冲及 SPI 脉冲组成的。信息脉冲最多可有 12 个,SPI 脉冲只在应答识别询问时才可能出现。

框架脉冲 F_1 与 F_2 是应答信号的标志脉冲,不论应答码的内容如何,它总是存在的,即恒为逻辑"1"。F_1 与 F_2 之间的时间间隔固定为 (20.3 ± 0.1) μs。

12 个信息脉冲均匀分布在框架脉冲之间,它们的顺序依次为 C_1,A_1,C_2,A_2,C_4,A_4,B_1,D_1,B_2,D_2,B_4,D_4。

在两个框架脉冲的正中位置处留有一个备份的 X 脉冲位置。X 脉冲恒为逻辑"0",所以 A_1,B_1 脉冲的间隔为 2.9 μs,其余脉冲的间隔均为 1.45 μs。

在框架脉冲 F_2 之后 4.35 μs 处的是特别位置识别脉冲 SPI。只有在按下控制面板上的识别按钮后才会产生 SPI 脉冲。当地面管制员需要从距离较近的几架飞机图像中识别某架飞机时,就通过通信系统要求该飞机驾驶员按压识别按钮。SPI 脉冲的出现可使地面显示终端上的该机图像更加辉亮或加粗,以便管制人员识别。

各应答脉冲的宽度均为 (0.45 ± 0.1) μs,脉冲的幅度均应相等。除框架脉冲 F_1 与 F_2 外,其余各信息脉冲出现与否取决于置定的飞机识别码或高度编码。

2. 识别代码

(1)识别代码的编码原理。当询问模式为识别询问 A 或 B 时,应答脉冲代表飞机的识别代码,由控制面板上的代码置定旋钮置定。

置定旋钮电路决定了 12 个信息脉冲的编码状况。每个脉冲都有"1"(表示该脉冲存在)和"0"(该脉冲不存在)两种状态,这样 12 个信息脉冲共可组成 2^{12} 种信息脉冲组合状态,即总共可表示 4 096 个识别代码。把 12 个信息脉冲分成 A,B,C,D 四组,每组表示四位数识别码中的一位:A 组表示第一位,B 组表示第二位,C 组表示第三位,D 组表示第四位。注意,这四组脉冲从高到低的顺序是 A,B,C,D,这一顺序和脉冲在实际脉冲串中的位置顺序 C_1,A_1,$\cdots$,D_4 (见图 7-6)是不一致的。

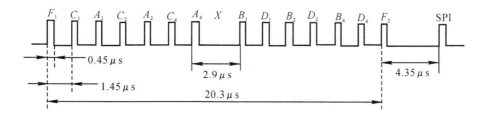

图 7 - 6　应答脉冲串格式

这样,每组脉冲都可以有 3 个信息脉冲。用这 3 个信息脉冲表示八进制数,可以得到 0,1,2,3,4,5,6,7 共 8 个八进制数。因此,飞机四位数识别码上的每一位数字只可能是 0~7 中的一个,而不可能出现 8 和 9 这两个数字,即不可能出现像 1081,0912 一类的识别代码。每个脉冲的下标代表该脉冲的权值,例如 A 组脉冲内 A_1 的权为 1,A_2 的权为 2,A_4 的权为 4,B,C,D 各组与此相同。这样,每组脉冲的权值之和就是这组脉冲所代表的代码数见表 7 - 1。

表 7 - 1　代码与编码脉冲

A_4	A_2	A_1	代码数字
0	0	0	0
0	0	1	1
0	1	0	2
0	1	1	3
1	0	0	4
1	0	1	5
1	1	0	6
1	1	1	7

举例来说,如果控制面板上所置定的识别代码为 7162,则

A 组码为 7,所以 A 组码为 $A_1=1$,$A_2=1$,$A_4=1$,1+2+4=7;

B 组码为 1,所以 B 组码为 $B_1=1$,$B_2=0$,$B_4=0$,1+0+0=1;

C 组码为 6,所以 C 组码为 $C_1=0$,$C_2=1$,$C_4=1$,0+2+4=6;

D 组码为 2,所以 D 组码为 $D_1=0$,$D_2=1$,$D_4=0$,0+2+0=2;

代码 7162 的应答脉冲串如图 7 - 7(a)所示。

反之,对于图 7 - 7(b)所示的识别脉冲串,它代表的代码为

A 组,只有 $A_4=1$,而 $A_1=0$,$A_2=0$,所以 A 组码为 0+0+4=4,即第一位代码为 4;

B 组,B_1,B_2,B_4 均为 1,所以 B 组码为 1+2+4=7;

C 组,只有 $C_2=1$ 而 $C_1=0$,$C_4=0$,所以 C 组码为 0+2+0=2;

D 组组成与 C 组相同,D 组码为 2。这样,图 7 - 7(b)所示的识别代码脉冲串所代表的识别码为 4722。

同理,如果 12 个信息脉冲均为"1"(见图 7 - 6),则所代表的识别码就是 7777,这是最大的识别码。

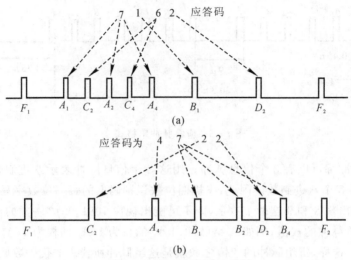

图 7-7 识别代码脉冲举例

(a) 应答码为 7162 的编码脉冲串；(b) 图示编码脉冲串的对应码为 4722

（2）紧急代码。需要说明的是，应答码中的一些码组被指定为表示危急信息的紧急代码，它们是：

7500——表示飞机被劫持；

7600——表示无线电通信失效（当机组无法与地面通信时，通过选择这一紧急代码可报告地面管制人员）；

7700——表示飞机发生危急故障。

不论飞机原来的识别码如何，在选择这些紧急代码时，地面显示终端上的该飞机图像就会闪烁报警，以便管制人员采取应急措施。因此，即使在维修过程中，也不应随意将应答机置定为这些紧急代码，以免引起误会。

在置定识别代码后，编码电路根据置定代码确定各信息脉冲的状态。

3. 高度码

当应答机回答模式 C 的询问时，它的应答脉冲串表示飞机的气压高度信息。气压高度信息是由大气数据计算机提供的，由高度编码电路编码。虽然高度码也是包含在框架脉冲之间的信息脉冲组合，但其编码规则与上述飞机识别代码的编码规则不同。

（1）高度码的特点。在代表飞机高度信息时，12 个信息脉冲也是分成 A，B，C，D4 组的，但 4 组脉冲的组成顺序是

$$D_1 D_2 D_4 \quad A_1 A_2 A_4 \quad B_1 B_2 B_4 \quad C_1 C_2 C_4$$

这与识别代码是不同的。

根据民用飞机的飞行高度，国际民航组织规定的高度编码范围是从 $-1\,000 \sim 126\,700$ ft（$-304 \sim 37\,000$ m）。考虑到气压高度的精度有限，规定高度编码的增量为 100 ft。这样，对于上述高度范围，我们只需 1 278 组高度编码，即只须利用 4 096 种编码中的一小部分。为此，规定不用 D_1 脉冲（D_1 恒为"0"），C_1 和 C_4 脉冲不能同时为"1"，但 C 组脉冲必须有一个为"1"。这样，D 组脉冲有 2 个，可编 4 种码组；A 组与 B 组各 3 个，可各编 8 种码组；C 组则可编 5 种码组，总共可得到 $4 \times 8 \times 8 \times 5 = 1\,280$ 组高度码，可满足上述高度范围编码的要求。

实际上,民航所使用的高度范围从 $-1\,000\sim62\,700$ ft 就足够了,所以高度编码中的 D_2 脉冲实际上也总是为"0"的。这样,我们可以把 $D_4,A_1,A_2,A_4,B_1,B_2,B_4,C_1,C_2,C_4$ 这 10 个编码脉冲分成 3 组:前三位 $D_4A_1A_2$ 为第一组,可编成 8 个格雷码组,用于表示高度范围,其间隔为 8 000 ft,即共可有 8 个间隔为 8 000 ft 的高度范围;其后的 $A_4B_1B_2B_4$ 为第二组,可编成 16 个格雷码组,码组的增量为 500 ft;最后的三位 $C_1C_2C_4$ 为第三组,按"五周期循环码"可编成 5 个码组,增量为 100 ft。上述 10 个高度码的分组情况见表 7-2。

表 7-2　10 个高度码的分组

高度码	$D_4A_1A_2$	$A_4B_1B_2B_4$	$C_1C_2C_4$
码　制	格雷码	格雷码	五位循环码
可编组	8	16	5
增量/ft	8 000	500	100
用　途	高度范围	500 ft 增量	100 ft 增量

由上可知,10 位高度码共可得到

$$8\times16\times5=640$$

个高度码组,可表示在 $-1\,000\sim62\,700$ ft($-304\sim19\,111$ m)高度范围内的按 100 ft 增量的高度编码,见表 7-3 和表 7-4。

表 7-3　$A_4B_1B_2B_4$,$D_4A_1A_2$ 编码的对应高度(增量 500 ft) 　　　单位:ft

$D_4A_1A_2$	$A_4B_1B_2B_4$							
	0000	0001	0011	0010	0110	0111	0101	0100
000	$-1\,000$	-500	0	500	1 000	1 500	2 000	2 500
001	14 500	14 000	13 500	13 000	12 500	12 000	11 500	11 000
011	15 000	15 500	16 000	16 500	17 000	17 500	18 000	18 500
010	30 500	30 000	29 500	29 000	28 500	28 000	27 500	27 000
110	31 000	31 500	32 000	32 500	33 000	33 500	34 000	34 500
111	46 500	46 000	45 500	45 000	44 500	44 000	43 500	43 000
101	47 000	47 500	48 000	48 500	49 000	49 500	50 000	50 500
100	62 500	62 000	61 500	61 000	60 500	60 000	59 500	59 000
$D_4A_1A_2$	$A_4B_1B_2B_4$							
	1100	1101	1111	1110	1010	1011	1001	1000
000	3 000	3 500	4 000	4 500	5 000	5 500	6 000	6 500
001	10 500	10 000	9 500	9 000	8 500	8 000	7 500	7 000
011	19 000	19 500	20 000	20 500	21 000	21 500	22 000	22 500
010	26 500	26 000	25 500	25 000	24 500	24 000	23 500	23 000
110	35 000	35 500	36 000	36 500	37 000	37 500	38 000	38 500
111	42 500	42 000	41 500	41 000	40 500	40 000	39 500	39 000
101	51 000	51 500	52 000	52 500	53 000	53 500	54 000	54 500
100	58 500	58 000	57 500	57 000	56 500	56 000	55 500	55 000

高度编码时先按表 7-3 中确定增量为 500 ft 的第一、二组编码,再按表 7-4 中确定增量为 100 ft 的 C 组编码。若高度的后三位数在($N\times1\,000\pm200$) ft(N 为 0,1,2,…)范围内,则 C 组用表 7-4 中左侧 1 000 ft 栏的编码;若高度在($M\times500\pm200$) ft(M 为奇数)的范围内,则用表 7-4 中右侧 500 ft 栏的编码。

表 7-4　$C_1C_2C_4$ 编码的对应高度增量(增量为 100 ft)

第二组高度编码增量为 1 000 ft			附加高度/ft	第二组编码增量为 500 ft		
C_3	C_2	C_4		C_1	C_2	C_4
1	0	0	+200	0	0	1
1	1	0	+100	0	1	1
0	1	0	0	0	1	0
0	1	1	−100	1	1	0
0	0	1	−200	1	0	0

现举例说明如下:

设高度为 28 200 ft,则由表 7-3 可知,前 7 位 $D_4\sim B_4$ 的编码为 0100111;因高度的后三位数在(1 000±200) ft 范围内,故由表 7-4 的 1 000 ft 栏可知 C 组的编码为 100,即对应于 28 200 ft 的高度编码为

$$
\begin{array}{ccccccc|ccc}
D_4 & A_1 & A_2 & A_4 & B_1 & B_2 & B_4 & C_1 & C_2 & C_4 \\
0 & 1 & 0 & 0 & 1 & 1 & 0 & 1 & 0 & 0
\end{array}
$$

$$\underbrace{\qquad}_{28\,000\text{ ft}} + 200\text{ ft} = 28\,200\text{ ft}$$

如高度为 28 400 ft,则因高度的后三位在(500±200) ft 范围内,所以应使用表 7-4 中 500 ft 栏的编码 110(对应于 −100 ft),前两组的编码也相应改变为 0100110,即 28 400 ft 的高度编码为

$$
\begin{array}{ccccccc|ccc}
D_4 & A_1 & A_2 & A_4 & B_1 & B_2 & B_4 & C_1 & C_2 & C_4 \\
0 & 1 & 0 & 0 & 1 & 1 & 0 & 1 & 1 & 0
\end{array}
$$

$$\underbrace{\qquad}_{28\,500\text{ ft}} - 100\text{ ft} = 28\,400\text{ ft}$$

这一高度的应答脉冲串如图 7-8 所示。

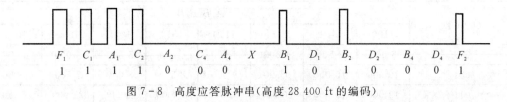

| F_1 | C_1 | A_1 | C_2 | A_2 | C_4 | A_4 | X | B_1 | D_1 | B_2 | D_2 | B_4 | D_4 | F_2 |
| 1 | 1 | 1 | 1 | 0 | 0 | 0 | | 1 | 0 | 1 | 0 | 0 | 0 | 1 |

图 7-8　高度应答脉冲串(高度 28 400 ft 的编码)

如果在某一组中增加 D_2 脉冲,则由 $D_2D_4A_1A_2$ 组成的第一组脉冲可组成间隔为 8 000 ft 高度范围的 16 个格雷码。这样 $D_2\sim C_4$ 这 11 个脉冲总共可组成

$$16\times16\times5=1\,280$$

个高度编码,比 10 个脉冲的高度码数 640 增加了 1 倍,因而它们所代表的高度范围也可增加 1 倍,即高度范围为 −1 000~126 700 ft(−304~38 618 m)。

（2）高度编码原理。高度编码的前两组（即 $D_4A_1A_2$ 和 $A_4B_1B_2B_4$）共 7 个信息脉冲,是按格雷码编码的,可得到 128 个码组,每个码组的增量为 500 ft。

格雷码又称标准循环码,它的特点是相邻两个数之间只有一位不同,因此适合在模/数转换设备中应用。通过模二加运算,即可将二进制数转换为格雷数,现以二进制数 1100（对应于十进制数 12）为例,说明把二进制数转换为格雷码的具体方法。

第一步:第一个最左位格雷码数字和二进制数的第一位（最高位）相同,即

二进制　1　1　0　0

格雷码　1

第二步:把二进制数的头两位 $\oplus$（1+1＝10）,忽略任何进位,得到格雷码的第二位数字,即

二进制　1$\oplus$1　0　0

格雷码　1　0

第三步:把二进制数的第二、三位数字 $\oplus$,忽略进位,得到格雷码的第三位数,即

二进制　1　1　$\oplus$　0　0

格雷码　1　0　　　1

第四步:把二进制数的第三、四位 $\oplus$,忽略进位,得到格雷码的第四位数,即

二进制　1　1　0　$\oplus$　0

格雷码　1　0　1　　　0

可见,二进制数 1100 的格雷码等值数为 1010。

0～15 的十进制数所对应的二进制码和格雷码见表 7-5。

表 7-5　二进制数与格雷码

十　进　制	二　进　制				格　雷　码			
0	0	0	0	0	0	0	0	0
1	0	0	0	1	0	0	0	1
2	0	0	1	0	0	0	1	1
3	0	0	1	1	0	0	1	0
4	0	1	0	0	0	1	1	0
5	0	1	0	1	0	1	1	1
6	0	1	1	0	0	1	0	1
7	0	1	1	1	0	1	0	0
8	1	0	0	0	1	1	0	0
9	1	0	0	1	1	1	0	1
10	1	0	1	0	1	1	1	1
11	1	0	1	1	1	1	1	0
12	1	1	0	0	1	0	1	0
13	1	1	0	1	1	0	1	1
14	1	1	1	0	1	0	0	1
15	1	1	1	1	1	0	0	0

把格雷码数转换为二进制数的方法与此相似,但不完全相同,现以格雷码 1100011 为例,说明转换的过程。

第一步:重复格雷码的最高位数为第一位二进制数,即

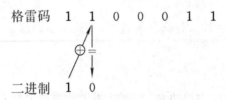

第二步:把所得到的第一位二进制数与格雷码数的第二位相加,略去进位,得到第二位二进制数,即

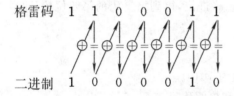

依此类推,把上一位二进制数与本位的格雷码数相加,略去进位,可得到本位的二进制数。这样,格雷码数 1100011 对应的二进制数为 1000010,即

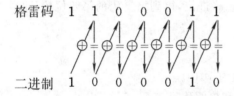

它所对应十进制数为 $2^6 + 2^1 = 64 + 2 = 66$。因其高度增量为 500 ft,故它所对应的高度为

$$(500 \times 66 - 1\,000)\ \text{ft} = (33\,000 - 1\,000)\ \text{ft} = 32\,000\ \text{ft}$$

这与从表 7-3 查得的结果是一致的(1100011 可由表 7-3 的第 5 行第 3 列查得为 32 000 ft)。

7.1.5 旁瓣抑制(SLS)

按照理想的情况,机载应答机只应在飞机被二次雷达天线主波瓣照射到时,即飞机位于天线主波瓣法线方位时产生应答信号。这样,产生应答信号的飞机图像及相应识别码或高度码出现在二次雷达显示器上对应于这一时刻的天线方位上,从而正常地显示出应答飞机的方位来。然而,由于二次雷达天线不可避免地存在着一定电平的旁瓣,由于管制终端区内的飞机距二次雷达天线较近,所以被天线旁瓣所照射到的飞机上的应答机也往往会被触发而产生应答信号。这种被旁瓣所触发应答的飞机图像同样被显示在这一时刻天线主波瓣的方位上,从而可使显示器上出现多个目标的错误显示。

为了克服旁瓣的触发问题,曾经采用过二脉冲旁瓣抑制方案和三脉冲旁瓣抑制方案。目前所通用的是三脉冲旁瓣抑制系统,如图 7-9 所示。地面二次雷达所产生的询问脉冲信号是由 3 个射频脉冲组成的。其中的 P_1,P_3 脉冲由方向性天线(图 7-1 中安装在一次雷达天线上方的扫掠天线)辐射,方向性天线除主波瓣外还存在一定电平的旁瓣。另一个脉冲 P_2 则由无方向性天线辐射——它的方向性图如图 7-9 中的圆所示,且 P_2 脉冲距 P_1 脉冲的间隔为 2 μs。控制 P_1,P_3 脉冲与 P_2 脉冲的辐射功率的比例,使得在方向性天线主波瓣范围内的飞机

所接收到的 P_1，P_3 脉冲的幅度高于所接收到的 P_2 脉冲的幅度，而在方向性天线旁瓣范围内的飞机所接收到的 P_1，P_3 脉冲幅度低于 P_2 脉冲的幅度。这样，应答机即可通过比较 P_1，P_3 脉冲与 P_2 脉冲的相对幅度，来判断飞机是处在二次雷达方向性天线的主波瓣内还是旁瓣内，从而决定是否产生应答信号。

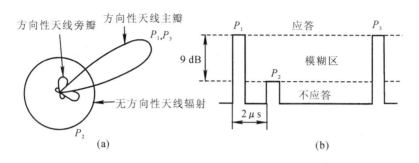

图 7-9 三脉冲旁瓣抑制

(a) 方向性天线和无方向性天线的方向性图； (b) 脉冲幅度关系

在机载应答机接收电路中设置有旁瓣抑制电路。电路对所接收到的 P_1 脉冲及其后 2 μs 的 P_2 脉冲进行幅度比较。如果 P_1 脉冲的幅度大于 P_2 脉冲的幅度 9 dB，即表明此时飞机处于二次雷达天线的主波瓣法线方向上，所以此时应答机正常产生应答脉冲信号；如果 P_3 脉冲的幅度大于 P_1 脉冲的幅度，则表明此时的 P_1 脉冲是旁瓣照射产生的，因而应当抑制应答机的应答；如果 P_1 与 P_2 的幅度关系处在上述两种情况之间，则应答机可能产生应答信号也可能不应答——这一区域称为模糊区。应答机在模糊区中的应答概率随 P_1 脉冲的增大而增大，如图 7-10 所示。

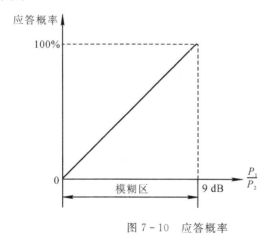

图 7-10 应答概率

7.2 机载应答机系统

本节介绍常规的机载应答机系统的组成、控制关系及一般工作原理。新型离散寻址信标系统(DABS)的工作原理将在本章 7.6 节中介绍。

7.2.1　机载应答机系统的组成与技术参数

1. 系统组成

民用飞机通常装备两套相同的应答机,以保证对询问信号的可靠应答。两套应答机共用一个控制面板,由控制面板上的系统选择电门决定由哪一套应答机产生应答信号。

图 7-11 所示为机载应答机系统的组成方框图。由图可见,系统是由应答机、控制面板及天线三个组件组成的。应答机不需要像其他机载无线电通信、导航系统那样向机组提供信息,所以应答机系统不包括用于提供信息的机载终端设备。

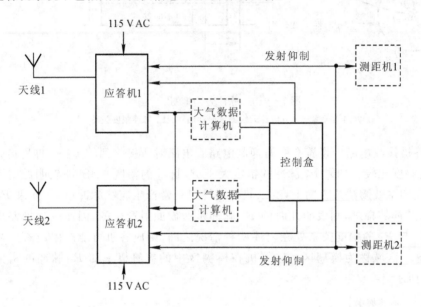

图 7-11　机载应答机系统

(1) 应答机。应答机安装在电子舱内,通过电缆与控制面板相连接。图 7-12 所示为典型的应答机。

应答机面板上通常设置有故障指示器及自检按钮。故障指示器是磁性自锁的,以表明收发组或天线系统是否存在或发生了故障。如果系统是正常的,则指示器显现为与面板颜色一致的黑色;如果收发组发生了故障,则收发组故障指示器(R/T)显现为明显的黄色,且在断电后仍保持这一黄色显示。天线的故障显示器(ANT)则用来显示天线系统是否发生了故障。

在排除故障后,按压复位按钮(RESET)即可使故障指示器复位。有的应答机的复位按钮只能使天线故障指示器复位;应答机(收发组)故障指示器只能通过内部的接线柱接地来复位。

自检按钮(SELF TEST)用于在电子舱内对应答机进行自检。如果自检正常,按钮上的绿色信号灯亮。

应答机的电源为 115 V 交流电。

应答机在应答高度询问时的飞机高度信息,是由大气数据计算机提供的。两套大气数据计算机均可向正在工作的应答机提供数字化的气压高度信息。

(2) 天线。应答机使用 L 波段的短刀型天线,如图 7-13 所示。

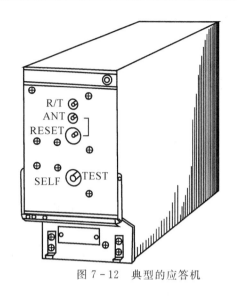

图 7-12　典型的应答机

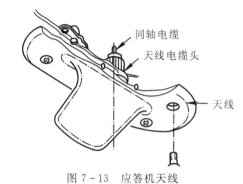

图 7-13　应答机天线

机上通常装有两部天线,分别供两部应答机使用。每部应答机通过它自己的天线接收询问信号,又通过同一天线辐射应答信号。因为两部应答机通过控制面板的选择只能有一部能够发射信号,所以同一时刻只能有一部天线在辐射应答脉冲。有的飞机只装一部天线,通过控制面板上的系统选择开关控制天线转换继电器,以把天线接至第一部或第二部应答机。

天线安装在机身下部中心线的前段,以尽可能避免在飞机倾斜时机翼遮挡地面二次雷达天线辐射的询问信号。

应答机天线为无方向性天线,它在水平面内的方向性图为对称的圆。天线在垂直面内的覆盖范围不应小于 30°。

应答机天线与测距机天线往往是相同的,因而可以互换使用。

(3) 控制面板。机载应答机使用一部控制面板来控制两部应答机的工作。控制面板安装在驾驶舱内的中央操纵台上。

2. 对应答机的功能要求与技术参数

应答机是作为交通管制雷达信标系统的机载设备与地面航管二次雷达配合工作的。因此,一方面,要求应答机能对有效的询问信号进行正常的应答,产生参数符合要求的应答脉冲信号。另一方面,还要求应答机能够抑制旁瓣触发,抑制各种噪声和干扰信号的触发,以尽可能避免产生虚假应答。由于在终端区及繁忙空域中往往同时会有大量的机载应答机在工作,所以这两方面的要求都必须得到满足。

(1) 接收信号的基本要求。应答机的接收译码电路应能保证对符合频率、询问模式、脉冲宽度、幅度等要求的询问信号产生编码控制信号。

1) 频率与通带。接收机的中心频率为 (1 030±0.2) MHz。接收机的 3 dB 带宽约为 6 MHz,60 dB 带宽约为 25 MHz。

2) 接收机灵敏度。典型的应答机接收灵敏度为 −76 dB·mW,一般为 −69∼ −77 dB·mW。接收机必须具有足够的灵敏度,以保证应答机的作用范围,但灵敏度又不应过高,以防止因噪声等引起虚假应答,这一点与其他机载无线电接收设备是不同的。为此,接收机中设置有最小电平鉴别电路,以抑制低于最小检测电平的杂波信号及噪声。

3)脉冲宽度鉴别。接收机应能鉴别询问脉冲的宽度,滤除小于 $0.4\ \mu s$ 的窄脉冲和大于 $1.5\ \mu s$ 的宽脉冲,以避免被噪声及 L 波段的其他信号所触发。

4)间隔-模式鉴别。当询问识别信号的模式与控制面板所选定的模式相符时,自动应答识别代码;当询问脉冲间隔与 C 模式相符时,则应答高度编码信号。

(2) 旁瓣抑制与应答抑制。

1)旁瓣抑制。接收机应能鉴别脉冲的相对幅度,以抑制旁瓣询问。本章第一节中指出,应答机正常应答的条件是 P_1 脉冲大于 P_2 脉冲的幅度 9 dB,但实际上使 P_1 脉冲大于 P_2 脉冲的幅度 6 dB 时的应答概率为 90%。

当接收机判断为旁瓣询问时,产生一个约 $28\ \mu s$ 的抑制波门,令接收机不应答 $28\ \mu s$。

2)应答抑制——内抑制。当接收机判断一个正常询问时,也将接收机译码电路抑制约 $28\ \mu s$,以避免在正常应答期内再被后续的询问信号触发应答。

3)外抑制。当应答机正常应答时,输出一个 18 V 以上的宽度约 $28\ \mu s$ 的外抑制波门,以抑制测距机,反之亦然。

实际上,两台应答机与两台测距机是通过一根连通的同轴电缆互相传送外抑制信号的。所以当这些均工作于同一 L 波段的设备中有一台发射信号时,其余各台均被抑制,以避免产生相互干扰。

(3) 发射信号的基本参数。

1)发射信号频率。应答机发射(应答)信号的频率为 $(1\ 090\pm3)$ MHz。

2)发射功率。发射信号的脉冲峰值功率通常在 $315\sim1\ 000$ W 的范围内。典型应答机的发射功率为 700 W。

3)应答脉冲宽度。应答脉冲宽度为 $(0.45\pm0.1)\ \mu s$;脉冲间隔为 $1.45\ \mu s$ 的整数倍,间隔误差不超过 $0.15\ \mu s$。

4)转发时间。转发时间指从询问 P_3 脉冲到产生应答脉冲(框架脉冲 F_1)之间的时间间隔。转发时间为 $(3\pm0.5)\ \mu s$。

5)应答率与自动过载控制功能。应答率不应超过 1 200 次/s。当应答率达到规定值的 15% 时,自动过载控制电路(AOC)使接收机灵敏度下降 30%。

7.2.2　系统工作概况

应答机系统的工作由应答机控制面板上的开关控制。图 7-14 所示为典型的应答机控制面板面板图。其他型号应答机的控制功能与此是相同的。

1. 系统选择与模式选择

系统选择开关(ATC)用于选择第一部或第二部应答机来产生射频应答信号。实际上系统选择开关只是控制编码脉冲串能否通过调制门去触发调制器。在有的飞机上,系统选择开关还用于控制天线的转换。

系统选择开关(或模式控制开关)设有"准备(STBY)"位。当开关置于准备位置时,两部应答机均不能发射应答信号。当选择一部应答机工作时,另一部处于准备状态。不论系统选择开关处于什么位置,两部应答机均是接通电源处于准备工作状态的。

系统的模式选择开关用于选择应答机能够正常响应的识别询问模式。开关置于 A 位,应答机只在收到 A 模式识别询问信号后才应答飞机的识别码;反之,当开关置于 B 位时,应答机只应答 B 模式询问信号。

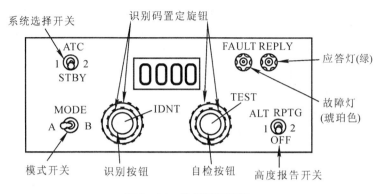

图 7-14　控制面板面板

有的应答机设置有"断开、准备、A、B"或其他形式的电源控制及模式开关。其用途与此相同。

2. 高度报告

高度报告控制开关用于控制应答机是否应答高度询问(模式 C),并用于选择第一套或第二套大气数据计算机来作为高度报告信息源。如果把开关置于中间"断开"位,则应答机不能产生高度应答码。

3. 代码置定旋钮

飞机的四位识别码是由控制面板上的同心旋钮调定的。左侧外旋钮用于置定千位码(A组码),内旋钮置定百位码(B组码);右侧外旋钮为十位码(C组码)选择,内旋钮为个位码(D组码)调定。

旋钮为 8 位限动旋钮。在旋钮转动时数字窗中显示相应的数字。

旋钮的控制电路按前面介绍的二-八进制原理控制接地点。旋钮带动 3 个开关片,每个开关片所代表的权值分别为 1,2,4。例如,当置定码为 7 时,3 个开关片均接地(1+2+4=7);如置定码为 2,则只有第二个开关片接地,依此类推。

4. 识别按钮

识别按钮(IDNT)装在左置定钮的中央。按下识别钮,应答机即产生特别位置识别脉冲(SPI)。按压一次识别钮,不论在按压后是否松开按钮,均可使 SPI 脉冲保持 22 s。

5. 系统监测

应答机内设置的故障监测电路可以监测应答机的输出信号功率、频率等主要参数,也能监测信号的接收译码过程及时钟频率等是否正常。如果监测电路检测到不正常的工作情况,即可通过控制面板上的琥珀色故障灯提供故障指示,并使应答机面板上的故障指示器置位为琥珀色。监测电路还可以监测天线、电缆系统是否正常。如果监测电路没有检测到任何有意义的故障存在,则在应答机收到询问信号并正常应答的情况下(例如在 100 ms 时间内产生 3 次或 3 次以上的连续应答),监测电路就使绿色的应答灯亮,表明系统工作正常。

6. 自检

在没有收到有效的询问信号时,应答机是不产生应答信号的。利用应答机内的自检电路,可以模拟接收询问信号,使接收处理译码和编码发射电路工作,从而通过监测电路检查系统的工作情况。

按下控制面板或应答机前面板上的自检按钮,即可使应答机内的自检振荡器产生自检脉冲信号,并同时产生各种控制信号。此后,应答机对自检信号的处理过程,就像对有效询问信号的 P_1,P_3 脉冲的处理情形一样,直至产生应答脉冲串。这样,便可通过监测电路检测应答机的性能状况。如果应答机能正常进行接收译码和编码发射,则控制面板上的绿色应答灯亮;否则就接通故障灯并使故障指示器置位。

绿色应答灯在每次应答后还能在一定时间(例如 15 s)内保持通亮。这样,当应答机连续应答时,应答灯是一直保持通亮的。

有的应答机能够自动进行自检。当应答机的应答灯与故障灯均不亮时,应答机即自行启动自检电路进行自检。

有的控制面板上设置有单独的自检监控电门,并且也不设置专用的琥珀色故障灯。在监控位时绿灯亮;在自检位时,应答机内的自检电路工作,若自检正常则绿灯亮,否则绿灯不亮。

7.2.3　应答机的基本工作原理

图 7-15 所示为应答机的原理方框图,图中示出了为实现应答功能的各功能电路。尽管各型应答机的具体电路及采用的器件可能会有较大的差别,但均应具备如图 7-15 所示的各功能电路。

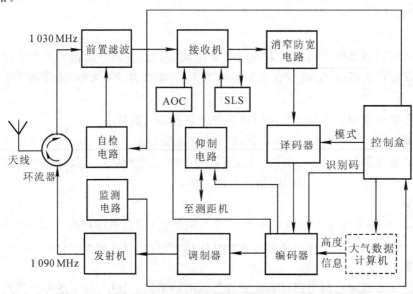

图 7-15　应答机原理方框图

由天线所接收的 1 030 MHz 询问脉冲信号经环流器加至接收机输入端的前置滤波器。环流器的作用与气象雷达收发组中的收发转换开关相同,其具体工作原理在本章第三节中说明。前置滤波器是一个带宽约为 25 MHz 的带通滤波器,能够有效滤除镜像干扰及 L 波段的其他杂波。询问脉冲信号在接收机中经过变频、放大和检波后,得到视频脉冲信号。尖峰脉冲消除电路的作用是消除宽度在 0.3 μs 以下的各种杂散脉冲,以避免应答机被随机噪声所触发。通过上述电路的视频脉冲加至译码电路(解码器)。译码电路按照控制面板所选择的模式,鉴别 P_1 脉冲与 P_3 脉冲之间的时间间隔。如果询问模式与所置定的询问模式相符,则译码成功,就产生一个模式启动脉冲加到编码电路去启动编码发射电路。如果询问模式为高度询问模式,则不论选择了什么模式,译码电路均输出模式 C 启动控制信号。

编码器的功用是在译码电路产生的模式启动信号的触发下,产生识别代码或高度编码。识别代码取决于控制面板上所置定的代码;高度编码则取决于大气数据计算机的数字化气压高度信息。编码器所形成的编码脉冲串加至调制器,由调制器控制发射机产生功率符合要求的 1 090 MHz射频脉冲应答信号,经环流器输至天线辐射。

接收机中的旁瓣抑制电路用于抑制二次雷达天线旁瓣信号对应答机的触发。该电路对接收机所输出的视频脉冲 P_1 和 P_2 的幅度进行比较,如果 P_2 脉冲的幅度大于 P_1 脉冲的幅度,则使接收机抑制约 35 μs;如果 P_1 脉冲的幅度大于 P_2 脉冲的幅度 6 dB 以上,则应答率为 90%。

自动过载电路的作用是限制应答机的应答率,防止发射机过载以保护发射机。当编码器产生的应答率超过规定的 1 200 次/s 时,自动过载电路将逐渐降低接收机的灵敏度,以减少译码器对编码器的触发次数,从而使发射机的平均功率不超过限定值。实际上,自动过载电路是通过对编码器的输出脉冲计数来控制接收机的灵敏度的。

在编码器产生编码脉冲串期间,将触发抑制电路工作。抑制电路所产生的内抑制脉冲使接收机抑制约 28 μs,以防止译码器在应答编码期间再产生编码触发信号。与此同时,抑制电路还产生外抑制信号加全测距机,以防止在应答机发射应答脉冲期间测距机也发射射频信号,产生干扰。外抑制信号的幅度应大于 18 V,抑制期通常为 28～30 μs。

7.3　接　收　电　路

应答机的接收电路可以分为接收机与视频处理器两部分。接收机的电路结构及基本原理与气象雷达接收机及其他无线电接收设备有很多相似之处。本节只就其中的特殊电路进行简略的说明,重点是在前两节的基础上介绍视频处理器主要功能电路的工作原理。接收电路的方框图如图 7 - 16 所示。

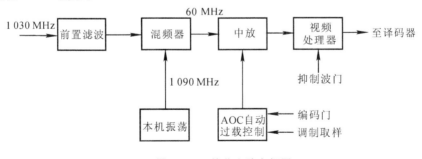

图 7 - 16　接收电路方框图

7.3.1　接收机

接收机为 L 波段的超外差式接收机。接收机的基本任务是把 1 030 MHz 的射频脉冲信号转换成足具有够幅度的视频脉冲信号,加到视频处理器中去进行处理。接收机是由前置滤波器(预选器)、混频器、本机振荡器、中频放大器、检波中频放大器等电路组成的单变频超外差接收机。

1. 高频部分

接收机高频里部分把天线所接收的 1 030 MHz 询问信号变换成 60 MHz 的中频信号,以输入中频放大器进行有效的放大。

(1) 高频电路的结构特点——微带电路。应答机的射频高达 1 000 MHz 左右,和气象雷达接收机一样,也必须利用特殊的微波器件来实现收发转换、混频等任务。所不同的是,应答机接收高频部分通常采用微带电路。

图 7-17 所示为几种微带电路的结构示意图。带状导体与接地导体之间为高介电常数的电介质。正确设计带状导体的形状、带状导体与接地导体之间的距离及其他因素,可以改变带状导体及其与接地导体之间的等效分布参数,从而使微带电路呈现出不同的阻抗特性,形成所需的收发开关、前置滤波器、混频器等微波电路。

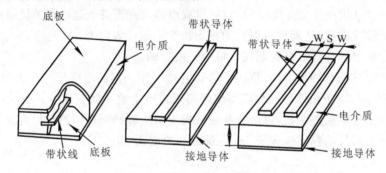

图 7-17 微带电路的结构

(2) 收发开关。收发开关是由微带电路构成的。从功能上可以分为收发开关、低通滤波器和监测耦合器 3 部分,如图 7-18 所示为收发开关等效电路图。

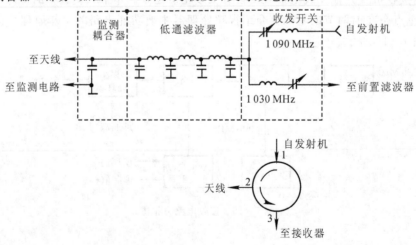

图 7-18 收发开关等效电路

收发开关段有两条电路通道。当接至发射机的 1 090 MHz 通道时对 1 090 MHz 信号呈现为低阻抗,而对 1 030 MHz 信号呈现为高阻抗;当接至接收机前置滤波器的 1 030 MHz 通道时则对 1 030 MHz信号呈现低阻抗,而对 1 090 MHz 信号呈现高阻抗。这样,就使收发开关等效为一个三端环流器,如图 7-18 中右下所示。发射机产生的 1 090 MHz 应答射频脉冲信号,通过 1 090 MHz通道(端口1→2)输至天线;天线所接收的 1 030 MHz 询问信号沿端口 2→3之间的 1 030 MHz 通道输入接收前置滤波器;发射端 1 与接收端 3 之间是隔离的。

终端等效为一个低通滤波器,用于滤除 1 500 MHz 以上的信号。靠近天线一端的微带电路等效成一个电容性的耦合器。发射脉冲的极小一部分能量由耦合器输至监测电路,作为发射功率的取样信号。

(3)混频器。混频器也是由微带电路构成的。如图 7-19 所示为混频器等效电路图,1 030 MHz的询问信号和 1 090 MHz 的本机振荡信号经混频晶体混频后产生各种频率成分的信号,但只有 60 MHz 的中频信号能够通过 1 030 MHz 和 1 090 MHz 两节串联的短路微带滤波器而输至中频放大器。

本振信号是由 90.83 MHz 的晶体振荡信号经 12 次倍频获得的,其电路结构在此不再介绍。

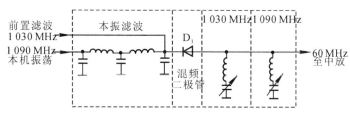

图 7-19 混频器等效电路

2. 中频电路

当飞机刚进入管制区时,应答机所接收到的询问信号是比较微弱的。随着飞机与二次雷达之间距离的缩短和飞行高度的降低,输入信号通常会增加 50 dB 左右。这就要求应答机的中频放大电路不仅应具有足够的增益和满足整个接收机对通带的要求,还应具有足够的动态范围。只有这样,才能保持输入信号之间的幅度关系,使视频处理电路能够根据 P_1 脉冲与 P_2 脉冲的相对幅度来鉴别旁瓣触发及完成其他信号处理任务。

应答机中频电路通常由两级受控增益放大器、带通滤波器、对数中频放大器组成,如图7-20 所示。

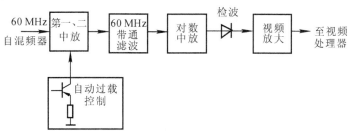

图 7-20 中频放大器电路方框图

前两级中频放大器的增益是由自动过载控制电路控制的。其后的带通滤波器的通频带接近理想的矩形,其 3 dB 带宽一般为 6 MHz,可以有效地滤除噪声干扰。

末级中频放大器输出经二极管检波后加至视频放大器放大,然后输至视频处理电路。

3. 自动过载控制(AOC)与低灵敏度控制

(1) AOC 电路的功用。AOC 电路用于限制应答机在单位时间内产生的应答信号的次数和应答脉冲数。当发射机在单位时间内产生的应答次数超过一定数值(如 1 200 次/s 时或者产生的应答脉冲超过 22 000 个/s 时,AOC 电路就自动地降低中频放大器前两级的增益,以使较弱的询问信号不再触发发射机产生应答信号。

限制发射机在单位时间内所产生的应答脉冲数,一方面是为了防止发射机因过热而损坏;另一方面,限制机载应答机在单位时间内的应答次数,可以防止因终端区中多台机载应答机同时应答而产生过于密集的应答信号,从而避免产生干扰。

对应答次数和应答总脉冲数的限制值是可以调节的。

(2) AOC 电路的工作原理。AOC 电路是根据对调制器的取样信号和编码波门的计数来控制中频放大器的增益的。图 7-21 所示为一种模拟式 AOC 电路的简化电路图。

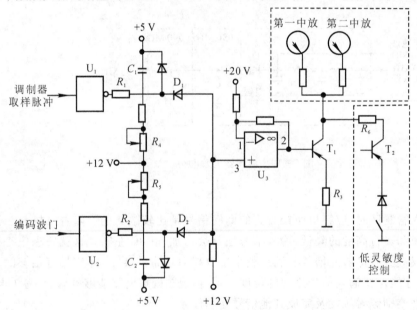

图 7-21 AOC 电路

电路有两个输入端。一个为来自调制器的取样脉冲。调制器每产生一个调制脉冲,正取样脉冲即加至反相器 U_1 的输入端。在取样脉冲作用期间,电容器 C_1 通过 R_1 放电;当没有取样脉冲作用在 U_1 的输入端时,12 V 电源通过电位计 R_4 对 C_1 充电。在正常情况下,A 点的电位使二极管 D_1 截止,U_3 同相端 3 的电位高于反相端 1,U_3 输出高电平,因而三极管 T_1 是截止的。此时,中频放大器第一、二级保持较高的正常增益。当输入的取样脉冲数超过 22 000 个/s 时,C_1 的频繁放电使 A 点电位降低,因而使 D_1 导通。这样,U_3 翻转输出低电平,使 T_1 导通。T_1 的导通将其发射极的电阻 R_3(一般为几百欧姆)接入第一、二中频放大器的射极电路,使中频放大器的增益降低。

AOC 电路的另一个输入为编码波门(或者外抑制波门)。同理,当应答机的应答次数超过

1 200 次/s 时,电容器 C_2 的放电使二极管 D_2 导通,同样把电阻 R_3 接入中频放大器第一、二级的发射极电路,使中频放大器增益降低。

分别调节电位器 R_4 和 R_5,可以控制电容 C_1 和 C_2 的充电时间常数,因而可以改变 AOC 电路开始起作用时的应答脉冲数或应答次数。

(3) 低灵敏度控制。有的应答机控制面板上设置有低灵敏度控制开关,用于在飞机接近二次雷达时人为地降低接收机增益。

当接通低灵敏度开关时,三极管 T_2 导通,从而把电阻 R_6 接入中频放大器第一、二级的发射极电路,达到降低接收机灵敏度的目的,如图 7 - 21 所示。

7.3.2 视频处理器

在译码电路根据 P_1,P_3 脉冲的时间间隔判断询问模式之前,接收机视频放大器所输出的视频信号必须由视频处理器进行必要的视频处理。

1. 视频处理器的作用与电路组成

视频处理器的基本任务之一是鉴别询问信号是来自二次雷达天线主瓣还是旁瓣,以实现对旁瓣询问的抑制。除此之外,由于随同 P_1,P_2,P_3 视频脉冲一起输出的还有各种噪声和干扰信号,所以视频处理器必须完成抑制和消除这些噪声干扰信号的任务,以防止引起应答机的错误应答。考虑到在终端区中往往会有较多的 L 波段发射设备在同时工作,视频处理器的上述功能是十分重要的。

图 7 - 22 所示为一种视频处理电路的功能方框图,它用于实现以下几方面的信号处理功能:

(1)比较 P_1 和 P_2 脉冲的相对幅度,以鉴别主瓣询问与旁瓣询问;

(2)抑制低于最低触发电平的噪声信号;

(3)消除宽度小于 $0.4\ \mu s$ 的窄脉冲干扰信号;

(4)限制宽度大于 $0.8\ \mu s$ 的宽脉冲干扰信号。

经过视频处理器的上述处理,输至译码器的是对应于 P_1,P_2,P_3 脉冲的理想触发脉冲信号。触发脉冲的宽度通常为 50 ns。

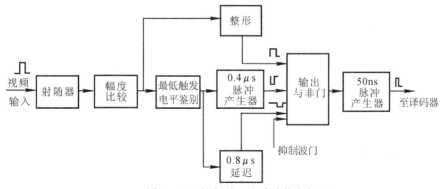

图 7 - 22　视频处理电路功能方框图

2. 幅度比较原理

机载应答机是根据比较所接收到的信号与脉冲的相对幅度关系来判断主瓣询问与旁瓣询

问的。图 7-23(a)所示为一种实现幅度比较的原理电路。

发射极跟随器 T_1 输出的正向视频脉冲 P_1 通过二极管 D_1 及电阻 R_1 向电容器 C_1 充电。R_1,C_1 的时间常数很小,因此可以使 C_1 在约 $0.8\ \mu s$ 的 P_1 脉冲持续时间内充电到 P_1 的幅度——C_1"记忆"了所输入的 P_1 脉冲幅度。

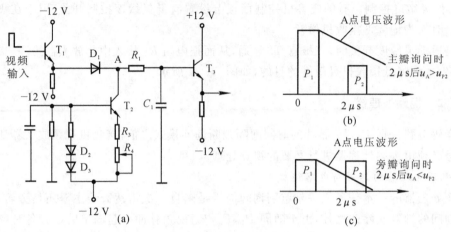

图 7-23　幅度比较电路及波形
(a) 电路; (b) 主瓣询问时的波形; (c) 旁瓣询问时的波形

P_1 脉冲结束后,C_1 通过由晶体管 T_2、二极管 D_2,D_3 和电阻 R_3,R_4 等组成的恒流电源放电,放电的速率(即放电电流的大小)取决于恒流电源。这样,C_1 上的电压为图 7-23(b)所示的近乎线性下降的降落电压。二极管 D_1 负端的电压波形与此相同。调节电位计 R_4,可使 C_1 按 $3.5\ dB/\mu s$ 的速率放电。

在 P_1 到来的 $2\ \mu s$ 后,P_2 脉冲也经 T_1 加至二极管 D_1 的正端。此时,D_1 负端即 C_1 上的降落电压已从 C_1 所记忆的 P_1 脉冲幅度下降了约 $6\ dB$。因此,如果 P_1 脉冲是来自主瓣的,则由于它的幅度超出 P_2 脉冲的幅度 $6\ dB$ 或更多,所以在 $2\ \mu s$ 后 P_2 到来时在 C_1 上的所保持的降落电压幅度仍然高于 P_2 脉冲的,因而 D_1 处于反偏状态是不会导通的。这就是说主瓣询问时 P_2 脉冲不能通过 D_2,D_3 输至译码器。与此相反,如果 P_1 脉冲是来自旁瓣,则 $2\ \mu s$ 后 C_1 上所保持的降落电压幅度就不可能大于 P_2 脉冲的幅度,因此 D_1 导通,即旁瓣询问时 P_2 脉冲能够通过 D_1,D_2 输出。此时,视频处理器输出对应于 P_2 的启动脉冲。这一对应于 P_2 的启动脉冲将使译码电路产生旁瓣抑制波门,抑制应答机应答时间/周期约 $28\ \mu s$。

调节电位计 R_4,可以控制应答机对 P_2 脉冲产生抑制的 P_1,P_2 脉冲的相对幅度。前面已说明,通常是当 P_1 脉冲的幅度高于 P_2 脉冲的幅度 $6\ dB$ 时,即判定为主瓣询问。

3. 最低触发电平鉴别

伴随着询问视频脉冲进入视频处理器的还有大量的噪声杂波。最低触发电平鉴别电路的作用是消除低于最低触发电平(MTL)的噪声,且将高于这一门限的信号量化。通常,把 MTL 门限设定为 $-76\ dB\cdot mW$。

利用一个比较器和相应的最低触发电平分压器即可实现最低触发电平鉴别和信号量化,如图 7-24 所示。使通过幅度比较后的脉冲降落电压通过由精密电阻和二极管构成的最低触发电平分压电路后加至比较器的同相端;使接收机输出的视频信号经过射极跟随器、滤波器及分压器后加至比较器的反相端。正确选择分压电路的元件数值，即可获得所需的最低触发门限电平，使得低于这一门限电平的噪声被钳制掉，并使比较器在反相端的视频幅度超过降落电压时翻转，比较器产生的负极性脉冲经反相后输出到窄脉冲消除和脉冲宽度限制电路。

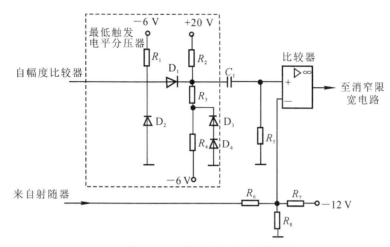

图 7 - 24　最低触发电平鉴别电路

4. 窄脉冲消除与脉冲宽度限制

询问脉冲的宽度为 $0.8\ \mu s$。视频处理电路的另一个任务是防止窄脉冲干扰信号（其幅度超过最低触发电平但宽度小于 $0.4\ \mu s$）引起错误应答。与此同时，视频处理器还应能防止过宽脉冲引起错误应答。这两个任务是由视频处理器中的消窄限宽电路来完成的。消窄限宽电路通常设置在幅度比较及 MTL 电路之后。

实现窄脉冲消除和脉冲宽度限制的原理可用图 7 - 25 来说明。消窄限宽的基本方法是，将通过幅度比较和最低触发电平鉴别电路的视频脉冲，与一个宽度为 $0.4\ \mu s$ 的负脉冲及一个延迟约 $0.8\ \mu s$ 的负脉冲相"与非"。由图 7 - 25 可知，$0.4\ \mu s$ 的负脉冲是由视频脉冲触发窄脉冲产生器（单稳触发电路）G_1 而获得的；延迟 $0.8\ \mu s$ 的负脉冲通常可利用扩展与门 G_1 及反相器 G_4 来获得。将视频脉冲、G_1 的 $\overline{Q}$ 端输出的 $0.4\ \mu s$ 负脉冲及扩展与门输出的延迟 $0.8\ \mu s$ 脉冲，分别加到输出与非门 G_3 的输入端 1，2，3。由图 7 - 26(a) 的波形图可知，在 $0.4\ \mu s$ 负脉冲作用期间（图 7 - 25 中的 $t_0 \sim t_1$），不论加在 G_3 输入端 1 上的视频脉冲如何与非门 G_3 的输出恒为"1"；在 t_2 时刻（t_0 之后 $0.8\ \mu s$），延迟 $0.8\ \mu s$ 的负脉冲加至输入端 3，G_3 的输出也变为"1"；由图 7 - 26(a) 可以看出，只有在 $t_1 \sim t_2$ 之间，G_3 的输入端 1，2，3，4 均为高电平（在不进行自检时，内部抑制波门恒为"1"），因此作用在输入端 1 上的视频脉冲可使 G_3 产生约 $0.4\ \mu s$ 的负脉冲输出。如果视频脉冲为宽度小于 $0.4\ \mu s$ 的干扰脉冲，则 G_3 无输出，如图 7 - 26(b) 所示。如图 7 - 25 所示的电路可以消除窄于 $0.4\ \mu s$ 的干扰脉冲。当加到 G_3 输入端 1 的视频脉冲的宽度超过 $0.8\ \mu s$ 时，G_3 输出仍为约 $0.4\ \mu s$ 的负脉冲，如图 7 - 26(c) 所示。可见，图 7 - 25 所示的电路既能够有效地限制脉冲的宽度，也能够消除窄干扰脉冲。

加在图 7 - 25 中与非门 G_3 输入端 4 上的信号为内部抑制波门。在正常译码期间，该输入端为高电平，使与非门 G_3 能够产生对应于询问脉冲的输出；当译码电路已经产生模式启动脉冲——已经判断为有效询问模式或旁瓣询问后，$28\ \mu s$ 的内部抑制波门加至 G_3 使输入端 4 为低电平,从而抑制输出非门 G_3,使它在 28 μs 内不能再产生对应于后续询问脉冲的启动触发脉冲,从而保证编码发射电路的正常工作。

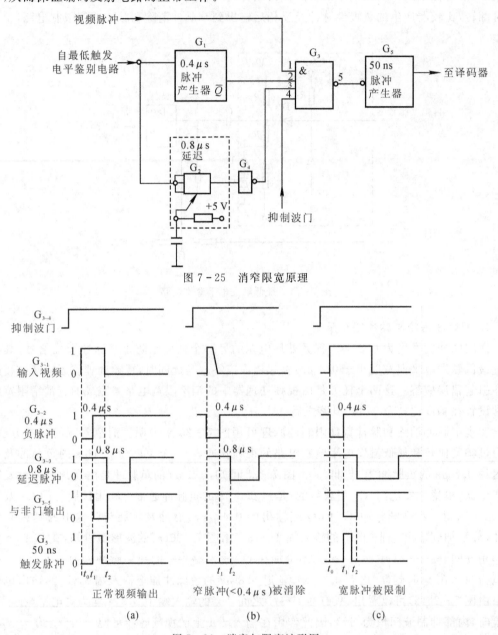

图 7 - 25   消窄限宽原理

图 7 - 26   消窄与限宽波形图

与非门输出的负脉冲经反相后触发 G_5,产生宽度恒为 50 ns 的触发脉冲,被输至译码电路。

7.4   译码与编码电路

译码(解码)与编码电路根据视频处理器输出的触发脉冲,鉴别询问的模式,然后按照控制面板所置定的飞机代码和工作模式,或者按照来自大气数据计算机的高度信息,产生相应的应答脉冲串。所产生的应答脉冲串被加至发射电路中的调制器,控制发射机产生相应的射频脉冲信号。

译码与编码电路的工作密切相关,且又都与移位寄存器等有紧密联系,故在此一并加以介绍。

7.4.1　组成与工作概况

可以用不同的器件来实现模式译码和实现对编码脉冲串的间隔及宽度控制。现代机载应答机通常使用移位寄存器和门电路来实现译码和编码功能。

1. 电路组成

图 7-27 所示为典型的译码和编码电路原理方框图。由图可见,编码和译码电路主要是由译码和编码移位寄存器、SLS 译码器、A,B,C 模式译码器、控制矩阵、编码启动门、抑制门及调制选通门等组成的。除此以外,电路还包括时钟产生器、脉冲宽度控制器、定时器(图 7-27 中未示出)等电路。其他类型应答机中的译码与编码电路,尽管所用的器件及电路结构与图 7-27 会有所不同,但其功能原理是相似的。

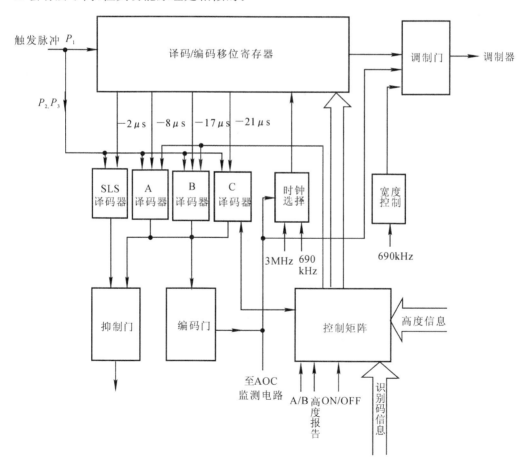

图 7-27　译码-编码电路原理方框图

2. 工作概况

在译码时钟的控制下,移位寄存器产生相对于输入的 P_1 触发脉冲延迟 2 μs,8 μs,17 μs,21 μs 的输出,分别加至各译码门。寄存器还可以产生对应于备用的 D 模式的 25 μs 延迟输出。

对于正常的模式询问信号,A,B,C 三个模式译码门中只有一个能够产生相应的模式触发脉冲。模式触发脉冲的产生,表明应答机收到了有效的询问信号。

在有效的模式触发脉冲的作用下,编码启动门使控制矩阵选用来自控制面板的飞机代码信息或来自大气数据计算机的高度编码信息,并同时使移位寄存器改用编码时钟。调制选通门立即将相应的脉冲编码串输送到调制器去。与此同时,内部抑制电路把抑制波门加到视频处理器中去,抑制输出与门约 28 μs(见图 7-25);外部抑制波门则输送到机上其他 L 波段设备。

如果为旁瓣询问信号,则旁瓣抑制译码门将产生 SLS 触发脉冲,使译码电路抑制 28 μs。

由控制面板输入的模式选择、识别等控制信息,通过控制矩阵来控制译码-编码电路的工作。下面将分别说明译码、编码的工作原理和工作过程。

7.4.2 译码电路的基本工作原理

1. 译码原理

译码电路的基本任务是鉴别询问信号的模式以产生相应的模式启动脉冲,进而触发产生编码波门及抑制波门信号,如图 7-27 所示。

所谓译码(解码),就是鉴别视频处理器所输出的触发脉冲之间的时间间隔。鉴别的基本方法,是用移位寄存器输出的固定延迟 2 μs,8 μs,17 μs,21 μs 的脉冲为标准,去检验 P_3 脉冲或者 P_2 脉冲与 P_1 脉冲之间的时间间隔,从而判断询问模式。这种判断,是通过门电路来实现的。

在译码期间,移位寄存器在译码时钟的控制下使输入的 P_1 触发脉冲串行移位。时钟信号由稳定的晶体振荡器产生,其周期稳定,因而延迟时间(模式鉴别的时间)是准确可靠的。

通常,译码时钟频率为 3 MHz,2 MHz 或 1 MHz。

2. 旁瓣询问鉴别与抑制

旁瓣询问鉴别与抑制过程可用图 7-28(a)所示的简化电路图和图 7-27 来说明。

(1) 旁瓣询问鉴别。将视频处理器产生的与 P_1 脉冲对应的 50 ns 触发脉冲加到译码移位寄存器。将寄存器产生的延迟脉冲加到与非门 G_1 的一个输入端 1。这一输出比 P_1 触发脉冲延迟 2 μs,具有一定的宽度。

如果询问信号来自于雷达天线旁瓣,则 P_2 脉冲就可以通过视频处理器产生相应的触发脉冲,这一脉冲比 P_1 触发脉冲延迟 2 μs,宽度也是 50 ns,加到与非门 G_1 的另一输入端 2。于是,SLS 与非门 G_1 产生一个负脉冲去触发 SLS 译码器。

图中的 SLS 译码器是由两个与非门 G_1,G_3 组成的双稳触发电路。当然,也可用其他器件来组成译码器。当与非门 G_1 产生的负脉冲加到触发器的置位端 S 时,即由其 $\bar{Q}$ 端输出 SLS 模式触发脉冲——$\bar{Q}$ 端变为低电平,见图 7-28(b)中的波形(4)。

(2) 旁瓣抑制与抑制波门的产生。SLS 译码器 $\bar{Q}$ 端输出的低电平加至抑制门 G_4 时[见图7-28(b)中的 t_2 时刻],抑制门(与非门)G_4 输出变为高电平,使 G_5 输出低电平,这就是抑制波门的起始。

将抑制波门加到 28 μs 定时电路。定时电路通过对 690 kHz 时钟的分频,在 t_2 时刻之后 28 μs 的 t_3 时刻产生复位脉冲[见图 7-28(b)中的波形(5)]输出。复位脉冲加到 SLS 译码器 的复位端 R,使译码器进而又使抑制门 G_4 复位,从而结束抑制波门,如此便得到了宽度为 28 μs 的抑制波门。

抑制波门经反相器 G_5 后输往内部抑制波门产生器,使视频处理器等在鉴明旁瓣触发后 抑制 28 μs。

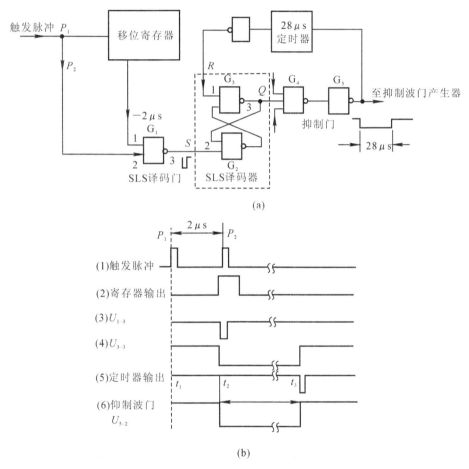

图 7-28　SLS 译码器简化电路及波形图

(a) 译码电路;　(b) 译码波形图

3. 识别询问模式译码

(1) 识别询问模式译码。译码电路对 A,B 识别询问模式的译码原理与上述对旁瓣询问 的译码相似。但识别询问模式译码是受控制面板上的模式选择电门控制的:如果模式选择电 门预置 A 模式,则应答机只能对 A 模式识别询问信号译码,产生相应的模式启动信号使编码 发射电路工作;如果预置 B 模式,则只能对 B 模式识别询问信号译码;如果没有预制,则一般 只对 A 模式译码。

识别询问译码电路由 A 译码门、B 译码门及 A/B 译码器组成,如图 7-29 所示。

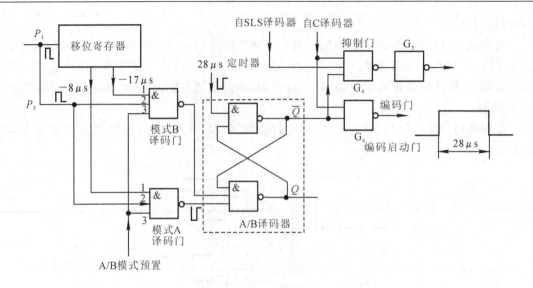

图 7 - 29 A/B 译码电路与编码门

模式 A 译码门和模式 B 译码门的一个输入端分别加有来自移位寄存器的 8 μs 延迟脉冲和 17 μs 延迟脉冲。视频处理器输出的 P_3 触发脉冲则加至译码门的第二个输入端。两个译码门的第三个输入端上所施加的则是模式选择预置信号:在预置模式 A 时模式 A 译码门预置"1"而模式 B 译码门预置"0";在预置模式 B 时模式 A 译码门预置"0"而模式 B 译码门预置"1"。

这样,当应答机接收到 A 模式识别询问信号且控制面板预置为模式 A 时,在 P_1 脉冲之后的 8 μs 时,移位寄存器使模式 A 译码门输入端 1 为高电平"1",P_3 触发脉冲使输入端 2 为高电平"1",而输入端 3 是预置"1"的,于是模式 A 译码门(与非门)产生负脉冲——输出模式 A 触发信号。与此相似,若控制面板预置 B 模式,则在应答机接收到 B 模式询问信号时,模式 B 译码门输出模式 B 触发信号。

模式译码门产生的模式 A 触发信号或模式 B 触发信号加到 A/B 译码器的置位端使 A/B 译码器置位。A/B 译码器的置位表明应答机收到了与预置模式一致的有效识别询问信号。

(2) 编码启动门与抑制门。A/B 译码器置位时,其 $\overline{Q}$ 端变为低电平"0",这一低电平加至抑制门(见图 7 - 28 中的 G_4),产生 28 μs 的抑制负波门,其作用与旁瓣询问时相同。

A/B 译码器 $\overline{Q}$ 端的低电平作用到编码启动门 G_6 的两个输入端之一,使编码启动门产生宽度也是 28 μs 的编码正波门,从而使应答机进入正常的编码发射状态,如图 7 - 29 所示。这一编码门信号的产生,正是有效的询问模式和旁瓣询问的根本区别。

4. 高度询问模式译码

高度询问模式译码电路与识别询问模式译码电路相同,也是由模式译码门和模式 C 译码器组成的,如图 7 - 30 所示。所不同的只是由移位寄存器加到模式 C 译码门的是 21 μs 的延迟触发脉冲。此外,模式 C 译码门不受控制面板预置的控制。

模式 C 译码器置位后,它的 $\overline{Q}$ 端输出低电平与 A/B 译码器置位时的 $\overline{Q}$ 端输出低电平一样,使编码启动门 G_6 输出 28 μs 的正编码波门,同时使抑制门 G_4,G_5 输出 28 μs 的负抑制波门,其作用与 A,B 模式相同。

C 译码器 Q 端产生的高电平,加到控制矩阵电路,使来自大气数据计算机的高度编码信号输入。

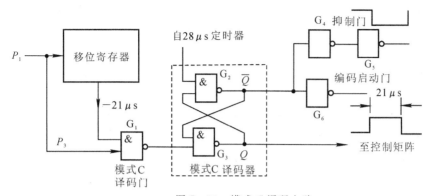

图 7-30　模式 C 译码电路

7.4.3　编码电路的基本原理

编码电路的基本任务是在译码电路鉴别出有效的询问模式后,产生识别代码脉冲串或高度代码脉冲串,以加到调制器去控制发射机产生射频脉冲串信号。所产生的识别代码脉冲串取决于控制面板所置定的识别代码。

1. 编码脉冲串的产生

现代应答机编码电路是以移位寄存器为核心,由应答门、控制矩阵、时钟产生器、预选控制器等组成的(见图 7-27),图 7-31 所示为典型编码电路方框图。

控制矩阵用于选择移位寄存器的输入信息。所选择的识别代码或高度信息通过应答门加至移位寄存器的输入端。

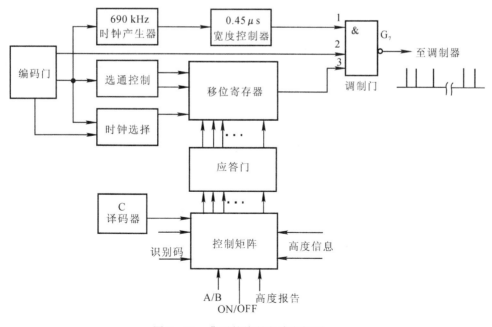

图 7-31　典型的编码电路方框图

当译码器鉴别出有效询问模式时,编码启动门产生的 28 μs 编码波门使编码器及整个应答机进入编码发射状态。在这一波门的控制下,时钟选择器选择 690 kHz 时钟作为编码状态时的移位时钟。690 kHz 信号的周期为 1.45 μs,它使移位寄存器以 1.45 μs 的步长将输入信息移位至寄存器的输出端,从而使形成的编码脉冲串相邻脉冲之间的间隔为 1.45 μs,如图 7-6 所示。波门信号加至选通信号产生器,产生用于控制移位寄存器工作模式的控制信号,使移位寄存器有秩序地工作。

输入的识别代码或高度信息,在时钟脉冲的控制下,由寄存器的输出,形成信息脉冲串。所形成的代码脉冲串加到调制选通门 G_7 的一个输入端 1。调制选通门 G_7 为三输入端与非门,它的第二个输入端 2 上作用于编码启动波门,在 28 μs 的应答期内,这一输入端恒为逻辑"1",选通来自移位寄存器的代码脉冲串。调制选通门的第三个输入端上加有宽度控制脉冲。

2. 脉冲宽度控制

如本章第一节中所述,应答射频脉冲的宽度应为 0.45 μs。在如图 7-31 所示的编码电路中,用 690 kHz 的编码时钟信号去触发一个振荡宽度为 0.45 μs 的单稳触发电路,即可获得宽度为 0.45 μs 的周期性脉冲串。所形成的宽度控制脉冲,加到调制选通门 G_7 的输入端 1。这样,当移位寄存器有编码脉冲加到调制选通门时,调制选通门 G_7 所输出的就是宽度为 0.45 μs 的编码脉冲。

当然,也可以用其他的方法在编码发射链的其他环节上实现对射频脉冲宽度的控制。

3. 控制矩阵与应答门

输入控制矩阵用于选择、控制加到移位寄存器的 12 个输入端的信息。除此以外,来自控制面板的各种控制信息也是通过控制矩阵实现对有关电路的控制的。

在本章第一节中已经说明,来自控制面板的识别代码信息共有 12 位,来自大气数据计算机的高度信息最多为 11 位。这两组信息通过由二极管及放大器所形成的输入矩阵,加至选择矩阵的输入端。

从原理上讲,选择矩阵相当于一个 12 路的双掷选择开关,当开关掷向识别代码一方时,由控制面板来的识别代码信息通过选择矩阵加至移位寄存器的信息输入端;反之,当开关掷向高度代码一方时,将高度信息加至移位寄存器的输入端。开关是由模式触发信号来控制的。我们可以用图 7-32 所示的电路来说明其中一路 K_1 的工作原理。

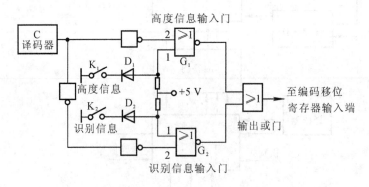

图 7-32　控制矩阵原理电路

两路或非门 G_1,G_2 形成了控制矩阵的两个输入端。高度信息加到或非门 G_1 的一个输入端 1,识别代码加到 G_2 的一个输入端 1。两路或非门的第二个输入端上所加的是选择控制信号。对如图 7 – 27 所示的译码编码电路来说,选择控制信号是来自模式 C 译码器的模式 C 启动触发信号。当询问信号为高度询问模式时,C 译码器输出为高电平。这一高电平使高度信息输入门 G_1 选通,经反相后的低电平则将识别信息输入门 G_2 抑制。这样,若该路对应的高度编码存在(图中等效的大气数据计算机中的开关接通),则二极管 D_1 导通,G_1 的输入为"0",输出或门输出的高电平"1"加到移位寄存器的输入端,使寄存器输出对应于 K_1 的编码脉冲;反之,若高度编码脉冲不存在,则等效开关开路,D_1 截止,G_1 输出为"1",输出或门的输出为"0",移位寄存器不会产生高度编码脉冲(对应 K_1 处为"0")。

当询问信号为识别模式 A 或 B 时,C 译码器输出低电平。此时 G_1 被抑制而 G_2 被选通,使来自控制面板的识别信息得以经 G_2 输出,加到移位寄存器的输入端。

7.4.4　移位寄存器

由上可知,应答机在译码和编码过程中都需要获得延迟一定时间的脉冲。这通常是利用移位寄存器来实现的。

移位寄存器是用链形连接的触发器组成的,每个触发器的输出连到下一级触发器的输入。触发器在时钟脉冲的作用下,可以根据其输入端的状态而改变输出状态,因而可以把二进制信息存入寄存器。链形连接的触发器在时钟脉冲的控制下,可以使所储存的信息向一定的方向移动,成为移位寄存器。

通常,利用主从 JK 触发器或延迟触发器(D 触发器)来构成移位寄存器。

1. 串行移位寄存器

图 7 – 33 是利用 JK 触发器构成的移位寄存器的原理图。所用的级数可以按需要增减。二进制信息从寄存器的一端(左端)输入,从另一端(右端)输出。这种输入输出的方式称为串入–串出方式。因为信息是在时钟脉冲的控制下由左向右移位的,所以图 7 – 33 所示的寄存器称为右移串行移位寄存器。改变触发器的链接方式,可以构成左移的移位寄存器。

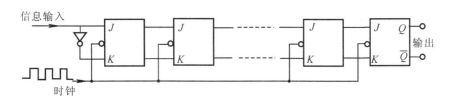

图 7 – 33　串行移位寄存器

如果使左端触发器的 J 为高值而 K 为低值,则在第一个时钟脉冲的下降沿,第一级触发器的输出端 Q 转换为"1"而 $\bar{Q}$ 为"0"。这就是说二进制信息"1"被置入了第一级寄存器。这样,在第一个时钟脉冲周期内第二级触发器的 J 端变为"1"而 K 为"0"。于是,在第二个时钟脉冲周期内,第二级触发器的输出 Q 为"1"而 $\bar{Q}$ 为"0",也就是说加在移位寄存器输入端的信息"1"移到了第二级的输出端。可见,信息在每个时钟周期中向左移动了一位(一级)。

如果使输入端 J 为"0"而 K 为"1",则同样可以使二进制信息"0"置入寄存器并在寄存器中移位。

2. 并行移位寄存器

在图 7 - 34 所示的电路中，一组 N 位的二进制数码是并行地置入 N 级（图 7 - 34 中为 5 级）触发器的，数据的最高位置入左端的触发器，最低位置入右端触发器。在时钟脉冲的控制下，这组二进制信息逐级地由左向右移位，由右端触发器的输出端串行输出。这种工作方式称为并入-串出工作方式，它将并行的二进制信息转换为串行的二进制信息。应答机编码寄存器采用的就是这种并入-串出方式。

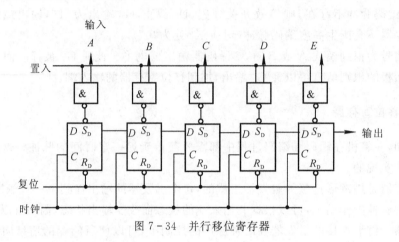

图 7 - 34　并行移位寄存器

3. 时钟周期与移位时间

显然，信息在移位寄存器中移动一位的时间等于时钟脉冲的周期。正确选择时钟脉冲的周期，即可控制移位寄存器输出相对于输入的延迟时间或信息间隔。

例如，在译码移位寄存器中，使时钟脉冲的频率为 3 MHz（其周期为 0.333 μs），这样在第 6 级移位寄存器的输出端，即可获得比输入信息延迟 $6 \times 0.333\ \mu s = 2\ \mu s$ 的输出信息。同理，增加移位寄存器的级数，即可获得延迟 8 μs，17 μs 和 21 μs 的信息。

对于采用并入-串出工作方式的编码移位寄存器来说，只需把时钟频率选择为 690 kHz（周期为 1.45 μs），即可使移位寄存器所输出的串行信息相邻位之间的间隔等于应答机所要求的 1.45 μs。

7.5　发　射　电　路

应答机的发射电路由调制器、脉冲功率振荡器及 1 800 V 高压电源等电路组成，如图7 - 35 所示。

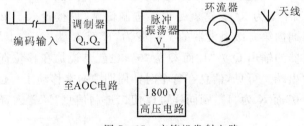

图 7 - 35　应答机发射电路

发射电路的任务是按照编码器形成的应答脉冲串产生功率为 700 W 的射频脉冲信号,经由环流器输至天线辐射。射频脉冲的频率为 1 090 MHz,射频脉冲宽度为 0.45 μs。

7.5.1　调制器

调制器实际上是一个脉冲放大器,它的任务是形成幅度约为 95 V 的具有足够功率的调制脉冲。所形成的调制脉冲加到功率振荡器的控制栅极,以控制振荡器产生振荡。

图 7-36 所示为典型的应答机调制器的简化电路。它是由 T_1,T_2 组成的变压器耦合脉冲放大器。

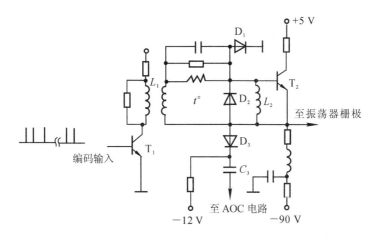

图 7-36　调制器简化电路

编码器形成的正极性编码脉冲加至 T_1 的基极。T_1 的集电极的脉冲变压器将正极性的脉冲加到 T_2 的基极。射极跟随器 T_2 的射极输出加至功率振荡器的控制栅极。

当 T_1 基极没有应答编码脉冲时,T_2 截止,它的射极电位等于电源电压为 -90 V。这一电位使功率振荡器 V_1 截止。当编码脉冲加至 T_1 基极时,T_2 导通,它的射极电位升至 5 V,从而使振荡器 V_1 产生射频振荡输出。当 0.45 μs 的编码脉冲终止时,T_2 的射极电位恢复为 -90 V,V_1 也停止振荡。

二极管 D_1 的作用是在脉冲持续期内把 T_2 基极电位钳制在 0.8 V 左右。T_1,T_2 输入端的并联电容与热敏电阻用于改善脉冲波形,防止脉冲前后沿受发射机温度变化的影响。D_2 用于消除反向脉冲,以很快消除脉冲尾部振荡。电感 L_1 可以改善脉冲后沿。

调制器每形成一个调制脉冲,二极管 D_3、电容 C_3 即输出一个调制取样脉冲,加到 AOC 电路去计数。

7.5.2　脉冲功率振荡器

机载应答机通常应用超高频金属陶瓷三极管与同轴谐振腔来组成 L 波段的脉冲功率振荡器。700 系列的新一代应答机则采用固态发射电路。图 7-37 所示为常规的用三极管组成的功率振荡器的电路原理图。该图的中间部分画出了真空三极管的阳极、栅极和阴极。图中打剖面线的部分为圆柱形的同轴谐振腔。

金属陶瓷三极管是一种适用于 L 波段的真空三极管。它由装在高度真空的管壳内的阳极、栅极、阴极3个电极组成。此外,阴极内装有它的加热灯丝,用5.7 V的交流电压对阴极加热。金属陶瓷三极管的管壳是陶瓷的,不像一般三极管用玻璃管壳。应用陶瓷管壳可以获得很好的耐热特性,减小由热膨胀所引起的频率不稳定等影响。它的3个电极也不像一般三极管那样用管脚引出,而是通过圆柱形金属导体引出。圆柱形电极引出导体与管壳陶瓷紧密接合,形成金属-陶瓷外壳,故称为金属陶瓷管。采用这种形式的电极引出方式可以使三极管方便地与外部圆柱形同轴谐振腔紧密配合,并减小电极引线电感。图7-38所示为金属陶瓷三极管的结构示意图。

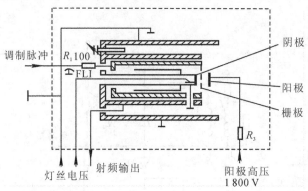

图7-37 三极管功率振荡器原理图

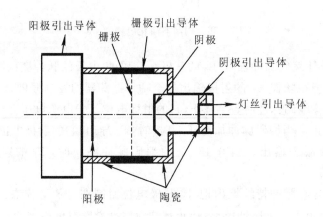

图7-38 金属陶瓷三极管结构示意图

功率振荡器的振荡频率高达1 090 MHz,这一振荡频率是由同轴谐振腔决定的。镀银的铜质同轴谐振腔有内、中、外三层圆柱形同轴导体,它们的几何尺寸和相互位置决定了它们之间的分布参数,从而决定了等效振荡槽路的谐振频率。当金属陶瓷三极管插入同轴谐振腔时,栅极引出导体与内腔紧密接合,阴极与中腔连接。同轴谐振腔的外导体是接地的,对于高频来说它通过旁路电容与阳极相通。

谐振腔的振荡频率可以微调。三极管的阳极接至1 800 V直流电源。由调制器输出的调制脉冲通过滤波器加至栅极。谐振腔内产生的射频脉冲振荡能量,通过同轴线输至环流器的输入端1(见图7-18),再输至天线。

7.6　新型离散寻址信标系统(DABS)

随着民用航空业的迅猛发展,造成在中心机场终端区内的飞机密度不断增大的局面。这就使交通管制雷达信标系统(ATC RBS)难以满足需要,系统本身的固有缺点日益突出。这主要是地面二次雷达询问信号所引起的多架飞机应答机应答信号的干扰问题,多台询问所引起的相互干扰问题,以及系统容量不足和定位精度不高等问题。对此,研发出新型离散寻址信标系统(DABS),ATC 应答机也对其他飞机或地面站的交通避撞系统(TCAS)的 S 模式询问作应答。需要说明的是新的离散寻址信标系统与现行的交通管制雷达信标系统是兼容的。装备新型 ADSEL/DABS 机载应答机的飞机,可以回答现行的地面二次雷达的询问信号;而装备现行的应答机的飞机,也可以对新的离散寻址信标系统的询问信号作出如前所述的应答信号。

当一个地面站或一架其他飞机上的 TCAS 计算机询问本 ATC 系统时,应答机发射一个脉码回答信号,从回答信号中可判别和显示这架飞机及其高度等信息,如图 7-39 所示。

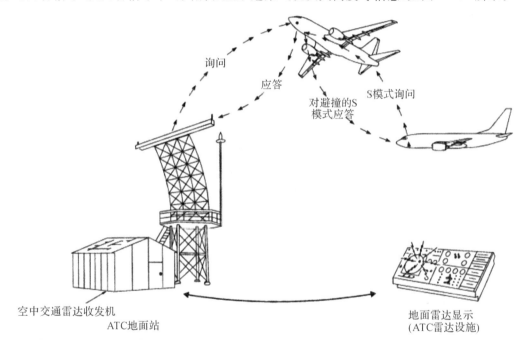

图 7-39　新型离散寻址信标系统(DABS)

7.6.1　ATC 系统组成

新型空中交通管制系统的部件有顶部天线、底部天线、ATC 同心电门(2 个)、ATC/TCAS 控制板、ATC 应答机(2 个)等。两个天线从 ATC 应答机发射信号,并将接收到的信号送给应答机,这些信号将通过 ATC 同心电门,如图 7-40 所示。

ATC/TCAS 控制板将控制和识别数据送给应答机,ATC/TCAS 控制板也用以选定 1 号或 2 号应答机,同时大气数据惯性基准组件(ADIRU)向 ATC 应答机提供气压高度数据。ATC 应答机从抑制同心三通发出并接收抑制脉冲,用以防止 ATC 的发射干扰测距仪 DME

和避撞系统（TCAS）的工作。

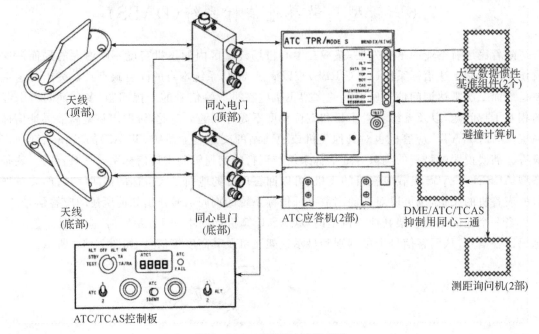

图7-40　ATC雷达应答系统

ATC/TCAS控制板装在P8后电子板上。图7-41所示为装在电子设备舱中的ATC应答机系统的部件：1号ATC应答机、2号ATC应答机、程序电门组件（2个）、顶部ATC同心电门、底部ATC同心电门、ATC天线位置、ATC天线装在机身前部靠近中心线处，顶部天线位于第430.25站位，底部天线位于第355站位。

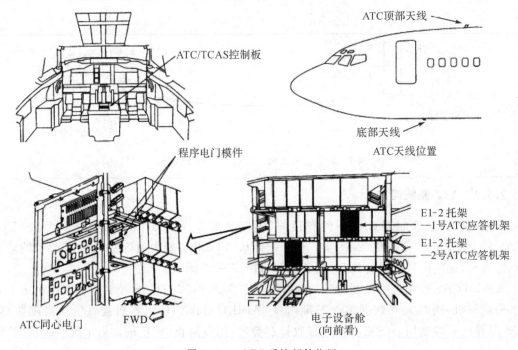

图7-41　ATC系统部件位置

1．天线接口

ATC 同心电门从 ATC 天线电门跳开关获得电源。当在 ATC/TCAS 控制板上选择 1 号 ATC 应答机，则 ATC 同心电门并不通电吸合，天线连接到 1 号 ATC 应答机；当选择 2 号 ATC 应答机，ATC/TCAS 控制板送出一个接地的离散信号到 ATC 同心电门，同心电门通电吸合，并使顶部和底部天线连接到 2 号 ATC 应答机。

1 号 ATC 应答机 1 号汇流条获得 115 V 交流电，2 号 ATC 应答机从 2 号转换（xfr）汇流条获得 115 V 交流电。ATC/TCAS 控制板同时从 1 号待用汇流条和 2 号转换汇流条获得 115 V 交流电，如图 7－42 所示。

ATC/TCAS 控制板向应答机送出一个接地待用离散信号，此信号没有被使用。

机组可以在 ATC/TCAS 控制板上设置 4 位识别码并显示。两部应答机均从此 ATC/TCAS 控制板上获得识别码。

ATC/TCAS 控制板也向应答机发送控制数据。此控制数据完成如下功能：

——允许 C 模式或 A 模式运行；

——让应答机送出专用位置识别（SPI）脉冲或飞机识别码。

大气数据惯性基准组件（ADIRU）向 ATC 应答机发送大气数据。

1 号 ATC 应答机从左 ADIRU4 号大气数据基准（ADR）总线在 1 号 AD 输入接口上获得大气数据，左 ADIRU 也通过 4 号 ADR 总线向 2 号应答机提供大气数据；2 号 ATC 应答机从右 ADIRU4 号大气数据基准（ADR）总线在 1 号输入接口上获得大气数据，此右 ADIRU 也通过 4 号 ADR 总线向 1 号应答机提供大气数据。

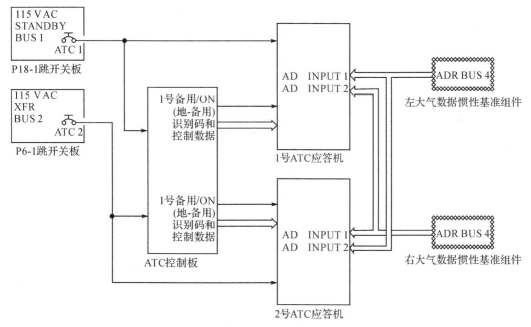

图 7－42　ATC 系统电源识别码、控制和大气数据接口

2．ATC 系统抑制接口

ATC 应答机、避撞系统（TCAS）和测距仪（DME）询问机都工作于相同的频带上，因此在

这些部件之间有抑制接口,以防止在发射信号时损坏接收电路。抑制电路也防止其他机载设备的响应。第一个发射的组件首先送出一个抑制脉冲到同心三通,同心三通将此抑制脉冲分送到不同组件或分送到另一个同心三通,此抑制脉冲防止另一个组件中的接收电路进入工作,如图7-43所示。

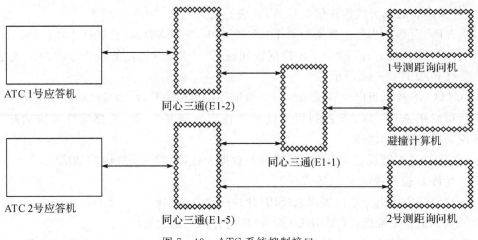

图7-43 ATC系统抑制接口

3. ATC系统——ATC/TCAS控制板

接通高度报告(ALT ON)生效应答机对ATC询问机的应答为C模式和S模式,包含有高度信息,如图7-44所示。

当空中交通管制员申请飞机识别时,机组瞬间压下识别(IDENT)电门,则应答机对询问的应答加上一个专用位置识别(SPI)脉冲并持续18 s。

ATC应答机利用双位电门选用高度数据源。当将此电门置定在1号位置上时,由1号ADIRU提供高度数据;当将电门置定在2号位置,由2号ADIRU提供高度数据。

在以下条件时ATC故障灯亮:

——应答器故障;

——天线故障;

——控制数据故障;

——高度输入故障。

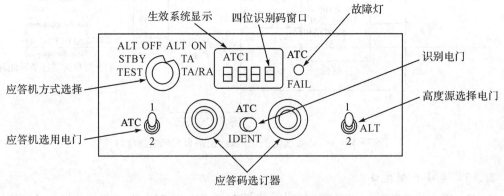

图7-44 ATC系统的应答和避撞控制板

7.6.2　ATC 系统功能

1. ATC 系统应答机

ATC 地面站利用脉码信号在 1 030 MHz 频率上向 ATC 应答机询问,应答机则在 1 090 MHz 频率上以脉码信号作应答。

应答机对空中交通管制雷达信标系统(ATCRBS)的 A 模式和 C 模式的询问作答。应答机也对空中交通管制和避撞(TCAS)计算机以 S 模式格式作出响应。如图 7 - 45 所示。

ATC 应答机内部有一个非易失性飞行故障存贮器。

前面板指示用测试电门启动自检。

前面板上的发光二极管(LED)状态指示器表明如下状态:

——应答机(TPR)发光二极管绿色,说明应答机组件没有故障;

——应答机(TPR)发光二极管红色,说明应答机组件有故障;

——高度(ALT)灯亮,说明从 ADIRU 输入高度有故障;

——数据输入(DATA IN)灯亮,说明控制板输入故障;

——顶部天线(TOP)灯亮,说明顶部天线故障;

——底部天线(BOT)灯亮,说明底部天线故障;

——TCAS 灯亮,说明避撞系统接口故障;

——维护,不用。

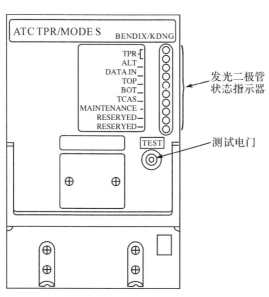

图 7 - 45　ATC 系统的应答机

(1)应答机接收功能。天线向应答机送去接收到的询问信号,此信号通过双工器电路送到两个接收器中,1 030 MHz 的询问信号和从 1 090 MHz 本地振荡器来的 1 090 MHz 信号混合,产生的中频信号送给信号处理器用。当应答机从另一个系统获得抑制脉冲后,信号处理电路将不允许接收电路工作。天线选择电路挑选双工器和天线提供最强的接收信号,应答信号通过选定的双工器和天线进行发射。信号处理器判定应答器接收到一个有效的询问信号,也判定正确的应答模式,即 A 模式、C 模式或 S 模式。如图 7-46 所示。

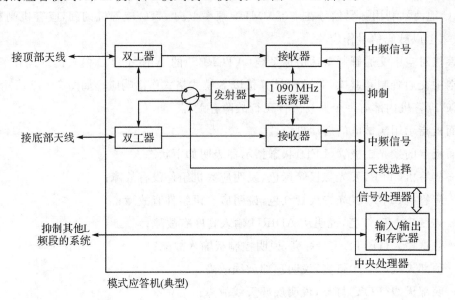

模式应答机(典型)

图 7-46 ATC 系统的应答机接收功能

(2)应答机发射功能。中央处理器(CPU)控制应答机对 A 模式、C 模式或 S 模式的询问进行应答,模式格式化电路从存贮器利用识别码、飞机高度和专门的 24 位飞机地址形成应答信号中的格式化数据,如图 7-47 所示。

模式 A 回答中包含有飞机识别码。

模式 C 回答中包含有飞机高度。

模式 S 回答中包含着一个专门的 24 位飞机地址识别码、高度信息等,对回答数据选择了正确模式后,调制器以此格式形成回答信号。调制器将信号处理器的输出调制到 1 090 MHz 载波上作为有应答发射信号。此应答信号经功率放大器后到双工器,并由 ATC 天线发射,天线选择电路使得发射信号进入接收到最强询问信号的天线。

当向 ATC 应答机系统提供电源或进行测试时,机内测试设备(BITE)对所有内部电路进行运行状态检查,并检查正确的天线阻抗。此机内测试(BITE)电路可以判明任何故障,并将这存入非易失性存贮器。

在此过程中,应答机前面板上的发光二极管的点亮报告这些状态:

——应答机状态;

——天线状态;

——应答机控制接口状态;

——高度接口状态。

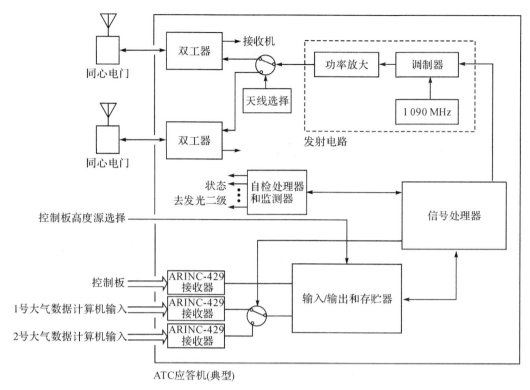

图 7-47　ATC 系统的应答机发射功能

2. 天线同心电门控制

利用应答机/避撞控制板选用生效的 ATC 系统,此时控制板向顶部同心电门和底部同心电门送去断开或接地的离散信息,使 1 号或 2 号应答机连接到顶部和底部天线上。当飞机电源接通,且当控制板上已选用 1 号应答机,则 S1 电门通电吸合,将继电器 R1 和 R2 的接地线撤除,它们不通电,使顶部和底部天线都接到 1 号应答机,即 1 号应答机被选用或备用;当选用 2 号应答机后,S1 电门不通电吸合,为继电器 R1 和 R2 提供了接地,因而使顶部和底部天线都接到 2 号应答机,则 2 号应答机被选用。如图 7-48 所示。

3. 自检

压下应答器前面板上的测试(TEST)电门或在应答/避撞控制板上选择测试(TEST)后起动了应答机系统的自检,如图 7-49 所示。此时,应答器的内部测试(BITE)电路进行如下工作:

——正常运行检查;

——存贮器检查;

——对接收机电路进行模拟的询问试验;

——天线阻抗检查;

——避撞接口检查;

——有效控制和高度输入的监测。

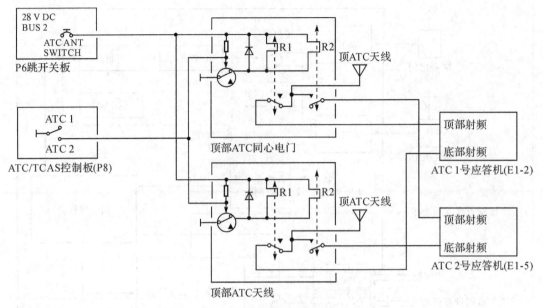

图 7 - 48　ATC 系统的天线同心电门控制

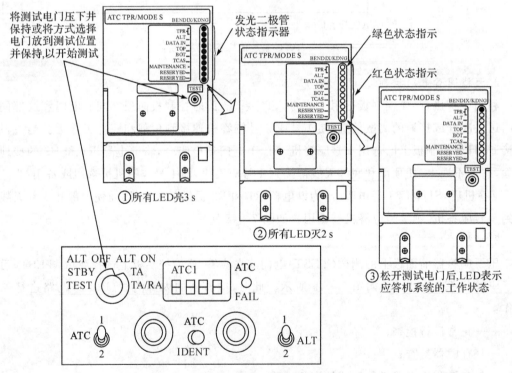

图 7 - 49　ATC 系统的自检

　　按压前面板上的测试按钮,前面板上所有发光二极管(LED)状态指示器亮 3 s,然后全部熄灭 2 s,继续保持测试电门以观察相应的 LED 是否再度点亮,说明 ATC 应答系统的状态。发光二极管(LED)状态指示器及其相关的状态为:

——应答机(TPR)绿色,无组件故障;

——应答机(TPR)红色,有组件故障;

——高度(ALT),从 ADIRU 的高度输入故障;

——数据输入(DATA IN),控制板输入故障;

——顶部天线(TOP),顶部天线故障;

——底部天线(BOT),底部天线故障;

——TCAS;

——与 TCAS 故障的接口;

——MIANTENANCE;

——未使用;

——RESERVED(2);

——未使用。

由控制面板进行检测将应答机模式选择器设定到 TEST 位来启动 ATC 系统自检。如果检测成功,则 ATC FAIL 指示灯点亮 3 s,然后熄灭。下列条件时,ATC FAIL 指示灯保持点亮:

——天线故障;

——应答机故障;

——控制数据故障;

——高度输入故障。

习　　题

1. 分别说明飞机识别代码和高度代码的编码原理。

2. 应答机接收信号时为什么要进行旁瓣抑制? 如何进行抑制?

3. 简述机载应答机系统的组成及基本工作原理。

4. 画出自动过载控制电路的原理图,并说明其功用。

5. 应答机如何进行旁瓣询问的鉴别与抑制?

6. 一次雷达和二次雷达的工作原理分别是什么? 它们的区别是什么?

第8章 测 距 机

测距机(DME)是一种高精度的非自主式时间测距进程导航系统,是民用航空非常重要的陆基测距导航系统,可以为飞机提供到 DME—地面台的斜距、飞机的低速和飞行时间等实时信息。测距机的起源追溯到第二次世界大战期间的英国研制的 Rebecca - Eureka 系统。1956年美国军方研制成功塔康(TACAN)系统,塔康是军用近程航空导航系统,可以同时为飞机提供方位和距离信息。军用塔康台和民用 VOR 台安装到一起,形成伏塔克(VORTAC)系统,可以同时供军用和民用飞机获得距离和方位。

测距机的系统工作方式与第 7 章的空中交通管制雷达信标系统(ATCRBS)有一些相似之处:这两种系统都是采用空地设备之间的问答方式工作的,两者所采用的都是脉冲射频信号,而且都工作在 1 000 MHz 左右的 L 波段。它通过测量脉冲的往返延迟时间,计算出飞机到测距台之间的视线距离,这种测距原理又与气象雷达相似。

8.1 测距机系统

8.1.1 测距机的功用

DME 是高精度的陆基导航测距系统,它在现在以及将来都将发挥重要的作用,在飞机导航中发挥着多种用途。

1. 测距

测距机测量的是飞机到地面 DME 信标台之间的斜距 R,如图 8-1 所示。

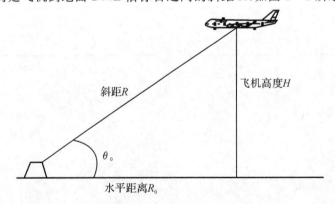

图 8-1 DME 测量的飞机与 DME 信标之间的斜距

由于飞机有一定的飞行高度 H，所以 DME 所测得的斜距 R 与飞机里 DME 信标台的水平距离 R_0 并不相等，但如果 $\theta_0 < 8°$，则可以认为 $R_0 \approx R$，其误差不会超过 1%，这时的斜距 R 可以看成水平距离 R_0。通常，大型飞机的飞行高度在 30 000 ft 左右，当飞机与测距台的距离在 35 n mile 以上时，所测得的斜距 R 与实际水平距离 R_0 的误差小于 1%；当飞机在着陆进近的过程中离测距台的距离小于 30 n mile 时，其飞行高度通常也已降低（例如距离为 6 n mile 时高度为 5 000 ft），因而所测得的斜距与水平距离的误差仍然为 1% 左右。所以在实用中把斜距称为距离是可以接受的。只有在飞机保持较高的高度平飞接近测距台的情况下，斜距与实际水平距离之间才会出现较明显的误差。

2. 定位

利用 DME 或 DME 和其他导航系统组合可获得多种定位方式。

（1）利用 DME 定位。因为 DME 是一个测距系统，利用 DME 可实施 ρ-ρ 定位来确定飞机的位置，如图 8-2 所示。但是若只利用 DME 定位，为了消除定位的双值性，DME 机载设备需要接收三个 DME 地面台的信号才能唯一确定飞机位置。目前民用航空运输飞机都加装惯性导航系统（INS），利用 DME/DME/INS 可消除 DME/DME ρ-ρ 定位的双值性，这些处理在飞行管理计算机（FMS）中实现。

（2）利用 DME 和 VOR 组合定位。这种组合是 ICAO 优先推荐的民用航空化标准近程极坐标定位系统，即 ρ-θ 定位系统，如图 8-3 所示。这是 DME 信标必须和 VOR 信标安装在同一台站，飞机同时接收来自 VOR 台提供的方位信息（θ）和来自 DME 信标的距离信息（ρ），以此确定飞机的位置。

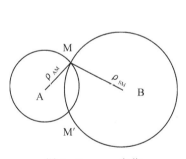

图 8-2　ρ-ρ 定位

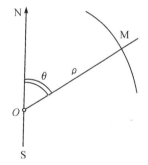

图 8-3　ρ-θ 定位

3. 计算地速和飞行时间

飞机在飞行中，DME 询问器连续测量到所选 DME 信标的斜距，并可获得飞机到信标台的水平距离，该水平距离是随飞机接近或离开信标台而变化的。因为传统的 ATS 航线是导航台之间的连线，所以水平距离的变化率可以认为飞机接近或离开 DME 信标台的速度，这就是地速。若飞机绕 DME 信标台为圆心圆周飞行，DME 距离指示器的地速为零。

已知地速，可以按下式求出飞机的待飞（或飞行）时间：

$$T = R_0 / V_{GS}$$

式中，T 为飞机的待飞（或飞行）时间；R_0 为飞机到 DME 台的水平待飞距离（或已飞水平距离）；V_{GS} 为 DME 测量的地速。

4.避开保护空域和飞行等待

保持 DME 距离指示器的读数为常数,可使飞机避开保护空域或使飞机做飞行等待。

有时候驾驶员为了避开某个空中禁区,可以操作飞机在离 VOR/DME 台某一距离位置上保持 DME 距离读数不变,使飞机在指定的距离上做圆周飞行,飞到一个新的方位经线,再飞向 VOR/DME 台,如图 8-4 所示。

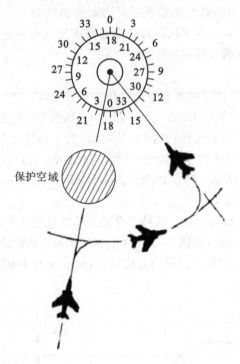

图 8-4　避开保护空域

5.为进场和进近飞行提供服务

借助布置在机场或终端区的 VOR/DME 台,对于进场的飞机,驾驶员可以操纵飞机在给定的 VOR 方位经线上飞向 VOR/DME 台,然后转弯,在另一个方位经线上飞到某一位置,再保持 DME 的读数为常数,使飞机转弯到达起始远指点指标,开始飞机的进近,如图 8-5 所示。

8.1.2　测距机系统的工作概况

1. 工作方式

测距机系统是通过询问应答方式来测量距离的。如图 8-6 所示,机载测距机内的发射电路产生射频脉冲对信号,通过无方向性天线辐射出去,这就是"询问"信号;测距信标台的接收机收到这一询问信号后,经过 $50~\mu s$ 的延迟,由其发射机产生相应的"应答"信号发射;机载测距机在接收到地面射频脉冲对应答信号后,即可由距离计算电路根据询问脉冲与应答脉冲之间的时间延迟 t,计算出飞机到测距信标台之间的视线距离。因此,也可以把机载测距机称为询问器,而把地面测距信标台称为应答器,或简称为信标台。通常所说的测距机是指机载询问器。由上述内容可知,地面测距台和机载询问器都包含有发射电路和接收电路。

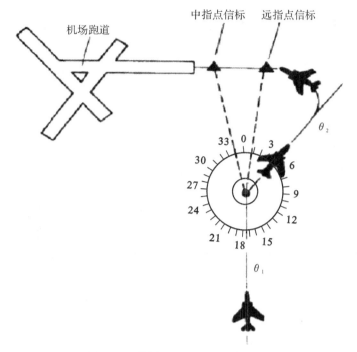

图 8-5　利用 VOR/DME 进场和进近

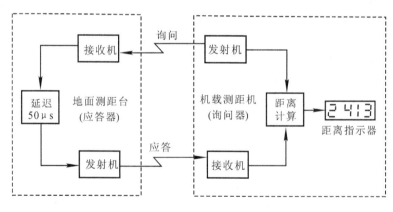

图 8-6　测距系统

测距机的询问频率和信标台的应答频率相差 63 MHz(即测距机的发射频率与接收频率相差 63 MHz)。测距机的询问频率范围为 1 025～1 150 MHz,信标台的应答频率范围为 962～1 213 MHz。

2. 机载测距机的询问

接通测距机的电源,把频率调到所需测距的信标台的工作频道上。测距机即可正常工作。但是,只有当飞机进入了系统的有效作用范围,在测距机接收到一定数量的信标台所发射的脉冲对信号的情况下,测距机才会产生脉冲对询问信号发射,以使信标台产生相应的应答信号。

测距机所产生的询问脉冲信号的重复频率是变化的。当测距机处于跟踪状态时,询问脉冲信号的平均重复频率较低,通常在 10～30 对/s;当测距机处于搜索状态时,询问重复频率较高,一般为 40～150 对/s。典型测距机在跟踪状态时的平均询问率为 22.5 对/s,在搜索状态时为 90 对/s。现代机载测距机的询问率较低,搜索时可以为 40 对/s,跟踪时则可以低至 10 对/s。

不论测距机是在搜索状态还是在跟踪状态,也不论是模拟式的测距机还是先进的数字式测距机,其询问重复频率都是围绕一个平均值随机抖动的。采用随机抖动重复频率询问的原理将在本章第二节中说明。

3. 测距信标台的内容

(1) 询问应答与断续发射。信标台在接收到询问信号后,经过 50 μs 的延迟,便产生相应的应答信号发射,以供机载测距机计算距离,这就是询问应答信号。应答信号和询问信号一样,也是射频脉冲对信号。

信标台应能为进入有效作用范围的所有飞机的测距机提供询问应答信号。这样就产生了一个问题,即有时信标台会接收到许多架飞机测距机的询问信号,因而要产生很密集的应答脉冲对;有时又可能只有很少的飞机测距机询问,因而只需产生很少的应答脉冲对;甚至有时还会出现没有飞机测距机询问的情况。为了使信标台保持在它的最佳工作状态,且不致因应答重复频率太高而使发射机过载,应使信标台的应答重复频率基本保持不变。一般规定信标台能同时为 100 架飞机提供应答信号,假定这 100 架飞机中 95% 的飞机测距机处于跟踪状态,其询问率为 22.5 对/s,5% 的测距机处于搜索状态,其询问率为 90 对/s,则信标台的应答重复频率为(22.5×95＋90×5)对/s＝2 587.5 对/s。考虑到机载测距机的询问率是在一定范围内变动的,信标台在满负荷时的应答脉冲重复频率一般规定在 1 000～2 700 对/s 的范围内。塔康系统的应答脉冲重复率则必须维持在 2 700 对/s。

前面已介绍过,机载测距是在接收到一定数量的信标台所发射的脉冲信号后,才开始发射询问信号的。如果信标台只能在接收到询问信号后才产生应答信号发射,那么当只有一架飞机进入信标台作用范围时,就会出现信标台因为没有询问信号而不发射应答信号,而测距机又因接收不到一定数量的脉冲信号而不可能发射询问信号的情况。为了避免出现这种情况,在信标台中采取用接收机噪声来触发发射机产生脉冲对信号发射的方法,使信标台发射机在询问飞机很少的情况下也能维持规定的发射重复频率,以使测距机系统正常发挥功能。由于噪声所触发的脉冲信号是断续的,可以把信标台的这种发射脉冲称为断续发射脉冲,或者称为噪声填充脉冲,以区别于前面所说的在询问信号触发下的应答发射脉冲。

上述噪声填充脉冲断续发射是受询问脉冲数控制的。信标台接收机的灵敏度与所接收到的询问脉冲数有关。在询问飞机较少时,发射机除了由询问脉冲触发产生应答脉冲对外,由于受询问脉冲数控制的接收机灵敏度较高,因而超过某一门限的接收机输出噪声较多,从而触发发射机产生较多的噪声填充脉冲对。例如,若询问的机载测距机数为 20,询问频率为 27 对/s,则由询问触发的应答脉冲为 540 对/s;此时,由噪声触发的随机填充脉冲约为(2 700－540)对/s＝2 160 对/s。在没有飞机询问的情况下,信标台接收机的灵敏度最高,此时信标发射机发射的全都是噪声填充脉冲。而在询问飞机达到 100 架时,由询问触发的应答率已达到满负荷值 2 700 对/s,此时信标台接收机的灵敏度降至最低,任何噪声均不再能超过门限而触发应答,此时发射机所产生的全部是询问应答脉冲对。如果发出询问的飞机太多,则信标台接收机的灵敏度还会有所下降,以维持应答率不超出规定值(2 700 对/s)。此时,较远飞机的测距机所发出的询问信号较弱,就可能不再能够触发信标台产生应答信号,因而不能正常测距。

（2）应答抑制。所谓抑制，是指信标台在接收到一次询问脉冲后，使信标台接收机抑制一段时间，抑制的时间一般为 60 μs，特殊情况下可达 150 μs。

在抑制的寂静期中，信标台不能接收询问脉冲。采取这一措施的目的是防止多径反射信号触发应答。机载测距机发射的询问信号，除了沿视线直接到达信标台外，还可能经地面上其他目标或飞机本身反射后沿折线到达信标台。如不加以抑制，则这种多径反射信号也可能触发测距信标台产生应答脉冲信号，从而干扰系统的正常工作。由于沿折线到达信标台的反射信号总是在直达询问信号之后到达的，所以使信标台接收机在接收到一次询问信号后抑制一段时间，便可以防止这类多径反射信号触发应答。

（3）信标台的识别信号。为了便于机组判别正在测距的测距信标台是否为所选定的测距信标台，测距信标台以莫尔斯电码发射三个字母的识别信号。识别信号由点、线组成，点持续 0.1～0.125 s，线持续 0.3～0.37 s。在点、线持续期内，信标发射机所发射的是 1 350 对/s 的等间隔脉冲对，而不是随机脉冲对。在点、线之间的空隙内，仍发射随机间隔的脉冲对。

识别信号每隔 30 s 发射一次，每次所占用的时间不超过 4 s。

识别信号使机载测距机产生相应的由点、线组成的 1 350 Hz 音频识别码输出。

由上可知，信标台所发射的射频脉冲信号可以分为三类：第一类是由询问信号触发产生的应答脉冲对，这类应答脉冲对的数量取决于发出询问的机载测距机的多少；第二类是由信标台接收机噪声所触发的断续发射脉冲对；第三类是固定的识别信号脉冲对。第一、第二类信号都是随机间隔的脉冲对，识别信号则是等间隔的脉冲对。

4. 测距机的接收

机载测距机在每发射一对询问脉冲后即转入接收状态。所接收的信号中，既可能有测距信标台对自己询问的应答信号，也包括信标台对众多的其他飞机测距机的应答脉冲。此外还包括测距信标台的断续发射脉冲信号及识别信号。

需要说明的是，即使飞机处于系统的覆盖范围之内，也并不是所有的询问都能得到应答。这是因为，在众多飞机询问的情况下，信标台每接收到一次询问信号，均会使接收机进入 60 μs 的抑制期，从而使在后续的 60 μs 期间内到达的询问信号得不到应答。除此之外，本架飞机上的 ATC 应答机在回答地面二次雷达询问的发射期间，以及在另一套测距机的询问期间均会对本套测距机抑制约 30 μs。信标台发射识别信号的点、划期间，也会使询问信号得不到应答。

考虑各种导致询问得不到应答的因素后，计算表明机载测距机所能得到的应答百分数约为 82%。通常，测距机均设计成能够在 50% 甚至更低的应答率的情况下正常工作。所以即使有一部分询问得不到应答，测距机也是完全能够正常工作的。

5. 距离

测距机发出的询问信号与相应的信标台应答信号所经历的是往返距离 2R。计入信标台的固定延迟为 50 μs。应答脉冲与询问脉冲之间的时间延迟为 $t=2R/c+50$，这里光速 c 为 $1.618\ 75\times10^5$ n mile/s。在测距机中设法测量这一时间延迟，即可获得距离信息。若时间以 μs 计算，距离以 n mile 计算，则距离可由下式给出，即

$$R=\frac{t-50}{12.359}$$

式中，12.359 是射频信号往返 1 n mile 所经历的时间（μs）。

8.1.3 机载设备

机载测距机系统由测距机(询问器)、天线、显示器和控制面板(控制面板是和甚高频控制面板共用的)等组成的,如图8-7所示。飞机上通常装备两套相同的测距机。

1. 测距机

测距机(询问器)包含所有的发射、接收和距离计算电路,用于产生 1 025~1 150 MHz 的射频脉冲询问信号,接收并处理地面应答信号,完成距离计算,最终产生32位的串行数字距离信息输至距离显示器。

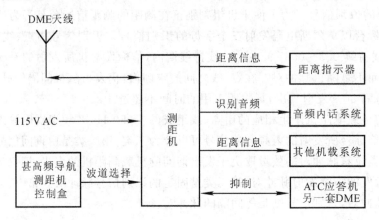

图 8-7 机载测距机系统

测距机除产生串行数字距离信息加至显示器外,还可输出模拟距离信息。这类距离信息可输至性能管理计算机和其他系统。

接收机输出的 1 350 Hz 音频识别信号输至音频内话系统。

测距机通过同轴馈线与天线相连,通过电缆与控制面板连接。对数字式测距机来说,由控制面板来的频率选择与方式控制信息,以及输出的距离信息,都是通过 ARINC429 总线传送的。

由于飞机上的测距机和空中交通管制应答机都工作于同一 L 频段,所以不应同时辐射信号,以免相互干扰。为此,当一台测距机发射时,该机所产生的约 30 μs 的抑制波门即通过互连的同轴电缆加到两台 ATC 应答机和另一台测距机,以抑制其发射,反之亦然。

测距机的电源是 115 V,400 Hz 交流电源。

测距机安装在电子设备舱中。有的测距机的面板上设置有故障指示器和试验按钮。R/T 故障指示器用于表示询问器的故障状况;IND 指示器则用于表示显示器的故障状况。按压面板上的试验按钮,可以方便地在电子舱中对系统进行检查。

2. 距离显示器

测距机的距离显示器是十进制的单位数码显示器,通常可显示的最大距离为 389.9 n mile,距离增量为 0.1 n mile。

有的飞机上使用单独的测距机距离显示器(见图8-8)。两组显示器安装在正副驾驶的仪表板上。每组显示器有二套四位数字显示器,分别显示第一套和第二套测距机输出的距离信息。在有的飞机上,距离显示器是组装在无线电距离磁指示器 RDMI 中的。每部 RDMI 的上部安装着两个距离显示器,左上角为第一套测距机的,右上角为第二套的。在使用电子集总仪表显示系统的飞机上,测距机距离信息是通过阴极射线管显示的。有的飞机的测距机的距离显示器安装在水平状态显示器 HSI 中。

显示器通常是 7 段灯泡或液晶显示器。由询问器输入的串行 BCD 编码距离信息,经显示器中的译码电路译码后,驱动相应的显示段,形成数码显示。

数据显示的亮度通常可以由仪表板照明亮度调节系统统一调节。

3. 控制面板与方式控制

测距机的波道是与甚高频导航设备(VOR 和 ILS)配对使用的,所以其控制面板总是安装在甚高频导航控制面板上。图 8-9 所示为典型的测距机方式选择开关,开关的中心为试验按钮。

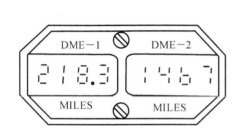

图 8-8　距离显示器

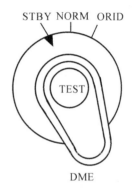

图 8-9　甚高频控制面板上的 DME 开关

对测距机的控制包括波道选择与工作方式控制。

(1)频率选择。当利用频率旋钮选择了甚高频导航频率后,即同时把测距机的工作频率转换为相应的信标台频率。在控制面板上显示的是甚高频导航频率。测距机的工作频率是不显示出来的。

当利用转换开关(TFR)把甚高频导航频率转换到备用频率上时,同时也把测距机转换到相应的配对信标台频率上。

(2)方式控制。测距机的方式控制视设备不同而不同,在不同的飞机上也有所区别。就图 8-9 所示的 DME 开关而言,该型测距机(860E-5)有"准备(STBY)""正常(NORM)"和"超控(ORID)"三种工作方式。

处于准备方式时接收电路是正常工作的,但发射电路不产生询问信号。

处于正常方式时,接收电路和发射电路均进入正常工作状态。只要进入了信标台的作用范围(200 n mile)内,即可正常地提供距离信息。

所谓超控是指测距机可以在离信标台更远的距离上(200~300 n mile,甚至可达 390 n mile)进行距离测量。

在有的飞机上不设置测距机的方式控制开关,只要接通电源,测距机便进入正常工作方式,即没有准备及超控方式。

(3)试验按钮。按下试验按钮即可启动机内的自检电路。通过显示器的显示,可以判断设备是否正常工作。不同型号(或者批次)的测距机按下试验按钮时的显示状况可能相同。典型的显示是在试验按钮按下后,显示器消隐 2 s,然后显示虚线(－－－)2 s,此后即显示 0000。在松开按钮后,仍保持 0000 显示 11.4 s。

4. 天线

由于测距机是交替询问(发射)和接收的,所以发射电路和接收电路可以通过环流器共用一部天线工作。

测距机采用的是 L 波段的短刀形宽频道天线。天线型号和 ATC 应答机是相同的,可以互换。这种天线在水平平面内的方向图基本上是圆形的。

两部测距机的天线一般安装在机身的前下部,略向后倾斜。

8.1.4 信号与技术参数

1. 频率及 X/Y 波道

在 962～1 213 MHz 范围中,共有 252 个测距波道,波道间隔为 1 MHz。机载测距机的询问频率为 1 025～1 150 MHz,信标台的发射频率比询问频率高或低 63 MHz。

(1) X/Y 波道。在 252 个波道中,所采用的脉冲对的时间间隔有两种,分别称为 X 波道和 Y 波道。X 波道的询问脉冲对间隔为 12 μs,应答脉冲对间隔与询问脉冲对间隔一致,也是 12 μs,[见图 8 - 10(a)];Y 波道的询问脉冲对间隔为 36 μs,但应答脉冲对的间隔则为 30 μs,与询问脉冲间隔是不同的[见图 8 - 10(b)]。所有询问及应答脉冲的宽度均为 3.5 μs。

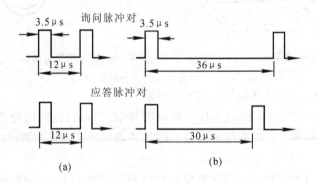

图 8 - 10 X/Y 波道的脉冲对信号
(a) X 波道信号; (b) Y 波道信号

(2) 频率安排。X/Y 波道的询问频率与应答频率关系如图 8 - 11 所示。在 1 025～1 150 MHz范围中,波道间隔为 1 MHz,共可安排 126 个询问频率。采用 X/Y 的波道安排,则共有 252 个应答波道,即 1X～126X 波道和 1Y～126Y 波道。

对民用信标台来说,这 252 个波道中有 52 个是不用的。所不采用的波道是 1～16X/Y 和 60～69X/Y。这是因为,测距机通常是和 VOR 和 ILS 配对使用的,而 VOR 和 ILS 一共只有 200 个波道,所以测距机也只需要 200 个波道与之配对使用,这是其一。其二,由于测距机和 ATC 应答机工作在同一频段,尽管两者采用了不同的脉冲编码,测距机还是应当避开 ATC 应答机所使用的 1 030 MHz 和 1 090 MHz 频率,以避免可能产生的相互干扰。

目前,很多民用飞机所装备的测距机拥有全部的 252 个波道,这样,它们就可以利用各地 TACAN 系统的所有测距波道提供距离信息。

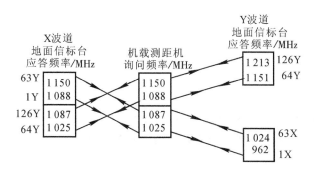

图 8-11　X/Y 波道安排

（3）测距机与其高频导航系统的频率配对关系。测距机的 200 个波道与 VOR 和 ILS 的频率配对关系见表 8-1。由表 8-1 可知，当在其高频控制面板上选择一个 VOR 频率或者 ILS 频率后，总是同时确定了与之配对使用的测距机的工作频率。如果选用的是 108.10～111.95 MHz 之间的十分位小数是奇数的 ILS 频率，则在调定频率选择旋钮之后，航向接收机、测距机，以及下滑接收机三者的频率均被调谐到相应的波道上。

表 8-1　频率配对关系

其高频导航频率/MHz	波道分配	TACAN 波道
108.00	VOR	17X
108.05	VOR	17Y
108.10	ILS	18X
108.15	ILS	18Y
108.20	VOR	19X
…	…	…
111.95	ILS	56Y
112.00	VOR	57X
112.05	VOR	57Y
112.10	VOR	58X
…	…	…
112.25	VOR	59Y
112.30	VOR	70X
…	…	…
117.95	VOR	126Y

2. 脉冲波形

测距机的射频脉冲波形为钟形，如图 8-12 所示。采用钟形脉冲可压缩信号频谱宽度，减少邻道干扰。脉冲参数为

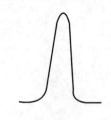

图 8 - 12　测距机的
脉冲波形

上升时间　　　　　　$\tau_r = (2.5 \pm 0.5)\ \mu s$

下降时间　　　　　　$\tau_f = (2.5 \pm 0.5)\ \mu s$

脉冲宽度　　　　　　$U_m/2 = (3.5 \pm 0.5)\ \mu s$

脉冲对之间的间隔误差为 $\pm 0.5\ \mu s$。

3. 基本技术参数

为了对测距机的性能有一个初步的数量概念,下面给出了测距机的几种主要参数的数量范围。各型测距机还会有一些特定的技术参数,参数的具体数值也会有所差异。

发射频率　　　　　　$1\ 025 \sim 1\ 150$ MHz

频率稳定度　　　　　$\pm 10^{-5}$ 以上

发射功率　　　　　　700 W(标称值)

询问率　　　　　　　搜索时 $40 \sim 150$ 对/s

　　　　　　　　　　跟踪时 $10 \sim 30$ 对/s

接收频率　　　　　　$962 \sim 1\ 213$ MHz

灵敏度　　　　　　　$-93 \sim 90$ dB·mW

测距范围　　　　　　正常时为 $0 \sim 200$ n mile

　　　　　　　　　　超控可达 $300 \sim 390$ n mile

　　　　　　　　　　还有些设备为 $-1 \sim 320$ n mile

测距精度　　　　　　$0.075 \sim 0.3$ n mile

动态范围　　　　　　$0 \sim 2\ 000$ n mile

记忆时间　　　　　　$4 \sim 12$ s

音频输出　　　　　　$12 \sim 75$ mW

8.2　测距机系统的基本工作原理

8.2.1　信号产生与处理过程

测距机的电路可以分为发射电路、接收电路和距离计算电路三个基本组成部分,分别用于完成产生射频脉冲询问信号、接收处理应答信号和进行距离计算三项任务。图 8 - 13 所示为表示上述基本功能的电路及其相互关系的原理方框图,一些次要的电路在图中没有示出。现在结合图 8 - 13 说明询问信号的产生与应答信号的接收处理过程。

1. 射频产生与频率调节

测距机的射频信号是由频率合成器产生的,所以具有较高的频率稳定度和频率准确度。在控制面板上选定甚高频导航系统的频率后,以五中取二形式表示的频率选择信息在输至甚高频导航接收机的同时,加至测距机,以选择测距机的工作频率。在这一频率调谐信息的控制下,频率合成器产生所指定波道的稳定射频振荡,注入发射机。经过调制等处理后形成询问射频信号,再经环流器输至天线发射。询问信号的频率为 $1\ 025 \sim 1\ 150$ MHz 波段中与所选择的甚高频导航波道配对的测距频率。与此同时,频率合成器形成的这一射频信号也输至接收机,作为本机振荡信号。由于测距机的本振频率等于询问发射频率,所以当接收机收到信标台所发射的 962~1 213 MHz 的应答信号后,总可以在混频后得到准确的 63 MHz 中频信号。

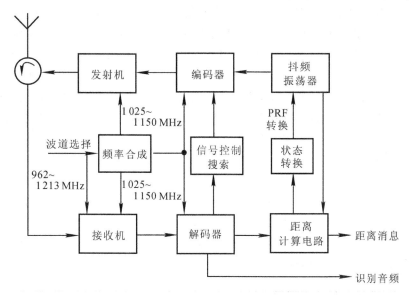

图 8-13　测距机原理方框图

频率合成电路除产生上述稳定射频信号注入发射电路和接收电路外,还产生 X/Y 波道信息输至发射电路中的编码电路,以控制脉冲对的间隔,实现波道选择。同样,X/Y 波道信息也加至接收通道中的解码电路,以鉴别所接收的应答信号的脉冲间隔是否符合所选择波道的模式。

调谐信号的另一个作用是直接加至接收电路,以将相应的高频电路调谐到所选择的工作频率上。

2. 发射信号及其重复频率控制

询问发射信号的射频频率是由频率合成器决定的,其信号波形和脉冲重复频率则是由脉冲重复频率控制电路和编码调制电路控制的。

编码电路和脉冲重复频率控制电路的主要功能是产生一定重复频率的脉冲对,以对发射信号进行调制。所产生的脉冲对的重复频率,不是固定不变的,而是随机抖动的。重复频率的平均值由状态控制电路控制,在搜索状态时较高,在跟踪状态时较低。脉冲的间隔由编码电路控制,取决于波道调谐信号。所形成的一定间隔的、重复频率抖动的脉冲对信号输至发射电路中的调制器。

这部分电路的另一功能是决定询问器是否产生询问射频信号发射,这是由询问器所接收到信标台脉冲数决定的。当接收到的脉冲数超过 450 对/s(有的设备为 650 对/s)时,自动等待电路就使编码电路正常工作,产生一定重复频率的脉冲对信号,去触发发射电路产生询问射频脉冲信号。

在编码电路的控制下,发射调制电路形成射频脉冲对询问信号。信号的波形及功率符合系统的整体要求。发射电路中的功率放大器一般采用功率合成器的形式。

在询问发射期间,抑制电路内产生抑制信号抑制本询问器的接收电路,同时产生外抑制信号输至另一部测距机及空中交通管制应答机,以抑制其发射。

3. 应答信号的接收与处理

测距机的接收电路用于对所接收到的应答信号进行接收处理。这部分电路大体上可以分成超外差式接收电路和解码电路两部分功能电路。解码电路也可以叫作视频处理电路。

在发射电路发射射频脉冲对询问信号后，接收电路即开始工作。天线所接收的应答信号经环流器后进入接收通道。在频率选择信号的控制下，接收通道中的预选回路调谐在所选择波道的相应接收频率即应答频率上，从而从纷杂的射频信号中选取出信标台射频应答信号，抑制其他射频干扰信号和杂波。所接收的射频应答信号与来自频率合成器的本机振荡信号相混频，产生 63 MHz 的中频信号，并在中频电路中得到进一步的放大，最后经检波得到视频脉冲对信号输至视频处理电路——解码电路。

解码电路的主要功能是对视频脉冲对信号的脉冲间隔及幅度进行检测，以判断所接收的信号是否有效，是否与本测距机的询问模式相符合，以便从众多的应答信号中选取出针对本测距机询问的应答脉冲。输出的应答脉冲输至距离计算电路，以进行距离计算。

视频信号中的信标台识别信号经视频处理电路后经过 1 350 Hz 的滤波处理，输至机上音频内话系统，以供机组识别信标台。

8.2.2 距离测量与状态转换

测距机在进入正常的距离测量状态，跟踪飞机距离的变化提供距离读数之前，需经历自动等待、搜索、预跟踪等过程。在距离测量过程中，同样也会因信号状态的变化进入记忆或者回到搜索状态。所以，测距机的实际工作状态可能是上述自动等待、搜索、预跟踪、跟踪或者记忆状态中的一种。有的状态，例如预跟踪，在有的设备中可能是不存在的。不同设备的状态转换准则参数也可能会有所差别，但各种工作状态及其转换准则是基本相同的。

1. 自动等待

在空中接通测距机的电源、选定波道后，测距机即工作于自动等待状态。自动等待状态也可以称为信号控制搜索（SCS）状态。

在信号控制搜索状态，测距机的接收电路正常工作，但发射部分是被抑制的。接收处理电路接收来自信标台的脉冲信号，并计算所接收到的脉冲对数。在飞机接近测距信标台的过程中，测距机所接收到的射频脉冲信号电压逐渐增高，所接收到的有效脉冲对数会随之增加。当所接收到的脉冲对数超过 450 对/s 时，表明飞机已送入了有效测距范围，测距机中的自动等待控制电路就触发编码发射电路，开始发射询问信号，使测距机由自动等待状态转为搜索状态。

2. 搜索

所谓搜索，是指机载测距机在不断发射询问信号的过程中搜寻周围信标台对自己询问的应答信号，并初步确定这一应答信号相对于发射时刻 t_0 的间隔时间。

在搜索状态，测距机所产生的询问信号的平均重复频率较高，典型测距机的为 90 对/s、40 对/s 等。在这些询问脉冲对中，有的得到了应答，有的则得不到应答。在众多的机载询问器同时向同一个信标台询问的情况下，某一机载测距机所接收到的信号中除了有对自己询问的应答信号外，还包括信标台对其他飞机测距机询问的应答信号。接收处理和距离计算电路对所接收的信号进行鉴别，以识别出信标台对自己询问的应答信号。这一识别过程就是搜索。一旦识别出对自己的应答脉冲，距离计算电路便可以计算出它与发射脉冲间的时间间隔，并在第二次询问后在同一时间间隔处产生一个距离波门,以等待第二次应答脉冲的到来。如果第二次应答脉冲进入了该距离波门,则表明测距机在发射脉冲后的同一时刻处识别出对自己的应答脉冲。这样,由距离波门在时间轴上的位置即可初步确定自己的距离。如果在连续的 15次询问中识别出 7 次对自己的应答信号,测距机即可结束搜索,转入预跟踪状态。

3. 预跟踪

进入预跟踪状态后,测距机继续进行上述询问——接收识别过程。其询问仍然维持较高的询问率,即 90 对/s。

距离计算电路所产生的距离波门与发射时刻 t_0 的时间间隔 T,对应于飞机和信标台之间的距离,因而所接收到的同步应答脉冲总是处在这一距离波门之中。在 4 s 的预跟踪过程中,距离计算电路根据飞机的运动速度以及运动方向(是向台还是背台),不断微调距离波门的位置,以使所接收到的后续应答信号处在距离波门的中心。根据距离波门与发射时刻 t_0 的时间间隔,测距机可以提供有效的距离信息。

4. 跟踪

在经历 4 s 的预跟踪状态后,测距机进入正常的跟踪状态。在跟踪状态,随着飞机与信标台距离的变化,应答脉冲与询问脉冲发射时刻之间的时间间隔随之改变,此时距离计算电路所产生的距离波门精确地跟踪应答脉冲,所提供的距离信息输至显示器,显示出飞机的距离读数。距离读数跟踪飞机距离的变化,随之不断更新。

由于已经进入了正常的跟踪状态,所以询问率可以比搜索状态时的低,通常是从搜索状态的 90 对/s 降为 22.5 对/s,或者从 40 对/s 降为 12 对/s。

5. 记忆

倘若在跟踪状态由于某种原因而使上述"7/15"准则得不到满足,则测距机将转为记忆状态。在测距机进入记忆状态后,距离计算电路按照飞机进入记忆状态时的运动速度和运动方向更新距离信息。此时距离显示器所显示的距离读数继续更新。一旦信号重新获得,测距机即由记忆状态返回跟踪状态,按照所获取的应答信号计算飞机的实际距离。如果记忆状态持续 4～12 s(典型时间为 11.4 s)仍不能重新获得有效的应答信号,则测距机将转为搜索状态,脉冲询问率重新增加到 90 对/s。

上述状态转换准则"7/15"在不同的设备中不是固定不变的,可以根据设计要求取用其他数值,例如"4/16"等等。

图 8-14 所示为典型测距机的各种工作状态及其转换准则、关系。图中的 RX 代表接收电路,TX 代表发射电路,PRF 为平均询问重复频率,箭头表示工作状态的转换关系。箭头旁的说明为状态转换的条件或准则。

8.2.3　应答识别——闪频原理

为了获得距离信息,测距机首先必须解决的一个基本问题是如何从信标台的众多的应答信号中识别出对自己询问的应答信号来。

应用闪频原理可以达到这一目的。所谓闪频,就是在测距机中设法使询问脉冲信号的重复频率围绕一个平均值随机抖动而不是固定不变。这样,同时工作的多台测距机的询问脉冲重复频率就会各不相同,为对所接收的应答机信号进行同步识别提供了基础。询问的重复频率是由重复频率控制电路控制的。图 8-15 所示为一种产生颤抖脉冲的原理电路方框图。

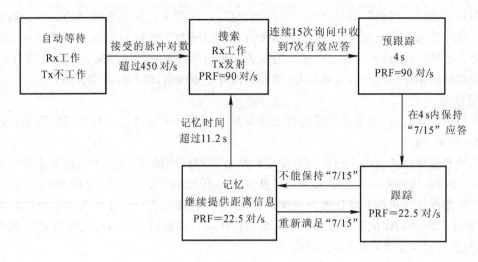

图 8-14　工作状态及其转换关系

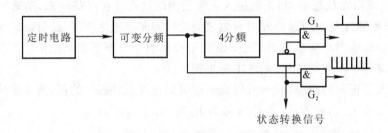

图 8-15　颤抖脉冲产生电路方框图

定时电路产生稳定的定时脉冲信号，其脉冲重复频率是固定不变的，如图 8-16(a)所示。定时脉冲加至一个可变分频器，该分频器的分频比是随机可变的，这就是颤抖脉冲发生器。由于其分频比随机抖动，所以它所输出的脉冲的重复频率是在一定范围内随机抖动的，即相邻的两个脉冲之间的时间间隔不是固定不变的，如图 8-16(b)所示。用该颤抖脉冲去触发发射电路，则所产生的射频脉冲询问信号重复频率也是抖动的。图 8-15 所示的固定分频器的分频比为 4，输出信号的重复频率受状态控制电路控制。在搜索状态，状态转换信号为高电平，脉冲是经与门 G_2 输出的，脉冲平均重复频率较高（90 Hz）；在跟踪状态，状态转换信号为低电平，所以上述电路使可变分频器的输出经 4 分频器后再经与门 G_1 输出，从而使平均重复频率降为 22.5 对/s。

在每次询问后，接收电路可以收到多对应答脉冲信号，但其中只可能有一对是对本测距机询问的应答脉冲，如图 8-16(e)所示。为简明起见，图中以单个脉冲来代表所接收到的应答脉冲对。设第一个应答脉冲相对于发射脉冲［见图 8-16(b)］的延迟时间为 T，则由于相邻几个询问周期中距离变化所引起的应答脉冲延迟时间的变化很小，在这里可以简单认为在相邻几个周期中对本测距机的应答信号的延迟时间均为 T。这样，对本测距机的这些应答脉冲均可落入中心位于 T 处的具有一定宽度的距离波门内，从而得以输出。而与应答脉冲由解码电路一同输出的其他脉冲，则由于不可能与本测距机随机抖动的发射脉冲保持稳定的时间同步关系，因而不能落入距离波门内，见图 8-16(c)(d)。可见，应用上述闪频原理，使询问脉冲的重复周期随机抖动,即可从众多的应答脉冲中识别出对本询问信号的应答脉冲,从而进一步根据其延迟时间 T 计算距离。

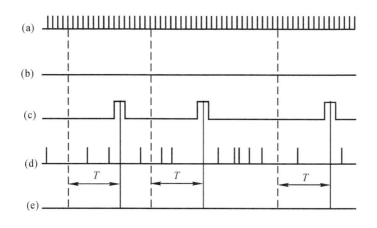

图 8-16　闪频原理

(a)定时脉冲;　(b)颤抖脉冲;　(c)距离波门;　(d)视频脉冲;　(e)同步应答脉冲

8.3　询问信号的产生

本节介绍测距机发射电路的电路结构及主要功能电路的工作原理。测距机所产生的询问信号也是脉冲调制的 L 波段射频信号,一些电路的结构和 ATC 应答机是相似的。这里只就其电路结构及一些有代表性的功能电路的工作原理进行简略的说明。

8.3.1　发射电路的组成

发射电路用于产生 X 波道或 Y 波道的周期性射频脉冲对信号,经环流器输至天线发射。发射载频由频率合成器提供。脉冲对的间隔由波道选择信号控制。脉冲重复频率则由距离计算电路中的状态控制电路控制。

典型测距机的发射电路由触发脉冲产生电路及转换电路、编码电路、频率合成电路、调制器和功率放大器等组成,如图 8-17 所示。各型测距机的发射电路虽然会有所不同,但均具有上述功能电路。频率合成电路除提供发射射频外,还同时用做接收电路中的本振频率源。

触发脉冲产生电路用于产生调制触发脉冲并控制其脉冲重复频率。测距机的询问重复频率是围绕一个平均值随机抖动的,且受状态转换电路的控制而转换其平均频率,以适应搜索状态高询问率和跟踪状态低询问率的需要。

编码电路在 X/Y 波道选择信号的控制下形成间隔为 12 μs 的 X 波道触发脉冲对或间隔为 36 μs 的 Y 波道触发脉冲对,以触发调制器和驱动放大器。

射频驱动电路对频率合成器输出的等幅射频信号进行倍频、放大,并进行预调制,以供给功率放大器以足够功率的脉冲射频驱动信号。

编码脉冲对在调制器中进行放大并经整形处理。在调制器所形成的调制脉冲对的控制下,射频信号在功率放大器中被调制并进行功率放大。功率放大器输出的脉冲对射频询问信号的功率可达 800 W。射频询问信号经环流器和低通滤波器输至天线辐射。

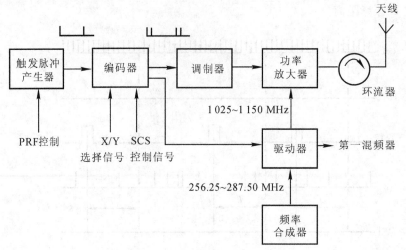

图 8-17　发射电路的组成

8.3.2　颤抖脉冲的产生原理

在不同的设备中,产生重复频率的颤抖触发脉冲的方案可能各不相同。用分频比随机变化的可变分频器对定时脉冲进行分频(见图 8-15)的方法是其中的一种。这里介绍另一种常用的产生颤抖脉冲的方法。这种方法是利用单结晶体管构成脉冲振荡器并实现抖频控制。

1. 单结晶体管的基本概念

单结晶体管(UJT)是一种具有负阻特性的半导体器件,常被用来充当 RC 脉冲振荡器的有源器件。它的外形和普通三极管相似,也有三个电极,但它只有一个 PN 结(单结晶体管即由此而得名),所以特性与普通三极管有很大的差别。单结晶体管的结构示意图如图8-18(a)所示。在一块高电阻率的 N 型半导体基片的两端所引出的两个电极,分别称为第一基极 B_1 和第二基极 B_2;在两个基极之间靠近 B_2 处用合金法或扩散法渗入 P 型杂质,形成一个 P 区,从 P 区引出电极,这就是发射极 E。这样,P 区和 N 型基片之间就形成了一个 PN 结。因为单结晶体管有两个基极,所以又称为双基极二极管。单结晶体管的电路符号如图 8-18(b)所示。

图 8-19(a)所示的单结晶体管等效电路有助于理解其基本工作原理。图中的二极管代表 PN 结。r_{B2} 代表第二基极 B_2 与发射极之间的体积电阻,r_{B1} 代表发射极与第一基极 B_1 之间的体积电阻。因为 r_{B1} 是随发射极电流 I_E 变化的,所以图中用可变电阻符号表示。两个基极之间的电阻 r_{BB} 为 r_{B1} 与 r_{B2} 之和,其值为数十欧到数十千欧。

当在单结晶体管的两个基极之间加上直流电压 V_{BB} 时(B_2 接电源正极),位于 B_1,B_2 之间的发射结所处的电位取决于 r_{B1} 和 r_{B2} 的分压比 η,如图 8-19(b)所示,V_{E0} 为

$$V_{E0} = \frac{r_{B1}}{r_{B1} + r_{B2}} V_{BB} = \eta V_{BB}$$

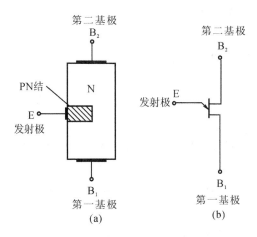

图 8-18 单结晶体管

（a）结构示意图； （b）电路符号

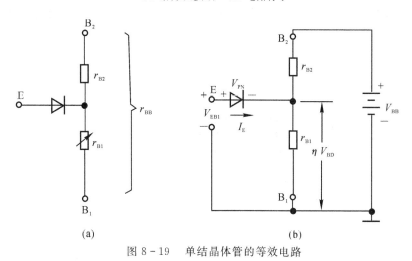

图 8-19 单结晶体管的等效电路

单结晶体管的伏安特性见图 8-20。当发射极电位低于 V_{E0} 时，单结晶体管是截止的。当发射极电位比 V_{E0} 高出一个 PN 结的压降 V_{PN}（对于硅管来说为 0.7 V），即

$$V_E = \eta V_{BB} + V_{PN}$$

时，发射结变为正向偏置，E，B_1 之间开始导通而出现射极电流 I_E。这个电压值称为峰点电压 V_P。随着 I_E 的增加，E，B_1 之间的硅片中注入了大量的空穴，使 r_{B1} 迅速减小。这样，随着 I_E 的增加 V_E 反而降低，从而使单结晶体管呈现出负阻特性，见图 8-20 的中段。在负阻区中，I_{B2} 也是增大的。在发射极电压降低到 V_V 时，单结晶体管达到饱和状态，此后，随

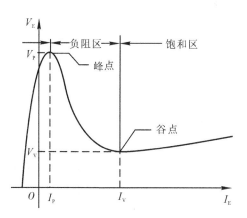

图 8-20 单结晶体管的伏安特性

着 I_E 的增加，V_E 略有增加，V_V 称为谷点电压。

2. 触发脉冲形成电路

利用单结晶体管的负阻特性，可以形成如图 8-21(a) 所示的脉冲振荡电路，以向编码调制电路提供所需的触发脉冲。电源电压 V_{BB} 通过电阻 R_1 接至发射极，并通过可变电阻 R_2 接至 B_2；发射极通过大容量电容器 C_1 接地。振荡器所产生的周期性脉冲从第一基极 B_1 与地之间的小电阻 R_3 上输出。

接通电源后，电源 V_{BB} 通过电阻 R_1 对 C_1 充电，使发射极电位 V_E 随着电容 C_1 的充电而逐渐增高。当 V_E 达到峰点电压 V_P 时，单结晶体管导通，电容 C_1 通过 E、B_1 之间放电，在 R_3 上形成前沿陡峭的脉冲。当电容上的电压降至谷点电压 V_V 时，r_{B1} 迅速增大，单结晶体管恢复阻断状态，振荡停止。此后，电源 V_{BB} 重又通过 R_1 对 C_1 充电，开始振荡的第二个周期。振荡器输出的脉冲波形和电容器的充放电波形见图 8-21(b)。适当选择 R_1、C_1 的数值，控制电容 C_1 的充放电速度，可以使脉冲的振荡周期为 90 Hz 左右（或其他所需的数值）。调节 R_2，可以改变 B_1、B_2 之间的电压，使单结晶体管的峰点电压 V_P 随之改变，从而可以在一定范围内调节脉冲振荡的周期。

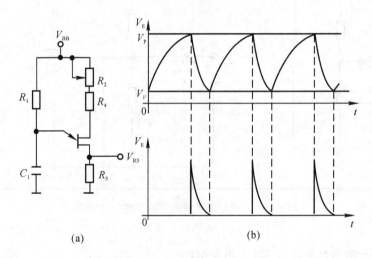

(a)   (b)

图 8-21 单结晶体管脉冲振荡电路

对上述电路加以改进，并再利用另一只单结晶体管来组成第二个振荡器，即可使单结晶体管脉冲振荡器的振荡周期随机变化。其原理电路见图 8-22。

图 8-22 中，右侧由 T_1、C_1、R_1 等组成的触发脉冲振荡器的脉冲重复频率为 90 Hz 左右。现利用 T_2、R_5、C_2 组成第二个脉冲振荡器，以使右侧振荡器 T_1 的振荡周期随机变化。R_5、C_2 的数值远大于 R_1、C_1 的数值，所以第二个振荡器的振荡周期远大于触发脉冲振荡器。在接通电源后，电源 V_{BB} 分别通过 R_1 和 R_5 对 C_1 和 C_2 充电。C_1 上电压的上升速度远大于 C_2。当 C_1 上电压数值达到 T_1 的峰点电压 V_P 时，T_1 导通振荡，C_1 放电，此时电源仍通过 R_5 对 C_2 缓慢充电。在 T_1 的第一周振荡结束后，电源重又通过 R_1 对 C_1 充电，开始第二周振荡过程。但与第一周振荡不同的是，在 T_1 振荡的第一周内 C_2 上已经积累的少量电荷，也会通过大电阻 R_6 参与对 C_1 的充电，因此第二周中 C_1 充电达到 V_P 的时间会比第一周时略有缩短，从而使第二周

的振荡周期略小于第一周的振荡周期。依此类推,第二周振荡结束时大电容 C_2 上所积累的电压又有所增加,从而使 T_1 第三周的振荡周期又有所减小。如此进行,所产生的每一周振荡的周期总是不同于前面的振荡周期(略有减小),直到 T_2 振荡为止。设 T_2 的振荡周期为 T_1 的 10 倍左右,则在 T_1 振荡 10 周后,C_2 所充的电压达到 T_2 的峰点电压而使 T_2 导通,C_2 放电,产生一次振荡。此后重又开始前述过程。但是,由于 C_2 放电结束的时刻与 C_1 开始充电的时刻之间的关系是随机的,所以 T_1 振荡 10 周(T_2 振荡 1 周)后 C_1 开始再次充电,C_2 上的电压值也是随机的。可见 T_1 振荡器所产生的脉冲重复周期是随机抖动的。适当选择元件数值,可以使所产生的触发脉冲频率在 82～92 Hz 之间随机变化,如图 8-23 所示。

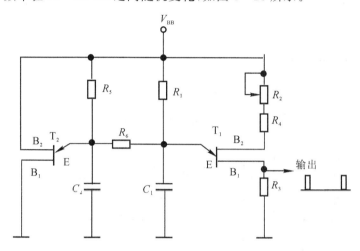

图 8-22　颤抖脉冲振荡器

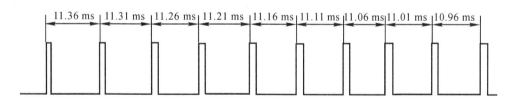

图 8-23　触发脉冲的周期变化

8.3.3　脉冲重复频率的转换

触发脉冲重复频率的转换是由状态转换电路产生的转换信号控制的。

利用除 4 计数器及相应的门电路来进行转换是一种常用的方法。现在以图 8-24 所示的原理电路为例说明实现脉冲重复频率转换的方法,图 8-25 所示为这一电路的主要波形。

两个 JK 触发器 U_1 和 U_2 组成了一个除 4 计数器。设触发脉冲的平均频率为 90 Hz,如图 8-25(a)所示。当它加至计数器的时钟输入端时,图 8-24 中的 b,c,d 各点的波形见图 8-25(b)(c)(d)。

由状态转换电路产生的重复频率转换信号在跟踪状态为高电平,在搜索状态为低电平,如

图 8-25(e)所示。这样,在跟踪状态,与非门 G_4 的输出端便形成了如图 8-25(f)所示的选择波门。在这一选择波门的控制下,G_5 将输入的高重复频率触发脉冲转换为低重复频率触发脉冲,其波形(经非门 G_6 后 g 点的波形)见图 8-25(g)。

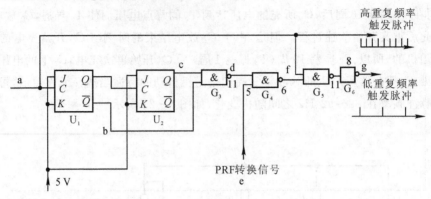

图 8-24 脉冲重复频率转换电路

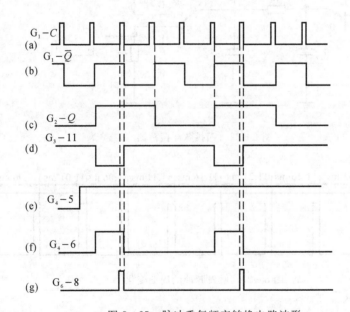

图 8-25 脉冲重复频率转换电路波形

由于触发脉冲产生电路所产生的高重复频率触发脉冲的周期是随机变化的,所以所形成的低重复频率脉冲的周期也是随机变化的,其平均值为 44 ms(平均频率为 22.5 Hz)。

8.3.4 编码原理

1. 脉冲对间隔控制

测距机中的编码电路的功用是在 X/Y 波道选择信号的控制下,产生间隔为 12 μs 的 X 波道编码脉冲对或间隔为 36 μs 的 Y 波道编码脉冲对。波道选择信号由频率合成器中的波道解码电路提供。

图 8-26 所示为典型的编码电路原理方框图。通常所用的编码方法是保持脉冲对的第二个脉冲的位置不变,而利用 X/Y 波道选择信号来控制第一个脉冲的位置,以达到控制脉冲对的两个脉冲之间的间隔为 12 μs 或 36 μs 的目的。

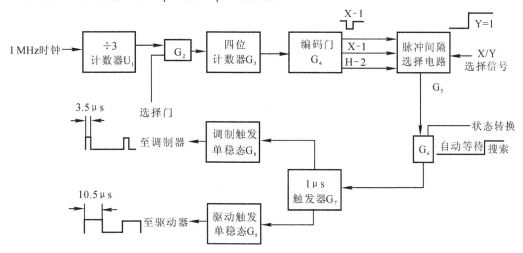

图 8-26 编码电路原理方框图

来自频率合成器的稳定的 1 MHz 信号,在编码器中经除 3 计数器 G_1 后得到 0.33 MHz 的时钟信号,其周期为 3 μs。这就是编码电路的时间间隔基准。在触发脉冲产生电路所提供的一个编码选择门的控制下可以由与门 G_2 选通其中的 16 个脉冲,如图 8-27(a)所示。这 16 个脉冲所占用的时间区间为 48 μs,用于触发四位计数器 G_3 进行计数。利用与前述进行脉冲重复频率转换的相似方法,用一组与非门(图中的 G_4)对计数器各输出端的输出进行组合,即可得到如图 8-27(b)(c)(d)所示的三个编码门 Y-1,X-1 和 H-2。其中 Y-1 编码门的前沿与第二个 0.33 MHz 时钟的后沿同步,距第一个时钟前沿 4 μs;X-1 编码门的前沿与第 10 个时钟脉冲的后沿同步,距第一个时钟脉冲前沿 28 μs;H-2 门则与第 14 个时钟脉冲的后沿同步,距第一个时钟前沿为 40 μs。每个波门的宽度均为 6 μs。由此可知,上述 Y-1 编码门与 H-2 编码门之间的间隔为 36 μs;而 X-1 编码门与 H-2 编码门的间隔为 12 μs,X-1 编码门比 Y-1 编码门落后 24 μs。这就是所需要的 Y 波道和 X 波道的脉冲对间隔时间。

2.X/Y 波道选择

X/Y 波道选择是利用来自频率合成器的 X/Y 波道选择信号,去控制脉冲间隔选择门(见图 8-26 中的 G_5)而实现的。

脉冲间隔选择门可以用与门、或非门等组成,也可以用其他形式的电路组成,如图 8-28 所示。在图 8-28 所示的选择电路中,Y-1,X-1 门分别加至两个与门 G_{5A},G_{5B} 的输入端;这两个与门的另一个输入端加的是 X/Y 波道选择信号,在选择 Y 波道时为"1",选择 X 波道时为"0"。设所选择的是 X 波道,则 G_{5A} 选通,X-1 编码门经 G_{5A} 输出而 Y-1 被抑制。反之,若所选择的是 Y 波道,则 G_{5B} 选通而 G_{5A} 被抑制。由 G_{5A} 或 G_{5B} 输出的第一个脉冲编码门在 G_{5D} 中与第二个脉冲编码门 H-2 组合,形成一对完整的脉冲对选择门,加至信号控制搜索选通门(见图 8-26 中的 G_6)。

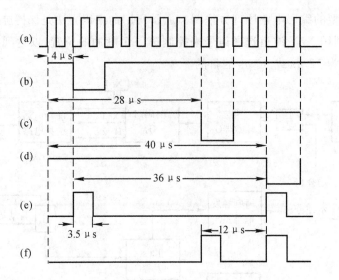

图 8 - 27   编码电路的波形

(a) 编码时钟；(b) Y - 1 编码门；(c) X - 1 编码门；(d) H - 2 编码门；
(e) Y 波道触发脉冲对；(f) X 波道触发脉冲对

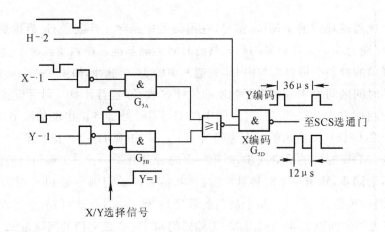

图 8 - 28   X/Y 波道选择

3. 信号控制搜索

信号控制搜索电路(SCS)的作用是控制测距机是否产生询问发射信号。通常所用的控制方式,是通过对所接收到脉冲对计数,产生 SCS 选通信号,去选通输至发射机的触发脉冲。

SCS 电路的工作原理可用图 8 - 29 来说明。测距机所接收到的脉冲信号,经接收机视频处理器处理后加至 SCS 电路的三位计数器进行计数,若所接收到的有效脉冲信号在一个询问周期中超过 450 对/s。计数器的输出即通过门电路加至发射机触发器,使触发器的输出变为高电平。这一信号加至 SCS 选通门 G_6 ,即可使编码脉冲对触发信号通过 G_6 输出,去触发调制发射电路。反之,若三位计数器的计数表明测距机所接收到的脉冲数不足,则 SCS 控制信号为低电平,触发脉冲对就不能通过选通门 G_6 输出,从而抑制发射机。

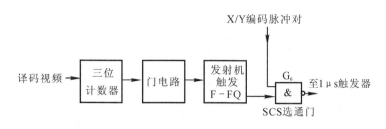

图 8 - 29　SCS 电路

4. 触发脉冲的宽度

利用编码电路所形成的间隔不同的 X 或 Y 脉冲对,触发单稳触发器 G_7(见图 8 - 26),可得到 1 μs 的触发脉冲。这 1 μs 的触发脉冲加至调制触发脉冲形成级 G_8,即可获得宽度为 3.5 μs 的正极性触发脉冲对——调制触发脉冲对。在这一调制触发脉冲对的触发下,调制发射电路产生射频脉冲询问信号输至天线。与此同时,G_7 的输出还用于触发另一个单稳触发器 G_9,产生宽度为 10.5 μs 的负极性驱动器触发信号输至驱动器。所形成的调制触发脉冲对和驱动器触发脉冲对的波形宽度,分别取决于这两个单稳触发电路,并且通常是可以调节的。如果编码电路所形成的编码脉冲对的间隔为 36 μs(Y 波道),则调制触发脉冲对和驱动触发脉冲对的脉冲间隔也就被确定为 36 μs,见图 8 - 27。

8.3.5　频率合成与驱动电路

测距机一般利用频率合成器作为射频信号源,以获得理想的频率稳定度。

1. 频率合成电路

测距机中的频率合成电路通常为锁相环路可变分频频率合成器。有关频率合成器的基础知识已在第 2 章中作了介绍。这里只简略说明测距机频率合成器的电路结构及工作概况。

频率合成器的一种组成方案如图 8 - 30 所示。其主要组成部分包括压控振荡器、晶体基准振荡器、混频器、可变分频器、相位比较器(鉴相器)及环路滤波器等。

压控振荡器的振荡频率范围为 256.25～287.50 MHz。这一输出在驱动器中经 4 倍频即可得到测距机所需的 1 025～1 150 MHz 射频信号。

频率合成器的频率步阶为 125 kHz。鉴相器的基准频率也是 125 kHz。可见如果按照第 2 章中所介绍的直接分频方案,则需将压控振荡器所产生的 256.25～287.50 MHz 信号降到 125 kHz 左右,所需进行的分频比为 2 000 左右。如果不用这种直接分频方案,还可以采用变频和分频相结合的降频方案,如图 8 - 30 所示。压控振荡器所产生的高频信号,先在混频器中与 296 MHz 的晶体稳频信号相混频,使频率降低为 8.5～39.75 MHz。296 MHz 稳频信号是由 98.667 MHz 的晶体振荡信号经 3 倍频而获得的。这一降频后的压控振荡器输出信号,再经二次分频得到 4.25～19.875 MHz 的信号,然后加至可变分频器进行可变分频。

可变分频器的分频比 N 由波道选择信号控制。设所选定的波道为 N,例如,当选择第 1 波道时,分频比为 159。这样,降至 19.875 MHz 的压控振荡信号在可变分频器中按分频比 159 进行分频后的频率为 125 kHz;如果选择 126 波道,则分频比为 34,此时可变分频器按分频比 34 对降至 4.25 MHz 的压控振荡信号进行分频,所得到的信号频率也是 125 kHz。可见,利用这种混频和分频相结合的降频方案,所需的可变分频比为 34～159。

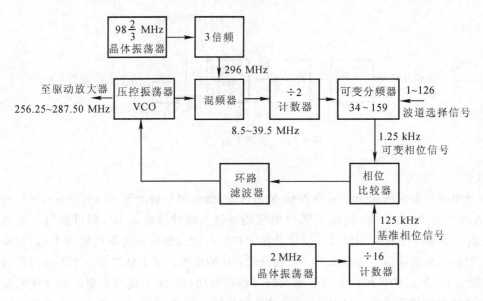

图 8 - 30　DME 频率合成器

加至鉴相器的基准信号是由 2 MHz 的晶体振荡器提供的。晶体振荡器的输出经过除 16 计数器，即可得到稳定的 125 kHz 基准振荡信号。此外，2 MHz 信号还经除 2 分频产生 1 MHz 信号，输至编码电路作为确定脉冲对间隔的基准时钟。

晶体振荡器提供的 125 kHz 稳定基准信号与来自压控振荡器的 125 kHz 信号在相位比较电路中进行相位比较，其输出的误差信号取决于压控振荡信号相对于基准信号的频率偏移。相位比较器的输出经积分放大、滤波后所得到的直流控制电压加到压控振荡器，控制压控振荡器的振荡频率。一旦压控振荡频率发生偏移，环路即产生幅度取决于偏移量而极性取决于偏移方向的直流控制电压，对压控振荡器进行微调，使频率回复到稳定的晶体基准振荡频率上，从而使压控振荡器所提供的信号频率稳定度与晶体基准振荡相一致。在选择不同的波道后，可变分频器的分频比随之改变，但在环路锁定状态加到相位比较器的压控振荡信号仍为 125 kHz。此时，直流控制电压稳定在新的电平上，以使压控振荡器的振荡频率稳定在新的频率上。当直流控制电压为 3.9～9.7 V 时，压控振荡频率的范围为 256.25～287.50 MHz。

2. 驱动放大电路

驱动放大电路用于对频率合成器产生的信号进行倍频、放大和实现对射频信号的预调制，其电路组成如图 8 - 31 所示。

由频率合成器输入的 256.25～287.50 MHz 的稳频信号，在由 Q_3 放大的前后，由 2 倍频器 Q_1，Q_2 及 D_1，D_2 进行两次 2 倍频后即成为测距机的 1 025～1 150 MHz 的连续射频信号。射频信号加至由 PIN 管组成的开关电路。

PIN 开关电路的转换由来自编码电路的驱动触发脉冲控制。当没有驱动触发脉冲对输入时，调制触发级 Q_7，Q_8 及驱动调制级 Q_9 是截止的，此时 PIN 管开关电路使射频信号通过衰减器和带通滤波器输至接收混频器，而不能输至后面的驱动放大电路。当驱动触发脉冲作用于调制触发级 Q_7 的基极时，Q_7，Q_8 及驱动调制级 Q_9 均导通。这样使 PIN 管的偏置电压发生变化，从而使射频信号在驱动触发脉冲作用期内通过 PIN 管开关电路输至驱动放大器 Q_4，

Q_5 及 Q_6,而不再输至接收电路。

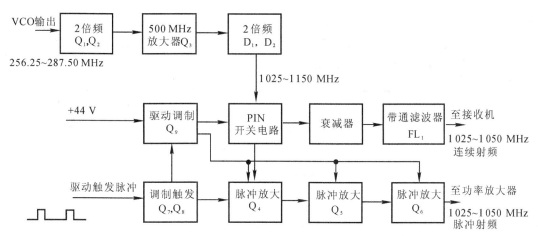

图 8 - 31　驱动放大器

在驱动调制级 Q_9 导通期间,44 V 直流电源经 Q_9 加至三级驱动放大器 Q_4,Q_5 及 Q_6。于是射频信号在驱动触发脉冲作用期内经三级放大器放大,从而形成宽度为 10.5 μs 的脉冲射频信号,实现对射频信号的预调制。

三级放大器使脉冲调制信号的功率达到 55 W 左右,输至功率放大器。

8.3.6　调制器

对测距机调制器的基本要求有两方面。一方面,调制器应能提供足够的调制功率。测距机所发射的询问信号功率约为 700 W,这就要求脉冲调制器应能在短暂的 3.5 μs 脉冲作用期内提供足够的脉冲功率。输至功率放大器的脉冲电压为 50 V,电流则高达 80 A。另一方面,由于射频询问信号的包络波形主要取决于调制器所提供的调制脉冲波形,所以调制器必须能产生满足系统要求的钟形调制脉冲。不论哪种形式的调制电路,调制器均应能满足上述两方面的基本要求。

常用的测距机调制器的组成方框图如图 8 - 32 所示。在这种调制器中,用大功率的晶体管作为脉冲开关器件,用 3 个大容量的电容器作为储能电容。调制器的电源是由测距机电源供给电路提供的 86 V 直流电压。在脉冲间歇期间,86 V 电源对 3 个大容量储能电容充电,把能量储存在电容器中。在此期间,各功率放大管由于没有集电极电源,是不可能产生射频信号输出的。当调制触发脉冲由编码电路加至调制器时,调制器被触发导通。在 3.5 μs 的脉冲作用期间,调制器产生 50 V 的脉冲电压加至各功率放大管的集电极,从而使射频信号在脉冲期内经功率放大级放大,形成功率达 800 W 的脉冲射频信号经环流器输至天线。

由于编码电路所提供的调制触发脉冲是宽度为 3.5 μs 的矩形脉冲,而系统则要求产生钟形的询问脉冲信号,所以需在调制器中对调制触发脉冲进行整形处理。为此,输入的矩形调制触发脉冲经脉冲开关管 Q_1 后,加至一个由电感 L_1 和电容 C_2,C_3 组成的低通滤波器。由第一章对脉冲信号的频谱分析可知,矩形脉冲所包含的部分高次谐波分量在通过低通滤波器时将会被抑制或衰减。因此,低通滤波器输出端的脉冲波形就不再是矩形的,而是钟形的,如图 8 -

27 所示。其包络规律近似为余弦平方规律。

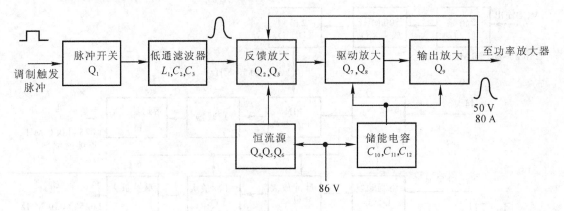

图 8-32　调制器

为了减小负载变动或电源波动的影响，调制器中采取了负反馈措施。调制器末级输出放大器 Q_9 输出的部分信号负反馈到加法放大器 Q_2，Q_3 的基极。这样，可以使调制器所提供的调制脉冲具有稳定的振幅。此外，调制器中还用专用的恒流源（Q_4，Q_5，Q_6）对 Q_2，Q_3 供电，以进一步稳定输出的振幅。

为了获得所需的脉冲功率，调制器采用多级放大电路，以逐级提高脉冲功率。调制信号从调制放大器的末级射极输至功率放大器，以利于调制信号振幅的稳定。

8.3.7　功率放大器及环流器

1. 功率放大器

测距机的功率放大器（功率合成器）用于将输入的 1 025～1 150 MHz 的脉冲射频信号放大到所需的功率电平（约 800 W），并实现对射频信号的脉冲调制。

功率放大器的射频输入由频率合成器的驱动放大电路提供。所需要的高电平脉冲调制信号则来自调制器。放大器输出的大功率射频脉冲信号，经环流器和低通滤波器输至天线辐射。输出的射频信号功率足以满足系统对作用距离的要求。

测距机所采用的是全固态的功率放大器。由于单个晶体管的功率达不到所要求的功率电平，所以采用了功率合成的方法，其电路组成如图 8-33 所示。

输入的射频驱动信号功率约为 55 W。经第一个功率分配器 D_1 分成均衡的两路加至两个驱动放大器 Q_1，Q_2 分别放大，每路的输出功率均可达到 150 W 左右。两路驱动放大器的输出再分别经功率分配器 D_2 中的两个分配器各自分成两路，然后由四路末级功率放大器 Q_3，Q_4，Q_5，Q_6 放大，每路的输出功率可达 225 W 左右。这样，由功率合成网路 D_3 将四路信号合成，所得到的射频输出功率约为 800 W。

所使用的功率分配器和功率合成网路是由微波带状线构成的。带状线功率分配器的两个输出端之间是相互隔离的，功率合成网路带状线的两个输入端也是隔离的，因此可以保证各路放大器互不干扰地独立工作。一旦其中的一路损坏，其他几路仍可正常工作，因此所损失的只是 1/4 或者 1/2 的功率。在这种情况下，测距机的输出功率虽然减小，但仍可正常地进行询问或应答，因而仍可正常提供距离信息。当然，此时系统的有效作用距离会受到不同程度的影响。在发射功率大于 175 W 的情况下,测距机是可以继续跟踪信标台的。只有当输出功率低于 100 W 时,监测电路才发出警告,使显示器能消隐或者落下警告旗。

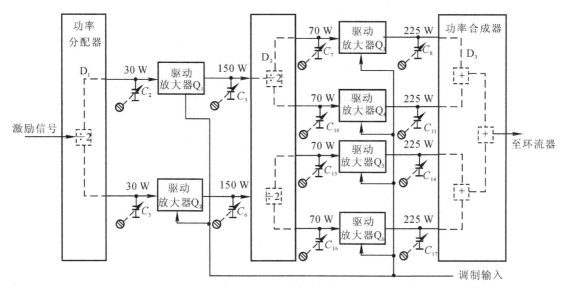

图 8-33　功率合成器

每个放大器的输入、输出回路均是由电感和电容组成的并联回路。回路是固定调谐的,可对 1 025~1 150 MHz 的射频信号进行有效的放大。考虑到在更换大功率的功率放大管时会引起分布电容的变化,所以每个回路的电容均是可以微调的。在更换功率放大管后,需在内场用仪器监测功率,微调有关的电容器。

调制器供给的调制脉冲加到 4 个放大管的集电极,以最终实现对射频信号的脉冲调制。

2. 环流器及低通滤波器

测距机的接收和发射电路是共用一部天线工作的。收、发电路通过环流器实现与天线的连接,并保证收发电路之间的隔离。

测距机环流器的原理结构如图 8-34 所示。这是一个四端环流器。功率放大器产生的大功率询问信号由发射端 J_1 输入,信号沿箭头方向传送至 J_2 端,经低通滤波器 FL 输至天线辐射。天线所接收的应答信号由 J_2 端输入后,沿箭头方向由 J_3 端输至接收通道。发射端 J_1 和接收端 J_3 之间是隔离的。

天线所接收的应答信号经过环流器输至接收端 J_3 时,会受到一定程度的衰减。

环流器的 J_4 端接至 50 Ω 匹配负载。从环流器的 J_1、J_3 端及 J_2 端(天线端)所测量的对地直流电阻均应为 50 Ω。

在环流器和天线之间装有一个低通滤波器(在环流器组件内)。低通滤波器的作用是滤除发射电路所产生的射频谐波成分,以避免对其他设备的干扰。当然,滤波器的接入也会导致对发射信号功率的轻微衰减。这样,当发射电路环流器 J_1 端的信号功率为 800 W 时,环流器和低通滤波器大约会使信号功率损失 100 W,即输至天线的信号功率约为 700 W。

低通滤波器内有一个衰减量为 30 dB 的耦合器,用于对发射信号进行取样。发射信号取样经二极管整流后输经监测电路,以监控发射电路的工作状况。

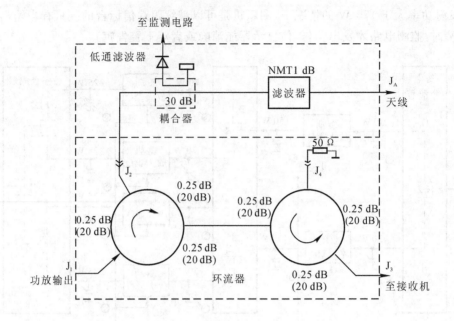

图 8 - 34   环流器与低通滤波器

本节以及下一节介绍实例电路的工作原理,取自应用较多的 860E - 5 型测距机。尽管各型测距机发射电路和接收电路的组成结构有所不同,但各型测距机均应包含上述功能电路,并且用于实现相同功能的电路大体上是相似的,其基本工作原理也是相同的。

8.4   应答信号的接收与处理

本节说明测距机应答信号的接收处理过程,介绍视频处理器等功能电路的结构及基本工作原理。

8.4.1   电路组成及信号处理过程

测距机的接收处理电路大体上可以分为高频、中频和视频三部分,其电路组成如图8 - 35 所示。

高频部分用于选择出所选定波道的信号,并经混频将所接收的射频信号变换为中频信号。高频电路由预选器、调谐电压整形电路和第一混频器等组成。

在选定测距机的工作波道后,将代表所选波道的波道调谐信号加到接收电路中的调谐电压整形电路。调谐信号在整形电路中被变换成对应于所选择波道的直流调谐电压,以把预选器调谐到所选择波道的接收频率上。预选器是由几级调谐滤波器组成的,它采用变容二极管调谐的方式,把滤波器调谐在工作频率上,从而从输入的众多频率的接收信号中选择出本工作波道频率的信号,滤除其他频率的信号。

由频率合成器驱动放大电路输入的 1 025~1 150 MHz 稳定的射频信号,作为本机振荡信号加至第一混频器。由于接收信号的频率——信标台的发射频率与询问频率相差63 MHz,所以混频器产生的第一中频恒为 63 MHz。

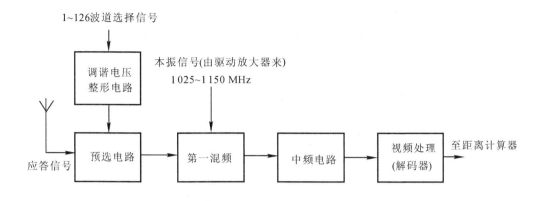

图 8-35　接收处理电路

中频电路由第一中频放大器、第二混频器、本机振荡器、第二中频放大器及检波器组成。中频放大电路对信号进行足够的放大后,经检波输出视频脉冲信号。视频脉冲输至视频处理电路。

视频脉冲中既有应答脉冲对,也有信标台的噪声填充脉冲和识别信号。视频处理电路根据 X/Y 波道选择信号,对所输入的视频脉冲对的间隔进行鉴别,所鉴别出的本波道的应答信号被输至距离计算电路。对 X 波道而言,应答脉冲对的间隔与询问脉冲相同,仍为 $12~\mu s$;而 Y 波道的应答脉冲信号的脉冲间隔则为 $30~\mu s$,与询问脉冲对的 $36~\mu s$ 间隔是不同的。视频信号中的测距台识别信号被输至音频系统。此外,视频脉冲还输至信号控制搜索电路,以进行脉冲计数。

在测距机发射询问信号期间,内部抑制波门被加到预选器以使预选器失谐,从而使询问射频信号不可能通过预选电路。

8.4.2　预选电路及混频器

天线所接收的射频信号经过环流器后,通过预选器预选后输至后续的混频器等接收电路。

1. 预选电路

测距机预选电路的作用与一般接收机的高频选择回路相同。预选电路由射频放大器、带通滤波器和调谐电压整形电路组成,典型的预选电路结构如图 8-36 所示。图中 Q_1 为射频放大器,射频放大器之前为一个滤波器 FL_1,它相当于射频放大器的高频输入回路;射频放大器之后是一个滤波器 FL_2,它相当于放大器输出回路。接收信号通过滤波器后加至第一混频器的信号输入端。

滤波器是由变容二极管充当调谐元件的。滤波器 FL_1 由两个变容二极管 D_1,D_2 进行调谐;滤波器 FL_2 由三个变容二极管 D_3,D_4,D_5 调谐。

变容二极管的等效电容是取决于所施加的直流控制电压的,因此,当选择不同的波道时,由调谐电压整形电路产生的直流控制电压的数值是不同的,这就使变容二极管的等效电容随之改变。从而把滤波器调谐到所选择波道的接收频率上。

2. 调谐电压整形电路

由变容二极管结电容的变化特性可知,等效结电容与所施加的反向控制电压之间的关系不是线性的,而频率又是与电容的平方根成反比的。所以,频率变化与控制电压之间的关系不是简单的线性比例关系,但在电路和器件确定后,其变化规律就是已知的确定关系。

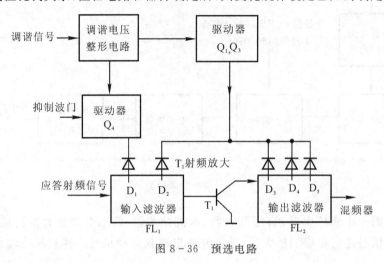

图 8 - 36 预选电路

调谐电压整形电路的作用,就是按照所选定的变容二极管对频率的控制规律,对输入的调谐信号加以适当的变换处理,以在经过处理后的调谐电压控制下,把预选电路调谐到所指定的波道。整形电路所提供的控制电压应具有足够的幅度。调谐电压整形电路的输入调谐信号是线性的步阶信号,其变化范围为−7.55～1.0 V(直流)。经过整形处理后的调谐电压是按指数规律变化的步阶电压,其变化范围为6～25 V(直流)。在工厂中可校正相应的电位计,使所产生的调谐电压能够把预选电路准确地调谐到所选波道的通带。

整形后的调谐电压经两路驱动器输出。驱动器输出的控制电压是正极性的。驱动器 Q_4 的输出用于控制 D_1,驱动器 Q_1,Q_3 的输出用于控制 $D_2 \sim D_5$。加至每一个变容二极管的控制电压都可以通过一个单独的电位器进行校正。

3. 发射抑制

在发射电路产生射频询问脉冲期间,内部抑制波门加至本电路中的抑制电路,使驱动器的输出从正常的 6～25 V 变为−11 V 左右,从而使预选电路远离工作频率,达到在发射期间抑制接收通道的目的。抑制时间为 10.5 μs。

4. 混频器

测距机第一混频器通常为环形混频器,环形混频器又称双平衡混频器,其原理电路如图8-37所示。采用平衡混频器电路可以更多地抑制混频所产生的非线性频率成分,使输出信号中只包含射频与本振频率的奇次和差频率分量。

混频器由 4 个特性一致的微波二极管组成,由于工作频率高达 1 000 MHz 左右,所以输入、输出电路是利用器件的分布参数形成的。

为了获得理想的性能,输入平衡混频器的本振信号和射频信号都必须是严格对称的。但上述信号通常是通过同轴线输入的,而同轴线的外导体又是接地的,所以在信号输入端装有1/4波长变换装置,以把不对称的输入信号变换为平衡对称的输入信号。

8.4.3 中频电路

测距机采用双变频超外差式电路。图 8 - 38 所示为中频电路的组成方框图。

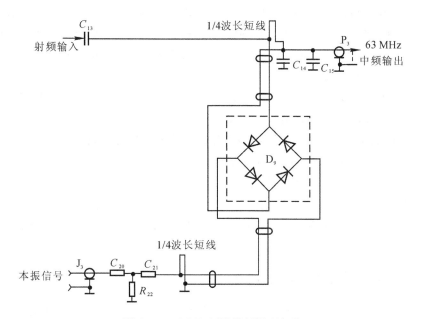

图 8-37　DME 环形混频原理电路

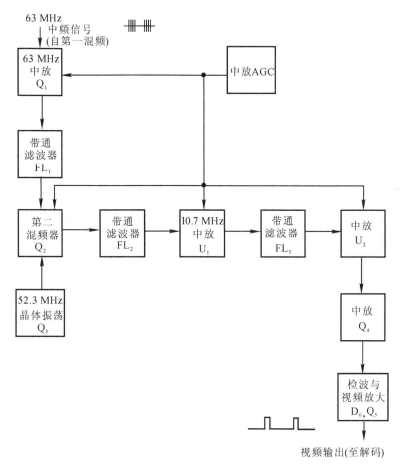

图 8-38　中频电路

不论什么型号的测距机,其第一中频总是固定的 63 MHz。第一中频经放大器放大后,通过带通滤波器 FL$_1$ 加到第二混频器。带通滤波器 FL$_1$ 由 3 个 LC 调谐回路组成,回路间通过电容耦合。微调 3 个回路的电感可以获得对称于 63 MHz 的理想矩形频率特性,以保证足够的通带宽度并提供良好的邻道干扰抑制能力。

典型的第二中频为 10.7 MHz。第二本机振荡器由振荡频率为 52.3 MHz 的晶体振荡器 Q$_3$ 提供。第二混频器 Q$_2$ 的负载是一个带通滤波器 FL$_2$,FL$_2$ 也是由 3 个通过电容耦合的 LC 并联回路组成的,其中心频率为 10.7 MHz。各回路的电感均可微调。

第二中频放大器使用了两个运算放大器 A$_1$,A$_2$ 和一个晶体管 T$_4$,以获得足够的中频增益。A$_1$ 的负载为三回路带通滤波器 FL$_3$。

第二中频放大器的输出经检波后所获得的视频脉冲信号通过射极跟随器 Q$_5$ 输至视频处理电路。除末级中频放大器 Q$_4$ 外,各级中频放大器及第二混频器均由中频自动增益控制电路提供自动增益控制。

8.4.4　视频处理电路的基本工作原理

视频处理电路用于对输入的视频脉冲信号的间隔进行鉴别,以识别出所选定的 X 波道或 Y 波道应答信号——这就是应答信号的解码。鉴别是根据 X/Y 波道选择信号进行的。除此之外,视频处理电路还具有振幅判别功能,凡是低于 0.7 V 的视频脉冲均被认为是无效信号。

视频处理电路的输出有两路。第一路是与应答脉冲对的第一个脉冲同步的"门限视频脉冲";第二路是与脉冲对第二个脉冲同步的"解码视频脉冲"。门限脉冲和解码脉冲输至距离计算电路。

典型的视频处理电路由一系列单稳态触发电路和门电路组成,如图 8-39 所示。

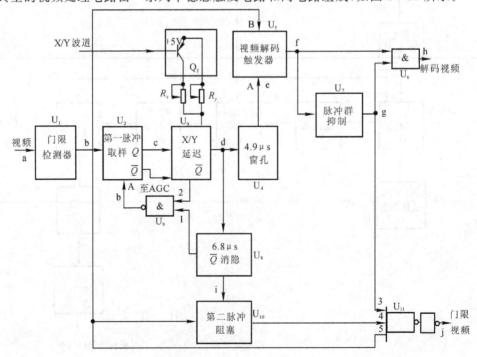

图 8-39　视频处理电路

1. 解码视频脉冲的产生

由接收电路输出的视频脉冲如图 8 - 40(a)所示。视频脉冲加至视频处理电路的门限检测器 U_1。U_1 是一个电压比较器,它的视频门限通常设置为 0.7 V,超过这一门限的视频脉冲均能产生振幅恒定的输出,如图 8 - 40(b)所示。

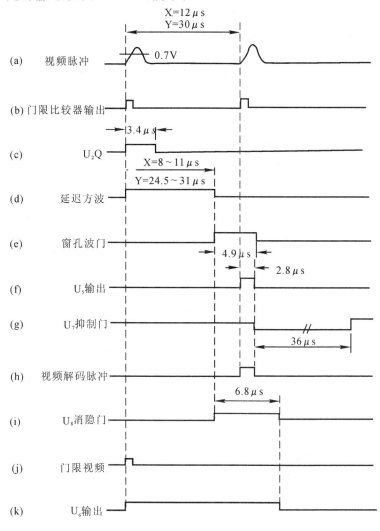

图 8 - 40　解码电路波形

门限检测器输出的第一个触发脉冲,触发第一脉冲取样触发器 U_2。U_2 的 Q 端的输出是前沿与触发脉冲前沿同步的规则正脉冲,正脉冲的宽度为 3.4 μs,如图 8 - 40(c)所示。这一脉冲用于触发 X/Y 延迟单稳触发器 U_3。U_2 的 $\overline{Q}$ 端的输出则用于启动中频放在器自动增益控制电路。

X/Y 延迟触发器 U_3 所产生的脉冲宽度受 X/Y 波道选择信号的控制。X/Y 波道选择信号加至控制门 Q_1 的基极以控制 Q_1 的通断。Q_1 的通断改变了 U_3 的充电电阻数值,从而改变了 U_3 所产生的延迟方波的宽度[见图 8 - 40(d)]。

延迟波门[见图 8 - 40(d)]的宽度决定了视频处理电路对第二个脉冲的选通时间。这是通过窗孔单稳触发器 U_4 所产生的"窗孔波门"[见图 8-40(e)]来实现的。在延迟方波[见图 8-40(d)]的后沿触发下，U_4 产生一个宽度为 4.9 μs 的窗孔波门，该波门中心距第一个视频触发脉冲的前沿的时间间隔等于延迟波门[见图 8-40(d)]的宽度与窗孔波门宽度的一半之和，在选择 X 波道时为 12 μs；在选择 Y 波道时为 30 μs[见图 8-35(e)]。

窗孔波门[见图 8-40(e)]用于选通第二个脉冲，以完成对脉冲对间隔的解码。窗孔波门作用在视频解码触发器 U_5 的 A 端；门限触发器 U_1 输出的触发脉冲——应答脉冲对的第二个脉冲输至 U_5 的触发端 c(见图 8-39)。如果在窗孔波门的 4.9 μs 作用期间有第二个触发脉冲输入，则该触发脉冲即可触发 U_5 产生一个对应于应答脉冲对的第二个脉冲的"解码视频脉冲"输出[见图 8-40(f)]。也就是说，只有当第二个触发脉冲位于 U_4 所产生的 4.9 μs 窗孔脉冲的窗孔之间时即应答信号与所选择的 X/Y 波道相符时，解码视频触发器 U_5 才会输出对应于第二个脉冲的解码视频脉冲，从而实现对视频脉冲对脉冲间隔的识别解码。解码视频脉冲宽度为 2.8 μs，通过与门 U_6 输至距离计算电路，其波形如图 8-40(h)所示。

2. X/Y 应答脉冲的解码过程

现在，设测距机所选择的是某一 X 波道。当众多的视频脉冲由接收电路输至视频处理电路时，只有其中的间隔为 12 μs 的 X 波道应答脉冲对才能产生解码视频脉冲输至距离计算电路。而间隔为 30 μs 的 Y 波道应答脉冲及其他脉冲均不能产生解码视频脉冲输出。

此时，加至选择门 Q_1 的 X/Y 波道选择信号为低电平，Q_1 导通。Q_1 的导通使 R_x 与 R_y 并联，对延迟方波产生器 U_3 的电容充电。R_x 与 R_y 并联使充电电阻减小，所以 U_3 产生的延迟方波的宽度较小，为 9.55 μs，调节 R_x，可使延迟方波宽度在 8～11 μs 的范围内变化。这样，由延迟方波后沿触发产生的 4.9 μs 的窗孔脉冲的中心与第一个触发脉冲前沿的间隔为

$$(9.55+4.9/2)\ \mu s = 12\ \mu s$$

正好与 X 应答脉冲对的第二个脉冲一致，因此 X 波道应答脉冲的第二个触发脉冲可通过该窗孔去触发解码视频触发器 U_5，产生 X 波道解码视频输出，而 Y 波道的第二个脉冲与该窗孔脉冲不一致，是不可能产生解码视频输出的。

若测距机选择的是某一个 Y 波道，则加至选择门 Q_1 的 X/Y 波道信号为高电平，Q_1 截止。这样，U_3 的充电电阻仅为 R_y，故所产生的延迟方波宽度较宽，为 27.55 μs。调节 R_y，可使延迟方波宽度在 24.5～31 μs 的范围内变化。可见，此时窗孔脉冲的发生时间是与 Y 波道应答脉冲对的第二个脉冲相符合的，即

$$(27.55+4.9/2)\ \mu s = 30\ \mu s$$

因此，第二个脉冲能够触发产生解码视频输出，而 X 波道脉冲是被抑制的。

由上可见，只有那些符合测距机所选定波道的应答脉冲对，才能通过视频处理电路输出——产生解码视频脉冲输至距离计算电路。

3. 门限视频输出

应答脉冲对的第一个脉冲可以通过第二脉冲阻塞触发器 U_{10} 及输出门 U_{11} 等，产生与第一个脉冲同步的"门限视频脉冲"输出，脉冲对的第二个脉冲是不能通过 U_{10} 输出的(见图 8-39)。

通过门限检测器 U_1 的第一个触发脉冲直接加至门限视频输出门 U_{11} 的一个输入端 5。这个正极性的第一触发脉冲还加到第二脉冲阻塞触发器 U_{10} 的时钟输入端。输出与门 U_{11} 的另一个输入端 4 上所施加的是 U_{10} 的 $\overline{Q}$ 端的输出。U_{11} 的第三个输入端 3 上所作用的是由脉

冲群抑制触发器 U_7 产生的波门[见图 8-40(g),其作用在下面介绍]。由图 8-40(g)可见,在应答脉冲对的第一个触发脉冲期间,三端与非门 U_{11} 的三个输入端均为高电平,故可产生与第一个脉冲同步的门限视频脉冲经非门 U_{12} 输至距离计算电路,其波形如图 8-40(j)所示。

至于脉冲对的第二个脉冲,是不能通过 U_{11} 输出的。这是因为在第一脉冲通过后,U_{10} 的 Q 端将保持为低电平,这个状态会一直保持到第二脉冲结束之后,所以能够阻断第二脉冲。

4. 其他脉冲的抑制

视频处理电路除了应使所选择波道的应答脉冲对能分别产生单一的门限视频脉冲和解码视频脉冲输出外,还应能防止其他脉冲产生输出。这一要求是由脉冲群抑制触发器 U_1、消隐触发器 U_8 及与非门 U_9 等来完成的。脉冲群抑制触发器 U_7 的功用是产生抑制 TACAN 脉冲群的 36 μs 负波门。它是由解码视频触发器 U_5 所产生的解码视频[见图 8-40(f)]的后沿触发产生的。所产生的负方波宽度为 36 μs。U_7 的 Q 端的输出波形如图 8-40(g)所示。这一负波门加到解码视频输出与门 U_6 的一个输入端,使该输出门在产生解码视频输出后抑制 36 μs。这样,TACAN 系统所发射的跟随在测距应答脉冲对后面的其他脉冲群信号,就不可能通过输出与门 U_6 产生解码视频输出了。这一负波门还加至门限视频脉冲输出与门 U_{11},起到同样的抑制作用。

消隐触发器 U_8 是由延迟方波[见图 8-40(d)]的后沿触发的,它所产生的脉冲宽度为 6.8 μs[见图 8-40(i)]。U_8 的 Q 端输出的负方波加至与非门 U_9 的一个输入端 1。U_9 另一输入端 2 上所作用的是来自 U_3 的 $\overline{Q}$ 端的负延迟方波。这样,在 U_9 的输出端即得到如图 8-40(k)所示的正方波,它加到第一脉冲取样触发器 U_2 的 A 输入端,使 U_2 在脉冲对的整个期间内不会被其他脉冲所触发,从而保证对应答脉冲对的正常解码。

综上所述,对于所选择波道的应答脉冲对,视频处理电路能够在其输出端 h 产生与脉冲对的第二个脉冲同步的解码视频脉冲输出,在输出端 j 产生与脉冲对的第一个脉冲同步的门限视频脉冲输出;所选择波道的脉冲对及其他脉冲是不会产生解码视频脉冲输出的。

解码视频脉冲除输至距离计算电路外,还输至 1 350 Hz 识别音频电路,以提供识别信号。

8.5　距离计算原理

测距机的接收处理电路所输出的应答视频脉冲对(门限视频脉冲和解码视频脉冲)输至距离测量电路,以计算飞机与信标台的斜距。距离测量电路也可以称为距离计算器。

由于门限视频脉冲和解码视频脉冲是分别对应于应答脉冲对的第一个和第二个脉冲的,所以门限视频脉冲相对于发射时刻 t_0 的时间延迟 t_a 是和飞机的距离成比例的。设法测量这一时间间隔 t_a,就可以获得飞机的距离信息。

实现上述时间(距离)计算的电路方案以及所使用的器件,视设备的不同而有很大差别,但大体上可以分为模拟式和数字式两类。模拟式测距机利用模拟电路来测量距离,其测量精度较低,测量的速度也较慢。近代机载测距机采用数字器件来组成距离计算电路,不仅测量精度大为提高,并且能够适应高速运动飞机的距离变化。先进的测距机则进一步利用微处理器来控制信号的处理过程并实现距离计算,使测距性能进一步提高,设备的工作性能更加可靠。下面在介绍模拟式距离测量电路原理的基础上,说明数字式距离计算电路的基本原理、电路结构及距离计算过程。

8.5.1 模拟式距离测量电路

在这类距离测量电路中,基本的方法是设法产生一个延迟时间可调的内部距离波门去搜索接收处理电路所输出的应答视频脉冲。当在若干次询问中内部距离波门的延迟时间与视频处理器输出的应答视频脉冲的延迟时间相符合时,即表明距离计算电路已"捕捉"住应答脉冲。此时,距离波门的延迟时间是与应答脉冲相对于发射脉冲的延迟时间大体相等的。此后,电路转入跟踪状态。由距离波门所触发产生的双向锯齿波和应答视频脉冲一起加到超前门和滞后门,以判断视频应答脉冲相对于双向锯齿波的位置。利用这种方法,可以进一步微调距离波门的延迟时间,以准确测量应答脉冲相对于 t_0 脉冲的延迟时间,即准确测量出飞机的距离。

图 8-41 所示为距离测量过程原理图。由图可见,距离波门的延迟取决于移相器的延迟时间,而移相器的延迟时间又是通过伺服电机的传动轴来机械地调节的。伺服电机的传动轴在调节移相器延迟时间的同时,还同轴地控制着数码式距离指示器的距离读数,因而移相器的移相时间(即距离波门的延迟时间)与距离读数是协调一致的。由此可知,伺服电机与移相器及距离指示器之间的传动轴,实际上就是距离测量轴。

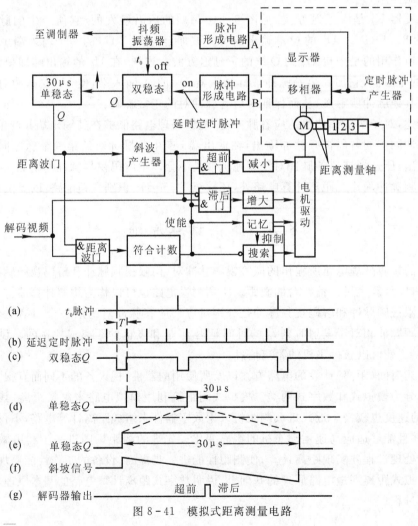

图 8-41 模拟式距离测量电路

由定时信号产生器产生的正弦信号,分别加到脉冲形成电路 A 和移相器。脉冲形成电路 A 在正弦定时信号的过零时刻产生一个定时脉冲,加到颤抖脉冲产生器,以产生重复频率随机抖动的 t_0 触发脉冲,如图 8-41(a)所示。触发脉冲在触发调制发射电路的同时,还加至电路中的双稳触发器的复位端,使触发器复位——这一复位时刻就是距离计算的时间起点。正弦定时信号经移相器延迟后加至另一个脉冲形成电路 B,以产生延迟触发脉冲,如图 8-41(b)所示。延迟触发脉冲的延迟时间 T 取决于伺服电机距离测量轴的瞬时位置。延迟触发脉冲加到双稳态触发器的置位端,使输出端 Q 在 t_0 之后 T 时刻变为高电平,波形如图 8-41(c)所示。

距离计算电路中的距离波门产生器是一个单稳态触发电路,它是由双稳态触发器的 Q 输出触发的。单稳态触发电路所产生的距离波门的宽度为 30 μs,注意距离波门的起始时刻比发射时刻 t_0 延迟了一段时间 T,如图 8-41(d)所示。这一距离波门分别加到距离波门和斜波发生器。

距离波门是一个与门逻辑电路。当应答脉冲在距离波门期间内作用于距离波门时,距离波门即输出逻辑"1"加至符合计数器。显然在搜索期间,由距离波门输至符合计数器的速率较低,所以符合计数器输出为逻辑"0"。此时,搜索电路工作而超前门和滞后门均被抑制。电机在搜索电路的控制下驱动移相器,使延迟时间 T 逐渐增大,即向着增大距离的方向变化,在搜索期间,距离指示器被消隐旗所遮挡,是不显示距离读数的。

当延迟时间 T 增大到与飞机的实际距离相对应时,能够通过距离波门的视频应答脉冲的速率的增高,使得符合计数器的输出变为逻辑"1"。这样,搜索电路被抑制,而超前门和滞后门被开启,电路进入跟踪状态。此时,由距离波门触发斜波产生器所形成的双向锯齿波和视频应答脉冲一起加到超前门和滞后门。双向锯齿波门是与距离波门的宽度一致的对称于零电平的锯齿波,其宽度也是 30 μs,波形如图 8-41(f)所示[注意:图 8-41 中波形(e)(f)的时间比例是被放大了的,不同于图 8-41(a)(b)(c)(d)所示的波形]。在双向锯齿波的控制下,超前门在距离波门的前半部分开启;而由于双向锯齿波是经反相后加到滞后门的,所以滞后门是在距离波门的后半部分开启。这样,如果视频应答脉冲位于距离波门的前半部分,则超前门的输出使电机驱动移相器略微减小延迟时间 T,以使应答脉冲移向距离波门的中央;如果视频应答脉冲出现在距离波门的后半部分,则滞后门的输出使电机驱动移相器略微增大延迟时间,同样是使应答脉冲移向距离波门的中央;而当视频应答脉冲正好位于距离波门的正中时[见图 8-41(g)],由于锯齿波正中处有一段时间 τ 的波形使得超前门和滞后门都不产生输出,所以电机不再转动,延迟时间 T 不再改变,此时距离显示器显示正确的距离读数。不难理解,这一段时间的宽度应等于应答脉冲的宽度。随着飞机距离的变化,距离计算电路控制距离波门跟踪视频应答脉冲的延迟时间的变化,使应答脉冲始终处于距离波门的中央。与此同时,距离显示器的读数随飞机距离的变化而更新距离读数。

图 8-41 所示的记忆电路的功用是当测距机暂时丢失应答信号时,使距离计算电路按丢失时的速度和方向改变距离读数——这种记忆方式称为速度记忆。也可以把电路设计成在记忆期间保持丢失时的距离读数不变——这种记忆方式称为静态记忆。当应答脉冲丢失时间超出记忆期(一般为几秒)时,电路由记忆状态转为搜索状态。

8.5.2　数字式测距电路的基本原理

目前,机载测距机普遍采用数字器件来实现距离计算的任务,以从根本上提高测距精度及其他性能指标。

利用数字器件实现距离计算的基本过程和上面所介绍的模拟式距离测量并无实质性区别,也可以分为搜索和跟踪两个大的阶段。所不同的是,在数字式距离计算电路中,是利用计数器一类数字器件来产生延迟时间可用的距离波门,并产生数字式的距离信息输出。图8-42所示为这一基本过程的原理电路方框图。现在结合图8-42说明数字式距离计算电路的基本原理。

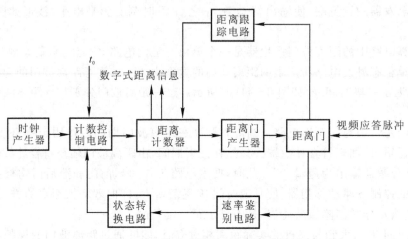

图 8-42　数字式测距电路原理方框图

时钟产生器用于产生所需要的计数脉冲。它通常由晶体振荡器和数字分频器等组成,因而时钟脉冲的周期十分稳定,保证了时间度量——距离计数的准确性。时钟脉冲通过计数控制电路输至距离计数器,作为距离计数器的计数脉冲。计数控制电路受状态转换控制电路输出的状态转换信号和 t_0 触发脉冲的控制。t_0 触发脉冲在触发调制发射电路产生射频询问信号的同时,起动计数控制电路。这样,计数脉冲便输至距离计数器,使之开始计数,从而使距离计算电路获得 t_0 时刻信息。加至计数控制电路的状态控制信号,通过对计数脉冲的控制而实现对距离计数器工作状态以及计数速率的控制。距离计数器是实现距离计算的核心电路。它的最大计数应符合测距机的最大作用范围的要求。通常,机载测距机的距离增量为 0.1 n mile。对应于这一距离增量的信号往返延迟时间为 1.23 μs——这就是计数脉冲的间隔周期,因此,所选用的基本计数脉冲的频率为 809 kHz。设测距机的最大作用范围为 400 n mile,则距离计数器需由 0.1 n mile,1 n mile,10 n mile 和 100 n mile 四个计数器组成。另外,为了实现对应答脉冲的精确跟踪。还需要一个分辨率为 0.01 n mile 的计数器。距离波门产生器的功用是产生一个宽度一定的距离波门。所产生的距离波门与视频处理器输出的视频应答脉冲一起加到距离波门电路,用于检验应答脉冲是否是针对本测距机询问的应答信号。对本测距机的应答脉冲,由于在连续的询问周期中是同步的,所以可使应答速率鉴别电路有较高速率的输出,而信标台对其他飞机的应答信号,以及断续脉冲,由于不可能和本测距机的询问(t_0 触发脉冲)保持同步关系,因此是不会使应答速率鉴别电路有高速率输出的。状态转换电路即根据应答速率鉴别电路输出速率的高低,控制距离计数器的计数状态。在判别出一对应答脉冲是对本测距机的同步应答脉冲的情况下,距离计数器的距离计数就代表了飞机的距离信息,并由距离跟踪电路进行微调,以跟踪飞机距离信息的缓慢变化。距离计数器的数字式距离信号,输至数字式距离显示器,显示飞机的实时距离。

8.5.3　数字式测距的搜索过程

和模拟式测距一样,数字式测距机也只有在从众多的视频脉冲中识别出对本测距机的同步应答脉冲的基础上,才能实现距离计算,这一任务是在搜索阶段完成的。

设测距机的最大测距范围为 400 n mile,则脉冲往返的时间约为 5 000 μs。若信标台的发射速率为 2 700 对/s,那么在这段时间中,测距机所能接收到的应答脉冲对数平均为

$$（2\ 700 \times 5\ 000 \times 10^{-6}）对 = 13.5\ 对 \approx 14\ 对$$

在这 14 对脉冲中,只有一对可能是对本测距机的应答脉冲。所谓搜索,就是从这 14 对脉冲中,识别出对本测距机询问的那一对应答脉冲来。

在电路开始工作时,距离计数器被预置为最大距离,并自该最大距离计数开始下行计数(即作减计数)。距离波门是由距离波门产生电路根据距离计数器的输出产生的,它在距离计数为 398.7 时开始,在距离计数为 398.0 时结束。在第一次测距过程中,首先搜索到的是距离最近的第一个应答脉冲(见图 8-43),距离计数器停止计数时的距离计数就是这个应答脉冲所对应的距离 R_1。在第二次测量过程中,若在同一时刻时未能出现同一应答脉冲,则说明在第一次测量过程中所遇到的第一个应答脉冲不是对本测距机询问的应答脉冲。于是,距离计数器的距离计数继续增大,以搜索距离较大的第二个应答脉冲,并使距离计数变为第二个应答脉冲所对应的距离 R_2。依此类推,当在连续的两次询问后的同一时刻处出现同一应答脉冲时(见图 8-43 中的第 6 次和第 7 次测量),即表明该应答脉冲就是针对本测距机询问的同步应答脉冲。此时,距离计数器的距离计数不再继续增大,而保持为该同步应答脉冲所对应的距离 R_6。由此可知,当飞机刚进入信标台的距离测量范围时,约需经历这样的 13～14 次距离测量过程,才会搜索到对自己的应答脉冲。

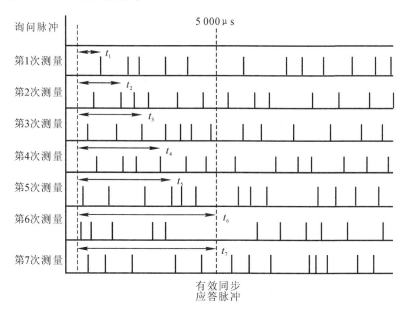

图 8-43　数字测距的搜索过程

由于信标台不可能100％地回答某一机载测距机的询问,测距机本身也可能会丢失一些应答脉冲,所以测距机所接收的应答脉冲概率不可能是100％。设应答概率为50％,则需要4次询问才可收到两次应答。一般若速率鉴别电路判别在15次询问中有7次或7次以上的同步应答,且在连续的3次询问中至少有一次应答,则状态转换电路立即使距离计算电路转入跟踪状态。

8.5.4　数字式测距的工作过程

当数字式测距电路进入跟踪状态时,同步应答脉冲已经位于波门之中。但是,随着飞机的前进,这一应答脉冲相对于t_0的时间会随着改变。数字式跟踪电路的功用就是按照飞机距离的变化而自动地调节距离波门的位置,以使应答脉冲始终位于距离波门的中央,在调节距离波门位置的同时,距离计数器的距离计数随之修正。图8-44所示为一种数字式测距电路的跟踪电路功能方框图。距离波门和应答脉冲(包括对应于应答脉冲对的第一脉冲——门限视频脉冲和第二脉冲——解码脉冲)一起加至误差检测电路,加至该电路的还有距离波门中心信号。这样,误差检测电路即可判断应答脉冲在距离波门中的位置——是处在波门的前半部分,还是处在波门的后半部分,以及相对于波门中心位置的偏离量。误差检测器的输出经过平滑电路处理后产生两种类型的信号输出。一种是当应答脉冲偏离波门中心位置时的脉冲信号,用于表明应答脉冲偏离中心位置的极性;另一种是表示误差大小的脉冲群信号。速度积累器和数字控制振荡器相配合,选择出一种更新速率,以表示飞机距离改变的速率,并反映出飞机距离改变的方向。例如当飞机的速度为360.0 n mile/h时,数字控制振荡器所产生的速度输出为10个脉冲/s,其中每个脉冲代表速率为0.01 n mile/s,这样10个脉冲/s即表示速率为0.1 n mile/s或360.0 n mile/h。

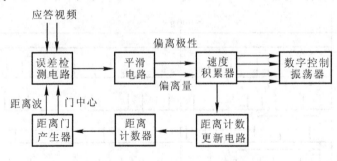

图8-44　数字式测距跟踪电路功能方框图

距离计算更新电路输出的距离更新脉冲加至距离计数器中的0.01 n mile计数器,该计数器的输出用于调节后四级距离计数器(0.1 n mile,1 n mile,10 n mile及100 n mile计数器)开始计数的时刻,从而调节距离波门的位置。这样,通过调节距离波门的位置而改变应答脉冲相对于距离波门中心的位置,使得应答脉冲始终位于距离波门的中心,从而实现跟踪飞机距离变化的目的。

8.6 新型测距机

8.6.1 新型机载 DME 系统概述

1.新型机载 DME 系统概述

机载 DME 系统主要由测距机询问器、天线、显示器和控制面板等组成,测距机的控制面板和甚高频导航控制板公用。图 8-45 所示为机载 DME 系统的组成示意图。

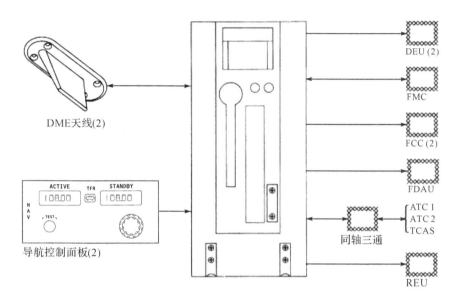

图 8-45　机载 DME 系统的组成示意图

每架飞机上的测距机(DME)系统有 2 个 DME 询问器和 2 个 DME 天线。询问器获得来自导航控制面板的人工调谐输入和飞行管理计算机系统(FMCS)的自动调谐输入,如果导航控制面板调谐输入故障,它接地并发出一个频率源选择离散信号到 DME 中央处理器(CPU),CPU 将输入从导航控制面板改变到 FMC,则询问器通过 FMC 直接获得自动调谐输入。DME 系统将数据发送到显示电子组件以显示到主飞行器(PFD)和导航显示器(ND)上,DME 系统向下列部件发送数据:飞行控制计算机(FCC)、飞行管理计算机(FMCS)、飞行数据获取组件(FDAU)、遥控电子组件(REU),FCC 使用 DME 数据作为一个输入来计算在自动驾驶仪在 VOR 模式下的 VOR 捕获点,DME 数据同时被用在 VOR 模式来查找对于特定 VOR 地面站何时被感测到飞跃该站;FMCS 使用 DME 来计算 FMC 位置更新;FDAV 接收 DME 数据,将它格式化后送到飞行数据记录器;REU 接收来自 DME 台站的音频信号并送到驾驶舱头戴式接受话器和扬声器。

2.新型机载 DME 系统功能

(1)输入/输出信号。图 8-46 给出了 DME 系统工作框图。DME 的控制输入是和 VOR 和 ILS 配对使用,导航控制面板向 DME 询问器提供人工调谐频率输入。它们同时发送四路来自飞行管理计算机(FMC)的自动调谐频率输入。控制面板在两条输出数据总线上发送调谐和检测数据。一条数据总线到达 MMR 接收机,另一条输出数据总线到达 DME 询问器和 VOR 接收机。

对于 DME 系统信号的输出,每个 DME 询问器有两条输出总线。一条输出总线向同侧飞行操纵计算机(FCC)提供数据。DME1 发送数据到 FCC A,DME2 发送数据到 FCC B。另一条输出总线向下列组件提供数据:FMCS 使用 DME 距离计算位置更新;DEU 使用 DME 数据用于显示 FDAU 接收 DME 距离数据并将其转化为飞行数据记录器格式等。

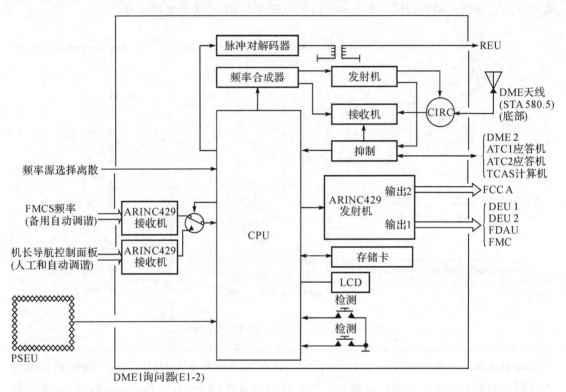

图 8-46　DME 系统工作框图

(2)DME/ATC/TCAS 抑制。由于 DME、空中交通管制(ATC)和交通警告和防撞系统(TCAS)等系统工作在相同的频段,当一个 DME 询问器、ATC 应答机或 TCAS 计算机发射信号时,它通过抑制线发送抑制脉冲。该脉冲阻止其他四个组件接收信号,这防止损害其他 LRU 的接收机电路。

(3)DME 的控制。导航控制面板有一个活动频率指示器和备用频率指示器,如图 8-47 所示。显示在活动频率显示窗口中的频率是导航无线电用于工作的频率。备用频率显示窗中显示下一个要使用的频率。频率转换电门是一个瞬时作用电门,它将备用频率显示窗中的频率转换到活动频率显示窗。当按压该电门时,活动频率显示窗中的频率转换到备用频率显示窗。频率选择器是一个可连续旋转旋钮。有一个内旋钮和一个外旋钮。外旋钮设置十位和个位数字,内旋钮设置十分位和百分位数字。当给电源时,频率显示器显示在关断电源之前输入的最后频率。

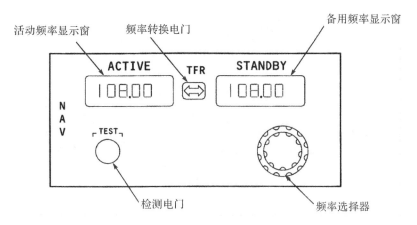

图 8 - 47　DME 系统的导航控制面板

导航控制面板的持续 BITE 功能监控控制面板工作。当控制面板有故障时,导航控制面板在活动和备用频率显示窗内显示 FAIL(故障)信息。

音频控制面板(ACP)允许机组收听 DME 地面站标识信号,该标识信号为 1 350 Hz,如图 8 - 48 所示。在音频控制面板上设定以下音频来收听 DME 音频信号:打开导航接收机音量控制(NAV1 控制 DME1,NAV2 控制 DME2),在语音范围过滤电门上选择 B(两个)或 R(范围)设定导航接收机音量控制。语音/范围选择器允许机组收听 DME 音频。

EFIS 控制面板上的模式选择电门选择显示 DME 距离的导航显示模式,如图 8 - 49 所示。当语音/范围选择器在 R 或 B 位时,将收听到 DME 音频。为了在 ND 的右上角显示 DME 距离,EFIS 控制面板模式选择电门必须在 VOR/ILS 位。将 VOR/ADF1 电门置于 VOR1 位,可在 ND 左下角显示 DME1。当 VOR/ADF2 电门置于 VOR2 位时,DME2 显示在 ND 的右下角。

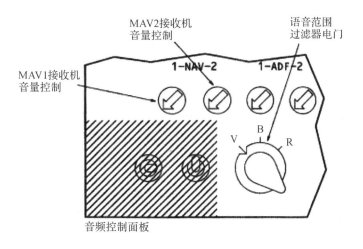

图 8 - 48　音频控制面板

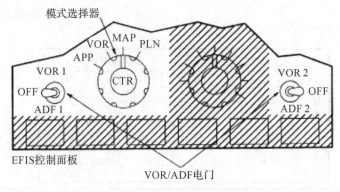

图 8-49　EFIS 控制面板

（4）DME 的显示。DME 的信息输出可以显示在 EFIS 的主飞行显示器（PFD）和导航显示器（ND）上，如图 8-50 所示。左侧 PFD 显示 DME1 数据，右侧 PFD 显示 DME2 数据。DME 距离显示为白色字母和数字，显示在下列 ND 显示的右上角。当 DME 距离为未计算数据（NCD）时，琥珀色划线替代数字。如果 DME 有故障，则一个琥珀色 DME 指示旗替代 DME 距离，NCD 和故障指示旗显示为琥珀色。

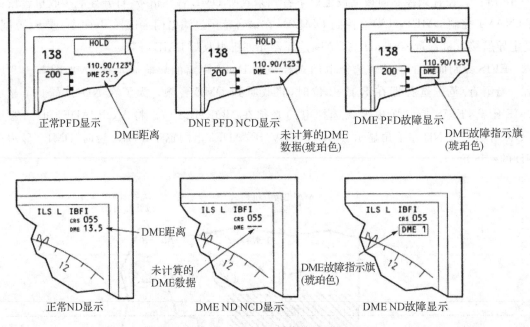

图 8-50　DME 系统的显示

（5）DME 的询问器。DME 询问器调谐到 252 个频道并在 DME 范围内计算所有频道的距离信息。其中 200 个 DME 频道用于甚高频导航频率，其他 52 个频道用于军用 TACAN 功能，DME 接收频率高于或低于发射频率 63 MHz。如图 8-51 所示，DME 询问器的前面板上有两个电门和一个 LCD，使用任一电门可启动 DME 询问器检测，LCD 显示检测结果。在 DME 询问器前面有一个内存卡插槽，车间人员将一条可向 LRU 装载软件的闪存卡插入该槽中。该内存卡可以保存在工作过程中由 LRU 发送的 LRU 状态数据。

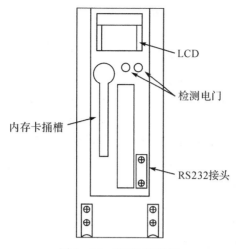

图 8 - 51　DME 询问器

DME 询问器的功能主要包括询问 DME 地面站、接收该地面站回复、接收音频标识符、计算斜距距离等。工作在甚高频波段内其中 $108\sim117.95$ MHz 用于有 VOR 或 ILS 功能的 DME 地面站，$133.30\sim135.95$ MHz 用于纯 DME 地面站。

（6）天线。天线有一个 O 形防潮密封圈，并由四个螺钉连接到飞机上，如图 8 - 52 所示。DME 和 ATC 天线是相同的且可互换，都是 L 波段天线。DME 天线发射询问器输出信号并接收地面站回复和标识信号。

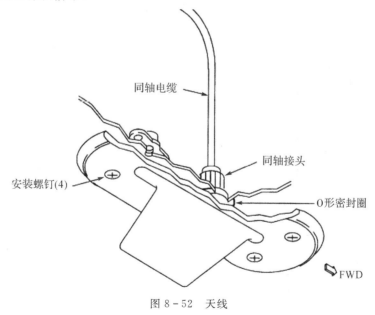

图 8 - 52　天线

8.6.2　新型 DME 询问器的工作原理

除了准备状态外，常规测距机只有一种正常工作方式——当模式开关扳至接通位时的测距方式。新型测距机则通常可以有三种工作方式，这三种方式是准备、直接扫描和自由扫描。

准备方式与前面介绍的常规测距机相同。直接扫描方式与自由扫描方式也可以统称为频率扫描方式，是一种新的测距工作方式。当选择直接扫描方式时，测距机按照一定的优先顺序，与所选择的 5 个地面测距台配合，提供飞机到这 5 个测距台的距离信息。而当测距机工作于自由扫描方式时，对地面测距台的选择优先顺序是由测距机内的微处理器本身来控制的。所选择的准则通常是根据各地面测距台的远近和信号的可提供状况来制定的。

具备上述频率扫描方式的新型测距机除了在使用上比常规测距机更为方便外，主要是可以用来进行飞机的定位计算。使测距机工作于频率扫描方式，即可利用机载测距机同时获得飞机到 3 个甚至 5 个地面测距台的距离信息。按照 $\rho-\rho-\rho$ 定位原理（参见 1.2.3 节），利用同一瞬间到 3 个地面台的距离，即可获得分别以 3 个测距信标台为圆心的三条圆形位置线，这三条圆形位置线的公共交点就是该时刻飞机的唯一位置点。

显而易见，无论是对测距机询问频率的扫描转换，还是对各被询问的地面台应答信号的鉴别比较、接收处理、距离计算，都只有在运用微机技术的基础上才有可能实现。至于实现 $\rho-\rho-\rho$ 定位计算的方案，通常是把测距机所获得的距离信息，通过 ARINC429 总线输往飞行管理计算机（FMC），由 FMC 完成定位计算。

8.6.3　新型 DME 系统的自检

按压接收机前面的任一检测电门，可启动 DME 询问器的自检。询问器开始执行内部工作和接口的检测。检测结果显示在 LCD 上，如图 8-53 所示。

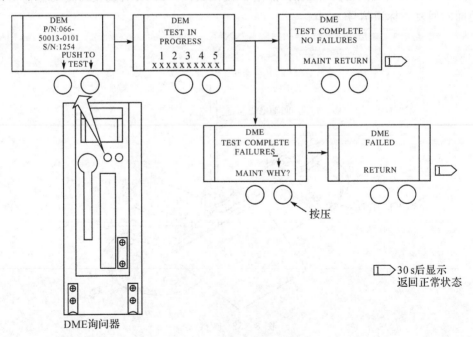

图 8-53　自检过程示意图

在地面检测或自检过程中，显示组件显示下列指示（见图 8-54）：①DME 故障状态 2 s；②DME NCD 状态下 2 s；③DME 正常状态结束检测。

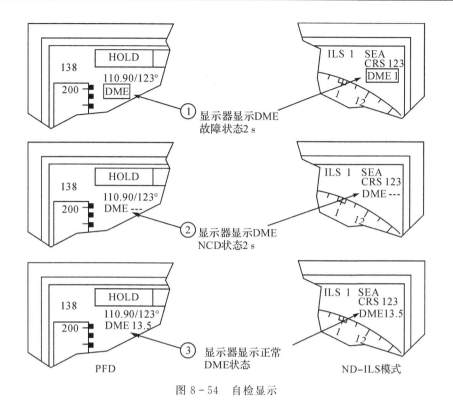

图 8-54   自检显示

习　　题

1. 简述机载测距机系统的组成及工作原理,并画出不同询问和应答的脉冲对图。
2. 说明测距机如何从众多的应答信号中识别出对自己询问的应答信号。
3. 说明测距机的询问信号是如何产生的。
4. 说明模拟式测距电路的基本原理。
5. 说明数字式测距电路的基本原理。
6. 说明测距机如何接收与处理应答信号。
7. 简述颤抖脉冲的产生原理。

第9章 无线电高度表

9.1 组成与工作概况

9.1.1 系统的功用

无线电高度表是现代飞机多种电子设备中的一种,用来测量飞机离开地面的实际高度,提供预定高度或决断高度(DH)的声音和灯光信号,它是在进近和着陆过程中保证飞行安全的重要设备。

利用无线电高度表可以在复杂的气象条件下飞行、穿云下降,以及在能见度很低的情况下着陆等。还可以同其他导航设备,如仪表着陆系统(ILS)配合完成仪表着陆任务,或同自动着陆系统(ALS系统)配合工作,完成Ⅲ_B或Ⅲ_C类《国际民航组织规定的着陆条件》条件下的全自动着陆。

无线电高度表也用于直升飞机和其他飞行器。无线电高度表的指示随地形而改变,与地面的覆盖层和大气条件(气压、温度、湿度)无关。单独巨大的建筑物、高山、河谷、湖泊也可以在指示器中反映出来。

9.1.2 系统的组成

无线电高度表系统因为各型飞机安装的机件不同,因而有多种型别。通常包括收发机、指示器和收发天线。有些老式无线电高度表还有预定高度给定器、滤波器和专用的电源等。

现代飞机典型无线电高度表系统的组成如图9-1所示。

无线电高度表也叫无线电测高机,是一个向地面发射无线电波的装置,在工作中不需要地面设备。

现代飞机上的无线电高度表的工作范围通常是$0\sim762$ m($0\sim2\,500$ ft)或$0\sim600$ m,称为低高度无线电高度表(LRRA),也有大于$0\sim762$ m的,但其有效工作范围还是在低高度范围内,因为它主要用于飞机的进近和着陆。并且要求其输出的高度信息有高度的准确性,以便为自动驾驶仪或自动着陆系统使用。

1. 收发机

收发机的高频部分产生高频振荡信号和处理由地面返回的信号以产生高度信息。发射部分包括超高频振荡器、调制器和发射调频等幅信号的发射机;接收部分包括接收返回信号的接收电路、滤波放大电路和确定返回信号频率的计算电路。高频部分也包括监控部分，以便监视送到指示电路去的高度信息的有效性和准确性。

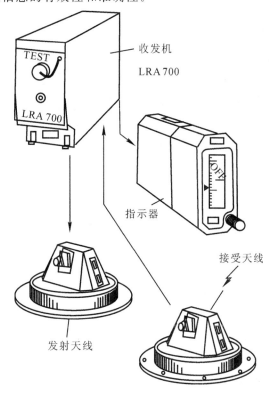

图 9 - 1 典型无线电高度表的组成

2. 低高度无线电高度表指示器

高度指示器指示飞机离地面的高度，以便驾驶员在进近和着陆过程中提供高度信息，图 9 - 1 所示的指示器为移动垂直刻度的；图 9 - 2 所示为圆形指针式高度指示器。

指示器可以是模拟式仪表，也可以是数字式仪表。在指示器中把模拟信号或数字信号变为供驾驶员目视的信号。在指示器中包括有显示决断高度（DH）和失效警告旗电路，指示中出现警告旗，就表示系统工作不正常。

飞机使用电子飞行仪表系统（EFIS）时，无线电高度表将作为另一指示器的一部分，例如在仪表着陆（ILS）系统的姿态指引仪（ADI）中的跑道标记，就是无线电高度表显示的，在这些系统中，无线电高度表作为辅助仪表出现。

3. 接收天线和发射天线

无线电高度表系统工作时需要两部天线。一部用于发射，一部用于接收。工作于 4 300 MHz 时采用喇叭天线，工作于 444 MHz 时采用半波偶极子天线，发射天线

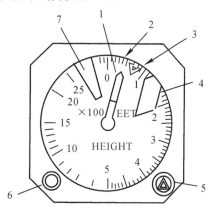

图 9 - 2　低高度无线电高度表指示器
1—高度表指针；2—指针指示（40±5）m；
3—游标指示于 60 m；4—警告旗；
5—决断高度游标调整钮；
6—测试电门；7—指针隐蔽罩

和接收天线在电气性能和结构上完全相同,可以互换使用,它们一般固定于机身腹部或水平安定面下部。

9.1.3 无线电高度表的工作原理

无线电高度表是利用无线电波从飞机到地面,再由地面返回飞机,测量其所经历的时间而工作的。因为无线电波传播的速度是已知的,所以无线电波在某一时间所经过的距离是可以计算的。图9-3给出了它的工作原理。为了测量这个时间,无线电高度表将等幅波调频在一个固定频率上,比如说,在 t_1 时刻,发射机发射一个频率为 f_1 的信号,此信号向下发射到地面,并在 t_2 时刻返回而被接收,设在 t_2 时刻所接收的返回信号频率为 f_2。因为调制频率是固定的,所以在此时间段内频率增加(或减少),也就是电波经历了至地面和返回的时间,这个时间差就相当于频率变化(即产生差频 $\Delta f=f_2-f_1$)的时间。

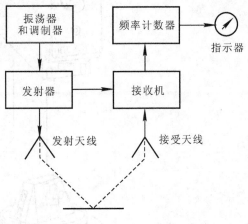

图9-3 无线电高度表的工作

无线电高度表计算出这个频率的变化,并产生一个模拟信号或数字信号,这就代表了飞机离开地面的高度。无线电高度表收发机主要完成以下3项任务:

(1) 发射一个调频等幅(FMCW)信号;

(2) 接收反射回来的信号;

(3) 从接收和发射信号中找出不同频率,确定高度。

收发机产生一个频率在 4 250~4 350 MHz 范围内的调频于 100 Hz 的调频等幅波(见图9-4)。频率在 4 250~4 350 MHz 变化所需时间约为 0.005 s,在这段时间内,有足够的时间用于无线电高度表系统。无线电波传播的速度等于光速,在这段时间内将覆盖 1 498 km,也就是808 n mile。所以,无线电高度表将指示 0~762 m(0~2 500 ft),足以在 0.005 s 内在一个地区高度上计算几百次。

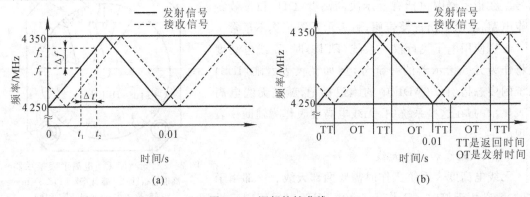

图9-4 调频特性曲线

9.1.4 工作概况

收发机(LRA - 700)的发射部分中的振荡器产生等幅信号,并调频于 100 Hz 的低频。这个调频等幅信号加于功率放大器,以增大发射功率。由功率放大器输出的高频信号加于耦合器,耦合器用来在发射信号中取样。取样的发射信号加于频率译码器上,并与接收信号比较以确定高度。另外,从耦合器出来的调频等幅信号,在加于发射天线之前须经过隔离器。隔离器的作用是防止从天线泄漏回来的高频信号进入发射电路(见图 9 - 5)。

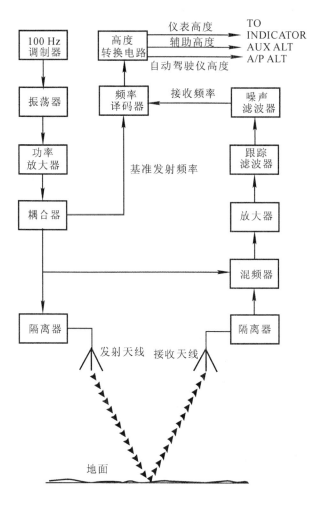

图 9 - 5 无线电高度表工作原理方框图

调频等幅超高频无线电波离开发射天线直接射向地面,一部分电波依靠地面本身反射返回接收天线——不论是水面、开阔地或茂密的森林地带。但水面和茂密森林地带不能产生强返回信号。

反射信号由接收天线接收并经隔离器加于混频器,在混频器中,返回信号将其频率降低为中频(IF),中频信号经过放大后加于跟踪滤波器,跟踪滤波器像一扇狭窄的窗子,只允许预定的信号通过,而滤去不需要的信号,以防止在处理过程中那些多于一次的反射信号。滤波后的中频信号送到噪声滤波器除去不需要的噪声。

中频信号再送到频率译码电路。频率译码电路可以是一个频率计数器和比较电路,用来确定接收信号和发射信号间的不同频率,也可能是一个微处理器电路,以便从不同频率中计算高度。另一方面,计算后的高度信号加于高度信号变换电路,以便将高度信号变换成相应的模拟信号或数字信号。在适当地补偿了剩余高度(AID)之后,将高度信息输至相应的仪表或飞机系统中去。

剩余高度是根据不同飞机的安装情况选定的(见图9-6),它要求无线电高度表在飞机落地时读数为零,所以,在高度信号加于指示器之前,必须将起落架与地面存在的距离补偿掉,以及在安装过程中,由于同轴电缆的长度引起的高度误差,也必须在选定剩余高度时给予补偿。

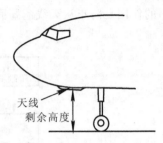

图9-6 飞机的剩余高度

剩余高度(AID)表示了飞机加载之前起落架的高度。剩余高度是在模拟信号加于指示器之前在收发机的计算电路中自动减去的(指某些先进的无线电高度表系统)。

从高度变换器输出的高度信号根据所使用指示器的型别和采用哪种收发机而定。从现代电子设备的发展情况看,模拟信号和模拟指示器将被数字信号和数字指示器代替。

数字高度信号多应用于现代飞机系统中,在那里信息的传递是应用数据字形式传输的并采用电子显示装置。

数字高度信号是一个32位的数据字,它提供的高度信息是以BCD码(二-十进制编码)或BNR码(二进制编码)形式输至指示器的。这两种形式的"位"(Bit)的规定,由图9-7和图9-8说明。

收发机的输出电压也用于触发其他电路,模拟高度信号还不断地与高度预先调定的跳闸点相比较。这个跳闸点可用来开启"系上安全带"信号或飞机下降时到达某个预定高度时向驾驶员提出告示信号。高度跳闸点也可以由指示器上的决断高度(DH)灯来显示。

决断高度(DH)或最低决断高度(MDA)是由驾驶员选定的,在收发机里调定时要对应于高度跳闸点。决断高度对驾驶员来说是很有价值的高度,因为驾驶员可以用这个点作为着陆程序的起点或在下降时检查下降点的高度。

9.1.5 气压高度和无线电高度

气压高度表和无线电高度表都是用来测量某种航空器如各种类型的飞机、直升机、飞船和热气球等航空器离地面的高度。

某一航空器到达某一基准平面的垂直距离,就是飞行高度。通常以m为单位,但在英美制造的飞机上还使用ft为单位。

大家知道,无线电高度表测量高度是以无线电波在空气中的传输为媒介的,它不受大气条件变化的影响。而气压高度表测量的高度是以大气压力为媒介的,由于覆盖地面的大气层容易受大气条件(如压力、温度和湿度等)的影响,所以气压是经常变化的,如使用气压高度表测定高度,必须经过修正才能使用。

气压高度表和无线电高度表的不同点,在于怎样确定零高度。无线电高度表确定的零高度,是以飞行的飞机垂直于地平面的距离为零高度。而气压高度表则往往是以海平面为基准的零高度,如图 9-9 所示中,气压高度表指示 5 590 m(18 000 ft),而无线电高度表指示则为762 m(2 500 ft)。

气压高度表的气压是按照测定的标准大气(空气的压力、密度和温度经计算后获得的)确定的,它表示了在标准大气条件下的海平面高度(气温为 +15℃ 时为 101.325 kPa,即760 mmHg 或29.92 inHg)。所有飞机的气压高度表都必须校正在这个标准基准上。

在 5 590 m 高度上,校正高度信号的主要目的在于保证在同一地区,区分飞机与飞机间的垂直距离(见图 9-10)。如果每个飞机的气压高度表的读数都调定在校正过的标准大气压上,那么,大气条件的变化将是无关重要的了。

为了保证空中的交通安全,在同一地区的飞机,它的标准气压都必须调定在 101.325 kPa上。现代飞机上的空中交通管制(ATC)应答机,它所报告的气压高度信息也是为空中交通管制服务的。

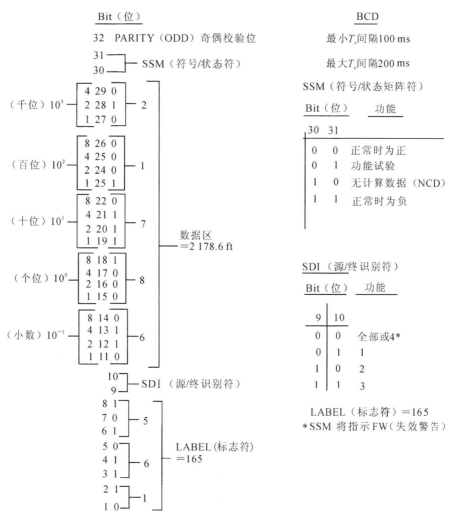

图 9-7　BCD(二-十进制编码)形式数据字

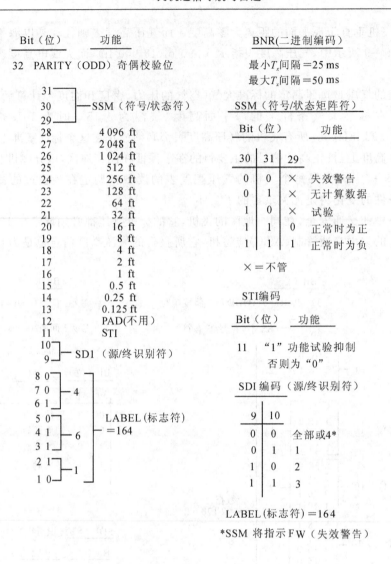

图 9-8 BNR(二进制编码)形式数据字

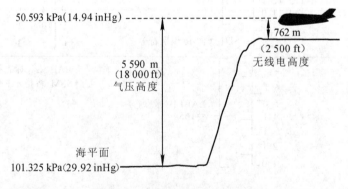

图 9-9 气压高度和无线电高度

在 5 590 m 以下的高度上,驾驶员可以利用气压高度表,确定某一地区的飞行高度,如果需要在某个机场着陆或起飞,驾驶员就必须将飞机的高度表的气压刻度调定在该机场的场面气压上。机场平面的海拔高度(标高)可以在飞行地图上找到。

由此可见,在不同情况下飞行,需要知道几种不同含义的高度。

无线电高度是指以地平面为基准的高度,称为真实高度或实际高度;

气压高度在标准大气条件下有几种通用的高度;

以海平面为基准的高度,称为绝对高度,在巡航时使用;

以机场平面为基准的高度,称为相对高度,在着陆或起飞时使用;

以飞机正下方地平面为基准的高度,称为真实高度,在飞机进场和着陆时使用。

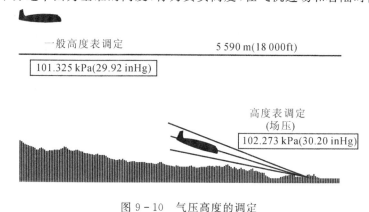

一般高度表调定   5 590 m(18 000ft)

101.325 kPa(29.92 inHg)

高度表调定
(场压)
102.273 kPa(30.20 inHg)

图 9 - 10 气压高度的调定

9.2 测 高 原 理

无线电高度表的测高原理由于机件形式不同,因而有多种类型。主要类型有调频等幅式(FMCW)、恒定差频调频等幅式和脉冲(PULSE)式 3 种,它们的基本原理是一样的,都是利用无线电波向下发射再从地面反射回来所提供的信息工作的。

由于现代飞机较多地采用调频等幅无线电高度表,所以本章主要介绍调频式无线电高度表,也将简要介绍恒定差频调频式和脉冲式两种无线电高度表的结构和工作原理。

9.2.1 调频式无线电高度表

1. 测高原理

调频式无线电高度表的测高原理是将高度表的发射频率以一定的规律(固定调制频率)随时间变化,而发射信号的幅度不变。调制频率因机件形式不同,调制频率也各不相同。大家知道无线电波在空气中的传播速度约为 300 000 km/s。

因此,要确定飞机的飞行高度,就必须测定无线电波从飞机发射到地面,再由地面反射回来所经历的时间 t,以及在时间 t 内无线电波所经过的距离 s,其关系式为

$$s = ct \tag{9-1}$$

式中,c 为无线电波传播的速度。

但是,在低高度为 0~762 m 的情况下,无线电波从飞机上发射到地面,再从地面反射回来的时间太短,用一般的方法是不能测量出这样短的时间的,因此,在多数无线电高度表中都

采用调频方法。它的工作过程是这样的:无线电高度表振荡的电路把调频后的振荡信号通过发射天线发射出去,这个振荡信号从飞机到地面,再从地面反射回飞机,由接收天线接收。接收到的信号(即反射信号)被送入平衡检波器(或混频器)。与此同时,在平衡检波器中,通过收发机中的馈线,从振荡器直接输入信号(即直接信号)也加于平衡检波器上。

由于反射信号的行程取决于飞行的高度,并大大超过直接信号的行程,所以,反射信号比直接信号到达平衡检波器的时间就有某些延迟。延迟的时间等于无线电波从飞机到地面,再由地面返回飞机的时间,即

$$t = \frac{2H}{c} \tag{9-2}$$

式中,H—— 飞机飞行的高度。

由于振荡器的频率是随时间变化的,而且反射信号的行程大大超过直接信号的行程,所以在平衡检波器中,将输入两种不同频率的信号,一种是反射信号的频率信号,另一种是直接信号的频率信号。由于这两种信号重叠的结果,就获得差拍频率电压,简称差频电压。

差拍频率(F_b)等于直接信号和反射信号的频率之差,其值由下式决定:

$$F_b = \frac{4\Delta f F_M H}{c} \tag{9-3}$$

式中,F_b—— 差拍频率,Hz;

　　Δf—— 调制频带宽度,Hz;

　　F_M—— 调制频率,Hz;

　　c—— 无线电波传播速度,km/s;

　　H—— 测量高度,m。

从式(9-3)中可以看出,差拍频率是与飞机飞行高度成正比的,其频率关系如图 9-11 所示。

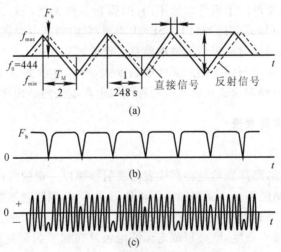

图 9-11　无线电高度表差拍频率关系

(a) 直接信号与反射信号的频率;(b) 差拍频率;(c) 差拍电压的幅度

检波后的差频电压经低频放大、限幅并输入到计算器,计算器把信号变为与差拍频率成比例的直流电流。

得到的直流电流流过高度指示器,并使其指针偏转。因为这个电流值与直接信号和反射信号的差拍频率成正比,而差拍频率又与飞机飞行的高度成正比,所以在无线电高度表的指示器刻度盘上,可以直接将差拍频率作为高度值(m 或 ft)。

因此,低高度无线电高度表应用调频的方法,能够使指针在 0~762 m(0~2 500 ft)或 0~600 m 范围内直接读出飞机离地面的高度。

当飞行高度超过其指示范围时,为了消除高度指示器的误差,在多数无线电高度表的机件中装有监控电路或闭锁电路。当飞行高度在指示器指示范围内时,监控电路不起作用,不影响正常的高度指数。当飞行高度超过其指数范围时,监控电路或闭锁电路使高度表的指针指在右止档点或将指针隐藏在遮盖片后面。

为了向驾驶员预定飞机下降的高度,在无线电高度表内设有预定高度或决断高度(DH)信号电路,当飞机下降到预定的或决断高度时,驾驶员仪表上的信号灯或告示牌(灯光信号)灯亮,并在驾驶舱的喇叭或耳机中传来历时 3~10 s 的 400 Hz 间断的音频信号。

2. 作用原理

调频等幅式无线电高度表一般由收发机、高度指示器、发射天线、接收天线和预定高度给定器等组成。其工作用原理如图 9-12 所示。

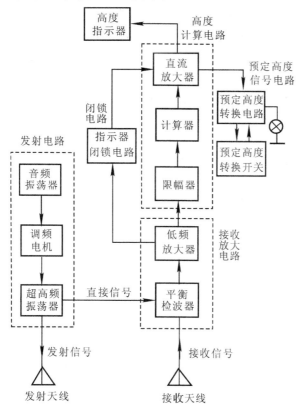

图 9-12　调频等幅式无线电高度表 PB-YM 工作原理方框图

调频等幅式无线电高度表的基本电路包括发射电路、接收电路、高度计算电路、指示器闭锁电路和预定高度信号电路等。

(1) 发射电路。发射电路是一个调频发射机,由超高频振荡器和调制器组成。超高频振荡器产生超高频连续的调频信号,其频率变化范围为 $435.5\sim452.5$ MHz,调制频率为 70 Hz。此信号分两路输出,一路由发射天线发射出去,经地面反射再被接收天线接收,并送入接收放大电路构成反射信号;一路直接输至接收电路作为直接信号。

调制器包括音频振荡器和音频功率放大器,它产生并输出具有一定功率的音频信号去驱动调频电动机,带动超高频振荡器电路中的可变电容器的动片,使其在超高频振荡器的腔体内旋转,完成频率调制作用。

(2) 接收放大电路。接收放大电路由平衡检波器(混频器)和低频放大器组成。反射信号和直接信号在平衡检波器中混频后,得到差频电压,如前所述,这个差频信号 F_b 是正比于飞行高度的。

差频电压经低频放大器放大后,获得一定的幅度,并加于高度计算电路和高度指示器闭锁电路的输入端。

(3) 高度计算电路。高度计算电路由限幅器、计算器和直流电压放大器等组成。它的任务是将差频电压变成直流电压。由于差频电压的频率 F_b 是随飞行高度的变化而变化的,所以,高度计算电路输出的直流电压也是与飞行高度成正比的。这一电压加到高度指示器时,指示器就可指示出飞机的飞行高度。

各级电路具体作用是:限幅器用来对差频电压进行限幅,使计算器计算的结果不受差频电压振幅的影响;计算器用来将差拍频率 F_b 的高低变成直流电压的大小;直流电压放大器用来对计算器输出的直流电压进行放大,并把它变成直流电流,供指示器指示。

(4) 指示器闭锁电路。高度指示器的闭锁电路用来在反射信号微弱时,即飞行高度超过 600 m 时,消除高度指示器的误差和预定高度的干扰信号。

从低频放大器输出端输出的电压,送到闭锁电路的输入端,当这个电压相当大(相当于飞行高度在 600 m 以下)时,闭锁电路不起作用,不影响高度表的指示,当低频放大器的输出电压很小(相当于飞行高度高于 600 m 以上)时,闭锁电路使高度指示器的指针指在右止挡点上。

(5) 预定电路。前述的闭锁电路在预定高度转换开关处在下列高度位置时是接通的,即 50 m,100 m,150 m,200 m,250 m,300 m 和 400 m 等位置。如果预定高度信号转换开关在"断开"位置,则闭锁电路和预定高度信号电路不工作,在这种情况下,如果飞行超过 600 m 高度,则指示器指针由于低频放大器输出的电压减小而离开右止挡点,因而指示器的指示也是不准确的。

当飞机的飞行高度降至预定高度转换开关所指的高度(50 m,100 m 等)时,预定高度信号电路将发出灯光信号和音响信号。这个电路由两个电压控制:预定高度转换开关来的电压和从直流放大器来的电压相比较,当这两个电压数值相等时,预定高度信号电路的继电器工作,这时在驾驶员的耳机中可以听到历时 $3\sim10$ s,400 Hz 间断的音频信号,同时,预定高度的警告灯亮。当飞机在低于预定高度上飞行时,预定高度信号灯一直是亮的。

9.2.2 恒定差频调频式无线电高度表

1. 恒定差频调频式无线电高度表测高原理

恒定差频调频式无线电高度表与一般调频式高度表相同,只是采取的方法不同。恒定差频调频式无线电高度表应用跟踪原理,在测高范围内将信号转换为恒定差频,而在转换过程中

（调制行程持续时间内）提取高度信号。其工作原理如图 9-13 所示。

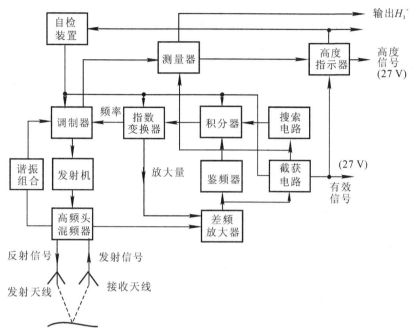

图 9-13　恒定差频调频式高度表工作原理方框图

由图 9-13 可知,被锯齿波调频的超高频信号,由发射机出发经高频头到发射天线向地面发射,同时,部分功率(直接信号)经功率分配器进入高频头中的混频器,并与从地面反射回来的信号(反射信号)相混频,形成差频信号。差频信号 F_b 与高频信号经历的时间 τ 和调制参数成比例,即

$$F_b = \tau \frac{\Delta f}{T_M} \tag{9-4}$$

式中,F_b—— 差频;

　　τ—— 高频信号经历的时间,$\tau = \dfrac{2(H_0 + H_T + H_{BH})}{c}$;

　　Δf—— 调制范围(频带);

　　T_M—— 调制行程持续时间;

　　H_0—— 剩余高度;

　　H_T—— 实际高度;

　　H_{BH}—— 延迟线当量高度。

图 9-14 所示为恒定差频调频式无线电高度表的测高原理。

在恒定差频调频式无线电高度表中,差频保持不变。恒定差频由稳定环路保证。稳定环路由发射机、高频头(含混频器)、差频放大器、鉴频器、积分器、指数变换电路和调制器构成环路。

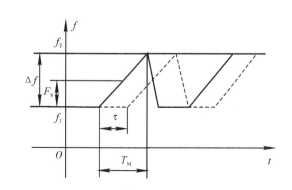

图 9-14　恒定差频调频式无线电高度表的测高原理

2. 工作原理

差频跟踪(测高过程)过程为:从混频器(在高频头中)输出的差频信号 F_b,由差频放大器放大,放大后差频信号的频率进入鉴频器与鉴频器中的基准频率 F_0 相比较,如果 $F_b \neq F_0$,则鉴频器将输出一个误差信号,这个误差信号加于频率稳定环路的积分器上,然后再进入指数变换器,再到调制器,使调制器形成一个进入发射机的调制电压。在这个调制电压的工作行程(持续时间)内最终使误差信号消失(等于零),即 $F_b = F_0$,这时 $F_b = \tau \dfrac{\Delta f}{T_M}$。式中的调制电压工作行程(持续时间)与测量高度成比例,即

$$T_M = \frac{2\Delta f(H_0 + H_T + H_{BH})}{cF_0} \tag{9-5}$$

为了减小在调制电压工作行程内提取高度信息时由于调制频带 Δf 不稳定而产生的误差,在高度表中采用两个高质量的谐振腔,一个调在频率 f_1,一个调在频率 f_2,以谐振腔的频率差$(f_2 - f_1)$ 来保证调制频率在标准频带 Δf_3 上,如图 9-15 所示。

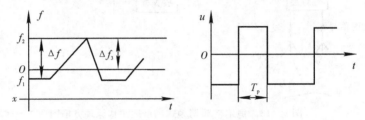

图 9-15 用谐振腔保证标准频带

当发射频率达到或近似谐振回路频率时,在谐振腔的输出端产生一个为行程测量间隔的信号进入调制器,这时,式(9-5)中的 Δf 可用 Δf_3 代替,得到测量间隔持续时间的表达式为

$$T_m = \frac{2\Delta f(H_0 + H_T + H_{BH})}{cF_0} = K_{PB}(H_0 + H_T + H_{BH}) = T_0 + T_T \tag{9-6}$$

式中,K_{PB}—— 无线电高度表常数,$K_{PB} = \dfrac{2\Delta f}{cF_0}$;

$\quad T_0$—— 符合零高度测量间隔的持续时间,$T_0 = K_{PB}(H_0 + H_T + H_{BH})$;

$\quad T_T$—— 瞬间高度测量间隔的持续时间,$T_T = K_{PB}H_T$。

保持 $F_b = F_0$ 为一常数,同时固定的调制频率标准带恒定不变,这样就保证了测量间隔的持续时间与不稳定因素无关。测量间隔在测量中形成的电压加在高度指示器中。

搜索过程如下:在接通无线电高度表之初,可能没有差频信号输入差频放大器,这时由搜索和截获电路完成搜索和截获。搜索时,积分器产生一个进入指数变换器的电压送到调制器,使调制器改变调制电压的工作行程持续时间,直到差拍频率进入差频放大器的通带(截获内的持续时间)为止。这时差频信号的振幅高于截获界限,搜索停止转入测量跟踪状态。同时可以连续不断地检查高度表的工作状态。有效信号的出现和解除取决于无线电高度表的工作能力。

9.2.3 脉冲式无线电高度表

1. 测量原理

脉冲式无线电高度表的测高原理为:发射天线辐射的无线电高频脉冲信号向地面传输,无线电波能量的一部分被地面吸收,一部分被扩散,一部分连同杂波反射回来被接收天线接收。

被接收的高频脉冲信号经放大和检波后,加于高度测量电路。高度测量电路本身形成一个搜索脉冲。这个脉冲将在时间上与地面反射信号重合。这时,电子跟踪电路搜索并截获反射信号,自动地将搜索脉冲保持在与反射信号重合的位置上。

脉冲式无线电高度表的工作,就在于测量高频发射脉冲与地面反射脉冲之间的时间间隔。发射脉冲与反射脉冲的时间间隔与被测高度成比例。由于在该波长和所测量的高度范围内,无线电波的传播速度可以认为是不变的,所以测量高度 H 可按下式算出:

$$H = \frac{c\,t}{2} \qquad\qquad (9-7)$$

式中,H—— 测量的高度;

　　c—— 无线电波传播的速度;

　　t—— 所测量的时间间隔。

在脉冲式无线电高度表的脉冲传感器中,二进制计数器对晶体振荡器在发射脉冲与搜索脉冲间隔的时间内,对加到计数器输入端的脉冲进行计数。二进制计数器将晶体振荡器输出的脉冲数,变换为单位为 m 的脉冲数。此脉冲数是与被测高度成正比的。

计数器输出的脉冲,加在一个十进制数码指示器上,直接指示出高度值(m)。

此外,与高度成比例的电压,由电子跟踪电路加到指针式指示器上,这个指示器可以用来读出高度值。另外,以测量线性电位计的形式送出高度信息。

为了防止外部干扰脉冲,提高无线电高度表的稳定性,可用 400 Hz 的交流电源对发射机的脉冲重复周期进行调制,调制范围 $\geqslant \pm 35\ \mu s$。

2. 脉冲式无线电高度表的工作原理

脉冲式无线电高度表(PB-18Ж),一般由收发机、测量组件、天线、指针式指示器、十进制数码指示器和控制面板等组成。在收发机里有发射机和接收机的高频部分。在测量组件里有中频放大器、电子跟踪器、脉冲传感器、脉冲计数器和检查部件。脉冲式无线电高度表的工作原理如图 9-16 所示。

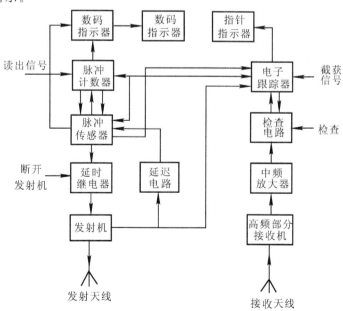

图 9-16　脉冲式无线电高度表(PB-18Ж)的工作原理

无线电高度表有 3 种工作状态:即搜索状态(反射脉冲)、测高状态(跟踪状态)、检查状态。以下分别说明搜索状态和测高状态的工作情况。

(1) 搜索状态。在搜索状态时,电路的工作情况如下:在脉冲传感器中与无线电高度表同步工作的主控振荡器,形成一个宽度为 $400\sim600\ \mu s$、频率为 $(1\ 300\pm2\ 600)\ \mathrm{Hz}$ 的脉冲。这个脉冲的后沿触发振荡器输出的后沿信号形成发射机触发脉冲②(见图 9-17)。

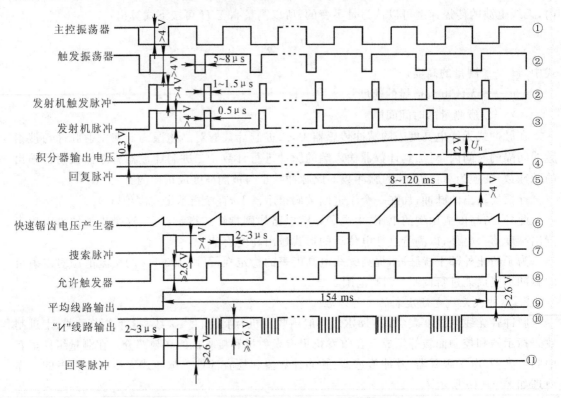

图 9-17　搜索状态时的脉冲电压

在发射机内,当发射机触发脉冲到来时,产生一个宽度为 $0.5\ \mu s$、振幅为 $3.5\ \mathrm{kV}$ 的调制脉冲,这个调制脉冲加在大功率超高频振荡器上,产生的高频振荡加在发射机天线上向地面发射。与此同时,发射机脉冲③(见图 9-17)通过延迟线,加于脉冲传感器中的许可触发器上,使它转入"1"状态,这时测量("И")电路的第二输入端打开。此外,发射机脉冲还加到电子跟踪器上。

电子跟踪器形成搜索脉冲⑦(见图 9-17)(与选择脉冲在时间上是同步的)。这个脉冲在搜索时,在搜索范围的起点和终点之间移动,当存在反射信号时,就在时间上与它重合。在搜索脉冲作用下,许可触发器将恢复到"0"状态,使测量("И")电路关闭。

没有反射信号时,电子跟踪器的积分器(是一个缓慢锯齿电压产生器)和恢复电路产生一个周期为 $1\sim5\ \mathrm{s}$、电压为 $0.3\sim12\ \mathrm{V}$ 范围内变化的缓慢增长的电压④(见图 9-17)。电子跟踪器的触发脉冲,同时也触发快速锯齿电压产生器,使它产生快速锯齿电压⑥(见图 9-17),快速锯齿电压和积分器产生的缓慢锯齿电压都加在比较器上。当快速锯齿电压在数值上达到积分器电压时,比较器开始工作,并触发选择脉冲产生器。选择脉冲将比发射机脉冲延迟一段与积分器电压值成比例的时间。因为积分器电压是均匀增长的,所以选择脉冲延迟也是均匀增长的,也就是选择脉冲将在 $2\sim200~\mu s$ 搜索范围内移动。

当选择脉冲到达搜索范围的终点时,恢复电路的回复脉冲⑤(见图 9-17),将使积分器电压由最大值急减到最小值,于是搜索重复开始。

在搜索状态中,当没有反射信号时,各触发器上不允许有输出信号,也就没有截获信号送到外电路去。

(2)测高状态。在测高状态,测量电路的工作情况如下:由地面反射的脉冲被接收天线接收,加在接收机的输入端上。接收机由高频部分和中频放大器组成。反射脉冲经高频部分和中频放大器放大后,加于电子跟踪器的重合电路上,选择脉冲也同时加在重合电路上。当接收脉冲和选择脉冲在时间上重合时,重合电路将输出一个脉冲宽度与它们重叠、时间成比例的电流脉冲,这个电流脉冲加于累加器上,电流脉冲将使积分器(缓慢锯齿电压产生器)的电压停止增长,并保持在一个电平上(见图 9-18)。

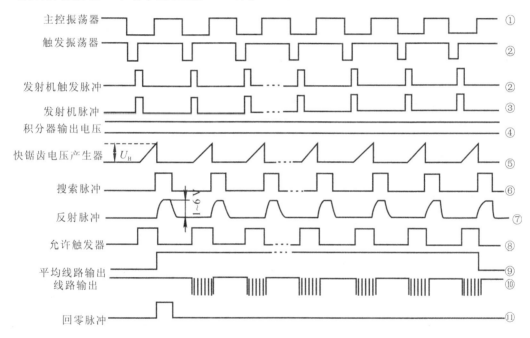

图 9-18　跟踪状态时的脉冲电压

累加器所累加的电压(电位)通过回输电路控制积分器的电平。当反射和选择两个脉冲的重叠宽度减小时,累加器的电位也降低,这样就会引起积分器电压的增长,从而使选择脉冲对发射机脉冲的延迟增加,并使这些脉冲的重叠增大。当重叠增大到超过选择值时,将出现相反过程。这样,就在选择脉冲与反射脉冲重叠时间内自动跟踪。

当反射脉冲向两侧偏移时,重合电路输出脉冲的宽度和累加器电压的电平也将发生变化,从而控制了积分器电压的变化,变化的结果将使选择脉冲随反射信号移动,而恢复重合电路输出信号的本来宽度。

在选择脉冲与反射脉冲重合的瞬间,截获电路开始工作,"截获"信号将以 27 V 的电压形式加在外电路。而重合电路的脉冲将触发搜索脉冲产生器,关闭许可触发器。

在跟踪状态下,许可触发器使测量电路打开,打开的时间等于发射机脉冲③(见图 9-17)与搜索脉冲之间的间隔时间,而搜索脉冲是与反射脉冲重合的。这时晶体振荡器的脉冲⑩(见图 9-17),将通过测量电路加到计数器的输入端上。计数器将计算通过的脉冲数量,计算的脉冲数与搜索脉冲对发射机脉冲所延迟的时间成正比,因而也就是与测量的高度成正比。

为了提高测量的准确性,无线电高度表采用了平均电路,即将每测量 200 组(发射 200 次,接收 200 次)的高度信息综合平均起来,并将平均值加于计数器输入端进行计数。如假定高度为 10 000 m,每组脉冲(发射脉冲与接收脉冲)的时间间隔约为 66 μs,综合 200 组脉冲,即 66 μs乘以 200,得 13 200 μs 的时间内,将有 40 000 个脉冲加到计数器上,计数器是一个 4 分频器,在它的输出测量端便输出 10 000 个脉冲,加到十进制数码指示器中的计数器上,平均电路是用搜索脉冲触发的。

搜索脉冲经过计数器停止电路加到平均电路上,平均电路对频率为 1 300 Hz 的搜索脉冲进行 400 次分频,在平均电路的最后一个触发器上,输出一个周期为 308 ms 的方波,其正半周为 154 ms。当这个 154 ms 的正方波由触发器的一个臂,加到测量电路的第三输入端时,晶体振荡器的计数脉冲将在 200 组收发脉冲的时间间隔内通过测量电路,而在以后的 200 组收发脉冲的时间间隔内,由于触发器将方波的负半周加到测量电路上,而使计数脉冲不能通过测量电路。

计数触发器的回零是利用回零脉冲产生器产生的回零脉冲⑪(见图 9-17)来进行的,回零在是计数开始前进行的。

为了清楚地读出数码指示器在计数结束时所指出的数值,利用向计数停止电路发送 27 V 的读出电压信号来稳定数码指示器的数值。

9.2.4 无线电高度表的剩余高度

无线电高度表的剩余高度,前面已经提到,飞机在停放并接通无线电高度表时,其指示器应指示在零高度位置。然而,在这种情况下,由于发射信号沿着馈线传输,并经空间由发射天线传播到地面,再返回至接收天线,因此,产生了直接信号与反射信号的某些行程初差。

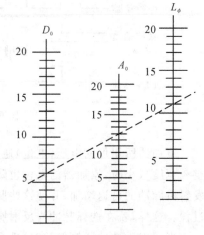

这种行程初差与某一高度等值,则称为天线电高度表的剩余高度。剩余高度由馈线长度、发射天线与接收天线之间的距离和飞机停放时天线离地面的高度决定。

这样,对于不同类型的飞机,根据无线电高度表安装位置的不同,其剩余高度也各有不同,剩余高度可按列线图(见图 9-19)或按下式确定:

$$A_0 = 0.76L_\phi + 0.5D_0 \qquad (9-8)$$

图 9-19 剩余高度的列线解法

式中,A_0——剩余高度,m;

L_ϕ——接收和发射馈线总长度,m;

D_0——发射天线到地面和由地面到接收天线的最短距离(此时飞机停放在地面上),m。

9.3 典型的无线电高度表

无线电高度表有各种不同的类型,它们的测高方法及调制方式也不相同。本节简要介绍波音 787 飞机使用的低空无线电高度表。

9.3.1 LRRA 系统描述

波音 787 飞机使用如图 9－20 所示的低空无线电高度表(LRRA),该系统有 2 个 LRRA 收发机,每个收发机具有 LRRA 发射天线和 LRRA 接收天线。收发机将 RF 信号发送到地面。一个信号反射回到飞机接收天线上,收发机使用该信号来计算飞行高度。

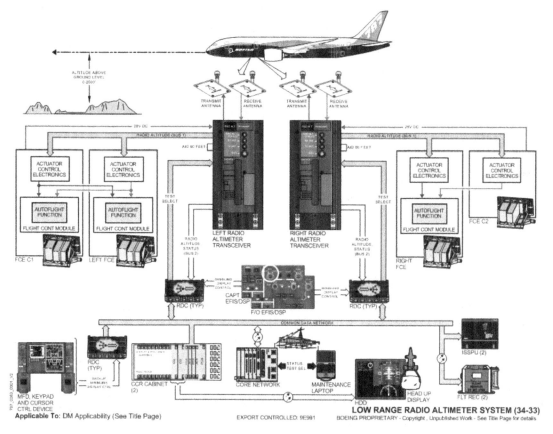

图 9－20 波音 787 无线电高度表组成

低空无线电高度表(LRRA)系统具有以下组件:左、右 LRRA 收发机,左、右 LRRA 发射机,左、右 LRRA 接收天线,右、右 LRRA 发射天线。LRRA 系统将高度数据发送到主显示系统(PDS)、自动飞行系统、空中防撞系统(TCAS)、地形感知和警告系统(TAWS)、推力管理功能(TMF)、气象雷达和飞行控制系统。

收发机单元的发射器产生频率调制的 RF 信号,信号通过发射垂直传输到地面天线,然后 RF 信号从地面反射并返回接收天线,接收天线将 RF 信号发送到收发机,最后收发机计算无线电高度。收发机具有主要和辅助数据总线输出,主要输出到 FCE 机柜,次要输出转到

CDN,FCE 机柜使用 LRRA 数据进行自动操作。CDN 将 LRRA 数据发送到 CDN 以供其他飞机系统使用,例如 GPWS、TCAS 和气象雷达。EFIS/DSP 让机组人员选择无线电最小值,重置无线电最小警报。

LRRA 收发机通过发射天线发送调频/连续波(FM/CW)信号,该信号频率不恒定。它以已知速率线性扫描在 4 235～4 365 MHz 之间,每秒 145 次。一些传输的信号从地面反射返回到接收天线。返回信号的频率与传送信号频率不同。飞行高度越高,接收信号和发送信号频率之差越大,接收器混合发送和接收信号以产生差异频率。

9.3.2　LRRA 收发器和天线

LRRA 收发器是霍尼韦尔 ALA－52B,收发器产生 RA 发射信号并将其发送到发射天线,接收来自接收天线的反射 RA 信号,计算飞机无线电高度。LRRA 收发器从 FCE 机柜中的功率调节模块(PCM)接收 28 V 直流电压。左 LRRA 收发器从 FCE 机柜 C1 获得 28 V 直流电压,右侧 LRRA 收发器从 FCE 机柜 C2 获得 28 V 直流电压。LRRA 收发器主数据输出总线转到执行器控制器电子系统(ACE)。左 LRRA 数据转到 ACE－L 和 ACE－C1,右 LRRA 数据转到 ACE－R 和 ACE－C2。LRRA 辅助数据总线前往 CDN 供飞机系统使用作为显示器,EEC 和地面接近警告系统。收发器具有 LED 前面板指示灯,用于故障指示,可使用 CMCF 对系统进行故障排除。

LRRA 有 4 个低距离无线电高度表天线,两个传输天线,两个接收天线。发射天线发射从飞机到地面的信号,接收天线接收反映回复并将其发送到 RA 收发器。每个天线都是线性极化的定向微带天线。它们在滚转模式中具有 45°的光束宽度,并且在俯仰模式中具有 30°的光束宽度。

9.3.3　LRRA 指示器

(1)正常情况。无线电高度数据显示有主飞行显示器(PFD)和平视显示器(HUD),如图 9-21所示。航空公司可选择 LRRA 高度数据在 2 个位置中的一个位置显示:白色数字显示在姿态显示下方;白色数字显示(低于 1 000 ft 更改为表盘格式)在姿态显示下方。PFD 上升跑道指示(航空公司可选择的选项):当定位器指针在视图中时,显示在 2 500 ft 以下;当飞机低于 200 ft 时,向上飞向飞机符号。可以使用 EFIS/DSP 设置无线电最小数据并显示在 PFD 和 HUD 中。在较低的显示格式下,这些在飞机下降时通过无线电最小值会发生:无线电高度指示从白色变为黄色;RADIO 显示并且无线电最小值从绿色变为黄色;无线电高度指示,RADIO 和无线电最小值闪烁 3 次。在较高显示格式上,出现以下情况:在 1 000～2 500 ft 之间,无线电高度仅显示为数字;低于 1 000 ft,无线电高度显示为圆形表盘内的数字指示符;在 1 000～2 500 ft 之间,无线电最小值显示为绿色;数字高于无线电高度指示;低于 1 000 ft,无线电最小值在圆形百分表中显示为一个小三角形。在圆形刻度格式中,在飞机下降通过无线电最小值时会发生:无线电高度和最小值指示从白色变为黄色;无线电高度和最小值闪烁 3 次。可以使用多功能显示器(MFD)上的备份 EFIS 页面控制无线电最小功能。

(2)非正常情况。一个 LRRA 故障由 STATUS 消息 RADIO ALTIMETER L/R 显示。

一个无线电高度表收发器故障导致:没有 AUTOLAND 条件,发动机指示和机组警告系统(EICAS)信息,单源故障。

两个 LRRA 系统都失败导致：PFD 上的琥珀色 RA 失败标志；GPWS、TCAS 和自动速度制动器故障以及相关的故障发动机指示和机组警告系统（EICAS）信息，PFD 无线电高度显示变为空白。

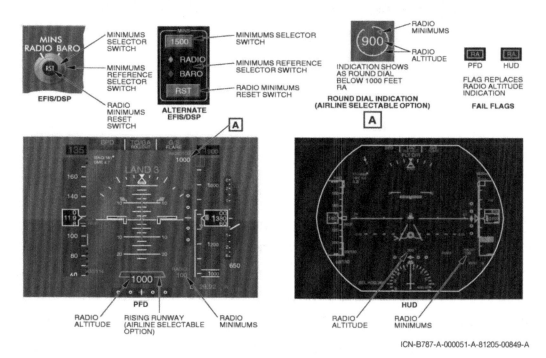

图 9 - 21　无线电高度指示器显示

习　　题

1. 简述无线电高度表系统组成及工作原理。
2. 说明气压高度和无线电高度的特点和区别。
3. 说明调频式无线电高度表的测高原理。
4. 说明恒定差频调频式无线电高度表的测高原理。
5. 说明脉冲式无线电高度表的测高原理。
6. 说明什么是无线电高度表的剩余高度，并说明它是如何形成的。
7. 简述波音 787 飞机典型无线电高度表收发机的组成。

第10章　甚高频全向信标系统

10.1　甚高频全向信标系统的基本工作原理

甚高频全向信标(Very high frequency Omni directional Range ,VOR)又称作伏尔系统,由美国从20世纪20年的"旋转信标"发展而来,1946年作为美国航空标准导航系统,1949年被ICAO采纳为国际标准民用导航系统,其装备量在世界范围内呈上升趋势,早已在国内外机场普遍使用。它是一种近程的无线电相位测角系统,由地面(发射)台和机载(接收)设备组成,地面台发射信号,机载设备只接收信号,为飞机提供相对于地面台的磁北方位角。这种系统为飞机提供相对地面信标台的方位。工作频率为108～117.95 MHz,作用距离数百千米,测角精度优于1.4°。伏尔导航系统的缺点是发射电波受视线限制和测向精度受场地影响较大。

VOR系统可以向飞机提供导航所需的相对方位信息,VOR系统的原理是根据可变相位信号与基准相位信号的相位差来导航。导航台发射以30 r/s旋转的心脏线方向图,在机载接收机输出端产生30 Hz的正弦波,其相位随飞机相对导航台的位置而变化,成为可变相位信号。与此同时,导航台还发射一个以固定30 Hz参考频率调制的全向信号。在机载接收机输出端又得到一个不变相位的30 Hz正弦波,成为基准相位信号。在接收端,外来信号经放大、调幅检波后分成三路:一路经副载频滤波、限幅、鉴频和30 Hz滤波后输入比相器,这是固定相位信号;一路经30 Hz滤波直接至比相器,这是可变相位信号;再一路是莫尔斯识别码和话音输出。比相器对两个相位信号比相,得出飞机对伏尔地面台的磁方位角。基准相位信号的相位在发射台的各个方位上相同;可变相位信号的相位随发射台的径向方位而变化。飞机磁方位取决于基准相位信号与可变相位信号之间的相位差。可变相与基准相信号同步发射,磁北极两者相位相差0°,随着飞行器相对于地面台水平面方位的不同,两者的相位差在0°～360°之间变化。机载设备接收来自地面台的发射信号,并测量出这两个信号的相位差,就可得到飞机相对地面的磁方位角,再加180°就是方位角。由于两个信号安排在地面台磁北方向上同相,所以接收机测到的是飞机相对地面台的磁方位角。

测量的基本原理是测量地面台发射的基准相位30 Hz信号和可变相位30 Hz信号的相位差,接收台的径向方位变化正比于这两个30 Hz信号的相位差变化,提取二者的相位差是VOR系统信号处理的关键所在。

10.1.1　有关的角度定义

VOR 导航系统的功能之一是测量飞机的 VOR 方位角,而 VOR 方位角在无线电磁指示器(RMI)上的指示又是通过磁航向加相对方位指示的。因此,了解这些角度的定义和相互关系,有助于理解 VOR 机载设备的工作原理。

1. VOR 方位角

VOR 方位角是指从飞机所在位置的磁北方向顺时针测量到飞机与 VOR 台连线之间的夹角。VOR 方位也称电台磁方位。它是以飞机为基准来观察 VOR 台在地理上的方位,如图 10−1 所示。

2. 飞机磁方位

从 VOR 台的磁北方向顺时针测量到 VOR 台与飞机连线之间的夹角,叫飞机磁方位(见图 10−1)。它是以 VOR 台为基准来观察飞机相对 VOR 台的磁方位。

3. 磁航向

磁航向是指飞机所在位置的磁北方向和飞机纵轴方向(机头方向)之间以顺时针方向测量的夹角,如图 10−2 所示。

4. 相对方位角

飞机纵轴方向和飞机到 VOR 台连线之间以顺时针方向测量的夹角,叫相对方位角,或称电台航向(见图 10−2)。

从上述 4 个角度的定义,可以得到下述结论:

(1) 从图 10−1 可以看出,VOR 方位与飞机磁航向无关,只与飞机相对 VOR 台的地理位置有关。

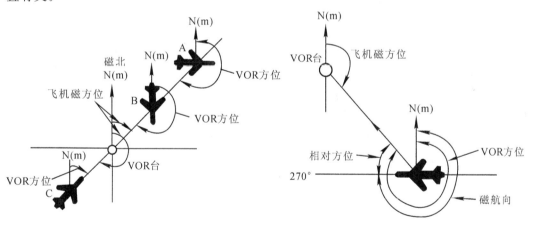

图 10−1　VOR 方位、飞机磁方位　　　　　图 10−2　VOR 方位、磁航向和相对方位

(2) 飞机磁方位和 VOR 方位相差 180°。

(3) 从图 10−2 可知,VOR 方位等于磁航向加相对方位。

在图 10−1 中,画出了 A,B,C 三架飞机相对 VOR 台的姿态。为了加深对角度定义的理解,以具体的度数来表示每架飞机的 4 个角度值,见表 10−1(假定飞机磁方位为 45° 或 225°)。

表 10 - 1　飞行导航定向方位对照表

飞　机	飞机磁方位/(°)	磁航向/(°)	相对方位/(°)	VOR 方位/(°)
A	45	90	135	225
B	45	180	45	225
C	225	45	0	45

10.1.2　VOR 导航系统的用途

VOR 系统在航空导航中的基本功能有下述两项。

1. 定位(position - fixing)

利用 VOR 设备定位有两种方法:

(1) VOR 机载设备测出从两个已知的 VOR 台到飞机的磁方位角,便可得到两条位置线,利用两条位置线的交点便可确定飞机的地理位置。这种定位方法叫测角定位,即 $\theta-\theta$ 定位。

(2) VOR 台通常和测距台(DME)安装在一起,利用 VOR 设备测量飞机磁方位角 θ;利用 DME 测量飞机到 VOR/DME 台的距离 ρ,也可确定飞机的地理位置。这种方法叫测角-测距定位,即 $\rho-\theta$ 定位(极坐标定位)。

2. 沿选定的航路导航(navigation along established airways)

VOR 台能够辐射无限多的方位线或称径向线(radial),每条径向线表示一个磁方位角(磁北为基准零度)。驾驶员通过机上全向方位选择器 OBS(omni-bearing selector)选择一条要飞的方位线,称预选航道。飞机沿着预选航道可以飞向(to)或飞离(from)VOR 台,并通过航道偏离指示器指出飞机偏离预选航道的方向(左边或右边)和角度,以引导飞机沿预选航道飞往目的地。

在一条"空中航路"上,根据航路的长短,可以设置多个 VOR 台。VOR 台在航路上的安装地点叫航路点(waypoints)。飞机从一个航路点到另一个航路点按选定的航道飞行。图 10 - 3 表示一架飞机利用 VOR 台导航的情况。假定飞机从起飞机场 A 选定 225°方位线飞向 VOR 台 1;在飞越 VOR 台 1 上空后,再选 90°方位线飞离 VOR 台 1;在距离(频率)转换点 B,再按 270°方位线飞向 VOR 台 2,接着按 45°方位线飞离 VOR 台 2,……,这样,一段接一段地飞行,直到目的地机场 C。

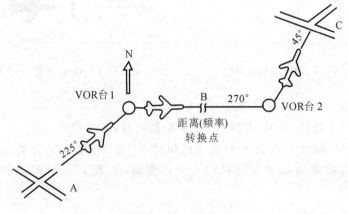

图 10 - 3　沿选定航路导航

10.1.3　VOR 工作频率分配

在现代飞机上,VOR 导航系统的机载设备与仪表着陆系统(ILS)的航向信标(LOC)的机载设备有些部分是共用的。如天线、控制面板、指示器、接收机的高频和中频部分。在航路上用于 VOR 导航,而在进近着陆时用于航向信标。因此,VOR 和 LOC 工作在同一甚高频频段的不同频率上。

VOR/LOC 工作频率范围从 108.00～117.95 MHz,频率间隔 50 kHz,共有 200 个波道。其中 108.00～111.95 MHz 之间的频率 VOR/LOC 共用,有 40 个波道分配给 ILS 系统的 LOC。具体分配如下:

108.00 MHz——用于试验。

108.05 MHz——VOR。

108.10 MHz——凡奇数 100 kHz 波道及再加 50 kHz 的波道用于 LOC,并配对下滑信标波道;凡偶数 100 kHz 波道及再加 50 kHz 的波道用于 VOR。

……

111.90 MHz

111.95 MHz

112.00 MHz——间隔为 50 kHz 的所有频率用于 VOR 波道。

……

117.90 MHz

117.95 MHz

108.00 MHz 的频率没有分配给导航设备,留做试验用。也有一些波道(导航波段的低频率端)留做 ILS 的试验用,而不用于 VOR。如果 VOR/LOC 接收电路共用的话,试验频率使用 117.95 MHz。机载接收机能够接收 108.00～117.95 MHz 之间的所有波道,包括这些留做试验的频率。

10.2　地 面 设 备

10.2.1　地面台的配置

安装在机场的 VOR 台叫终端 VOR 台(TVOR),使用 108.00～111.95 MHz 之间的 40 个波道。发射功率为 50 W,工作距离为 25 n mile。TVOR 台之所以采用低功率发射,其一是不干扰在相同频率上工作的其他 VOR 台;其二,TVOR 台位于建筑物密集的机场,多路径干扰严重影响 VOR 的精度,因此,只能用于短距离导航。

TVOR 台通常和 DME 或 LOC 装在一起,VOR 台和 DME 组成极坐标定位系统;VOR 台和 LOC 装在一起,利用和跑道中心延长线一致的 TVOR 台方位线,可以代替 LOC 对飞机进行着陆引导。

安装在航路上的 VOR 台叫航路 VOR(enroute VOR),台址通常选在无障碍物的地点,如山的顶部。这样,因地形效应引起的台址误差和多路径干扰可以大大减小。

航路 VOR 使用 112.00～117.95 MHz 之间的 120 个波道,发射功率为 200 W,工作距离为 200 n mile。

VOR 系统的工作范围取决于接收机灵敏度、地面台的发射功率、飞机高度以及 VOR 台周围的地形。工作范围主要受视距(line-of-sight)限制,而视距又受地球曲率的限制。在地球表面上,高度与视距的关系如图10-4所示。只有飞机高度达到 30 000 ft 时,VOR 工作距离才达到 200 n mile。

10.2.2　VOR 系统的基本原理

我们可以把 VOR 地面台想像为这样的一个灯塔:它向四周发射全方位光线的同时,还发射一个自磁北方向开始顺时针旋转的光束,如图 10-5 所示。

如果一个远距观察者记录了从开始看到全方位光线到看到旋转光束之间的时间间隔,并已知光束旋转速度,就可以计算出观察者磁北方位角。

$$观察者磁北方位角 = \frac{360°}{光束旋转周期} \times 观察时间间隔$$

实际上,VOR 台发射被两个低频信号调制的射频信号。这两个低频信号,一个叫基准相位信号,另一个叫可变相位信号。基准相位信号相当于全方位光线,其相位在 VOR 台周围的各个方位上相同;可变相位信号相当于旋转光束,其相位随 VOR 台的径向方位而变。飞机磁方位取决于基准相位信号和可变相位信号之间的相位差(相当于看到全方位光线和光束之间的时间差)。

机载设备接收 VOR 台的发射信号,并测量出这两个信号的相位差,就可以得到飞机磁方位角,再加 180°就是 VOR 方位。

下面就具体地说明 VOR 台是怎样产生基准相位信号和可变相位信号的,以及机载设备是如何测量这两个信号相位的。

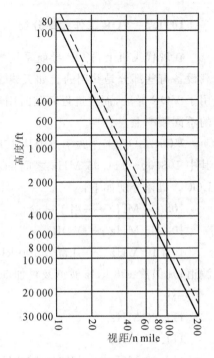

图 10-4　高度与视距的关系

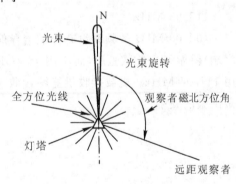

图 10-5　VOR 工作原理

10.2.3　两种信号调制方式

VOR 机载设备接收和处理地面台发射的方位信息,并通过有关的仪表指示出来,驾驶员根据指示的方位信息来确定飞机的地理位置并沿选定的航路飞行。因此,了解地面的发射信号和天线辐射的方向性图,有助于理解 VOR 机载设备的工作原理。

VOR 机载设备的基本工作原理是测量地面台发射的基准相位 30 Hz 和可变相位 30 Hz 的相位差,两个 30 Hz 信号的相位差正比于 VOR 台的径向方位(以磁北为基准零度)。为了在接收机中能够分开两个 30 Hz 信号,VOR 台发射信号采用两种不同的调制方式。

可变相位信号:用 30 Hz 对载波调幅,相位随 VOR 台的径向方位而变化。

基准相位信号:先用 30 Hz 对 9 960 Hz 副载波调频,然后调频副载波再对载波调幅,而 30 Hz 调频信号的相位在 VOR 台周围 360°方向上是相同的。

这样,接收机能够用包络检波器检出调幅 30 Hz(可变相位 30 Hz),用频率检波器检出调频 30 Hz(基准相位 30 Hz),之后进行相位比较,测出 VOR 方位。

VOR 系统还可以用于地-空通信。地面台提供话音发送,VOR 台还发射台识别码,保证对所选用的 VOR 台进行监视。

VOR 地面台的发射机有两种形式:普通 VOR(CVOR)和多普勒 VOR(DVOR)。两种形式的发射机所使用的机载设备是相同的,本节只讨论 CVOR 台的工作原理。图 10 - 6 所示是 CVOR 台发射机工作原理方框图。下面根据该图来说明基准相位和可变相位信号的产生过程。

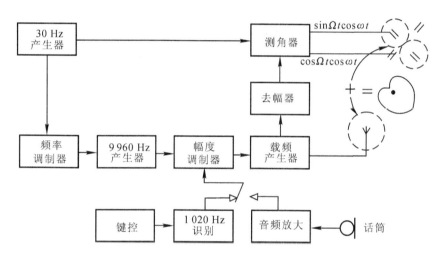

图 10 - 6 CVOR 台发射机工作原理方框图

10.2.4 基准相位信号

30 Hz 产生器产生基准相位信号 30 Hz($\cos\Omega t$),对 9 960 Hz 副载波调频,频偏为 ±480 Hz,调频副载波的表达式为

$$U(t)=U_m\cos\left(\Omega_s t+\frac{\Delta\Omega_s}{\Omega}\cos\omega t\right)=U_m\cos(\Omega_s t+m_p\cos\Omega t) \qquad (10-1)$$

式中,Ω—— 30 Hz 角频率;

$\quad$ Ω_s—— 9 960 Hz 角频率;

$\Delta\Omega_s$—— 频偏;

$\quad$ m_p—— 调频指数;

$\quad$ U_m—— 调频信号振幅。

调频副载波再对载波调幅,然后由全向天线发射,其辐射场为

$$U_R(t) = U_{Rm}[1 + m\cos(\Omega_s t + m_p\cos\Omega t)]\cos\omega t \qquad (10-2)$$

式中,U_{Rm}——基准相位信号振幅;

ω——载波信号角频率。

基准相位信号由 VOR 天线系统中的基准天线发射,在空间形成全向水平极化辐射场。

由于调制过程是在发射机内完成的,所以在 VOR 台周围的 360° 方位上,30 Hz 调制信号的相位相同。基准相位信号波形图的产生过程如图 10-7 所示。在进行地-空通信时,经音频放大的话音,同副载波一起对载波调幅。话音频率主要集中在 300 ~ 3 000 Hz 范围内,它不会干扰基本的导航功能,在接收机电路中可通过带通滤波器分开。在发射台识别码时,键控的 1 020 Hz 音频信号对载波调幅。识别码是由 2 ~ 3 个字组成莫尔斯电码,每 30 s 重复一次。

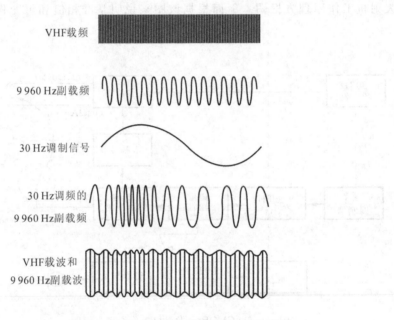

图 10-7　基准相位信号波形图的产生过程

10.2.5　可变相位信号

可变相位信号在空间形成一个"8"字旋转辐射场。有两种方法可以产生旋转的"8"字方向性图:其一是旋转具有"8"字方向性图的天线(如半波振子、裂缝天线等);其二是天线不动,用电气的方法使"8"字方向性图旋转。由于旋转天线比较困难,大多采用后一种方法。下面说明用电气的方法产生"8"字旋转方向性图的原理。

如图 10-6 所示,从高频发射机取出一部分功率(约 10%)加到调制抑制器(去幅器),去掉调幅部分,并进行功率放大,输出没有调制的纯载波。它与基准相位信号的载波是同频率、同相位的,然后加到测角器。测角器把载波分解成 30 Hz 正弦和余弦调制的边带波,即

$\sin\Omega t \cos\omega t$——正弦调制的边带波

$\cos\Omega t \sin\omega t$——余弦调制的边带波

正弦和余弦调制的边带波分别由 VOR 天线阵中的可变相位天线发射。可变相位天线包

括方向性因子分别为 $\cos\theta$ 和 $\sin\theta$ 的两个分集天线,在水平面内形成两个正交的"8"字辐射场,其数学表达式为

$$\left.\begin{aligned} U_{正弦} &= U_{vm}\sin\theta\sin\Omega t\cos\omega t \\ U_{余弦} &= U_{vm}\cos\theta\cos\Omega t\cos\omega t \end{aligned}\right\} \qquad (10-3)$$

式中,U_{vm} —— 可变相位信号的幅度;

θ —— 方位角(磁北为 $0°$)。

两个"8"字方向性图的空间合成辐射场为

$$U_v(t) = U_{vm}(\sin\theta\sin\Omega t + \cos\theta\cos\Omega t)\cos\omega t = U_{vm}\cos(\Omega t - \theta)\cos\omega t \qquad (10-4)$$

可见,可变相位信号的合成辐射场也是一个"8"字辐射场,两个波瓣的相位相反,并以 Ω 的角速率旋转($30\ \text{rad/s}$)。图 10-8 给出了在不同方位角 θ 时,两个正交的"8"字方向性图合成一个旋转的"8"字方向性图的示意图,这也就达到了与直接转动天线使方向性图旋转的相同的目的。

从图 10-8 中可以看出,合成的"8"字方向性图最大值出现的时刻取决于方位角 θ。

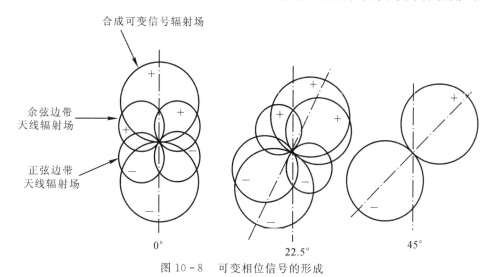

图 10-8　可变相位信号的形成

10.2.6　合成空间辐射场

可变相位信号和基准相位信号虽然是分开发射的,但空间某一点(具体的说是飞机)的接收信号是基准相位和可变相位信号的合成信号,因而空间辐射场等于两者的叠加,即

$$\begin{aligned} U_\Sigma(t) &= U_R(t) + U_v(t)U_{vm}\cos(\Omega t - \theta)\cos\omega t + \\ & U_{Rm}[1 + m\cos(\Omega_s t + m_f\cos\Omega t)]\cos\omega = \\ & U_{Rm}[1 + m_A\cos(\Omega t - \theta) + m\cos(\Omega_s t + m_f\cos\Omega t)]\cos\omega t \end{aligned} \qquad (10-5)$$

式中,m_A —— 可变相位信号的调幅系数,$m_A = \dfrac{U_{vm}}{U_{Rm}}$。

从式(10-5)可以看出:

(1) 合成辐射场是一个心脏形方向性图(见图 10-9),并以 $30\ \text{rad/s}$ 的角频率旋转,最大值出现的时刻随方位角 θ 而变。从物理概念来讲,"8"字方向性图与全向方向性图同相的一边,加强了全向

方向性图,而反相的一边,减弱了全向方向性图,所以合成是一个心脏形方向性图。由于"8"字方向性图以 30 rad/s 的角速度旋转,因而合成心脏形方向性图也以 30 rad/s 的角速度旋转。

(2) 合成辐射场的包络包括两种成分的信号。一种是 $[1+m_A\cos(\Omega t-\theta)]$,它是由心脏形方向性图旋转产生的附加调幅部分,其相位(最大值出现的时刻)随方位角 θ 而变,这就是可变相位 30 Hz。另一种是 $m\cos(\Omega_s t+m_i\cos\Omega t)$,它是 9 960 Hz 调频副载波产生的调幅部分,其相位与方位角 θ 无关。基准相位 30 Hz 隐含在 30 Hz 调频的 9 960 Hz 副载波中。图 10-10 所示为空间合成信号的调制波形图。

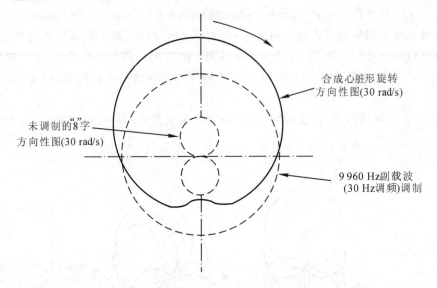

图 10-9　合成辐射场为旋转的心脏形方向性图

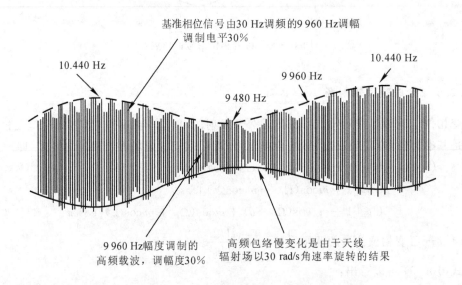

图 10-10　VOR 空间合成信号波形图

10.2.7　VOR 信号的产生

前面已经介绍过,9 960 Hz 副载波的 30 Hz 频率调制是在发射机内完成的,并由全向天线发射。因此,30 Hz 调频信号的相位与方位角 θ 无关,也就是说,在 VOR 台的 360°方位上相位相同。接收机首先通过幅度检波器检出 9 960 Hz 调频副载波的包络信号,并通过一个双向限幅器变成等幅调频信号,如图 10-11 所示。再由频率检波器检出 30 Hz 调频信号,即为基准相位 30 Hz。

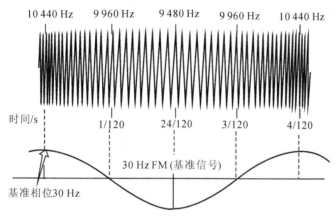

图 10-11　由双向限幅器变成的等幅调频信号

可变相位 30 Hz 是由心脏形方向性图旋转产生的,因此,心脏形图最大值在某一方位上出现的时刻随方位角 θ 而变。由于心脏形图以 30 rad/s 的角速度旋转,接收机所接收的信号幅度也以 30 Hz 的速度变化,相当于用 30 Hz 信号对载波调幅,经接收机包络检波器检出 30 Hz 调幅部分,叫可变相位 30 Hz。

可变相位 30 Hz 和基准相位 30 Hz 的相位关系可用图 10-12 加以说明。

在心脏形方向性图最大值对准磁北时,使调频副载波的频率为最大值 10 440 Hz。以磁北方向作为相位测量的起始方位。若有 4 架飞机分别位于 VOR 台的北(磁北)、东、南、西 4 个方位上,同时接收 VOR 台的发射信号,4 架飞机接收的基准相位 30 Hz 和可变相位 30 Hz 的相位关系如图 10-12 所示。

在磁北方位上,两个 30 Hz 信号幅度最大值同时出现(同相),如图 10-12(a)所示。在正东方位上的飞机,当心脏形方向性图最大值旋转 90°指向正东时,30 Hz 调幅信号的峰值最大,而调频副载波的频率变成 9 960 Hz,30 Hz 调频信号的幅度变到"零点"。因此,在 VOR 台的 90°方位线上,接收的调幅 30 Hz 落后于调频 30 Hz 的相角为 90°,如图 10-12(b)所示。在正南方位上的飞机,当调幅 30 Hz 为最大值时,副载波频率变成 9 480 Hz,而基准相位 30 Hz 变成负的最大值,这时调幅 30 Hz 落后于调频 30 Hz 180°,如图 10-12(c)所示。同样,在正西方位上的飞机接收的调幅 30 Hz 落后于调频 30 Hz 信号的相角为 270°,如图 10-12(d)所示。

由于调频 30 Hz 和调幅 30 Hz 是同步变化的,也就是说,当心脏形方向性图旋转一周时,9 960 Hz 副载波的频率变化一个周期。因此,在磁北方位上,调频 30 Hz 和调幅 30 Hz 总是同相的,在其他方位上,调幅 30 Hz 落后于调频 30 Hz 的相角也总是等于飞机磁方位角(VOR 台径向方位)。

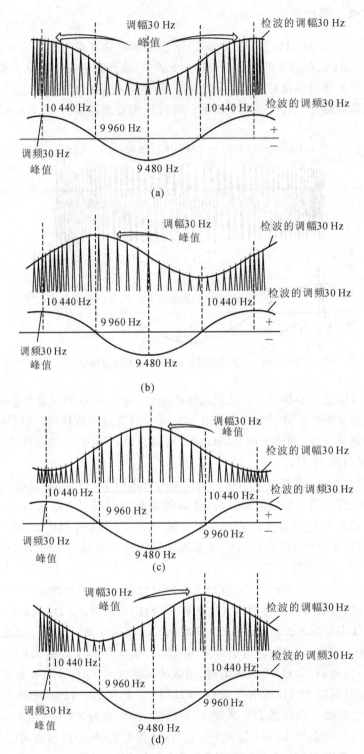

图 10 - 12　基准和可变 30 Hz 信号的相位关系

(a) 磁北方向；　(b) 正东方向；　(c) 正南方向；　(d) 正西方向

10.3　机 载 设 备

10.3.1　组成与功用

VOR 机载设备包括控制面板、天线、甚高频接收机和指示仪表。尽管有多种型号的机载设备,处理方位信息的方法不同,但它们的基本功能是相似的。图 10-13 所示为机载设备之间的主要信号连接图。

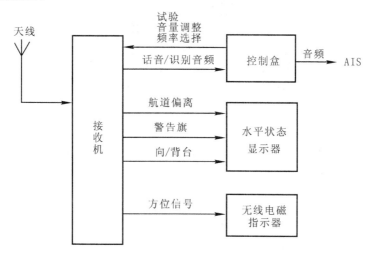

图 10-13　机载设备之间的主要信号连接图

1. 控 制 面 板

在现代飞机上,控制面板是 VOR、ILS 和 DME 共用的(见图 10-14)。

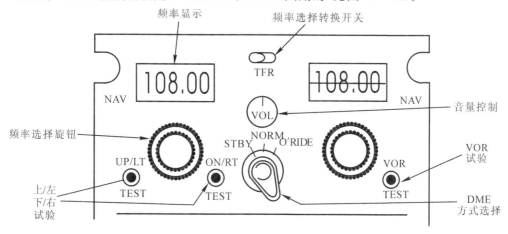

图 10-14　甚高频导航控制面板

控制面板的主要功能有:

(1)频率选择和显示。选择和显示接收信号频率。波道间隔为 50 kHz,频率选择范围为108.00～117.95 MHz,共有 200 个波道,采用五中取二码格式。在 108.00～111.95 MHz 中有 40 个波道用于选择 ILS/LOC 频率。显示窗口只显示选择的 LOC 频率,而与 LOC 配对的下滑信号频率是自动选配的。其配对关系可参见第十一章中的 LOC 和 GS 的频率配对表。在选择 VOR,LOC 频率的同时,还自动地选择 DME 的配对频率。控制面板上可以同时选择两个频率,而使用哪个频率则由频率转换开关控制。

(2)试验按钮。控制面板上有 VOR,ILS(上/左、下/右)和 DME 试验按钮,分别用来检查相应设备的工作性能。

(3)音量控制。音量调节电位计用来调节话音和识别码的音量。话音和识别码信号来自接收机,经音量调整电位计后,输出到音频集成系统(AIS)。

2. 天线

在多数飞机上,VOR 天线和 LOC 天线是共用的,安装在垂直安定面上或机身的上部,避免机身对电波的阻挡,以提高接收信号的稳定性。VOR 天线的形式多种多样,如蝙蝠翼形天线、环形天线以及改进的“V”形偶极子天线等。不管使用哪种形式的天线,应具有全向水平极化的方向性图,能够接收 108.00～117.95 MHz 范围内的甚高频信号。

3. VOR 接收机

接收和处理 VOR 台发射的方位信息。包括常规外差式接收机、幅度检波器和相位比较器电路,接收机提供以下的输出信号:

(1)语音和台识别信号,加到音频集成系统(AIS),供驾驶员监听;

(2)方位信号,驱动无线电磁指示器(RMI)的指针;

(3)航道偏离信号,驱动水平姿态指示器(HSI)的航道偏离杆;

(4)向/背台信号,驱动 HSI 的向/背指示器;

(5)旗警告信号,驱动 HSI 上的警告旗。

有的 VOR 导航接收机和 ILS 接收机是组合在一起的,因此,接收机中还包括 LOC 横向引导和 GS 垂直引导信号处理电路。当然,在不同型号的设备中,VOR、指点信标(MB)、航向信标和下滑信标也可以分成几个单独的接收机或包括在一个接收机中。

4. 指示器

指示器是将接收机提供的导航信息显示给驾驶员,根据指示器提供的指示进行飞机的定位和导航。常用的指示器有两种:无线电磁指示器(RMI)和水平姿态指示器(HSI)。

RMI 指示器是将罗盘(磁航向)、VOR 方位和 ADF 方位组合在一起的指示器。

两个指针分别指示 VOR-1/ADF-1 和 VOR-2/ADF-2 接收机输出的方位信息;两个 VOR/ADF 转换开关,分别用来转换输入指针的信号源。

RMI 能够指示 4 个角度:罗牌由磁航向信号驱动,固定标线(相当于机头方向)对应的罗牌刻度指示飞机的磁航向;指针由 VOR 方位和磁航向的差角信号驱动,固定标线和指针之间的顺时针夹角为相对方位角;指针对应罗牌上的刻度指示为 VOR 方位,它等于磁航向加相对方位;而指针的尾部对应的罗牌刻度为飞机磁方位,它与 VOR 方位相差 180°。

为了进一步理解 RMI 的指示,在图 10-15 上画出多种飞机的姿态和相应的 RMI 指示。为了使驾驶员像在仪表板上看到的指示器那样,转动指示器使标线出现在上指示器上部。

例如,在 VOR 台东南方向上的那架飞机,固定标线(lubber line)对应的罗牌刻度为磁航向 30°,固定标线和指针之间的顺时针夹角为相对方位角 270°,指针对应的罗牌刻度为 VOR 方位 300°,而指针尾部对应罗牌上的刻度为飞机磁方位 120°。

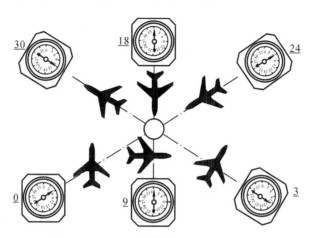

图 10-15　VOR 台周围 RMI 上的指示

　　HSI 指示器是一个组合仪表,如图 10-16 所示。它指示飞机在水平面内的姿态。在 VOR 方式,航道偏离杆由飞机相对于预选航道的偏离信号驱动,指示飞机偏离预选航道的角度。向/背台指示器由向/背台信号驱动,在向台区飞行时,三角形指向机头方向,在背台区飞行时,三角指向机尾方向。预选航道指针随 OBS 全方位选择器旋钮转动,指示预选航道的角度。警告旗在输入信号无效时出现。

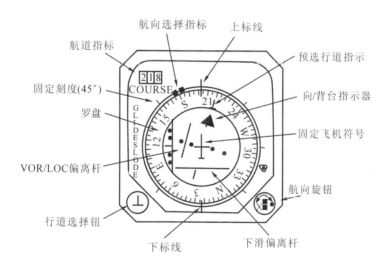

图 10-16　HSI 指示器

　　在仪表着陆方式中,航道偏离杆由 LOC 偏离信号驱动,指示飞机偏离跑道中心线的角度,每一格约 1°。而下滑指针指示飞机偏离下滑道的角度,每一格约 0.35°。当下滑信号无效时,下滑旗出现(在图 10-16 上,未画出警告旗)。

10.3.2 VOR 导航接收机

VOR 导航接收机的主要功能包括 VOR 信号的接收-超外差接收机和方位信息处理-相位比较器电路。图 10-17 所示的 VOR 导航接收机简化方框图,可以用来说明 VOR 接收信号的变换过程以及产生仪表指示信号的基本原理,下面结合该图来说明各部分的工作。

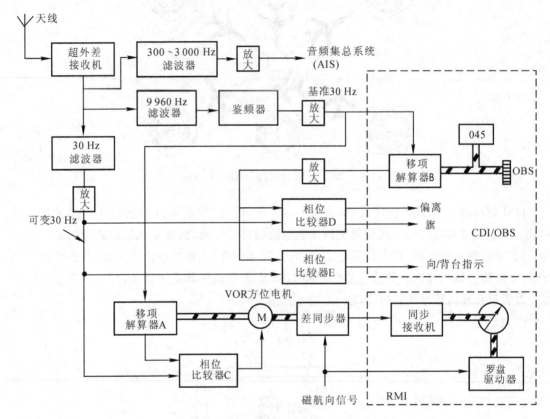

图 10-17 VOR 导航接收机简化方框图

1. 超外差接收机

超外差接收机通常是二次变频的外差式接收机,如图 10-18 所示。

控制面板选择频率的五中取二码信息加到频率合成器,合成器输出与选择频率相对应的调谐电压和注入频率。调谐电压(5~14 V)加到调谐预选器,调谐范围为 107.95~117.95 MHz(107.95 MHz 用于自检),注入频率范围为 86.55~96.55 MHz,加到第一混频器。因此,第一混频器把输入信号频率变换为 21.4 MHz 的第一中频。21.4 MHz 的第一中频放大器包括带宽为 ±15 kHz 的晶体滤波器,滤除混频器产生的谐波成分和干扰信号。第二混频器的本振频率来自频率固定为 21.568 5 MHz 的晶体振荡器,混频后的第二中频为 168.5 kHz。第二中频放大后加到幅度检波器和 168.5 kHz 的相位锁定环。

由于 VOR 台发射信号可能有 ±10 kHz 的变化,168.5 kHz 的第二中频也产生相应变化。168.5 kHz 的相位锁定环比较第二中频和 168.5 kHz 的基准频率(第二本振频率经 8×16 次分频),输出与两个频率差成正比例的误差电压。例如,当接收信号频率比额定频率变化±10 kHz时,误差电压从13 V下降到4.4 V。误差电压加到频率合成器,改变压控振荡器的输出频率和调谐电压,使调谐预选器的调谐频率和第一混频器的注入频率跟踪接收信号的频率变化。这样可保证所接收的VOR频率处在接收机通频带的中心,并保持第二中频基本不变。

幅度检波器检出的调制包络信号包含有30 Hz可变相位信号、9 960 Hz调频副载波(称导航音频)、话音(300~3 000 Hz)和台识别码(键控1 020 Hz)。

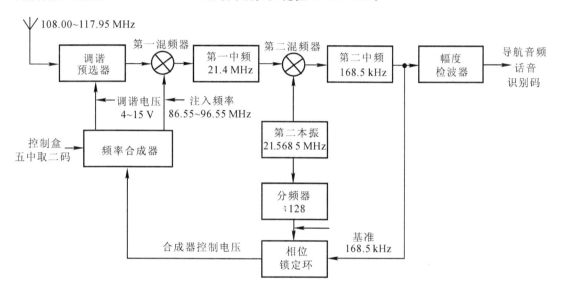

图 10 - 18　超外差接收机方框图

2. 信号分离电路

由于在检波器输出的组合音频中,各频率范围不同,所以很容易用带通滤波器实现分离。带通滤波器能使一定频率范围内的信号通过,而通带以外的频率信号受到一定衰减。在现代设备的VOR接收机中,均使用运算放大器组成品质因数高、体积小、质量轻的有源滤波器,代替普通的LC滤波器。现在介绍由运算放大器和RC网路组成的有源滤波器,它们是VOR接收机中的实际电路。

(1) 300~3 000 Hz带通滤波器。300~3 000 Hz带通滤波器只让话音/识别码信号通过,而阻止导航音频信号。滤波器由RC无源网路和运算放大器 A_1 和 A_2 组成,如图10-19所示。A_1 组成高通滤波器,只通过300 Hz以上的频率信号。而 A_2 组成低通滤波器,只让低于3 000 Hz以下的频率信号通过。因此,A_1,A_2 组合成一个带通滤波器。该滤波器的特性见表10-2。

滤波器输出的话音/识别码信号通过控制面板上的音量调整电位计加到音频集成系统(AIS)的音频选择板,供驾驶员监听。在音频选择板上有一个"话音/识别"开关,在"话音"位置,音频信号通过1 020 Hz陷波滤波器(notchfilter),去掉1 020Hz识别码信号,使话音更清楚。在"识别"位置,音频信号通过 1 020 Hz 窄带滤波器,去掉话音频率,只输出 1 020 Hz 识别码信号。

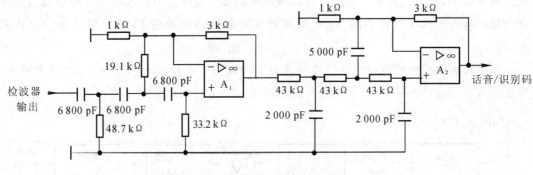

图 10 - 19 话音/识别码信号滤波器

表 10 - 2 滤波器的特性

频率/Hz	0~150	300	1 000	3 000	6 000
衰减/dB	18	6	0	6	18

(2) 9 960 Hz 带通滤波器。9 960 Hz 带通滤波器只让 9 960 Hz 调频副载波通过,抑制其他频率成分,其电路如图 10 - 20 所示。

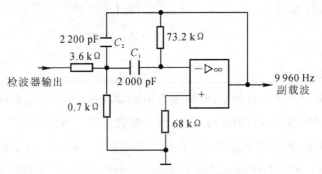

图 10 - 20 9 960 Hz 带通滤波器

该电路是一个二阶多路反馈的带通滤波器。电容 C_1 随着输入信号频率升高,容抗减小,运算放大器的输入增大,输出增大。电容 C_2 随着输入信号频率升高,负反馈增大,使增益减小,输出减小。

如果正确选择 RC 元件的数值,则可使运算放大器在 9 960 Hz 频率附近输出最大,保证 9 960 Hz 调频信号通过(9 480~10 440 Hz),抑制其他频率成分。

(3) 30 Hz 低通滤波器。30 Hz 低通滤波器只允许 30 Hz 可变相位信号通过,而阻止其他频率信号通过,电路如图 10 - 21 所示。

电容 C_1,C_2 对 9 960 Hz 调频副载波及话音呈现低阻抗(相当于短路),传输系数很小,而对于低频 30 Hz 信号,C_1,C_2 相当于开路,传输系数增大。因而输出具有低通性能。

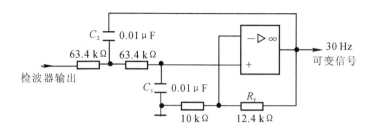

图 10 - 21　30 Hz 低通滤波器

3. 频率检波器(鉴频器)

鉴频器的功用是从 9 960 Hz 调频信号中检出 30 Hz 基准相位信号。图 10 - 22 给出了用单稳态电路和积分滤波器组成的频率-电压转换电路,用于解调调频信号。

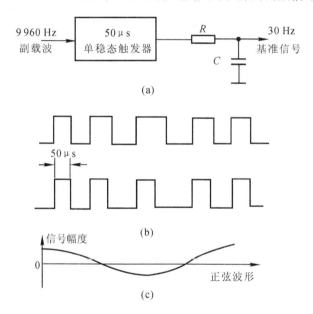

(a)

(b)

(c)

图 10 - 22　9 960 Hz 鉴频器和波形示意图

单稳态电路输出脉冲宽度不能大于最高输入脉冲的周期,否则积分电路输出将进入饱和状态,但输出脉冲宽度也不能过小,否则就不能得到充分的输出电压幅度。在图 10 - 22 所示的电路中,单稳态电路输出脉冲宽度选择为 9 960 Hz 周期的一半,约 50 μs。

9 960 Hz 带通滤波器的输出,经过限幅放大器变成方波,如图 10 - 22(a)所示,触发 50 μs 单稳态电路。单稳态电路输出是宽度为 50 μs 的脉冲,但输出脉冲的占空因数随 9 960 Hz 调频信号的频率变化而变化:频率升高,占空因数增大;反之减小。输出波形如图 10 - 22(b)所示,9 960 Hz 以 30 Hz 的速率调频,占空因数也以 30 Hz 的速率变化。经积分滤波器,重现 9 960 Hz 调频的 30 Hz 信号,如图 10 - 22(c)所示。这个信号就是基准相位 30 Hz 信号。

基准相位 30 Hz 和可变相位 30 Hz 进行相位比较(见图 10 - 17),用来产生方位、航道偏离和向/背台指示信号。

10.3.3　VOR方位指示电路

同位器是一种感应式交流控制电机,主要功能是实现角度跟踪。在飞机上,同位器广泛应用于远距离指示装置和伺服系统中,其功用是将转子转动的角信号变换为电信号或将电信号变换为转子的转角信号,实现角度信号的变换、发送、传输和接收。例如,在飞机远读地平仪中,同位器用来测量和传递飞机的俯仰角或倾斜角。又如,在航向系统中,同位器用来测量飞机的转弯角等。

在自动控制的随动系统中,一般是通过两台或多台同位器在电路上联接起来,通过电的联系,使机械上互不相连的两轴或多轴能自动地保持相同的转角变化或同步旋转,故同位器也称自整角机。在随动系统中,产生信号的同位器称为发送机,接受信号的同位器称为接收机。

航向指示系统中,接收机接收到发送机信号后,产生转轴力矩,直接带动很小的负载(如指针)转动,指示出发送机的转角位置。

在 VOR 系统中,采用差动式同位器来传递飞机的航向。

差动式同位器可以用来测量和传递两个转子角位置的差或和。差动式同位器的同步传输系统最少由三个同位器组成,如航向系统中差动式同位器的同步传输系统主要由发送机、差动同位器、接收机等组成,其原理电路如图 10-23 所示。

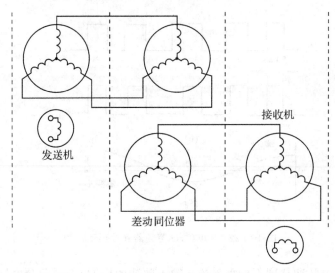

图 10-23　航向系统中差动式同位器的原理电路

其中,差动同位器的定子和转子上都绕有三相绕组。差动同位器的定子三相绕组与发送机的定子三相绕组一一对应连接;差动同位器的转子三相绕组与接收机的定子三相绕组也一一对应连接起来。差动同位器的转子,可以被另外的机械带动转动。

当发送机的转子轴线自定子 A 相绕组轴线(简称"A 轴")沿顺时针方向在空间转过 θ_1 角时,发送机转子磁通在差动同位器的定子绕组中产生电流、磁通。差动同位器的定子电流产生的磁通在空间的位置,沿顺时针方向偏离差动同位器的 A 相绕组轴线 θ_1 角,如图 10-24(a)所示。

对接收机来说,差动同位器相当于发送机。差动同位器的定子相当于发送机的转子,定子磁通相当于发送机的转子磁通。而差动同位器的转子绕组,相当于发送机的定子绕组。

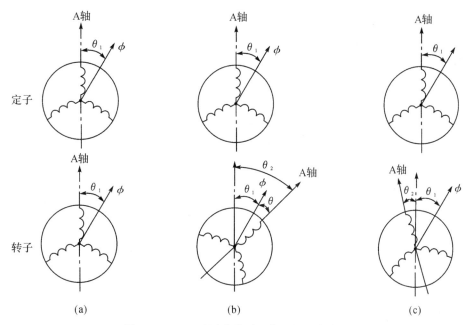

图 10-24　差动同步器磁通在空间的角位置

当差动同位器的转子 A 相绕组轴线与定子相绕组轴线相重合时,如图 10-24(a)所示,差动同位器中的磁通也沿顺时针方向偏离转子且 A 相绕组轴线θ_1角,因此,在接收机中的磁通也相应地沿顺时针方向偏离定子 A 相绕组轴线θ_1角。

如果差动同位器的转子由于外面其他机械的带动在空间沿顺时针方向转过θ_2角时,如图 10-24(b)所示,差动同位器的转子 A 相绕组轴线也沿顺时针方向偏离其定子 A 相绕组轴线θ_2。这时,差动同位器中的磁通与转子 A 相绕组轴线之间的夹角减小为$\theta=\theta_1-\theta_2$。接收机中的磁通与定子 A 相绕组轴线间的夹角也变为$\theta=\theta_1-\theta_2$。接收机转子绕组感应的电势大小正比于发送机转子空间位置角与差动同位器转子空间位置角之差$\theta=\theta_1-\theta_2$的正弦。

如果差动同位器的转子转动的方向与前述相反,如图 10-24(c)所示,则差动同位器的磁通与转子 A 相绕组轴线间的夹角为$\theta=\theta_1+\theta_2$。接收机中的磁通与其定子 A 相绕组轴线间的夹角为$\theta=\theta_1+\theta_2$。

可见,当差动同位器的转子转动时,接收机中的磁通也相对其定子 A 相绕组轴线转过同样的空间位置角,但方向相反。当差动同位器转子沿顺时针方向转过$+\theta_2$角时,接收机中的磁通则沿逆时针方向转过$-\theta_2$角。反之亦然。

因此,接收机中的磁通相对于其定子 A 相绕组轴线的空间位置角,是由发送机转子的位置角θ_1和差动同位器转子的位置角θ_2共同决定的,即$\theta=\theta_1\pm\theta_2$。接收机转子绕组中电势的大小和相位,取决于$\theta=\theta_1\pm\theta_2$的大小和方向。

可以利用差动式同位器进行两个角度θ_1和θ_2的加减法运算 。

差动同位器与航向同位器、输出同位器、指示同位器和两套随动机构等组成同步传输系统,其电路连接如图 10-25 所示。

航向同位器的转子固定在陀螺的外框轴上,定子可以认为是装在表壳上。航向同位器的转子绕组的轴线与定子 A 相绕组的轴线间的夹角,能正确地反映飞机的方位角。

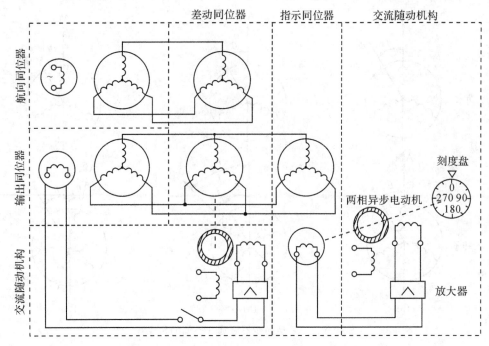

图 10 - 25　航向系统中差动同位器的原理电路

当飞机转弯时,航向同位器中的转子绕组轴线偏离定子 A 相绕组轴线 θ_1 角;差动同位器中的磁通必偏离定子 A 相绕组轴线 θ_1 角;指示同位器中的磁通也偏离其定子 A 相绕组轴线 θ_1 角,指示同位器的转子绕组中产生感应电势,经放大器放大后使指示器中的随动机构的两相异步电动机转动,带动指示器中的刻度盘和同位器的转子转动,直至同位器转了绕组轴线重新与磁涌重直为止,指示器上的指针指示出飞机的方位角。

10.3.4　航道偏离指示电路

航道偏离工作方式,也叫人工 VOR(manual VOR)。因为它要求驾驶员相对某一个 VOR 台来说选择一条要飞的航道,称为预选航道,预选航道包括两条方向相反方位线(磁北为基准 0°)。飞机飞行的方位和预选航道方位相比较,如果两者有区别,HSI 上的航道偏离杆就给驾驶员提供飞右(飞机 A)或飞左(飞机 B)的指示。实际上,由于两者是相位比较,不管飞机的航向如何,只要飞机在预选航道左边,就提供飞右指示;在右边,提供飞左指示。

预选航道由全向方位选择器(OBS)选定,通过移相解算器 B 将基准相位 30 Hz 的相位向后移一个角度,这个角度等于预选航道方位。飞机实际飞行的方位就是可变相位 30 Hz 角度(相对磁北)。因此,飞左或飞右的指示归结为测量移相后的基准相位 30 Hz 信号和可变相位 30 Hz 信号的相位差。

移相后的基准相位 30 Hz 和可变相位 30 Hz 加到航道偏离相位比较器 D(见图 10 - 17),相位比较器的输出加到 HSI 上的航道偏离杆,它是一个“零中心仪表”。如果两个 30 Hz 同相(飞机在预选航道上)或反相(在预选航道相反的方位上),相位比较输出器输出为零,偏离杆指在中心零位。如果两个 30 Hz 的相位差不等于 0°或 180°,则相位比较器输出直流偏离电压,极性和幅度取决于两个 30 Hz 差角的大小和方向。图 10 - 26 所示是这种相位比较器的输出特性。

　　图 10-26 说明,当基准相位 30 Hz 和可变相位 30 Hz 的相位差在 0°～180°之间时,表示飞机在预选航道左边,输出偏离电压为正,航道偏离杆向右指;而当相位差在 180°～360°之间时,表示飞机在预选航道右边,输出偏离电压为负,航道偏离杆向左指。

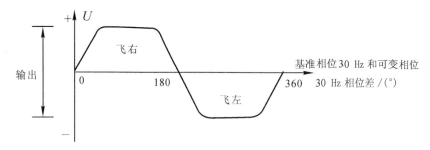

图 10-26　偏离相位比较器的输出特性

　　需要指出的是,有的相位比较器要求相位差 90°时,输出为零。这时 90°固有相移可由 OBS 的转子的起始位置来调定,而偏离电路的工作仍然是相同的。

　　图 10-27 所示是数字式异或门相位比较器以及在不同相位差时的输出波形。

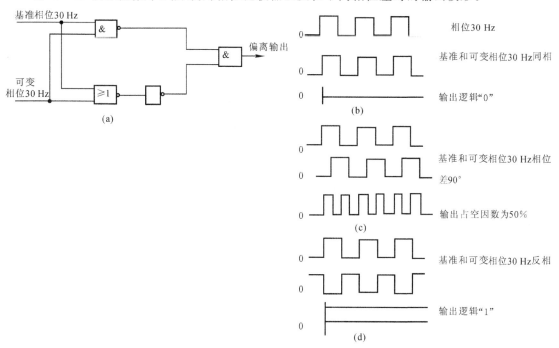

图 10-27　异或门相位比较器及输出波形

(a) 比较器电路;(b) 基准相位与可变相位 30 Hz 同相;
(c) 基准相位与可变相位 30 Hz 相位差为 90°;(d) 基准相位与可变相位 30 Hz 反相

　　从波形图可以看出,移相后的基准相位 30 Hz 和可变相位 30 Hz 同相时,输出为"0"(低电平);当相位差为 90°时,输出方波的占空因数为 50%;当相位差为 180°时,输出为"1"(高电平);当相位差为 270°时,输出方波的占空因数又为 50%。由此可见,相位差在 0°～180°之间时,输出方波的占空因数随相位差的增大而增大;相位差在 180°~360° 之间时,占空因数随相位差的增大而减小。

相位比较器输出方波,经过积分滤波器转换成与两个 30 Hz 相位差成比例的直流偏离电压。

应当注意,异或门相位比较器只能提供相位差为 90° 时的"零中心仪表",并且相位差在 0° 和 180° 时提供满刻度偏转。90° 固有相移可以通过预先调整 OBS 移相解算器的位置来获得。例如,预选航道为 90°,基准相位 30 Hz 信号的相移仅为 0°。这样,当飞机在预选航道上时,可变相位 30 Hz 和移相后的基准相位 30 Hz 的相位差为 90°,航道偏离杆指中心零位;相位差大于 90°,偏离电压增大,偏离杆向左指;相位差小于 90°,偏离电压减小,偏离杆向右指。

10.3.5 向/背台指示电路

预选航道选定后,飞机可以沿着选定航道飞离(from)或飞向(to)VOR 台。在这两种情况下,偏离指示器给驾驶员提供的飞左或飞右指示是相同的,这就产生了双值性。向/背台(to/from)指示器的功能就是用来消除这种"模糊性",指出飞机在预选航道的一边飞行或是在预选航道相反的一边飞行。

图 10-28 给出了一个向/背台指示的例子。通过 VOR 台作一条与预选航道(30°~210°)正交的直线 AB,AB 为向/背台指示的分界线。如果预选航道方位是 30°,则飞机在 AB 线的右上方,不论飞机的航向如何,均指背台(from);相反,飞机在 AB 线的左下方,则指向台(to)。若预选航道为 210°,则在 AB 线的右上方,指向台;而在 AB 线的左下方,指背台。由此可见,向/背台指示与飞机的航向无关,只取决于预选航道方位和飞机所在径向方位的差角。

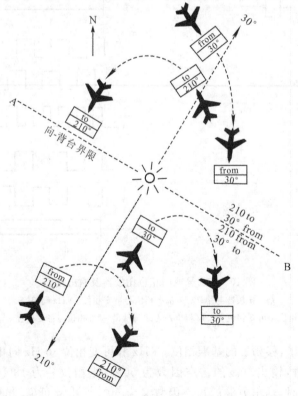

图 10-28 向/背台(to/from)指示

向/背台指示电路工作的基本原理仍然是测量基准相位 30 Hz 和可变相位 30 Hz 信号的相位差(见图 10 - 17)。经 OBS 移相后的基准相位 30 Hz(相移角度等于预选航道方位)和可变相位 30 Hz(飞机所在的方位)一起加到向/背台相位比较器 E,相位比较器输出直流电压加到向/背台指示器。当两个 30 Hz 相位差小于±90°时,输出直流电压为负,指背台;相位差大于±90°时,输出正直流电压,指向台。

图 10 - 29(a)所示的电路是用 D 型触发器产生向/背台指示信号的电路。移相后的基准相位 30 Hz 正弦信号和可变相位 30 Hz 正弦信号,分别加到各自的幅度比较器,只有当 30 Hz 信号的幅度大于基准电平时(用于幅度监控),比较器才输出 30 Hz 方波。

可变相位 30 Hz 方波加到触发器的 D 输入端,而基准相位 30 Hz 方波加到触发器的 C 输入端。当可变相位 30 Hz 信号落后基准相位 30 Hz 的相角在 0°～180°之间时,触发器的 Q 输出总是逻辑"0"(低电平),如图 10 - 29(b)所示。而当落后 180°～360°时,输出总是逻辑"1"(高电平),如图 10 - 29(c)所示。

正如在航道偏离指示电路中所说明的那样,OBS 移相解算器的转子要预先置定 90°初始相移,这样才符合向/背台指示的定义。例如,当预选航道为 90°时,基准相位 30 Hz 的实际相移为 0°。因此,当飞机位于 0°～180°之间的径向方位时,D 触发器的 Q 输出为逻辑"0",指背台;飞机位于 180°～360°之间的径向方位时,Q 输出为逻辑"1",指向台。

为了提高测量的精度,在现代的 VOR 机载设备中,航道偏离指示电路和向/背台指示电路的相位比较器,并不是直接测量两个低频 30 Hz 信号的相位差,而是比较两个 400 Hz 信号的相位。这种电路包括 400 Hz 解算器、航道解算器 OBS、航道偏离和向/背台相位鉴别器。下面分别说明这种电路各部分的工作原理。

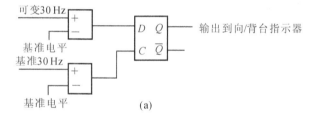

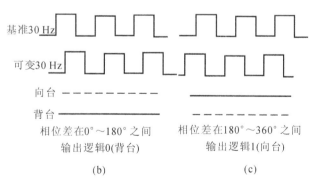

图 10 - 29　使用 D 触发器的向/背台指示电路及波形

(a) 向/背台指示电路;(b) 相位差 0°～180°;(c) 相位差 180°～360°

图 10 - 30 所示的电路包括 400 Hz 解算器和航道解算器 OBS,它们的作用是将飞机径向

方位和预选航道方位的差角变化转换成 400 Hz 信号的幅度和相位的变化。

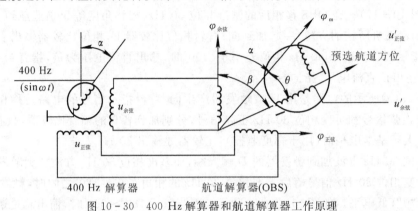

图 10-30　400 Hz 解算器和航道解算器工作原理

400 Hz 解算器实际上是一个正余弦变压器,由转子和两个互相垂直放置的定子组成。在 VOR 电路中,转子输入 400 Hz 电源(基准 400 Hz),转子由 VOR 方位电机带动(见图 10-17),其转角 α 等于 VOR 台的径向方位,即等于可变相位 30 Hz 落后基准相位 30 Hz 的角度。这时,在两个正余弦定子线圈上的感应电势分别为

$$u_{正弦} = U_m \sin\alpha \sin\omega t \atop u_{余弦} = U_m \cos\alpha \sin\omega t \Bigr\} \qquad (10-6)$$

式中,U_m—— 感应电势最大值;

$\sin\omega t$—— 400 Hz 基准信号。

航道解算器包括两个互相垂直放置的定子绕组(正弦／余弦定子)和两个互相垂直放置的转子绕组(正弦／余弦转子)。400 Hz 解算器的定子和航道解算器的定子连接成回路。这样 $u_{正弦}$ 和 $u_{余弦}$ 信号在各自的回路中产生电流。该电流又在航道解算器的两个定子线圈中产生磁通 $\varphi_{正弦}$ 和 $\varphi_{余弦}$,其大小正比于 $u_{正弦}$ 和 $u_{余弦}$ 的幅度。如果两个回路参数(绕组圈数、直流电阻)相同,$\varphi_{正弦}$ 和 $\varphi_{余弦}$ 合成磁通 φ_m 的转角就等于 400 Hz 解算器转子的转角 α。

如果航道解算器的转子由驾驶员转到要求的预选航道方位上(β),则合成磁通 φ_m 在正弦／余弦转子上的感应电势为

$$u_{正弦}' = KU_m \sin(\beta-\alpha)\sin\omega t = KU_m \sin\theta \sin\omega t \atop u_{余弦}' = KU_m \cos(\beta-\alpha)\sin\omega t = KU_m \cos\theta\omega t \Bigr\} \qquad (10-7)$$

式中,K—— 传输系数;

θ—— 预选航道方位与飞机所在的径向方位的差角。

从式(10-7)中可以看出,航道解算器转子输出电压 $u_{正弦}'$ 和 $u_{余弦}'$ 的幅度和相位取决于差角 θ。对 $u_{正弦}'$ 来说,幅度正比于差角的正弦($\sin\theta$),当差角 θ 从 $0°\sim180°$ 变化到 $180°\sim360°$ 时,相位改变 $180°$;对 $u_{余弦}'$ 来说,幅度正比于差角的余弦($\cos\theta$),当差角 θ 小于 $\pm90°$ 和大于 $\pm90°$ 时,相位改变 $180°$。

$u_{正弦}'$ 供给航道偏离相位鉴别器,如图 10-31(a) 所示。

$u_{正弦}'$ 信号经反相放大后,通过电子转换开关输出。400 Hz 转换电压与 400 Hz 基准电源同相,只是将正弦信号变成方波信号。当转换电压为正半周时,电子转换开关输出接地;当转换电压为负半周时,其输出等于放大器的输出。实际上,电子转换开关相当于半波整流器。在不

同相位差时,其输出波形如图 10 - 31(b)(c) 所示。

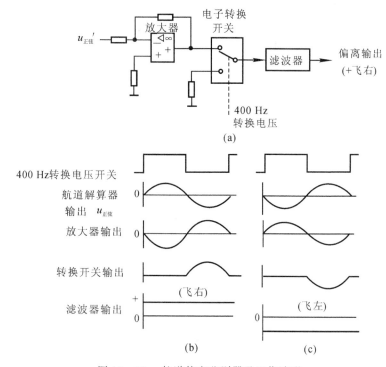

图 10 - 31　航道偏离鉴别器及工作波形

(a) 航道偏离鉴别器；(b) 当 $0° < \theta < 180°$ 时的波形； (c) 当 $180° < \theta < 360°$ 时的波形

　　由波形图可见,当相位差 θ 在 $0° \sim 180°$ 之间(飞机在预选航道的左边)时,偏离电压为正,偏离杆向右指；当相位差 θ 在 $180° \sim 360°$ 之间(飞机在预选航道的右边)时,偏离电压为负,偏离杆向左指。

　　$u_{余弦}'$ 电压供给向 / 背台鉴别器,该电路和航道偏离鉴别器电路相似。图 10 - 32 为向 / 背台鉴别器电路及工作波形图。

　　当差角 $\theta < \pm 90°$ 时,$u_{余弦}'$ 信号与 400 Hz 转换电压同相,输出向 / 背台信号为负,指背台,如图 10 - 32(b) 所示；当差角 $\theta > \pm 90°$ 时,$u_{余弦}'$ 信号与 400 Hz 转换电压反相 180°,输出向 / 背台信号为正,指向台,如图 10 - 32 (c) 所示。

　　在导航设备的设计中,警告旗电路也是一个很重要的部分。因为导航信息供给有关的指示器,作为驾驶员操纵飞机的依据。所以,指示器指示的数据必须可靠。而指示器指示的可靠性又取决于接收机输出信号的质量,因此必须有一个监视电路来监控接收机的工作。对于 VOR 接收机来说,VOR 可靠指示取决于基准相位 30 Hz 信号和可变相位 30 Hz 信号的幅度是否足够大。图 10 - 33 所示的电路是典型的(最基本的)旗监视电路。

　　基准相位 30 Hz 信号和可变相位 30 Hz 信号经整流、滤波后,变成一定幅度的直流电压,加至各自的幅度比较器,和基准门限电平相比较。当两个 30 Hz 信号的幅度足够大时,两个幅度比较器均输出逻辑"1",与门输出逻辑"1"(高电平),旗不显示。当任何一个 30 Hz 信号的幅度小于门限电平时,与门输出逻辑 0(低电平),使旗出现,告诉驾驶员此时指示器上所示的导航信息不可靠。

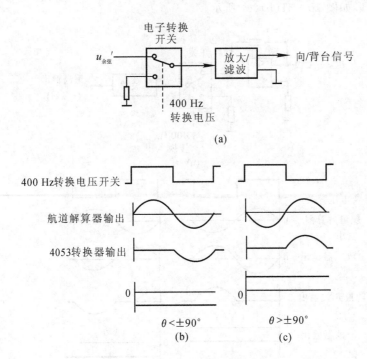

图 10 - 32 向 / 背台鉴别器电路及工作波形

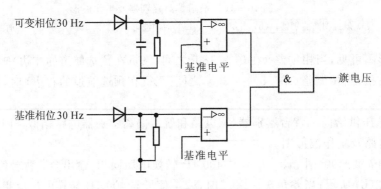

图 10 - 33 典型的旗监视电路

10.3.6 VOR 数字方位测量电路

1. 基本原理

现代飞机上,数字显示逐渐代替了模拟显示,因此,VOR 方位测量电路也要采用数字方位测量电路。

数字方位测量的基本原理是将基准相位 30 Hz 和可变相位 30 Hz 的相位差转换成一定频率的脉冲个数。下面介绍这种电路的测量原理。

如图 10 - 17 所示,从鉴频器输出的基准相位 30 Hz 正弦波和从 30 Hz 低通滤波器输出的可变相位 30 Hz 正弦波分别加到图 10 - 34 所示的电路。

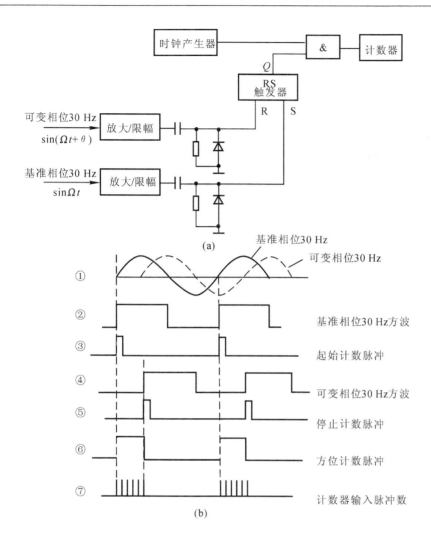

图 10-34 数字方位测量原理电路及波形图

(a) 电路图; (b) 工作波形图

两个相同的放大/限幅电路把基准相位 30 Hz 和可变相位 30 Hz 正弦波整形成 30 Hz 方波。基准相位 30 Hz 方波经 RC 微分电路和二极管限幅器,在每个 30 Hz 方波的前沿产生起始计数脉冲。同样,可变 30 Hz 方波的前沿产生停止计数脉冲。

起始计数脉冲加到 RS 触发器的置位端(S),而停止计数脉冲加至触发器的复位端(R)。因此,RS 触发器的 Q 端输出一个正方波,叫方位计数脉冲,其脉冲宽度取决于基准相位 30 Hz 和可变相位 30 Hz 的相位差,或者说,它决定了方位计数的时间。

方位计数脉冲和时钟产生器输出的时钟脉冲一起加到与门电路,在方位计数脉冲期间,与门输出时钟脉冲加到计数器。计数器输入多少个脉冲数取决于基准相位 30 Hz 和可变相位 30 Hz 的相位差。这样,就可以通过计数器的数字表示出两个 30 Hz 的相位差。计数器输入的时钟脉冲数 N 和相位差 θ 的关系为

$$N = \frac{T\theta}{360 t_{n}} \tag{10-8}$$

式中，T——30 Hz 的周期；

t_n—— 时钟脉冲的周期。

由于 T 和 t_n 是已知的常数，所以 N 和 θ 是单值线性关系。

应该注意的是，在 VOR 设备中，基准相位 30 Hz 和可变相位 30 Hz 的相位差，仅表示 VOR 台的径向方位，而在指示器上指示的是 VOR 方位，两者相差 180° 相位。但在 0° ～ 180° 之间的径向方位上，VOR 方位等于两个 30 Hz 的相位差加 180°；而在 180° ～ 360° 之间的径向方位上，VOR 方位又等于两个 30 Hz 的相位差减 180°。

例如，在图 10-1 中，飞机 A 的 VOR 方位等于基准相位 30 Hz 和可变相位 30 Hz 的相位差加 180°，而飞机 C 的 VOR 方位等于两个 30 Hz 的相位差减 180°。

由此可见，用上述关系将两个 30 Hz 的相位差转换成一定频率的脉冲个数，还必须设法增加或减少 180° 相位所对应的脉冲个数。这样，计数器所表示的方位字才等于 VOR 方位字。

增加或减少 180° 相位所表示的脉冲个数，可以将方位计数时间变化引起的相位变化增加或减少 180°，或者在计数器中，将表示 180° 位的逻辑"0"或"1"倒相输出。具体方法在下节说明。

2. 实际电路分析

下面以 51RV-4VOR/ILS 接收机为例，来说明 VOR 方位计数器的工作。在图 10-35 中，只画出了方位计数器和移位寄存器部分，其他部分的作用类似于图 10-34 所示的电路。

方位计数器 U_{401} 是一个 12 级二进制计数器（4040 型），由 12 个 T 触发器组成。每级的输出（$Q_1 \sim Q_{12}$）所表示的角度值在图 10-35 上已标明。4040 型计数器功能真值表见表 10-3。

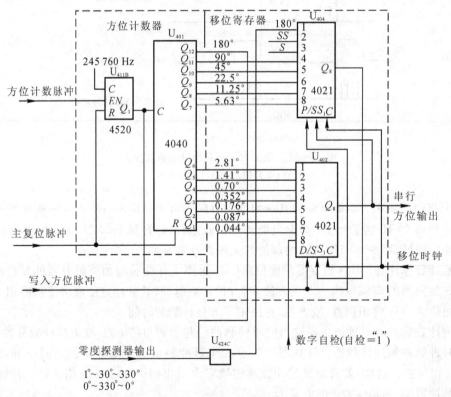

图 10-35 方位计数器和移位寄存器电路

表 10 - 3　4040 型计数器真值表

C	R	功　能
⤴	0	不变
⤵	0	计数
×	1	清零($Q_1-Q_{12}=0$)

U_{411B} 是双二进制上升计数器(4520 型),它包括两个相同的、独立的二进制计数器,每个计数器又由 4 个 D 触发器组成。其真值表见表 10 - 4。

表 10 - 4　4520 型计数器真值表

C	EN	R	功　能
⤴	1	0	上升计数
0	⤵	0	上升计数
×	×	1	清零($Q_1-Q_4=0$)

数据移位寄存器 U_{402} 和 U_{404} 是 8 级静态移位寄存器(4021 型),它是一个异步并入或同步串入/串出移位寄存器。当并行/串行控制输入端(P/S)为高电平时,并行输入数据就并入相应的寄存器,而当 P/S 端为低电平时,数据就随同移位时钟一起串入/串出移位寄存器。U_{402} 和 U_{404} 两个 8 位移位寄存器并联使用,组成 16 位数据字。

零度探测器输出逻辑"1"(径向方位在 30°~330°)或逻辑"0"(径向方位在 330°~0°),其作用有以下两个:

(1)当基准相位 30 Hz 和可变相位 30 Hz 的相位差在 0°~30°时,由于相位差很小,起始和停止计数脉冲几乎同时产生,方位计数时间很短。为了保证计数器的计数精度,此时控制停止计数脉冲后移 180°相位。这时,方位计数脉冲宽度等于两个 30 Hz 的相位差加 180°。当两个 30 Hz相位差在 30°~330°之间时,方位计数时间已足够长,此时,方位计数脉冲宽度等于两个 30 Hz 的相位差。而当两个 30 Hz 的相位差在 330°~360°时,控制停止计数脉冲前移 180°,此时方位计数脉冲宽度等于两个 30 Hz 的相位差减 180°。有关的零度探测器电路和停止计数脉冲电路在图 10 - 35 上未画出。

(2)零度探测器输出逻辑"1"或逻辑"0"与方位计数时间相配合,也就是说与 U_{401} 的 Q_{12} 输出逻辑相配合,将计数器计数的脉冲数转换为 VOR 数字方位字。

供给方位计数器和移位寄存器的信号还有主复位脉冲,写入方位脉冲和 32 个 10 kHz 的移位时钟。图 10 - 36 给出了方位计数器和移位寄存器输入信号的定时图。从图中可以看出,各信号出现的时刻是以基准相位 30 Hz 为基准的。其中 30 Hz/90°信号是将基准相位 30 Hz信号移相 90°得来的,用来控制产生写入方位脉冲、主复位脉冲和移位时钟。

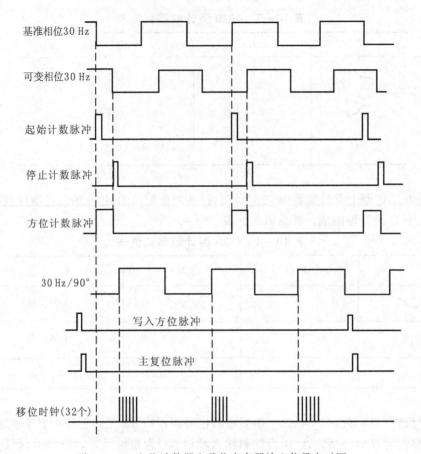

图 10-36　方位计数器和移位寄存器输入信号定时图

下面根据定时图来说明计数电路的工作过程。

（1）在计数之前，首先由主复位脉冲对 U_{411B} 和 U_{401} 清零。

（2）在方位计数脉冲期间，U_{411B} 将 245 760 Hz 的输入脉冲除 2，Q_1 输出 122 880 Hz 作为 U_{401} 输入脉冲。U_{411B} 能输出多少个脉冲，取决于方位计数脉冲的宽度。

例如，若两个 30 Hz 相位差为 90°，相当于飞机在 VOR 台的正东，此时输入到计数器的脉冲数为

$$N=\frac{1/30}{360}\times 90\div\frac{1}{122\ 880}=1\ 024$$

这时，U_{401} 的 $Q_{11}=$ "1"，其他位的输出均为 "0"。

10.3.7　典型 VOR 机载接收设备

VOR 机载接收指示设备主要包括控制面板、天线、甚高频接收机和指示仪表。在一些型号的飞机上，VOR 接收机也常与仪表着陆系统（ILS）的各接收装置组合在一起，称为甚高频导航接收机。图 10-37 所示为典型伏尔系统机载接收系统。

控制面板一般是 VOR,ILS,DME 共用，用于对机上包括 VOR 接收机在内的甚高频通道、导航设备的工作频率转换和测试检查，主要功能有频率选择和显示，用测试按钮检查相应

设备的工作性能、音量控制等；VOR 天线与 ILS 航向信标(LOC)接收机天线一般是共用的，安装在飞机垂直安定面上或机身上部。安装位置应避免机身对电波的阻挡，以提高接收信号的稳定性。指示器有三种：方位指示器(无线电磁罗盘指示器 RMI)直接产生出飞机方位读数，进行飞机的定位和导航；航道指示器可以提供 VOR 的航道偏离、向/背台指示；水平位置指示器 HSI 可提供航道偏离杆偏离预选航道的数据。

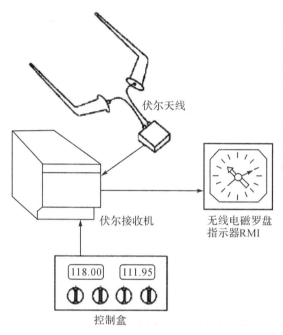

图 10 - 37　典型伏尔系统机载接收系统

　　VOR 接收机包括普通外差式接收机、幅度检波器和相位比较器，用于接收和处理 VOR 信标发射的方位信号，输出语音、台识别信息、方位信息、航道偏离信息、向/背台信息、告警信息等。图 10 - 38 所示为 VOR 系统机载接收机原理框图。

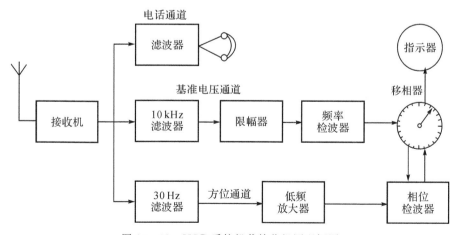

图 10 - 38　VOR 系统机载接收机原理框图

接收机的高频部分与普通外差式接收机相同,由一全向天线负责接收 VOR 信标信号,经调谐高频放大、下变频和中频放大后,选择出所需要的导航信号,进行振幅检波。从检波器输出端的低频信号分别加到方位、基准和语音三个不同的通道。其中,与方位有关的低频信号,在方位通道中先经过放大加到包络检波器中,然后再经 30 Hz 滤波器和低频放大,检出 30 Hz 相位可变的调幅包络信号,输出到相位检波器中;在基准电压通道中,首先通过幅度检波器并经 9 960 Hz 滤波器,检出 9 960 Hz 调频副载波的包络信号,双向限幅器将其变成等幅调频信号,然后鉴频器对分载频进行频率检波,得到 30 Hz 的基准相位信号,经过移相器也加到相位检波器中。移相器中带有指针,可指示出所移相位的度数。利用移相器对基准电压进行移相,移相后的基准电压信号与方位通道中的可变相位信号在相位检波器中进行比相,输出的比较电压再反馈到移相器,作为控制信号对移相器进行调整,直到移相器的相移大小与方位通道电压的相位相等时,相位检波器输出为零,调整结束,此时就可从移相器上读取方位指示。由此可见,角度的测量过程本质上就是可变相位信号与基准相位信号的相位比较过程,另外有专门的方位指示器与移相器相连并同步转动,指示出移相器的相移数据并显示给飞行员。

VOR 系统还提供有语音传输通道,用于地—空语音通信。由于语音频率主要集中在 300～3 000 Hz范围内,不会干扰基本的导航功能,在接收机电路中可通过带通滤波器将语音分开。

习　　题

1. 简述甚高频全向信标系统的基本工作原理。
2. 简述甚高频全向信标系统的功用。
3. 说明甚高频全向信标系统如何利用接收信号进行定位。
4. 试画出甚高频全向信标方位测量电路原理框图。
5. 试画出甚高频全向信标导航接收机原理框图。

第 11 章 仪表着陆系统

11.1 仪表着陆系统的基本工作原理

11.1.1 功用

仪表着陆系统(ILS),早在1949年就被国际民航组织定为飞机标准进近和着陆设备。它能在气象条件恶劣和能见度差的情况下给驾驶员提供引导信息,保证飞机安全进近和着陆。

为了着陆飞机的安全,在目视着陆飞行条例(VFR)中规定,目视着陆的水平能见度必须大于4.8 km,云底高不小于300 m。但大部分机场的气象条件不能满足这一要求,这时飞机必须依靠ILS提供的引导信号进行着陆。

ILS提供的引导信号,由驾驶舱指示仪表显示。驾驶员根据仪表的指示操纵飞机或使用自动驾驶仪"跟踪"仪表的指示,使飞机沿着跑道中心线的垂直面和规定的下滑角,从450 m的高空引导到跑道入口的水平面以上的一定高度,然后再由驾驶员看着跑道操纵飞机目视着陆。因此,ILS系统只能引导飞机到达看见跑道的最低允许高度(决断高度)上,它是一种不能独立引导飞机至接地点的仪表低高度进场系统。

11.1.2 着陆标准等级

国际民航组织根据飞机在不同气象条件下的着陆能力,规定了3类着陆标准,使用跑道视距(RVR)和决断高度(DH)两个量来表示。其规定见表11-1。

表 11-1 着陆标准等级表

类　　别	跑道视距(RVR)	决断高度(DH)
Ⅰ	800 m(2 600 ft)	60 m(200 ft)
Ⅱ	400 m(1 200 ft)	30 m(100 ft)
ⅢA	200 m(700 ft)	
ⅢB	50 m(150 ft)	
ⅢC	0	

注:括号中的数字是以英尺为单位的近似值。

决断高度(DH)是指驾驶员对飞机着陆或复飞做出判断的最低高度。在决断高度上,驾驶员必须看见跑道才能着陆,否则应放弃着陆,进行复飞。决断高度在中指点信标(Ⅰ类着陆)

或内指点信标(Ⅱ类着陆)上空,由低高度无线电高度表测量。

跑道视距(RVR)又叫跑道能见度。它是指在跑道表面的水平方向上能在天空背景上看见物体的最大距离(白天)。跑道视距使用大气透射计来测量。

根据着陆标准,仪表着陆系统的设施也分成相应的3类,分别与 ICAO 规定的着陆标准相对应,并且使用相同罗马数字和字母来表示。ILS 系统是根据系统的精度和运用的能见度极限来分类的。系统总的精度应包括"台址"误差、障碍物影响、跑道长度和跑道设备配置以及设备精度等。

ILS 系统设施的性能类别能达到的运用目标如下:

Ⅰ类设施的运用性能:在跑道视距不小于 800 m 的条件下,以高的进场成功概率,能将飞机引导至 60 m 的决断高度。

Ⅱ类设施的运用性能:在跑道视距不小于 400 m 的条件下,以高的进场成功概率,能将飞机引导至 30 m 的决断高度。

ⅢA类设施的运用性能:没有决断高度限制,在跑道视距不小于 200 m 的条件下,着陆的最后阶段凭外界目视参考,引导飞机至跑道表面。因此叫"看着着陆"(see to land)。

ⅢB类设施的运用性能:没有决断高度限制和不依赖外界目视参考,一直运用到跑道表面,接着在跑道视距 50 m 的条件下,凭外界目视参考滑行,因此叫"看着滑行"(see to taxi)。

ⅢC类设施的运用性能:无决断高度限制,不依靠外界目视参考,能沿着跑道表面着陆和滑行。

ILS 系统能够满足Ⅰ、Ⅱ类着陆标准,但是Ⅲ类着陆要求有更复杂的辅助设备相配合。例如,配合飞行指引仪或自动驾驶仪来完成Ⅱ类着陆标准的自动着陆。Ⅲ类着陆标准不仅在进近和着陆过程必须使用自动控制设备,而且滑跑(rollout)和滑行(taxing)也必须在其他电子设备的控制下完成。

11.1.3 仪表着陆系统的组成

ILS 系统包括 3 个分系统:提供横向引导的航向信标(localizer)、提供垂直引导的下滑信标(glideslope)和提供距离引导的指点信标(marker beacon)。每一个分系统又由地面发射设备和机载设备所组成。地面台在机场的配置情况如图 11-1 所示。内指点信标仅在Ⅱ类着陆标准的机场安装。

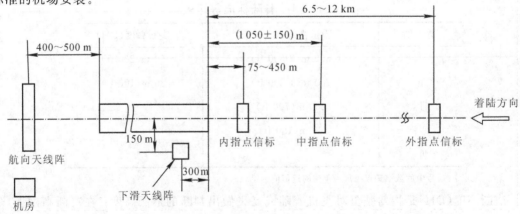

图 11-1 ILS 系统的机场配置图

航向信标天线产生的辐射场,在通过跑道中心延长线的垂直平面内,形成航向面(或叫航向道)。如图 11-2 所示,用来提供飞机偏离航向道的横向引导信号。机载接收机收到航向信标发射信号后,经处理,输出飞机相对于航向道的偏离信号,加到驾驶舱仪表板上的水平姿态指示器(HSI)。若飞机在航向道上(飞机 A),即对准跑道中心线,则偏离指示为零;如果飞机在航向道的左边(飞机 C)或右边(飞机 B),航向指针就向右或向左指,给驾驶员提供"飞右"或"飞左"的指令。

下滑信标台天线产生的辐射场形成下滑面(见图 11-2),下滑面和跑道水平平面的夹角,根据机场的净空条件,可在 2°~4°之间选择。下滑信标用来产生飞机偏离下滑面的垂直引导信号。机载下滑接收机收到下滑信标台的发射信号,经处理后,输出相对于下滑面的偏离信号,加到HSI 上的下滑指示器。若飞机在下滑面上(飞机 A),下滑指针在中心零位;若飞机在下滑面的上面(飞机 B)或下面(飞机 C),指针向下或向上指,给驾驶员提供飞下或飞上的指令。

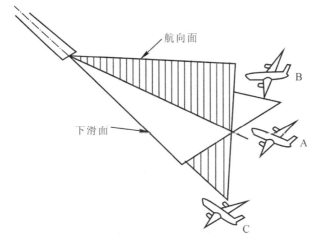

图 11-2　航向和下滑信标产生的引导信号

航向面和下滑面的交线,定义为下滑道。飞机沿下滑道着陆,就对准了跑道中心线和规定的下滑角,在离跑道入口约 300 m 处着地。

指点信标台为 2 个或 3 个,装在着陆方向的跑道中心延长线的规定距离上,分别叫内、中、外指点信标(见图 11-1)。每个指点信标台发射垂直向上的扇形波束。只有在飞机飞越指点信标台上空的不大范围时,机载接收机才能收到发射信号。由于各指点信标台发射信号的调制频率和识别码不同,机载接收机就分别使驾驶舱仪表板上不同颜色的识别灯亮,同时驾驶员耳机中也可以听到不同音调的频率和识别码。驾驶员就可以判断飞机在哪个信标台的上空,即知道飞机离跑道头的距离。

图 11-3 所示为飞机进场的示意图。航向信标和下滑信标发射信号组合的结果,在空间形成一个矩形延长的角锥形进场航道。其中航向道宽度为 4°,下滑道宽度为 1.4°(指示器满刻度偏转的角度)。

飞机在这个角锥内进场,飞机偏离航向面和下滑面的角度与指示器指示的角度值成比例。在这个角锥形之外,指示器满刻度偏转。这时,指示器的指示只能判断飞行偏离的方向,而不能给出具体度数。

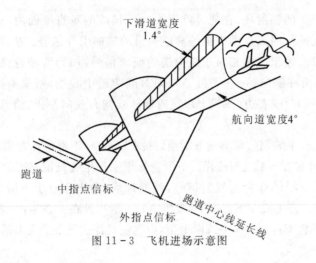

图 11－3　飞机进场示意图

11.1.4　仪表着陆系统的工作频率

航向信标工作频率为 108.10～111.95 MHz。其中航向信标仅用 110 MHz 的奇数频率再加 50 kHz 的频率,共有 40 个波道。

下滑信标工作频率为 329.15～335 MHz 的 UHF 波段,频率间隔为 150 kHz,共有 40 个波道。

指点信标工作频率为 75 MHz(固定)。

航向信标和下滑信标工作频率是配对工作的。机上的航向接收机和下滑接收机是统调的,控制面板上只选择和显示航向频率,下滑频率自动配对调谐。

航向信标和下滑信标频率配对关系见表 11－2。

表 11－2　航向信标和下滑信标频率配对关系

航向信标/MHz	下滑信标/MHz	航向信标/MHz	下滑信标/MHz
108.10	334.70	110.10	334.40
108.15	334.55	110.15	334.25
108.30	334.10	110.30	335.00
108.35	333.95	110.35	334.85
108.50	329.90	110.50	329.60
108.55	329.75	110.55	329.45
108.70	330.50	110.70	330.20
108.75	330.75	110.75	330.05
108.90	329.30	110.90	330.80
108.95	329.15	110.95	330.65
109.10	331.40	111.10	331.70
109.15	331.25	111.15	331.55

续 表

航向信标/MHz	下滑信标/MHz	航向信标/MHz	下滑信标/MHz
109.30	332.00	111.30	332.30
109.35	331.85	111.35	332.15
109.50	332.60	111.50	332.90
109.55	332.45	111.55	332.75
109.70	333.20	111.70	333.50
109.75	333.05	111.75	333.35
109.90	333.80	111.90	331.10
109.95	333.65	111.95	330.95

在机场比较密集或在一个机场有几条跑道,每条跑道上都设置 ILS 设备时,航向信标和下滑信标的发射信号对机载接收机可能会产生干扰。因此,当按表 11-2 选用航向信标和下滑信标配对频率时,第一套设备和第二套设备之间的频率间隔、两个设备台址之间的最小距离还应满足表 11-3 的规定。

表 11-3 两套 ILS 设备的频率间隔和最小台址间距要求

信 标	频率间隔/kHz	第二套设备和第一套设备之间的最小距离/km		
		200	100	50
		接收机的波道间隔/kHz		
航向信标	同频率	148	148	148
	50		37	9
	100	65	9	0
	150		0	0
	200	11	0	0
下滑信标	同频率	600	300	150
	150	93	93	93
	300		20	2
	450	46	2	0
	600	9	0	0

当满足表 11-3 的规定时,接收机接收的有用信号对干扰信号的最小保护比为 20 dB,这样,在 ILS 服务的极限距离内,可以防止因相互干扰而产生误差。表 11-3 列出了航向信标和下滑信标的波道间隔、保护点之间的距离间隔要求以及所设计的接收机波道间隔之间的关系。

保护点是指(对航向信标)距离为 46 km,高度为 1 900 m 的地点。对下滑信标则是指距离为 18.5 km,高度为 760 m 的地点。表 11-3 列举的数据是假定地面设备是无方向性的,它们以同样的功率辐射,在 10°以下的范围内,其场强和仰角大致成比例,以及飞机天线是全方向性的。

如果要求在频率拥挤的地区更精确地确定距离间隔，可再考虑每个设备的方向性因子、辐射功率特性及覆盖区的运用要求，然后从相应的传播曲线来确定。总之，在 ILS 保护点和进场航道所有点上至少要提供 20 dB 的保护比。

11.2　地　面　设　备

11.2.1　航向信标发射信号

地面设备可以分为三个部分：航向信标台、下滑信标台、指点信标台或测距仪台。当测距仪成为仪表着陆系统的一部分时，其通常安装在下滑信标台。机载设备则包括相应的天线、接收机、控制器及指示器等。

航向信标和下滑信标主要由设备机柜、电源、天线信号分配箱、天线阵等组成。

航向信标天线安装在着陆方向跑道远端以外 300～400 m 的跑道中心线延长线上。现在以等强信号型航向信标为例来说明它的工作原理。图 11-4 所示为航向信标发射机的示意图。

挪威NM7000型机柜及电源示意图

航向信标12单元天线阵示意图

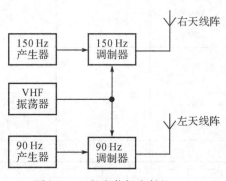

图 11-4　航向信标发射机

VHF 振荡器产生 108.10～111.95 MHz 频段中的任意一个航向信标频率，分别加到两个调制器上。一个载波用 90 Hz 调幅，另一个用 150 Hz 调幅。两个通道的调幅度相同（20% ± 1%）。调制后的信号通过两个水平极化的天线阵发射，在空间产生两个朝着着陆方向、有一边相重叠的相同形状的定向波束，左波束用 90 Hz 正弦波调幅，右波束用 150 Hz 正弦波调幅，如图 11-5 所示。两个波束组合的航道宽度约为 4°，发射功率为 100 W。

在两个波束相重叠的中心线部分,90 Hz和150 Hz调制信号的幅度相等,形成航向面(见图 11 - 2),定义为航向道,并调整它与跑道中心线相重合。

机载设备的功能就是接收和处理航向信标台的发射信号,即放大、检波和比较两个调制信号的幅度,由"中心零位指示器"显示飞机偏离航向道的方向(左边或右边)和大小(度)。当飞机在航向道上时(见图 11 - 5 中的飞机 C),90 Hz 调制信号等于 150 Hz 调制信号,指示器指零;当飞机偏离到航向道的左边时(见图 11 - 5 中的飞机 B),90 Hz 调制信号大于 150 Hz 调制信号,指示器向右指;当飞机偏离到航向道的右边时(见图 11 - 5 中的飞机 A),90 Hz 调制信号小于 150 Hz 调制信号,指示器向左指。

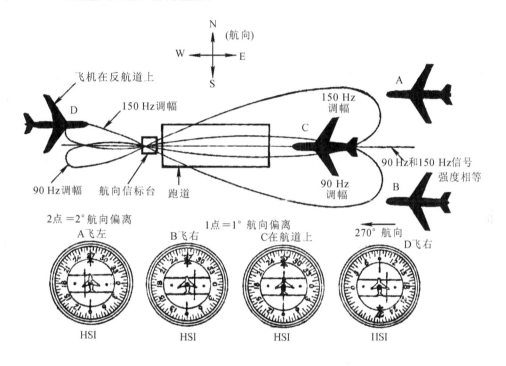

图 11 - 5　航向信标辐射场和飞机偏离航向道的指示

有的航向信标天线发射双向辐射方向性图,它不仅提供跑道方向的天线方向性图,而且也提供跑道相反方向的天线方向性图,如图 11 - 5 所示。两个天线方向性图之间的主要区别是90 Hz 和 150 Hz 调制信号是相反的,即 90 Hz 调制信号在反进近航道的右边,而 150 Hz 调制信号在左边。另外,航向信标发射机不在跑道的远端(终点),而是在跑道的近端(起点)。这个区域叫反航道(back course)。在这个方向上下滑信标台没有信号发射,这样沿反航道的进场飞机只能使用航向信标。

飞机沿反航道进近必须注意以下 3 点:

(1)当飞机飞过跑道近端时,ILS 引导将变成无效,因此能见度必须是足够的,以便在进近的最后阶段使用目视着落。

(2)不像正常进场那样,这时指点信标总是存在的。

(3)航道偏离指示(CDI)与正常进近的指向相反。但对驾驶员来说,指针偏移的方向,总是指向航向道所在位置的方向。

为了使驾驶员能够监控 ILS 地面台的工作以及证实接收的信号是不是要求的 ILS 设备的发射信号,在航向信标台发射着陆引导信号功能的同一载频上发射一个为特定跑道和进场方向所规定的识别信号。识别信号使用(1 020±50) Hz 调制频率,调制度在 5%~15% 之间。识别码采用国际莫尔斯电码,由 2~3 个字母组成。如果需要可将国际莫尔斯电码信号"Ⅰ"放在最前面,随后为一短暂的间隙,以便驾驶员从附近地区的其他导航设备中分辨出 ILS 设备。

Ⅰ类和Ⅱ类设备性能的航向信标还能提供地-空话音通信。它与导航和识别信号在同一波道上工作。话音频率为 300~3 000 Hz,话音信号调制度不得超过 50%,并调整话音调制度与识别信号调制度之比为 9∶1,并规定话音、导航信号和识别信号的调制度总和不得超过 95%。

11.2.2 调制深度差和偏离指示的关系

ILS 辐射场是一个由两个音频(90 Hz 和 150 Hz)调制的载波。调制途径有两种:发射机调制和空间调制。发射机调制是在发射机内形成的,对航向信标来说,两个频率的调幅度各为 20%±1%。空间调制是由两个天线辐射信号在空间的合成。对等强信号型航向信标来说,空间调制度取决于天线辐射的方向性图。

在空间的某一点,90 Hz 调制信号和 150 Hz 调制信号的调制度等于发射机调制度和空间调制度的合成。将两个信号调制度的差值除以 100,定义为调制深度差 DDM。机载设备的航道偏离指示器的指针偏移量是 DDM 的函数,而不是调制度的函数。现在简要分析 DDM 和偏移量的关系。

设天线辐射的方向性图特性用 $f_1(\theta)$(90 Hz 调制信号的方向性图)和 $f_2(\theta)$(150 Hz 调制信号的方向性图)表示。它们是以航道中心线算起的角坐标的函数,在两个最大波束方向上,信号强度相同(见图 11-5)。那么每个天线辐射场为

$$u_1(\theta) = U_m f_1(\theta)(1 + m\sin\Omega_1 t)\sin\omega t \tag{11-1}$$

$$u_2(\theta) = U_m f_2(\theta)(1 + m\sin\Omega_2 t)\sin\omega t \tag{11-2}$$

式中,m——90 Hz 调制信号和 150 Hz 调制信号的调幅度(20%);

Ω_1——90 Hz 调制信号角频率;

Ω_2——150 Hz 调制信号角频率;

ω—— 载波频率。

因为两个天线(左天线和右天线)信号的载波频率是同频同相馈电,所以这两个波束的辐射场在空间可以直接相加。合成的空间辐射场为

$$u = u_1(\theta) + u_2(\theta) =$$

$$U_m[f_1(\theta) + f_2(\theta)]\left[1 + \frac{mf_1(\theta)}{f_1(\theta) + f_2(\theta)}\sin\Omega_1 t + \frac{mf_2(\theta)}{f_1(\theta) + f_2(\theta)}\sin\Omega_2 t\right]\sin\omega t$$

$$\tag{11-3}$$

式(11-3)表明,合成辐射场仍然是一个调幅波。其幅度受两个频率的调制,这两个频率的调制度随 θ 角的变化方向,一个增大,另一个减小。

90 Hz 调制信号的调制度为

$$m_{90} = \frac{mf_1(\theta)}{f_1(\theta) + f_2(\theta)}$$

150 Hz 调制信号的调制度为

$$m_{150} = \frac{m f_2(\theta)}{f_1(\theta) + f_2(\theta)}$$

在任一接收方向上,两个频率的调制深度差 DDM 为

$$\text{DDM} = \frac{m_{90} - m_{150}}{100} = \frac{m[f_1(\theta) - f_2(\theta)]}{100[f_1(\theta) + f_2(\theta)]}$$

可见 DDM 也是角坐标的函数。

DDM 为零的点的轨迹,满足 $f_1(\theta) = f_2(\theta)$,即等强信号方向,该方向准确地调整在通过跑道中心线延长线的垂直面内,该平面就是飞机的着陆航道。

当飞机偏离航道时,DDM 不等于零。如偏向左边,$f_1(\theta) > f_2(\theta)$,即 90 Hz 信号调制度大于 150 Hz 信号调制度;若偏向右边,$f_1(\theta) < f_2(\theta)$,90 Hz 信号调制度小于 150 Hz 信号调制度。

在机载接收机里,由于自动增益控制(AGC)或人工电平控制的作用,射频信号幅度总是保持在一个固定的电平上,经检波后的 90 Hz 调制信号和 150 Hz 调制信号分量将与各自的调制度成正比。指针的偏移量又正比于 90 Hz 和 150 Hz 信号的幅度差。由此可见,指针的偏移量正比于 DDM。

航向信标天线发射信号的波束形状必须满足调制深度差 DDM 和位移灵敏度的要求,如图 11 - 6 所示。

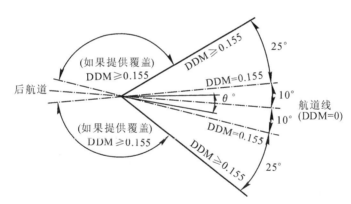

图 11 - 6　调制深度差 DDM 和位移灵敏度

DDM 等于 0.155 的射线所包含的角度 θ_0,称航道扇区,如图 11 - 7 所示。θ_0 随着航向信标台与跑道入口之间的距离不同而变。但在所有的情况下,航向扇区的线性宽度在 ILS 基准数据点(位于跑道中心线与跑道入口上方 15 m 处的一点,ILS 下滑道直线向下延伸部分通过此点)应为 210 m。也就是说不管航向信标天线安装位置和跑道长度如何,在 ILS 基准数据点的扇形区宽度均应等于 210 m。但如果在扇区宽度等于 210 m 时,扇形角度 θ_0 大于 6°,则可在保证 θ_0 最大等于 6° 的前提下使扇区线性宽度小于 210 m。

标准的航道偏离指示器满刻度偏转对应于 0.155 DDM,即飞机偏离航道中心线 2°～3°。

在航道线左、右 10° 扇区内,DDM 从零增加至 0.180DDM,在此扇区内,角位移和 DDM 的增加是线性的。从 ±10°～±35° 的范围内,DDM 值不应小于 0.155,如果需要提供超过 ±35° 的覆盖,则在该覆盖区内,不应小于 0.155DDM。

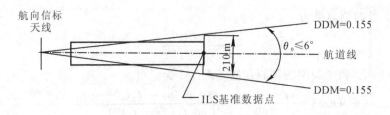

图 11 - 7　航道扇区

满足上述 DDM 和角坐标的关系,在航向信标系统中是通过正确调整 90 Hz 调制信号和 150 Hz 调制信号调制的天线方向性图的形状来保证的。

11.2.3　航向信标覆盖范围

航向信标发射信号应提供使典型的机载设备在覆盖扇区内满意工作的信号电平。航向信标覆盖区应从天线系统的中心算起到下列规定的立体角范围内,能接收到的场强不低于 40 μV/m。在方位 $\pm 10°$ 的覆盖区内,引导距离不小于 25 n mile(46.3 km);在方位 $\pm 10° \sim 35°$ 的覆盖区内,引导距离为 17 n mile(31.5 km);当要求提供方位 $\pm 35°$ 以外的覆盖时,则引导距离为 10 n mile(18.5 km),如图 11 - 8(a)所示。如果由于地形限制或有其他导航设备能在中间进场区提供满意的覆盖时,在 $\pm 10°$ 的扇区内的引导距离可减小至 18 n mile(33.3 km),覆盖区的其余部分可减小至 10 n mile(18.5 km)。

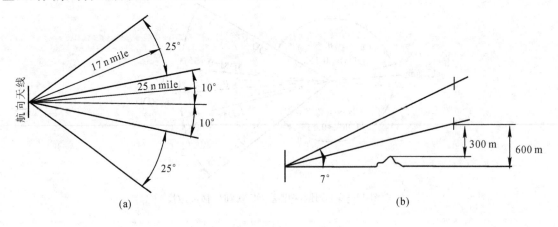

图 11 - 8　航向信标覆盖范围
(a) 方位覆盖;　(b) 垂直覆盖

如图 11 - 8(b)所示,在垂直面内的覆盖范围最低应高于跑道入口处的标高 600 m 以上,或在中间和最后进场区内,高于最高点的标高 300 m 以上(以高者为准),从天线向外延伸并与跑道水平面成夹角的平面内,能够接收到满意发射信号。

11.2.4　下滑信标辐射场

下滑信标天线安装在跑道入口处的一侧(见图 11 - 1)。天线通常安装在一个垂直杆上。下滑信标的形式由 2 个(零基准下滑信标)或 3 个(边带基准型和 M 型下滑信标)处于不同高度上的水平振子天线阵组成,天线发射水平极化波。

下滑信标天线的等效辐射场如图 11-9 所示。在着陆方向上发射两个与跑道平面成一个定仰角(叫飞机下滑角),并有一边相重叠的相同形状的波束。两个波束中心的最大值以相同量向上或向下偏离下滑道,两个波束信号以相同的频率发射。但上波束用 90 Hz 调幅,下波束用 150 Hz 调幅,调幅度均为 40%。

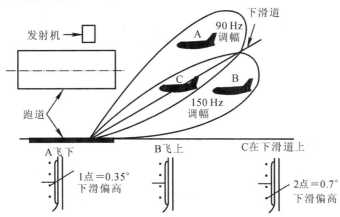

图 11-9　下滑信标天线辐射场和偏离指示

从图 11-9 中可以看到,在下滑道上,90 Hz 和 150 Hz 调制信号幅度相等;在下滑道上面,90 Hz 调制信号大于 150 Hz 调制信号;在下滑道下面,90 Hz 调制信号小于 150 Hz 调制信号。离下滑道越远,两个调制信号的差值就越大。如果像航向信标那样,用 90 Hz 和 150 Hz 的 DDM 来表示,则在下滑道上 DDM 等于零,离开下滑道 DDM 线性增大,直至 DDM 等于 0.22。

机载接收机的任务就是分开 90 Hz 和 150 Hz 调制音频并比较它们的幅度,或者说测定飞机离开下滑道的偏离量(°)。如果飞机对准下滑道,接收的 90 Hz 信号等于 150 Hz 信号,偏离指示器指针在中心零位(C 飞机),若飞机在下滑道的上面,90 Hz 音频大于 150 Hz 音频,偏离指针向下指(A 飞机),表示下滑道在飞机的下面。反之,飞机在下滑道下面时,150 Hz 音频大于 90 Hz 音频,指针向上指(B 飞机),表示下滑道在飞机的上面。

下滑信标发射信号提供的引导范围如图 11-10 所示。在下滑道中心线两边各 8°的方位内,引导距离不小于 10 n mile,从地平面以上的 0.45 θ 到 1.75 θ 的扇区内,应使接收机工作,在整个覆盖区内,最低信号场强应为 400 μV/m。

在图 11-10 中,θ 为 ILS 下滑角,可在 2°~4°之间调整,最佳下滑角应在 2.5°~3°之间选择。

R 为 ILS 下滑道直线向下延伸部分与跑道中心线的交点。

在仰角覆盖范围内,由最靠近下滑道的 DDM 等于 0.175 的各点的轨迹所限定的扇区叫下滑道扇区,约 1.4°(±0.7°)。

在下滑道扇区内,下滑指针偏离指示和飞机偏离下滑道的角度成比例。例如飞机向上或向下偏离下滑道 0.35°,指针向下或向上偏指一点;飞机向上或向下偏离下滑道 0.7°,指针向下或向上偏指两点——满刻度偏转。在下滑道扇区以外,偏离指示只能大致地判断飞机在下滑道上边和下边,不能指出飞机偏离下滑道的角度值。

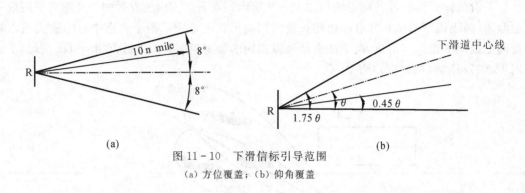

图 11-10 下滑信标引导范围

(a) 方位覆盖;(b) 仰角覆盖

11.2.5 指点信标发射信号

航道指点信标台安装在着陆方向的跑道中心线延长线上。根据 ICAO 规定,包括外指点信标、中指点信标和内指点信标。在一些机场还装有反航道指点信标,用于飞机从反航道进场。

内指点信标偏离跑道中心延长线不应超过 30 m,中指点信标和外指点信标偏离跑道中心延长线不应超过 75 m。对于某些机场来说,3 个指点信标台的具体位置,根据机场的地理条件,在允许的距离范围内设置。指点信标系统在 ILS 系统中的作用如下所述:外指点信标指示下滑道截获点,中指点信标用来测定 Ⅰ 类着陆标准的决断高度点,即下滑道通过中指点信标台上空的高度约等于 60 m。内指点信标用来测定 Ⅱ 类着陆标准的决断高度点,即下滑道通过内指点信标台上空的高度约为 30 m。考虑到内指点信标和中指点信标之间的干扰和机上目视指示灯发亮时间间隔,内指点信标和下滑道之间所标示的最大高度限制在高于跑道入口 37 m。典型的指点信标接收机在飞机速度 140 n mile(250 km)/h 时,中指点信标和内指点信标目视指示灯发亮的最小间隔应为 3 s,以此来选择内指点信标台的台址,便可确定其标示的最高高度。各指点信标台均发射扇形波束以便覆盖整个航道宽度。发射功率是由指点信标覆盖范围确定的。各指点信标覆盖范围规定见表 11-4。

表 11-4 指点信标覆盖范围规定

指点信标	高 度/m	宽 度
内指点标	150±50	在整个航向道宽度内能达
中指点标	300±100	到正常指标
外指点标	600±200	

在覆盖区边界,场强应不小于 1.5 mV/m。在覆盖区内场强应不低于 3 mV/m,标准机载接收机如能收到 1.5 mV/m 场强,应能正常的工作。

飞机飞越指点信标台上空时,指示灯亮的时间取决于飞机的速度和发射波束的纵向"宽度"以及接收机灵敏度。若飞机速度为 96 kn(1 kn=0.514 m/s),则飞越外指点信标台上空时,外指点信标灯亮的时间应为(12±4)s,飞越中指点信标台上空时,中指点信标灯亮的时间应为(6±2) s。

为了便于驾驶员识别飞机正在飞越哪个信标台上空,以便知道飞机距跑道入口的预定距离,各指点信标台的发射频率采用不同的音频编码键控制,见表 11-5。

表 11-5　指点信标台发射频率的音频编码键控制

指点信标	调制频率/Hz	识别码	机上指示
外指点标	400±10	连续拍发,每秒 2 线	蓝色(或紫色)
中指点标	1 300±32.5	连续交替拍发点、线	琥珀色(黄色)
内指点标	3 000±75	连续拍发,每秒 6 点	白色
反航道信标	3 000	连续拍发,每秒 6 个对点	白色

各指点信标发射信号的调幅度应为(95±4)%。在发射识别信号间隙时间,载波不应中断。

11.2.6　航路指点信标

在任何航路上,如果需要用指点信标来标定一个地理位置的地方,应安装扇形指点信标。在需要用指点信标来标出航路上无线电导航设备的地理位置的地方,应安装"Z"指点信标,航路指点信标发射信号的调制频率为(3 000 ±75) Hz,键控发送莫尔斯电码,以表示该指点信标的名称或地理位置。在发送识别信号间隙期间,载波不得间断。

11.3　机 载 设 备

11.3.1　机载设备组成

下滑信标和航向信标工作原理基本相似,特别是机载设备。两者主要不同之处是下滑信标工作频率在 UHF 波段(329.15～335.00 MHz),对飞机提供垂直引导(上/下引导)。下滑信标发射功率小,因为它的引导距离仅 10 n mile。此外,下滑信标不发射台识别码和地-空话音通信信号,因为它是和航向信标配对工作的。下面对下滑信标和航向信标的不同点做一个简要的说明。

指点信标系统的机载设备如图 11-11 所示。

天线安装在机身下部,以便接收指点信标台发射的垂直向上的波束信号。在高速飞行的飞机上,一般采用低阻力天线。接收机通常采用一次变频的超外差接收机。接收机输出的音频信号加至正、副驾驶员仪表板指示灯和音频选择板,给驾驶员提供目视和音响信号,以区别飞机飞越哪个信标台的上空。中指点信标和外指点信标音频识别信号还加到飞行记录中的飞行数据收集组件(FDAU),作为飞行记录器的信号源之一。灵敏度和电源开关用来控制接收机的灵敏度和接通电源,在设置自检电路的接收机中,当按下试验按钮时,自检电路可依次产生 400 Hz,1 300 Hz 和 3 000 Hz 调幅的 75 MHz 试验信号,加到接收机的输入端。此时,指示灯(蓝、黄、白)应依次通亮并可听到相应频率的识别音频,以判断信标接收机及指示灯的工作是否正常。

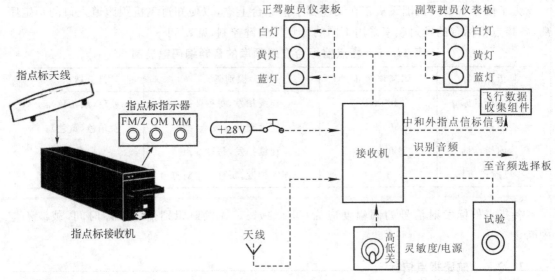

图 11 - 11　指点信标系统

1. 接收机方框图

图 11 - 12 所示为一次变频的超外差式接收机方框图。天线所接收的信号经 75 MHz 调谐滤波加到混频器。混频后产生的中频信号经过中频晶体滤波器加到中频放大器进行放大。晶体滤波器是一个窄带滤波器,在 20 dB 点带宽为 ±15 kHz,它决定了接收机的选择性。中频放大器的输出经包络检波器得到 400 Hz,1 300 Hz 或 3 000 Hz 音频,其幅度为 3.5 V。3 个带通滤波器用来分别通过 400 Hz,1 300 Hz 和 3 000 Hz 音频,再分别经整流后得到直流电压,以接通晶体管的灯开关,使相应的指示灯亮。同时,检波后的音频经音频放大后加到音频选择板,提供音响信号。

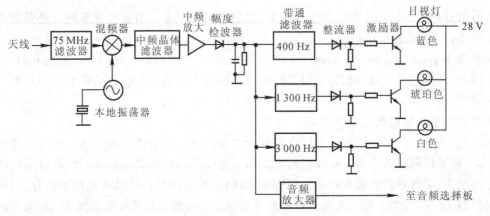

图 11 - 12　超外差式指点信标接收机

指点信标接收机主要的干扰源是 VHF 频段低端的高功率无线电广播。接近 75 MHz 频率的是电视的 4 频道(66～72 MHz)和 5 频道(76～82 MHz)信号。更接近 75 MHz 的是几个商用的点到点的通信波道,其频率范围是 72.20～74.58 MHz 和 75.42～75.98 MHz。虽然最接近的频率与 75 MHz 的间隔只有 420 kHz,但这些点与点之间的通信波道所使用的功率比典型的电视广播台发射功率小得多。尽管这样,如果飞机接近通信发射台时,接收信号强度也会迅速增大。在设计接收机时,这种干扰也应充分注意。

指点信标接收机的技术标准规程(TSO)规定,当下列信号输入时,不应影响接收机的正常工作:

(1) 2～6 频道,3.5 V 电平的电视信号。

(2) 1 300 Hz 调频,频移±15 kHz,0.5 V 电平的通信信号。

一旦干扰信号进入接收机电路,由于电路的非线性,将会产生内部调制失真。减小内部调制失真有两种方法。第一种,精心设计放大器和混频器,使它们具有高的线性度,不产生内部调制失真。第二种,提高接收机的选择性,以滤掉干扰信号。

在图 11 - 12 的接收机中,为了减少内部调制失真,没有设置高频放大器。因为高频放大器除放大信号电平外,也放大干扰信号,总的选择性不会提高。混频器之后,接入中频窄带晶体滤波器,该滤波器决定了接收机的带宽,保证所需要的选择性。晶体窄带滤波器的作用是滤除进入接收机的干扰信号和经混频后产生的各种交叉调制信号。接收机的主要增益由放在晶体滤波器之后的中频放大器获得。

混频器是一个非线性器件,是产生内部调制最严重的器件。所以有的指点信标接收机采用调谐高放式(TRT)接收机电路,如图 11 - 13 所示。

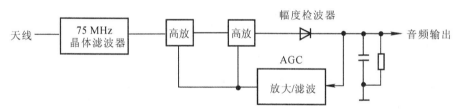

图 11 - 13　调谐高放式指点信标接收机

在该接收机中,天线输入信号到 75 MHz 晶体滤波器,滤波器的带宽为±15 kHz,接着是高增益的高频放大器(80 dB),然后是二极管包络检波器。检波后的音频输出加至 3 个指示灯滤波器。这种接收机的优点是 75 MHz 晶体滤波器可以滤出电视信号和调频信号,没有把输入信号频率变换为中频的混频器,完全不受内部调制的影响。但这种电路有两个明显的缺点:第一,接收机的所有增益在高频 75 MHz 放大,而不是在中频放大,所以获得稳定的高增益比较困难;第二,晶体滤波器有插入损耗,降低了接收机的灵敏度。

自动增益控制电路(AGC)是指点信标接收机的一个重要组成部分。因为飞机通过指点信标方向性天线辐射的波束时,接收信号强度会迅速变化,AGC 的作用就是在接收信号变化时,保持输出电平基本稳定,通常利用幅度检波器输出的平均电压作为 AGC 控制电压。因为它的大小和输入信号电平成正比。该电压经滤波放大后,加到中频放大器或高频放大器,改变放大器的直流工作点,从而实现增益控制。AGC 电压的控制能力通常要求输出信号电平变化小于 6 dB。

2. 高低灵敏度控制

指点信标接收机用来接收航路指点信标和航道指点信标的发射信号,飞机在航路上的高度远大于进场着陆的高度,这样天线接收机的强度相差很大。如果把接收机的灵敏度设计得很高,则在着陆时,指示灯离信标台很远就会亮。甚至飞越外指点信标和中指点信标时,两个指示灯可能同时亮,这严重影响指点信标系统的功能。另外,按进场着陆方式设计接收机灵敏度,那么在飞越航路指点信标台时,指示灯就可能不亮。为了满足进场和航路两种情况下使用的要求,在接收机外部有一个高-低灵敏度控制开关,高灵敏度(200 μV/m)用于航路信标,低灵敏度(1 500 μV/m)用于进场着陆。

图 11-14 所示的电路是改变接收机灵敏度的一种方法,用一个衰减电路串接在信号输入线上,选择低灵敏度时,衰减器对输入信号进行衰减,从而达到降低灵敏度的目的。

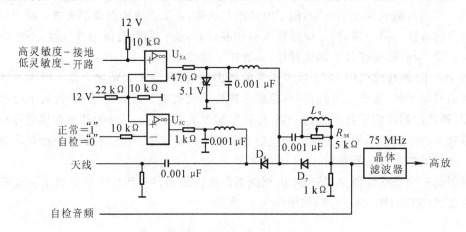

图 11-14　高-低灵敏度控制电路

在"高灵敏度"位,比较器 U_{5A} 同相输入端接地,比较器输出低电平,D_6 和 D_7 正向偏置而导通,天线接收信号经 D_6 和 D_7 直接加至 75 MHz 晶体滤波器,这时灵敏度为 200 μV/m。在"低灵敏度"位,比较器 U_{5A} 输出高电平,D_6 导通而 D_7 截止,天线接收信号经 D_6 和 R_{38}(并联 L_q)衰减电路后才加至 75 MHz 晶体滤波器,这样天线必须接收较强的信号才能使指示灯亮。R_{38} 电位计用来使低灵敏度为 1 500 μV/m。

自检时 U_{5C}(试验按钮按下接地)比较器输出"高电平",D_6 反向偏置,切断天线输入信号,这时,来自试验振荡器的 75 MHz 调幅信号加至 75 MHz 晶体滤波器的输入端,代替天线的接收信号。

3. 指示灯电路

检波器输出的音频信号加到 400 Hz,1 300 Hz 和 3 000 Hz 滤波器,用来分别通过 3 种频率不同的调制信号。滤波器的输出经整流后变成直流电压,接通相应的晶体管开关,使驾驶舱仪表板上不同颜色的指示灯通亮。

图 11-15 所示的指示灯电路是 51Z-4 指点信标接收机的实际电路。使用调谐变压器式滤波器,初级绕组并联电容器分别调谐于 400 Hz,1 300 Hz,3 000 Hz。次级输出分别加到相应的指示灯晶体管开关的基极,3 个晶体管开关 T_9,T_{10},T_{11} 工作于零偏压状态,无信号输入时截止。

如果飞机通过外指点信标台上空时,检波器输出 400 Hz 音频,通过 400 Hz 谐振变压器输至 T_9 的基极。在音频负半周,T_9 导通蓝色灯亮。虽然 T_9 只在负半周导通,但灯不会很快冷却下来,仍可保持稳定的亮度。同样,当飞机越过中指点信标台时,调制频率为 1 300 Hz,黄色灯亮。而飞越内指点信标、反航道指点信标和航路指点信标时,调制频率为 3 000 Hz,白色灯亮,但由于这三者的识别码不同,仍可区别飞机在哪个信标台上空。

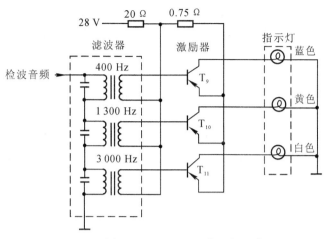

图 11-15　51Z-4 指示灯电路

由于调谐变压器式滤波器在低频工作时体积大、质量大,因此在现代的指点信标接收机中使用如图 11-16 所示的指示灯电路。音频滤波器的工作原理在前面的章节中已有说明,此处不再重复。当飞机通过中指点信标台上空时,检波器输出的 1 300 Hz 音频,通过运算放大器和阻容元件组成的 1 300 Hz 带通滤波器,加到 D_2 整流器。当整流电压大于比较器 U_{2A} 反向输入端的固定偏压(门限电压)时,U_{2A} 输出逻辑"1"(相当于开路),12 V 经由 R_{27},R_{28} 加到 T_4 的基极,T_4 导通,黄色灯亮。

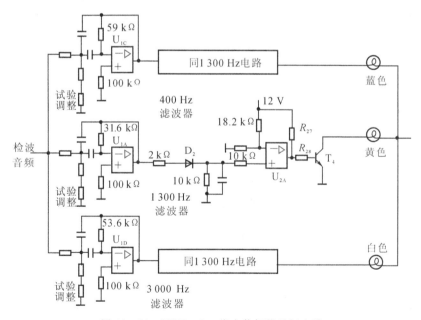

图 11-16　VOR-700 指点信标指示灯电路

4. 自检电路

自检电路产生模拟的信标台发射信号,用于在地面或空中检查机载接收机的工作情况。

图 11-17 是自检电路示意图。

图 11-17　自检电路示意图

当接通自检开关时,定时器产生约 5 s 的锯齿波,加到调制频率产生器,顺序产生 1.5 s 间隔的 400 Hz,1 300 Hz 和 3 000 Hz 的音频信号,该信号对 75 MHz 晶体振荡器进行调幅,然后加到接收机输入端。如果机载设备工作正常,目视指示灯按蓝、黄、白顺序点亮 1.5 s,同时驾驶员耳机中可顺序听到 400 Hz,1 300 Hz 和 3 000 Hz 音调信号。

11.3.2　航向信标接收机

航向信标的机载设备包括天线、控制面板、接收机和航道偏离指示器。在大多数飞机上,航向信标接收机及航道偏离指示器是与全向信标配合使用的,只是在接收机检波器之后的导航音频处理电路(幅度比较电路)是分开的。本节仅说明导航音频信号处理电路的工作原理。

1. 接收机简化方框图

如图 11-18 所示,飞机上天线接收的地面台发射信号,送到常规的单变频或双变频超外差式接收机。由于 LOC 和 VOR 接收机部分是公用的,接收机接收和处理哪种信号,取决于控制面板选择的频率是 LOC 频率还是 VOR 频率。当选择 LOC 频率时,接收机接收 LOC 台的发射信号。通过高频、中频和检波电路,输出信号包括 90 Hz 和 150 Hz 导航音频、1 020 Hz 的台识别码以及地-空话音通信信号(300~3 000 Hz)。这些信号的分离是由滤波器来完成的。

台识别码和话音通信信号通过 300~3 000 Hz 带通滤波器和音频放大器,加到飞机音频集成系统,给驾驶员提供听觉信号,用来监视 LOC 地面台的工作。

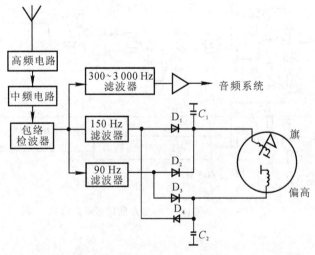

图 11-18　航向信标接收机方框图

90 Hz 和 150 Hz 带通滤波器分开 90 Hz 和 150 Hz 信号,然后分别加至各自的整流器。两个整流器的输出加到航道偏离电路进行幅度比较。即两个整流器输出的"差信号"驱动偏离指示器,而两个整流器输出的"和信号"驱动警告旗。当飞机对准航向道时,90 Hz 和 150 Hz 调制度相等(DDM 等于零),也就是说 90 Hz 和 150 Hz 信号幅度相等,流过偏离指示器的差电流等于零,偏离指示器指中间零位。如果飞机偏左,90 Hz 信号的调幅度大于 150 Hz 信号的调幅度,整流后的 $I_{90} > I_{150}$,差电流使指示器的指针向右偏;反之,飞机偏右,$I_{90} < I_{150}$,差电流使指针向左偏。

当前,飞机上已使用接收机的输出和偏离指示器之间的标准接口,即流过指示器的"差电流"与 DDM 之间的关系等于 970×DDM(μA)。标准负载(1 000 Ω)指示器的满刻度偏转与 0.155DDM 相对应,此时满刻度偏转电流为 150 μA(970×0.155),等于飞机偏离航向道 2°,因此指示器的角偏转灵敏度为 75 μA/(°)。

两个整流器输出"和信号"通过警告旗线圈,用来监视地面台和机载设备的工作状态。由于警告旗是由 90 Hz 和 150 Hz 两种调制信号的和驱动的,因此当任何一个调制信号从发射载波中去掉后,警告旗便出现。从接收机角度来看,如果进行幅度比较的 90 Hz 和 150 Hz 信号幅度不够大,警告旗也出现。警告旗出现表示偏离指示器上指示不可靠。尽管各种具体设备要求监控的信号不同,但基本的监控是当出现下列情况之一时,应向驾驶员或利用航向信标数据的其他机载设备发出警告:

(1) 没有接收到射频信号,或接收信号中没有 90 Hz 或 150 Hz 调制信号;

(2) 90 Hz 或 150 Hz 信号幅度降到额定值的 10%,而另一个保持在额定值的 20%。

2. 航向偏离指示和旗警告电路

航向偏离指示和旗警告电路基本原理是比较 90 Hz 和 150 Hz 信号的幅度。具体电路的形式很多,但基本原理是相似的。下面以两种典型的电路为例来进一步说明它们的工作原理。

图 11-19 所示为一个使用 LC 调谐滤波器和全波整流器的航向偏离电路(51RV-2B 的实际电路)。

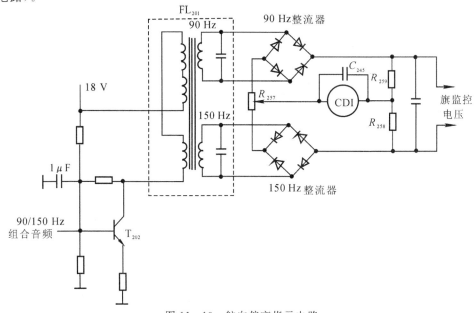

图 11-19　航向偏离指示电路

经激励器 T_{202} 放大 90 Hz 和 150 Hz 组合音频加至调谐滤波器 FL_{201} 的初级绕组,次级绕组分别调谐于 90 Hz 和 150 Hz。两个谐振回路用来分开 90 Hz 和 150 Hz 信号。然后分别加到 90 Hz 和 150 Hz 全波整流器。两个整流器输出电流反向流过航道偏离指示器 CDI(差电流)。当飞机准确沿航道进近时,90 Hz 和 150 Hz 整流器的电压幅度相等,流过指示器的电流大小相等,方向相反,指示器指在中心零位;当飞机偏在航道左边时,90 Hz 信号幅度大于 150 Hz 信号幅度,整流器输出电流 CDI 指针右偏;反之,如果飞机偏在航道右边,CDI 指针左偏。R_{257} 是定中心调整电位计,也就是说,当 90 Hz 和 150 Hz 信号幅度相等时,调整指示器指在中心零位。电容器 C_{245} 有两个作用,一是对整流电流平滑滤波;二是当飞机从航道的一边偏到另一边时,防止指针快速摆动,起到阻尼作用。两个整流器输出电流在 R_{259} 和 R_{258} 上产生直流电压降作为90 Hz 和 150 Hz 幅度监视电压,加到旗监控电路,同其他监视信号(如误差)一起共同控制警告旗出现或消隐。

该电路的主要缺点有两点。第一,由于工作频率低,LC 调谐变压器式滤波器的体积大,重量大,品质因数低;其次,整流器输出平均电流与负载有关。如果设计要求带动 5 个标准负载为 1 000 Ω,满刻度偏转电流 150 μA(对应于 0.155DDM)的偏离指示器。当使用的指示器数量少于 5 个时,偏转量将不正比于 DDM,此时,必须外接等效负载以补偿指示器数量的减少。如果飞机上只使用两个偏离指示器,需要用 330 Ω 的分流电阻和两个 1 000 Ω 的指示器并联,以保持总负载 200 Ω 不变。

图 11-20 所示为一个使用运算放大器进行幅度比较的电路。导航检波器输出,首先经过低通滤波器,去掉话音通信音频和识别码音频,再经过 90 Hz 和 150 Hz 带通滤波器分开 90 Hz 和 150 Hz 信号,然后分别加到两个具有相反输出极性的整流器 D_1 和 D_2。整流器输出经过 C_1 和 C_2 滤波后,获得直流电压 U_{90} 和 U_{150},加至求和运算放大器 U_1,其输出的偏离电压为

$$U_{o1} = -\left(\frac{R_3}{R_1}U_{90} - \frac{R_3}{R_2}U_{150}\right)$$

当选择 $R_1 = R_2 = R$ 时,其输出为

$$U_{o1} = -\frac{R_3}{R}(U_{90} - U_{150})$$

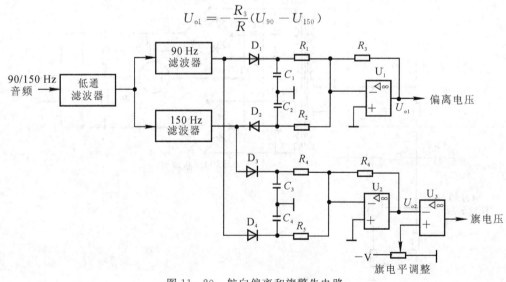

图 11-20　航向偏离和旗警告电路

可见当飞机在航道上时,90 Hz 和 150 Hz 信号幅度相等,整流后的 U_{90} 等于 U_{150},求和放大器的输出等于零,航道偏离指示器指中心零位。系统的精度取决于 90 Hz 和 150 Hz 通道增益是否一样,并且用电位计调整。

由于运算放大器的输出电压与负载基本无关,因此,配接指示器的数量比较灵活。当飞机安装的指示器数量变化时,不影响偏离指示精度。当使用标准负载为 1 000 Ω,满刻度偏转电流为 150 μA 的偏离指示器时,运算放大器输出的标准偏离电压为 150 mV。

旗整流器 D_3 和 D_4 分别整流 90 Hz 和 150 Hz 信号,输出极性相同的直流电压 U_{90} 和 U_{150},加到求和放大器 U_2。

当选择 $R_4 = R_5 = R$ 时,其输出为

$$U_{o2} = -\frac{R_6}{R}(U_{90} + U_{150})$$

求和放大器 U_2 的输出加到旗电压输出比较器 U_3。当 U_{o2} 大于旗电平调整电压时(用来监视 90 Hz 和 150 Hz 信号的幅度),比较器 U_3 输出高电平,使警告旗收回。旗电压有两种,高电平旗电压于 18 V 有效,低电平旗电压在 300~900 mV 有效。

90 Hz 和 150 Hz 滤波器可使用如图 11-19 所示的 LC 调谐滤波器,或使用有源带通滤波器。图 11-21 所示的电路是由 RC 网络和运算放大器组成的有源带通滤波器的实例。

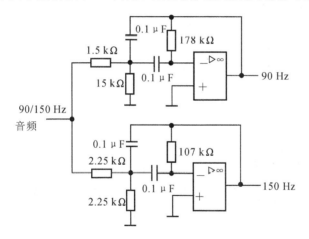

图 11-21　90 Hz 和 150 Hz 有源带通滤波器

11.3.3　下滑信标接收机

下滑信标接收机和航向信标接收机基本相似,通常采用单变频或双变频的超外差式接收机。90 Hz 和 150 Hz 幅度比较电路完全相同,在此不再进行说明。下面介绍一种使用零中频的下滑接收机,供读者参考。图 11-22 所示是零中频接收机的简化方框图。

零中频接收机的主要优点是在低中频比较容易获得高增益,并且稳定性较好。主要缺点是在发射信号和接收机本振信号之间没有任何频率差,而由于发射频率和接收机本振频率有一定的允许误差,因而混频后往往产生不需要的"拍频"(差频)。如果"拍频"在 90~150 Hz 范围内,将会对下滑接收产生一些干扰。为了防止产生上述干扰,本振频率用 500 Hz 调频,频移为 ±15 kHz(30 kHz 峰-峰偏移)。这样,就可避免产生任何低于 500 Hz 的"拍频"。低通截止滤波器用来通过混频后的 15 kHz 频率调制信号以及由于误差引起的频率变化。混频后的中

频波形如图 11 - 23 所示。中频信号经无失真放大后,它的包络就是原来的调制音频。中频放大器的输出加到常规的幅度检波器,解调出 90 Hz 和 150 Hz 音频信号,然后加到幅度比较电路(见图 11 - 19 和图 11 - 20),测量出飞机偏离下滑道的角度。

在下滑信标系统中,发射信号中的 90 Hz 和 150 Hz 调制信号的调制深度差 DDM、接收机输出的偏离电压和指示器的偏移量都建立了标准关系。例如,当 DDM=0.175 时,偏离电压为 150 mV,流过 1 000 Ω 标准负载的电流为 150 μA,指示器偏指两点(满刻度偏转),等于偏离下滑道约 0.7°。由此可以算出下滑指针偏转灵敏度为 214 μA/(°)。

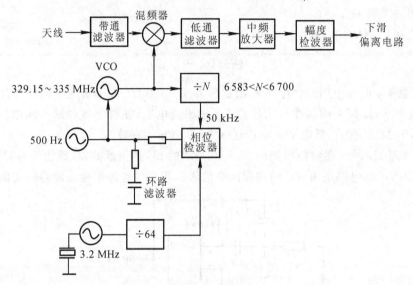

图 11 - 22 零中频下滑信标接收机方框图

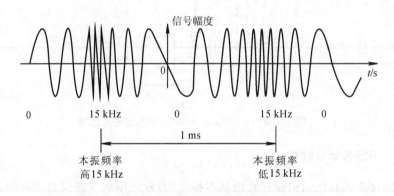

图 11 - 23 零中频下滑信标接收机的中频波形

11.3.4 指点信标接收机

1. 指点信标系统

指点信标系统可按其用途分为航路信标(runway marker)和航道信标(course marker)。航路信标安装在航路上,向驾驶员报告飞机正在通过航路上某些特定点的地理位置。航道信标用于飞机进场着陆,用来报告着陆飞机离跑道头预定点(远、中、近指点信标上空)的距离。两种信标地面台天线发射垂直向上的扇形波束(fan marker)或倒锥形波束(z-marker),以便飞机飞越信标台上空时机载接收机可以接收到信号。指点信标系统工作图如图 11-24 所示。

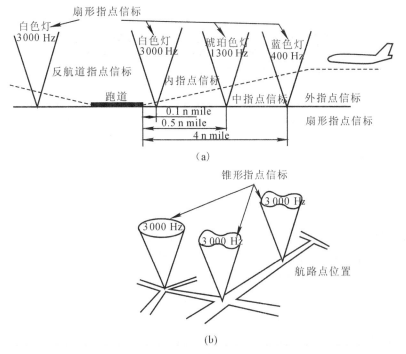

图 11-24　指点信标系统工作图
(a) 航道指点信标；(b) 航路指点信标

指点信标台发射频率均为 75 MHz,天线辐射水平极化波。而调制频率和台识别码各不相同,以便识别飞机在哪个信标台上空。指点信标台的发射功率从几瓦到 100 W 不等。高功率信标台用于外指点信标和航路指点信标,在这里飞机高度比较高。不管是航道指点信标或航路指点信标,机载信标接收机是相同的。

习　　题

1. 简述仪表着陆系统的组成及功用。
2. 简述航向信标系统的组成及工作原理。
3. 简述下滑信标系统的组成及工作原理。
4. 画出航向信标接收机原理图,并说明其工作原理。
5. 画出超外差式指点信标接收机原理图,并说明其工作原理。

第12章 新航行系统

12.1 新航行系统简介

国际民航组织理事会在 1983 年底建立了一个未来航行系统(FANS)特别委员会,这个特委会的任务是在空中导航,包括卫星技术等领域进行研究、确认及评估新的构想及技术,并为国际民航的空中航行在 25 年内的发展提出建议。满足未来空中交通管理的基本目标是对新航行系统的最大挑战,"提供用户首选飞行航线"需要引进足够的通信、导航、监视工具和自动化技术,为空中交通服务(ATS)提供飞机位置和趋势的连续信息。

通信、导航、监视未来主要依赖的新技术可以表示为:卫星技术+数据链+计算机网络+自动化。其中,卫星技术和数据处理从根本上克服了路基航行系统固有的而又无法解决的一些缺陷,如覆盖能力有限、信号质量差等、计算机应用和自动化技术是实现信息处理快捷、精确,减轻人员工作负荷的重要手段。以多种速率、多种方式传输多种数据的数据链技术应用于通信、导航与监视的每个领域。

1993 年 9 月,国际民航组织将 FANS 更名为 ICAO CNS/ATM(Communication,Navigation,Surveillance,Air Traffic Management),我国简称"新航行系统"。此后,ICAO 一直致力于协调和推动 CNS/ATM 计划在全球范围内的发展,并于 2003 年提出了全球空中交通管理运行概念(Global ATM Operational Concept),描述了未来空中交通管理系统应具备的运行能力,并指出其核心是通过相关部门协同提供的设施和无缝隙的服务,在全球范围建立一体化的空管运行模式。

12.1.1 国外新航行系统发展

随着航空事业的发展,提高航空器运行安全、扩大空中交通容量、提升运行效率和减小环境污染已成为世界空中交通管理(简称空管)行业面临的问题,国际民航组织(ICAO)以及航空发达国家或地区正在广泛开展新的空管运行概念和技术研究,探讨空管系统、程序、人为因素和运行方式的变革。美国下一代航空运输系统(NextGen)规划和欧洲单一天空研究(SESAR)计划是未来空管系统发展规划的两个典型,其基本目标为:通过集成和实施新技术改进空管系统的性能,实现更加安全高效的运行、减少航空费用支出、扩大空中交通容量及降低环境污染等。

1. 美国下一代航空运输系统(NextGen)

为了确保全球航空业领导地位、满足未来航空需求增长和运行多样性的要求及提高航空运行可预测性等,美国于 20 世纪末启动了 NextGen 计划,其运行概念如图 12-1 所示。

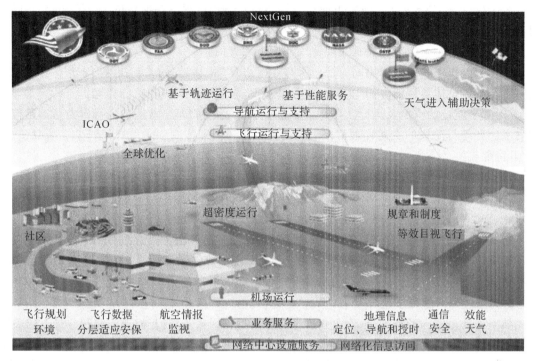

图 12-1　美国 NextGen 运行概念

　　NextGen 描绘了航空运输基础设施的全面转型和发展演进,按照基于轨迹和性能的运行与支持、机场运行与配套设施、安全管理、分层式自适应性安保、环境管理框架、气象信息服务、以网络为中心的基础设施、定位/导航/授时服务和监视服务 9 大功能域描述了下一代航空运输系统,这些功能域紧密相关且互有渗透。NextGen 提出了信息服务、基于性能的运行和服务、气象进入辅助决策、分层适应性安保、定位/导航/授时服务、基于轨迹运行、等效目视飞行和超密度进离场运行 8 项关键能力,涵盖了广播式自动相关监视、全系统信息管理(SWIM)新一代数据通信、基于网络的气象信息服务和国家空域系统内话系统等内容,为下一代航空运输系统建设规划了蓝图。

　　NextGen 计划的具体目标是:

　　(1)通过提高空域态势监视和协同化运行能力,提高空管系统抗气象影响的能力;

　　(2)协调全球的设备和运营,实现全球范围内安全有效的无缝隙服务;

　　(3)建立全面的、积极的安全管理措施,确保航空安全和国防安全;

　　(4)建立环境友好型系统,保障航空业的可持续发展。

　　NextGen 中提出的新的空管运行理念主要包括以下三方面:

　　(1)基于航迹的运行与基于性能的服务。包括协同空中交通管理、基于航迹的运行和基于航迹的间隔管理、空中交通服务、动态资源管理、气象辅助决策和数字化场面管理。

　　(2)以网络为中心的基础设施服务。作为桥梁和纽带,对上支持基于性能的服务和运行,对下支持态势信息分享服务。

　　(3)态势信息分享服务。包括航空气象信息、定位导航授时、监视、飞行计划处理与飞行数据管理、流量与航迹冲突分析、空域飞行态势感知等。

NextGen 在 CNS/ATM 技术方面更强调通信、导航、监视等各项新技术的综合应用,以及对新的运行理念的支持。

NextGen 在运行方面的特征主要体现在以下四方面:

(1)空管、机场和空域的协同运行。所有空域用户都能有效的参与决策,均衡空域用户使用需求与空域整体运行能力,并实现空域容量管理、应急流量管理和航迹管理。

(2)基于航迹的空域及运行。在高密度的复杂空域,将把基于航迹的运行作为基本运行机制之一。全飞行阶段的交通管理都以飞机的四维航迹(Four Dimentions Trajecfory,4DT)为基础,降低航迹的不确定性,提高空域和机场的利用率与安全性。

(3)场面与塔台运行。大型机场的场面运行与管制服务运行融为一体。管制服务机构通过塔台设备实时地了解进离场飞机的位置及其意图,预测穿越跑道的飞机,更加安全、有效地使用跑道。

(4)角色与职责的改变。与传统空管系统相比,新一代空管系统的组织结构、服务提供方式和管理流程都将发生变化,机场、空域用户与空管部门的结合更为紧密,实现高度的信息共享和协同决策,同时部分间隔保持的职责将转移给空域用户。

2.欧洲单一天空空管研究计划(SESAR)

航空运输是欧洲经济增长、就业和贸易的重要驱动因素,空管是航空运输利益链上的关键要素。为保证航空业的持续性和竞争力,欧洲各国需明确如何发展高性能空管系统,以保持空管和航空业改革的领导地位,提高欧洲航空业在全球的竞争力,降低环境影响,提高航空安全、安保和社会影响等。为此,欧洲制定了 SESAR 计划,其架构如图 12-2 所示。

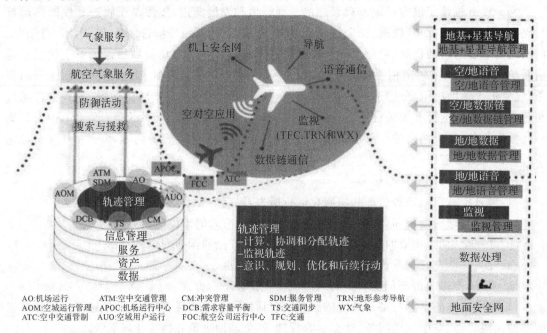

图 12-2　欧洲 SESAR 架构

SESAR 以基于轨迹的运行概念为基础,将机场整合进空管网络,利用空中导航服务支持

商业或任务飞行,方便和优化空域用户运行,实现欧洲更加持续和高效的航空运行。SESAR
主要包括 3 个概念性步骤:

(1)基于时间运营:专注于飞行效率、可预测性和环境,旨在形成一个同步的欧洲空管系统,通过协作优化空中交通网络。

(2)基于航迹运营:专注于飞行效率、可预测性、环境和容量,旨在形成一个基于轨迹的空管系统,通过网络中共同的 4D 航迹信息和用户自定义优先级,优化商业和任务航迹,使用 SWIM 实现基于 4D 的商业和任务航迹管理,通过空中/地面航迹交换实现战术规划及无冲突航路段。

(3)基于绩效运营:旨在实现高绩效、一体化、以网络为中心、协作和无缝的空中/地面空管系统,并通过 SWIM 和使用用户驱动优先级流程的协同规划网络运营来实现。

目前,SESAR 正不断演进,由过去 4D 航迹管理转变、交通同步、网络协同管理和动态容量平衡、SWIM、机场一体化和吞吐量、冲突管理和自动化 6 个关键特性演进为优化的空管网络服务、高级空中交通服务、高性能机场运行和有效的航空基础设施 4 个关键特性。SESAR 将轨迹管理、协同决策、一体化机场运行、间隔管理、SWIM 以及人作为未来空管系统的核心。

12.1.2　我国新航行系统的发展

继国际民航组织新航行系统概念提出之后,1994 年 8 月,中国民用航空局决定在我国启动新航行系统这项跨世纪的民航现代化工程。为指导我国民航新航行系统的实施工作,制定并公布《中国民航新航行系统实施政策》,确立了我国民航发展以卫星导航和数据链通信为基础的新航行系统的指导方针。在《中国民航新航行系统实施政策》的框架下,根据我国民航空管系统设施的情况,确定了一系列的技术发展方向:①在通信方面,确立了发展平面和地空数据通信网络(包括卫星数据通信、甚高频和高频数据链通信)的技术政策,推动基于地空数据链通信的飞机通信寻址报告系统(ACARS),并积极进行航空电信网(ATN)的技术研究和设备开发工作;②在导航方面,确立了发展全球卫星导航系统(GNSS)的技术政策,包括逐步发展空中和地面的增强系统满足航路导航和进近着陆的导航需求,设计更灵活的航路系统和区域导航环境;③在监视方面,确立了在境内偏远航路和洋区航路上应用自动相关监视(ADS)的技术政策;④在机载电子设备方面,确立了适当加速机队装备数据链通信和卫星导航机载设备,并加强适航审定和飞行标准相关标准、规章的制定与实施;⑤在空中交通管理方面,确立自动化和系统集成的研究方向,制定空中交通服务的新程序。

在中国民航新航行系统实施过渡计划和技术政策的指导下,经过十余年的努力,中国民航在新航行系统的实施工作上取得了长足的进展。为加强我国在民航新航行系统领域的科技创新能力和成果产业化能力,2003 年中国民用航空总局建立了专门从事新航行系统技术研究的民航数据通信及新航行系统科研基地。围绕民航新航行系统中数据通信、卫星导航、自动相关监视、管制自动化等关键技术的攻关,中国民航汇聚了以北京航空航天大学、民航总局第二研究所、民航数据通信有限责任公司等为代表的产学研用紧密结合的科研队伍,开展了大量的技术研究、系统研制、试验验证与应用推广工作,取得了一批重要的科研成果,在民航空管的实际运行中获得了重大应用,推动了民航空管的技术进步。

中国民航在新航行系统的技术研究与系统建设方面取得的主要成果包括以下几个领域。

1.通信领域

建成了世界第三的甚高频地空数据链通信网,并于多年前投入实际使用。该网络由110余个远端站(Remote Ground Station,RGS)、10余种业务网关和网络管理与数据处理中心组成,构建成中国民航多业务网关集群系统(Gateway Cluster System),基本实现了全国主要机场、国际航路和国内繁忙航路的甚高频数据通信覆盖,满足了航空公司及空中交通管理部门的各项对空数据通信业务应用需求。针对新航行系统地/地、空/地一体化的专用数据通信网络——航空电信网(ATN),建立了航空电信网ATN/IPS协议体系和航空电信网络移动性管理,加快了我国民航空地数据通信系统升级改造,提高了我国航空电信网网络运行效率。

2.导航领域

研制了GPS地基区域完好性监测系统(Ground-based Regional Integrity Monitoring System,GRIMS),实现了我国民航空域内飞机自主定位误差超限及时告警;建立了综合航空导航性能预测平台和PBN飞行程序设计系统,在内部高原机场和成都拉萨航路飞行验证中得到成功应用;研制了基于GNSS的航空飞行校验平台,完成了平台在中国民航飞行校验中心的校验飞机上的安装,用于对民航通信、导航和监视地面设备的飞行校验。

3.监视领域

开展了自动相关监视技术研究,突破了广播式自动相关监视(ADS-B)数据完好性评估技术,在国际上首次提出了将GRIMS完好性监测信息用于航空可信监视的系统方法,获得了国际民航组织的认可;突破了ADS-B机载系统关键技术和地面系统关键技术,开发了用于空管部门的自动相关监视工作站系统,研制了空地协同的空域监视设备和移动式空域监视平台,在西部高原航路、极地航路等部分航路上使用自动相关监视系统提供监视服务。

4.空管运行领域

综合上述通信、导航与监视领域的技术成果,在中国民航空管运行中进行应用推广,有效提高了我国空管安全飞行保障能力和空域使用效率,取得的典型应用包括以下几项:

(1)为全国实施飞行高度层缩小垂直间隔(RVSM)奠定了技术基础,提供了有效的安全保障手段,将8 400~12 500 m的高空空域飞行高度层间隔从600 m缩小至300 m,比传统空域增加了85%的空域容量,形成的"中国米制RVSM飞行高度层方案"被国际民航组织采纳为米制高度层配备标准,是我国首个被国际民航组织采纳的标准。

(2)在我国西部高原地区取得应用,解决了传统陆基导航技术难以满足复杂地形和气象条件下飞行的难题,有效保障了航路管制间隔缩小条件下和恶劣环境下的飞行安全,保障了西部地区由程序管制向雷达管制的过渡,保证了飞行安全。

(3)针对民航跨区域、多机场、高密度航班的协同指挥与调控的核心问题,通过自主创新,突破多业务高效共享、全网络广域调控、多机场关联调配、多跑道准确调度等关键技术,研制成功了中国民航首套飞行运行监控系统,实现了我国民航飞行运行的"统一计划、统一态势、统一调配",有效提高了民航飞行运行的效率和应急保障能力。

(4)开展了地空数据链通信在航务管理、管制、气象、情报方面的应用,研制了数字自动终端信息服务、预放行许可等空管业务服务系统,建立了空地协同的民航多业务支持平台,满足航空公司和空管部门的多业务协同运行需求。

为了适应中国民航安全可持续发展的远景目标,满足航空运输需求的不断增长,保证航空安全和运行效率的全面提高,中国民航于2007年开始规划"中国民航新一代空中交通管理系统(Next Generation Air Traffic Management，NGATM)"以尽快完成从现有系统向新航行系统的平稳过渡,并最终实现与国际其他新一代空管系统的全面接轨,通过全面建设高适应性的、大容量的、系统结构化的具有中国特色的民航空管技术和设备体系,在 2025 年前后,实现我国空管技术和设施装备的全面跨越式发展,为实施民航强国战略提供重要技术支撑。

12.2　未来空中航行系统

迅速增长的空中交通密度愈来愈迫切地要求采用一切有效手段改善航空运输管理(ATM)系统和推动已服务了航空运输业近 40 年的技术不断的进步。这一进程将包括应用与现有功能相结合的新技术改进空中交通管理。

ATM 的目标可概括如下:

(1)保持或提高安全水平;

(2)允许动态调整用户选择的三维和四维飞行轨迹;

(3)改进向用户提供的气象、交通情况和服务信息;

(4)让用户更多地参与 ATM 决策,包括空-地计算机的对话;

(5)按 ATM 程序确立空域;

(6)增加系统容量以满足交通需求;

(7)适应所有型号和功能的飞机;

(8)改进导航和着陆能力以支持先进的进近和离港程序;

(9)尽可能最大限度地在用户边界清晰的空域创建无缝连接的连续统一体。

为了实现这些目标,空中交通管制机构、航空运输业、管理当局,以及飞机和设备制造商们正努力建立新航行系统(FANS)以开发必要的设备和程序。

可做改进的领域涉及通信、导航和监视,通常称作"CNS"。这些改进的关键特征可简述如下:

(1)通信:使用数据链,增加数据流量和允许提交复杂的空中交通管制许可。

(2)导航:将 GPS 与其他导航手段组合,改善导航精度和允许更近的飞机飞行间隔。

(3)监视:使用数据链向地面和其他用户发送飞机位置和飞行意图信息。

12.2.1　通信

未来的通信系统更强调通信性能(RCP)、数据通信和信息共享。数据通信的优点是抗噪声、误码率低、可加密,便于处理运算变换和与计算机连接,便于实现空中交通管理的自动化。

新通信技术手段主要包括卫星数据通信、VHF 数据通信和 HF 数据通信并在此基础上,逐步建设全球范围的航空电信网(ATN)。

新航行系统中将逐渐减少话音通信,取而代之的是数据链通信,包括高频数据链通信(High Frequency，HF)、甚高频数据链通信(Very High Frequency，VHF)、卫星通信(SAT-COM)以及航空移动卫星业务(Aeronautical Mobil & Satellite Service，AMSS) 等,允许机载系统与地面设施直接通信,飞行员与管制员的通信将采用数据链传输。航空通信将向航空电信网(Aeronautical Telecommunication Network，ATN)过渡,为空管用户提供进行空-地、地-地数据交换所需的通信能力,实现全球化的航空通信。与话音通信相比,数据链通信在通信带宽利用率、数据互操作性、提升管制工作效率等方面具有明显优势。

1. 数据链通信系统

机载高频通信主要是根据 ARINC719 标准建立的通信系统。由于高频数据链（HFDL）采用了自适应技术和多重纠错算法，因此，通信较话音通信更稳定，能够提供 2.4 kbit/s 速率。HFDL 采用了可以作为国际民航新航空电信网（ATN）子网络的面向比特的规程；同时，为了与现在使用的航空公司面向字符的规程相兼容，它同时支持 ACARS（飞机访问和报告系统）电报的交换，HFDL 现在主要用于全球的航务管理通信，也用于在北太平洋和北大西洋的空中交通服务（ATS）试验。研究表明，因为同步卫星不能覆盖极区，它同样是卫星通信的备用手段。由于短波通信的固有缺陷，其在新航行系统的手段中基本上作为备用通信手段使用。

国内航空业界所使用的甚高频空地数据通信系统 ACARS 数据链，具有很大的局限性。首先，ACARS 数据链采用停止等待协议，此协议将传输的数据字符限制为 220 个，使得其系统容量严重受限。其次，由于 ACARS 报文是明文发送，易被窃听，这成为 ACARS 系统固有的安全隐患。ACARS 系统存在的潜在安全漏洞、物理信道容量约束以及多址方法性能较差等问题，会因未来空中交通运输量的增长而加剧。

机载甚高频通信主要是根据 ARINC716，ARINC750 标准建立的通信系统，目前，甚高频（VHF）模拟无线电话仍是空管通信的主要通信手段。由于 VHF 地空通信的频道间隔随着技术的发展和地空话音通信需求的增加，在部分 VHF 频段拥挤地区，将频道间隔由 25 kHz 进一步减少至 8.33 kHz，目前美国及整个欧洲地区正在推广使用这种间隔。在甚高频数据通信方面，随着新航行系统概念的推出及甚高频数据通信技术的发展，甚高频数据通信目前主要包括 VDL1，VDL2，VDL3 和 VDL4 模式。各种模式的特点如下：

VDL1——25 kHz 带宽 2.4 kbit/s 速率，AMMSK 调制 CSMA 媒体访问；

VDL2——25 kHz 带宽 31.5 kbit/s 速率，D8PSK 调制 CSMA 媒体访问；

VDL3——25 kHz 带宽 31.5 kbit/s 速率，D8PSK 调制 TDMA 媒体访问，支持语音和数据通信；

VDL4——25 kHz 带宽 19.2 kbit/s 速率，GFSK 调制 S－TDMA 方式组网，今后拟用 D8PSK 调制实现 31.5 kbit/s 速率。

（1）VDL 模式 1。VDL Mode 1 和 ACARS 相同，其使用频率为 118～137 MHz，波道频宽为 25 kHz，通信电波是采用调幅-最小位移（Amplitude Modulated–Minimum Shift Keying，AM－MSK）的调制方式。此种方式是以 1 200 Hz 表示数据位（Data Bit）和前一位不同，2 400 Hz 表示数据位和前一位相同；两种高低频率的相位保持固定。

此种调制方式和现有模拟式语音无线电机兼容，也就是数据信号可以直接输入现有的通信设备中传输，而接收端也可以用现有设备接收数据信号，再加以解调，以取得真正的数据。

AM－MSK 的调制方式的数据传输率非常低，仅有 2.4 kbit/s，加上不佳的通信路径存取技术（Media Access Technique）和共享频宽的特性，使其真正的传输率还要更低，所以，VDL Mode 1 并不能满足改善通信容量的需求。但是，由于使用现有且纯熟的通信技术，加上 ACARS 的使用经验，使 VDL Mode 1 成为一种可靠的通信方式。

VDL Mode 1 和 VDL Mode 2 原来是准备作为 ACARS 的升级之用。其中，VDL Mode 2 是主力，而 VDL Mode 1 是备份，以便 VDL Mode 2 技术上遭遇困难时，仍有数字数据链路通信技术可用。但目前 VDL Mode 2 已通过 ICAO 的认证，所以 VDL Mode 1 将不在发展和认证。

（2）VDL 模式 2。目前 VDL Mode 1 数据链未推广使用，VDL Mode 2 是新发展的数据链中技术最为成熟的。

甚高频数据链模式 2（VDL - 2）使用频道 118～136.975 MHz，采用差分 8 进制相移键控（Differential Eight Phase Shift Keying，D8PSK）调制机制和 P - CSMA 信道访问算法。数据传输速率可达 31 500 bit/s，采用 Reed - Solomon 前向纠错（Forward Error Correction，FEC）技术，最多可以纠正任意 255 比特数据块中的 3 个错误比特。除了 FEC，VLDL - 2 链路层还采用长度为 16 bit 的循环冗余码进行校验，这使得 VDL - 2 整体的错误未检测率接近 10^{-9}。

由于其对现有 AGARS 网络的兼容性和对未来 ATN 网络无缝隙的结合，VDL - 2 成为当前国际航空系统数据链通信的重要选择。

VDL - 2 通信系统包括两个子系统，即地面系统和机载系统。如图 12 - 3 所示，机载系统设备包括甚高频数字电台（VHF Data Radio，VDR）、通信管理单元（Communication Management Unit，CMU）和机载应用系统（Aircraft Application System，AAS）。

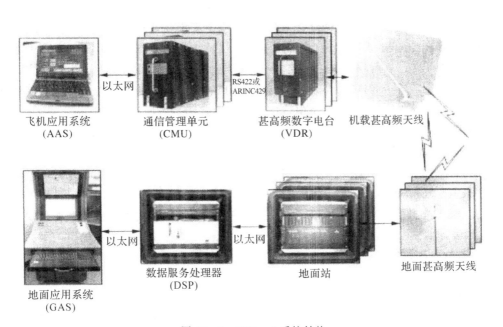

图 12 - 3　VDL - 2 系统结构

VDR 包括 D8PSK 调制/解调模块、媒介访问控制（Media Access Controller，MAC）、上行/下行转换器（Up / Down Converter，UDC）、功率放大器（A Power Amplifier，APA）和 VDL 电源（VDL Power Supply，VDLPS）等 5 个模块。

CMU 主要包括数据链路服务、传输队列管理、甚高频管理实体（VME）以及 VDR 接口等。

VDR 和 CMU 之间的接口应采用 ARINC 429，以便遵守 ARINC 750 和 758 标准。CMU 和 AAS 之间采用以太网连接，而 CMU 内部 VME 和 DLS 之间采用以太环网接口。

地面系统包括的设备有地面站［（Ground Station，GS）包括地面 VDR 和地面 CMU］、数据服务处理器（Data Service Processor，DSP）、地面应用系统（Ground Application System，GAS）。

综合考虑各种数据链模式的性能及特点,VDL Mode 2 由于它对 AGARS 网络的兼容性和对未来 ATN 网络的无缝隙的结合而成为当前民航数据链技术的首选,我国也最终选择 VDL Mode 2 作为下一代民航数据链,开展相关的研究工作并建立相应的验证环境,这将对 VDL Mode 2 的推广应用提供有力的技术支持。

(3)VDL 模式 3。VDL 模式 3 利用航空专用的 VHF 频带(118～137 MHz),主要用于飞机进场着陆上下行空-地数据交换,上、下行链路使用同一频率,采用 TDMA 技术来控制飞机和地面站的媒体访问。

上行数据产生的时延比下行时延要小,它支持语音业务和数据通信业务,VDL 模式 3 支持四级消息优先权,是取代当前模拟话音通信系统的一种通信方式。使用这种新的技术其最大有效容量估计将比当前的 25 kHz 模拟信道的容量增加 3.2 倍。它提供的数字话音业务对传统的模拟电台来讲并不适用。它包括物理层、数据链路层和子网层。物理层采用 8 相相移键控编码调制(D8PSK),对于 25 kHz 间隔的半双工突发速率为 31.5 kbit/s。数据链路层包含媒体访问控制子层、数据链路服务子层和链路管理实体子层,其中,媒体访问控制一个周期的长度为 240 ms,每一个控制周期分奇偶帧,每一帧通常分为四个偶时隙;数据链服务子层负责纠错检错以及帧地址的识别等;链路管理实体子层负责本地数据链服务与远端数据链服务的链路管理和释放。子网络层支持航空电信网与模式 3 之间接口的 ISO8208 协议和非 ISO8208 协议,为了减少 VDL 模式 3 空/地数据链通信量,除在连接建立过程中没有压缩标志之外,所有的压缩/解压缩均在航空电信网无连接模式网络协议数据包中进行。

VDL Mode 3 是美国联邦航空局(FAA)提出的下一代民航甚高频数据链,目前美国和日本一直在开展与其相关的研究。

(4)VDL 模式 4。VDL 模式 4 是一种新的航空数据链技术,早在 2000 年的时候,ICAO 和 EUROCAE (European Organization for Civil Aviation Equipment)就公布了 VDL 模式 4 的标准,由瑞典推出的一种 VHF 数据链,作为未来 CNS/ATM 技术的一个整体解决方案的建议,它主要面向航空移动用户,可以提供包括广播、点-点以及空-空在内的,并且要求实时交换信息的通信任务。其核心功能是自动相关监视-广播(ADS-B),应用了 VDL 模式 4 可改善包括空-空监视在内的所有监视功能。它不同于 VDL 模式 2 和 VDL 模式 3,它的带宽为 25 kHz,支持数字、数据通信。自组织的时分多址(STDMA)的媒体访问方式,不需要借助外部地面站就可以完成飞机间空-空数据传输和飞机自动相关监视等任务:当飞机飞入有地面系统支持的空域时可以完成地-空数据链通信、当飞机飞入无地面系统支持的空域时可以完成空-空数据链通信,真正做到支持"自由飞行"的概念。

模式 4 可以将数个业务和应用同时混合在一个 25 kHz 的信道中或者使用几个信道以改善系统的冗余、数据的完整性和系统容量。基于 OSI 参考模式,支持调制速率分别为 8.2 kbit/s(GFSK)和 31.5 kbit/s(D8PSK)。无论从信道利用率、系统容量,还是信息吞吐率等数据链关键指标,VDL 模式 4 都比 VDL 模式 2 和 VDL 模式 3 强。

VDL Mode 4 是瑞典推出的一种甚高频数据链,是欧洲准备将来采用的甚高频地空数据链通信系统,其最大优势是对空空通信和 ADS-B 的支持。

2.卫星通信机载系统

卫星通信(Satellite Communication,SATCOM)技术是实现 CNS/ATM 的基础,它的主要运行形式是航空移动卫星服务(AMSS)。当前使用的最为广泛的是国际海事通信卫星

（Inmarsat）系统和铱星（Iridium）系统。

Inmarsat 系统主要由空间卫星、机载地球站和地面地球站三部分组成，如图 12 - 4 所示。

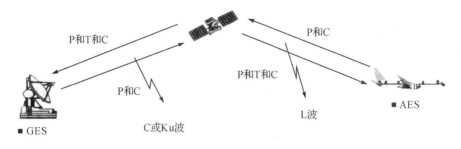

图 12 - 4　Inmarsat 系统的组成

其中机载地球站包括航空电子设备分系统和天线分系统。航空电子设备分系统主要增加了卫星数据处理组件（Satellite Data Unit，SDU）等硬件设备和相关服务软件，其工作过程与甚高频 ACARS 类似。天线分系统中的要点是天线的增益方式，分为低增益（Aero - L）、高增益（Aero - H）、改进高增益（Aero - H ＋）、中增益（Aero - I）四种。Aero - L（0 dB）是较早的增益方式，为单信道通信，适用于通信量小的用户，现已基本不再使用；Aero - H（12 dB）采用多信道通信，可以同时实现语音、传真、数据通信，适用于远程与跨洋飞行，但机载设备非常昂贵（约 60 万美金），而且对系统的资源占用很大，通信费用也很贵；Aero - H ＋是对 Aero - H 的改进，对卫星资源的占用小，费用更低；Aero - I 是国际上最新推出的天线增益方式，通过与 Inmarsat - 3 卫星的点波束扫描方式的配合，可以将通信的范围集中到主要的飞行区域，使得用较低的增益即可达到良好的通信效果，并提高了卫星的资源利用，可大幅降低机载设备成本（约 10 多万美金）和使用费用，它适用于中短程的运行区域。

地面地球站（Ground Earth Station，GES）由天线、C（或 Ku）频段收发信机、L 频段收发信机（导频）、信道单元及网络管理设备组成，提供空间卫星和地面固定话音和数据网络之间的接口。每个卫星的主星与备星的覆盖区内至少需设置两个 GES，并通过网络协调站管理卫星功率和通信信道等卫星网络资源在各 GES 间的分配。

铱星系统是拥有 66 颗低轨道卫星的全球移动卫星通信网络，它完全覆盖包括极地地区的整个地球，在其他通信形式都无效的远途区域中提供语音和数据功能。铱星系统包括 3 个组成部分：卫星星座、用户单元（手持机、车载终端、机载终端、船载终端和可搬移式终端等）和地面网络（系统控制段 SCS、信关站 Gateway）。通过采用星上处理和交换技术、多波束天线、星际链路等新技术，机载终端可获得话音、数据业务。

3. 航空电信网（ATN）

航空电信网（ATN）是由 ICAO 提出的专门为航空而设计的面向未来的全球性网络。根据 ICAO 的要求，将来各个成员国的 ATN 要实现互联。而 ICAO 有众多的成员国，每个国家都有自己的网络，每个网络都是根据自己国家的需要而设计的，不同国家之间的网络有着不同的特性。ATN 的主要目的就是将这些不同特点的网络，包括空地网络和地地网络连接起来组成一个统一的互联网络，并在这个互联网络上提供统一的应用和服务。

航空电信网（ATN）主要由机载电子设备通信子网（数据链管理系统）、空地通信子网、地面通信子网(分组交换、局域网)组成。各类子网之间利用路由连接器连接,用户经路由器通过网关进入 ATN,再按照网间协议和标准进行信息交换。其中,飞机路由器将确保飞机信息通过要求的链路发送。

ATN 是全球范围内用于航空的数字通信网络和协议,是基于开放式系统互联结构、面向比特的协议。ATN 将航空界的机载计算机系统与地面计算机系统连接起来,ATN 能支持多国和多组织的运行环境,使之随时互通信息。

ATN 是新航行系统全球化的体现,其提供的数据通信功能应用主要包括空中交通服务通信(ASC)、航空运营通信(AOC)、航空管理通信(AAC)和航空乘客通信(APC)。其应用进程主要有三类:包括内容管理(CM)和目录服务的系统应用,包括自动相关监视(ADS)、管制员-驾驶员数据链通信(CP-DLC)、航行信息服务(FIS)的空地应用,包括 AMHS 和管制中心通信的地面应用。

ATN 融地面数据通信和地空数据通信为一体,能够实现飞机通过卫星、甚高频和 s 模式二次雷达的地空数据链路,与地面空中交通管制中心和航空公司航务管理中心计算机通信,能够在地面各空中交通管理计算机之间,以及地面各空中交通管理计算机系统与航空公司、民航当局、航空通信公司计算机系统之间进行高速的数据交换。

ATN 的通信关系如图 12-5 所示,整个 ATN 是由机上电子设备子网络、地面子网络和地空子网络 3 种形式的数据通信子网络相互连接组成的互联网络。

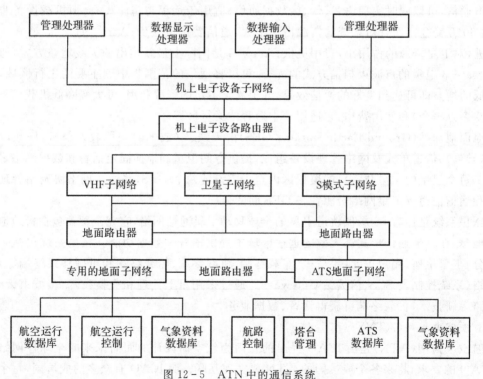

图 12-5　ATN 中的通信系统

飞机内部通信子网络将飞机上的各种应用处理器连接而构成机上电子设备子网络。应用处理器包括显示处理器、数据输入处理器和飞行管理计算机等,它们与飞机数据通信处理器相连接。

地面子网络提供各种地面数据处理设备中各个处理器所需的连接,通常对本地的各处理器是采用局域网形式。地面子网络还提供用于与机上应用处理器通信的地面应用处理器与地面数据通信处理器相互连接的能力。

地空子网络提供地面子网络的终端用户与机上电子设备子网络终端用户之间的互联,负责执行地面子网络和机上子网络之间的信息交换功能。地空子网络本身又包括 3 种类型的子网络,即 S 模式二次雷达数据子网络、甚高频数据子网络及卫星数据子网络。

12.2.2　导航

与原有的导航技术相比,未来导航技术的关键特征为:将 GPS 与其他导航手段组合,改善导航精度和允许更近的飞机飞行间隔。新航行系统的核心是全球卫星导航系统(GNSS),同时为了确保飞行安全,飞机平台同时还装备有自主导航设备(如惯性导航系统和大气数据系统)以及传统的无线电导航设备(如微波着陆系统)。飞机将综合利用这些导航信息,达到安全准确的起飞、航行和进场着陆的全飞行过程。为实现这一目标,国际民航组织引入所需导航性能(RNP)、区域导航(RNAV)和基于性能导航(PBN)三个概念。

1. 基于性能的导航(PBN)

在航空飞行中,传统导航是利用接收地面导航台信号,通过向台和背台飞行实现对航空器的引导,航路划设和终端区飞行程序受地面导航台布局与设备种类的制约。随着航空器机载设备能力的提高以及卫星导航等先进技术的不断发展,ICAO 提出了基于性能的导航(Performance Based Navigation, PBN)的概念。PBN 是指在相应的导航基础设施条件下,航空器在指定的空域内或者沿航路、仪表飞行程序飞行时,对系统精确性、完好性、可用性、连续性以及功能性等方面的性能要求。PBN 的引入体现了航行方式从基于传感器导航到基于性能导航的转变。

PBN 是国际民航组织在整合世界各国 RNAV 和 RNP 运行实践和技术标准的基础上,提出的一种新型运行概念。它是世界民航 CNS/ATM 系统建设的重要组成部分,2009 年国际民航组织发布的 PBN 手册(Doc9613)(第 2 版),定义了 PBN 的相关概念和运行规范。PBN 运行的三个基础要素是航行应用、导航规范和支持系统运行的导航设施。导航规范是在已确定的空域范围内对航空器和飞行机组人员提出的一系列要求,它定义了实施 PBN 所需要的性能及具体功能要求,同时也确定了导航源和设备的选择方式,是民航当局适航和运行批准的基础。PBN 包含两类基本导航规范:区域导航(Regional Area Navigation, RNAV)和所需导航性能(Required Navigation Performance, RNP)。基础设施是用于支持每种导航规范的导航基础设施(如星基系统或陆基导航台)。导航应用是将导航规范和导航设施结合起来,在航路、终端区、进近或运行区域的实际应用,包括 RNAV/RNP 航路、标准仪表进离场程序、进近程序等。

PBN 将有限的所需性能精度扩展到更为广泛的包括所需性能精度、可用性、连续性、完整性和功能的转变,还包括了对机载设备的要求和对机组人员培训所要达到的标准指南。PBN 的实施将成为优化空域结构、提高空域容量的主要途径之一,在保证飞行安全、扩大系统容量、提高运行效率、实现机场和空域使用效率最大化等方面将获得明显提升。同时,PBN 将先进的机载设备与卫星导航及其他已经较为成熟的先进导航技术结合起来,包括了从航路、终端区到起飞着陆的所有飞行阶段,提供了更加安全、更为精密的飞行方式和更加高效的空中交通管理模式。

国际民航组织在第 36 届会议决议中指出:"各缔约国应在 2009 年年底前完成 PBN 实施计划,确保在 2016 年之前,以全球一致和协调的方式过渡到 PBN 运行"。具体要求如下:

(1)各缔约国制定实施规划,按既定的进度在航路和终端区实施 RNAV 和 RNP 运行。

(2)各缔约国应把有垂直引导的进近程序 APV(BARO - VNAV 和/或增强型 GNSS)作为主要进近程序或精密进近的备份方式。至 2016 年,所有仪表跑道进近程序实施 APV,实施进度要满足 2010 年达到 30%,2016 年达到 70% 的目标。

国际民航组织已经与各缔约国和有关国际组织达成共识,将 PBN 作为未来全球导航技术的主要发展方向,中国也制定了 PBN 实施路线图,为全行业提供未来的发展规划,协助利益相关方制定过渡计划和投资策略,确保与全球计划保持统一。

当前,快速增长的交通流量与有限的空域资源、空中和地面严重拥堵之间的矛盾日益尖锐。加上民航运行对于安全性、经济性的要求不断提高,现有运行概念和技术手段不能满足安全保障和运量发展的要求,PBN 就此登上了历史的舞台,作为未来全球导航技术的主导方向已毋庸置疑。这一方向的确立,将使一系列行业改变现有的运行模式:空中交通管理(ATM)方式、飞行方式和技术标准、适航标准,飞机机载和地面的通信导航设备的生产乃至培训方式、审定批准、监督检查等都将有重大的方向性改变。

PBN 在精度、完整性、依靠的设施及导航应用方面与传统方式有诸多不同,如图 12 - 6 所示。基于 PBN 技术,航空器的航路选择更加灵活,通过缩短飞行距离、优化空域,有效地提高了空域的运行效率。应用 PBN 飞行程序后,在复杂气象条件下都可以提高机场和空域的利用效率,降低对天气和障碍物间隔限制的要求。由于导航更加精确,还可以直接降低水平间隔标准,提高航迹保持的精确度,提高航路的复飞能力,充分利用间隔较为紧密的飞行程序和空域,降低相邻机场空中交通的拥挤程度。选择更短、更直接的航线减少了航空油料的消耗和随之而来的空气污染,提高航空器利用率,航空企业因而降低了整体运行成本。使用 PBN 技术可以使人类飞行运行方式发生革命性变化,它可以有效促进民航持续安全,最大限度地提升空域利用效率,尽可能减少地面导航设施、设备的资金投入,提高节约能源和减少排放的效果,从发展和应用的角度来讲都将具有显著的安全效益和社会效益。

PBN 方式的飞行程序设计在空域规划与障碍物超障评估方面与传统方式相比具有很多优势,主要有:

(1)减少传统航路与程序所需的维护及相关费用:VOR 台可能用于航路、进近或复飞等程序,迁移一个 VOR 地面设备可能会影响很多相关的飞行程序,需要投入很多费用来进行调整。

(2)避免频繁投资特定导航源的运行方式:卫星导航服务的发展有助于增强区域导航系统的连续性和多样性,由于 SBAS,GBAS 和 GRAS 应用的不断发展,最初基本的全球导航卫星系统设备就需要不断改进,不断投资。

(3)提供更有效的空域运行(航线安排、燃油率、噪声控制等方面):通过划设直飞航线和偶然航线,可以缩短航线距离,也可以避开噪声敏感区,从而提高飞行效率。

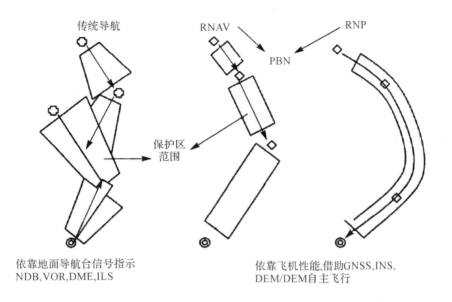

传统导航　　　　　RNAV　　　　　　RNP

PBN

保护区
范围

依靠地面导航台信号指示
NDB,VOR,DME,ILS

依靠飞机性能,借助GNSS,INS,
DEM/DEM自主飞行

图 12-6　传统导航与 PBN 导航的区别

对于飞行程序设计者来说,最大的变化就是设计时不用依赖于导航源,而只考虑导航标准。当然,正确选择导航标准应基于空域要求、可用的导航设施、机载设备和航空器的运行能力。例如,如果某空域内要求 RNAV-1 或 RNAV-2 标准,则可用的导航设施必须是基础的 GNSS 或 DME/DME,航空器必须要用这两种中的一种导航源运行。然而,PBN 程序设计标准出台前,必须要先有基础 GNSS 和 DME/DME 应用标准。如果航空器和营运人都合格,PBN 程序设计可以更好地确保飞行轨迹可靠、持续、可预测。设计程序时,不管是什么导航设施,都采用统一的设计准则来设计航路点和路线,只需要根据超障和间隔标准的不同而进行适当调整。

2.RNAV 与 RNP

PBN 导航标准包括 RNAV 和 RNP 两种标准,其中 RNP 标准包括完备的机载性能监视和报警要求,而 RNAV 标准不包括此内容。目前 RNAV 和 RNP 标准的精度要求只是在横向和纵向两个维度上,不包括垂直向的飞行技术容差(FTE)。

RNAV 标准支持 RNAV 应用,RNP 标准支持 RNP 应用。如 GNSS,DME/DME/IRU,DME/DME 中的任意一种导航源都可满足 RNAV 标准,但在特定的国家,对于需要满足 RNAV 标准的导航设备性能不仅仅依赖于航空器的机载能力,有限的 DME 设备或 GNSS 政策因素都可能导致该国对 RNAV 标准具有特定的导航设备要求。如 A 国家的航行资料汇编(AIP)可能规定把 GNSS 作为 RNAV 标准的一种要求(因为 A 国家只有 GNSS 为有效设备),B 国家的 AIP 可能要求把 DME/DME/IRU 作为其 RNAV 标准的要求(因为该国政策上不允许使用 GNSS)。虽然每种导航标准都可以作为 RNAV 的应用,但只装备了 GNSS 的航空器只能在 A 国家中获得符合 RNAV 运行的批准,在 B 国家中却不行。

RNAV 是相对于常规导航而言的。常规导航是指航空器通常利用地面导航设备(如 NDB,VOR)或机载自主导航设备的导航信息完成导航。其航线结构取决于地面导航设备或其固定交叉点的地理位置。此时,航空器总要飞越这些导航设备或固定点,而且定位精度也会根据航空器与导航台站的距离不同而变化。而根据国际民航组织的定义,RNAV 就是允许航空器在台站导航设备的覆盖范围内,或自备导航设备的能力范围内,或结合上述两种方式的情况下,沿着任意所需路径飞行的一种导航方式。这样,RNAV 运行可以摆脱地面导航信号的限制,特别是对于偏远山区而言,可以有效解决地形复杂、净空条件差、地面导航设备建设难度大等问题,显著提高航线设计的灵活性和空域利用率。RNAV 系统可以采用的导航源包括惯性导航系统(INS/IRS)、VOR/DME、DME/DME,罗兰 C(LORAN-C)、GNSS(GPS)等。

RNP 概念是 1991—1992 年间由 FANS 委员会向国际民航组织提出的。1994 年国际民航组织在正式颁布 RNP 手册(Doc 9613-AN/937)中定义 RNP 为:飞机在一个确定的航路、空域或区域内运行时,所需的导航性能精度。RNP 是在新通信、导航和监视技术开发应用条件下产生的新概念。在实际应用中,RNP 既对空域提出要求,也对机载设备提出要求。对空域特性要求而言,当飞机相应的导航性能精度与其符合时,便可在该空域运行。因此,RNP 不仅对航空器机载导航设备有相关要求,对支持相应 RNP 类型空域的导航设施的精度也有一定的要求,例如要求飞机在 95% 的飞行时间内,机载导航系统应使飞机保持在限定的空域内飞行。

RNP 可应用于所有飞行阶段,也可应用于空中交通服务航路(包括固定和应急航路),还可应用于区域、大范围空域或者确定范围的任何空域。在确定的 RNP 区域内,空中交通管制当局可以选择要求对空中交通服务航路获得某种特定 RNP 类型的批准。另外,获得国家或空中交通管制当局批准后,在指定的和公布的 RNP 空域内未公布的航线(即自由航线)也可以用作计划飞行。可以在空域规划者或者空中交通管制当局选定的某一条航路、多条航路、某一区域、部分空域或者任何已经确定范围的空域规定 RNP。RNP 潜在的应用还包括:某一确定的空域、某一固定空中交通服务航路、自由航迹运行、部分特殊空域等。一旦在某个指定空域内选择一种 RNP 类型,以满足像预测交通需求那样的要求,那么这个 RNP 将确定航空器的装备和空域基础设施所必要的水平。

RNAV 和 RNP 系统关键的不同在于,RNP 标准包含机载设备的监视和告警导航性能要求,而 RNAV 标准则不包括这些。一旦 RNP 设备检测到运行中的航空器所获得的导航性能没有达到要求,它就会立即告知机组人员。这个功能增强了飞行员了解飞行状况的能力。也正因此,在无需空中交通管制人员干预的情况下,RNP 还可以降低超障保护区或邻近航路间隔,提高运行的完整性,使航路间距和保护区缩小,空域资源得到进一步优化。

RNAV 和 RNP 的标准都包含了对导航功能的要求。这些功能要求包括:提供与航迹相关的飞机位置的连续指示,显示各航路点的距离和方位,显示各航路点的地速或时间,导航数据存储功能,提供包括导航设备在内的 RNAV 系统故障指示,有系统备份,等等。

从发展的角度来看,导航应用将由 2D 向 3D/4D 过渡,这就要求机载监视与告警性能必须在垂直导航方面加以完善。这两项功能可以保证机组人员随时确定导航系统是否达到完整性的要求。虽然目前很多 RNAV 系统不具备监视和告警功能,但同样实现了很高的精度并具备多种 RNP 系统功能,因此 RNAV 和 RNP 运行将会共存多年,最后将逐渐转换为 RNP 运行。

在 PBN 导航规范中,RVAV 和 RNP 后面所跟的数字代表导航精度值,即:若要求飞机在

95％的飞行时间内,机载导航系统应使飞机保持在限定的空域内飞行,则表示为 RNAV－X 和 RNP－V,也就是 95％总飞行时间不得偏移航道中线两边 X n mile。以 RNP－4 导航规范为例,要求在 95％的飞行时间内,航空器位置必须满足标称航迹位置左、右、前、后 4 n mile 以内的精度值要求。

国际民航组织确定的导航规范、所需基础设施以及导航应用如下:

RNP－10:适用于海洋和偏远陆地空域。概念等同于 RNAV－10,这是源于 RNP－10 名称已在国际上普遍使用。实际上,RNP－10 并无机载性能监视和告警功能要求。该导航规范不要求任何地基导航设备,但需装有至少两套机载远程导航系统(IRS/ FMS,INS,GPS)。在地面导航、通信和监视设备可用情况下,RNP－10 允许的最低航路横向间隔标准为 50 n mile。目前 RNP－10 已应用于我国三亚情报区。

RNAV－5:适用于陆地航路,属于 RNAV 和传统 ATS 航路的过渡和混合。导航源可以为 GNSS,DME/DME,VOR/DME,INS/IRS,VOR,一般要求有雷达覆盖和直接话音通信。该规范应用于欧洲 B－RNAV、日本、中东等航线。

RNAV－2/1:主要用于有雷达监视和直接陆空通信的陆地航路和终端区飞行,RNAV－2 导航规范适用于航路,RNA V－1 导航规范适用于航路和终端区进/离场程序。导航源为 GNSS,DME/DME,DME/DME/IRU。目前,我国北京、广州、天津等机场 RNAV 进/离场程序属于 RNAV－1。

RNP－4:应用于海洋和偏远地区。要求有话音通信或 CPDLC 以及 ADS－C,以支持 30 n mile 最低航路间隔标准。使用 GNSS 的接收机自主完好性监测(RAIM)功能来保障完好性。该规范最早应用于太平洋地区,我国 L888 航路属于 RNP－4。

RNP－2:对于该导航规范,国际民航组织仍在制定中。

RNP－1:包括基本 RNP－1 和高级 RNP－1。基本 RNP－1 适用于航路和终端区,该导航规范旨在建立低到中等交通密度且无雷达覆盖区域的航路和终端区程序。GNSS 是基本 RNP－1 主要的导航源,使用 GNSS 的 RAIM 功能来保障完好性。使用基于区域导航系统的 DME/DME 导航则需要严格的安全评估。对于高级 RNP－1 导航规范,国际民航组织仍在制定中。

RNP APCH:包括 RNP 进近程序和直线进近阶段 RNAV(基于 GNSS)进近程序,精度值一般为 0.3。GNSS 是 RNP 进近程序的主要导航源,程序设计时需要考虑由于卫星失效或机载监控和告警功能丧失导致失去 RNP 进近能力的可接受性。复飞航段可以是 RNAV 或传统导航程序。该导航规范不包括相关的通信和监视要求。

RNP AR APCH:特殊授权 RNP 进近程序。特点是进近程序、航空器和机组需要得到局方特殊批准。一般用于地形复杂、空域受限且使用该类程序能够取得明显效益的机场,精度值一般在 0.3~0.1 之间。RNP AR APCH 只允许使用 GNSS 作为导航源,应对实际能够达到的 RNP 精度进行预测。该规范不包括相关的通信和监视要求。

民航飞机在各飞行阶段的可用导航规范见表 12－1。

表 12-1 各飞行阶段的可用导航规范

导航规范名称	飞行阶段							
	海洋/边远地区航路	陆地航路	进场	进近				离场
				起始	中间	最后	复飞	
RNAV-10 (RNP-10)	10							
RNAV-5		5	5					
RNAV-2		2	2					2
RNAV-1		1	1	1	1		1	1
RNP-4	4							
Basic-RNP-1			1	1	1		1	1
RNP APCH				1	1	0.3		
RNP AR APCH				1~0.1	1~0.1	0.3~0.1	1~0.1	

12.2.3 监视

监视是飞机安全飞行和空中交通管理的基础。从飞机飞行监视角度,监视功能主要指飞机平台利用各种技术手段(如气象雷达、数据链技术、空中交通防撞系统、近地防撞等),获取飞机所处环境的空中交通情况、气象情况、地形情况等数据,以确保飞机安全飞行。CNS/ATM系统定义的机载平台的监视功能主要包括地形(terrain)监视、气象(weather)监视和交通(traffic)监视三类。

未来,更强调为空中交通管理服务的监视,使地面管制中心掌握飞机飞行轨迹和飞行意图,提高空中交通安全保障能力。

新航行系统中使用的监视技术主要有独立监视、协同监视和相关监视三类。

独立监视不需要被监视者配合,是完全由监视者独立完成对被监视者的测量定位的监视手段。独立监视手段主要有一次监视雷达(PSR)和多地基雷达。协同监视需要被监视者配合,由被监视者主动发射或询问的应答,实现监视者对其定位,这种监视手段主要有 A/C/S 模式二次雷达(SSR)和多基站测量定位系统。

ICAO 监视方案中的关键是发展自动相关监视(Automatic Dependent Surveillance, ADS)。

ADS 是由被监视目标测定自身位置后,主动报告给监视者,使监视者掌握其当前位置和运行意图的监视方式。这是一种将监视服务扩展到海洋空域、边远陆地区域和雷达覆盖不到的地区的监视手段。

ADS 是应用于空中交通服务的监视技术,是由飞机将机上导航和定位系统导出的数据通过数据链自动发送。这些数据至少包括飞机识别码、四维位置和所需附加数据。

"自动"是指这种监视是自动的,不需要有飞行员或管制员的参与,自动地播报飞机的位置,"相关"是指由航空器提供极其准确的位置和速度信息以及其他信息,"监视"是指提供的是航空器的位置、高度、速度以及其他监视信息。自动相关监视分为 ADS-A/C 模式和 ADS-B 两种模式。在新航行系统(CNS/ATM)中监视部分将主要使用自动相关监视 ADS 技术。

1.合约式自动相关监视(ADS-C)

目前,人们习惯上用 ADS-C 表示 ADS-C 或 ADS-A。ADS-C 根据提供 ADS 信息的飞机和接收 ADS 报告的地面站之间约定的一一对应关系,采用寻址方式双向数据链工作。图 12-7 所示为 ADS-C 的示意图。其不仅用于接收空对地的飞机位置报告,也能实现飞行员与管制员之间直接的双向数据通信(Controller-Pilot Data Link Communication,CPDLC)和上传飞行报告信息(Flight Information Service,FIS)。收、发双方要约定通信协议,如中国民航使用的是飞机通信寻址与报告系统(ACARS)通信协议。

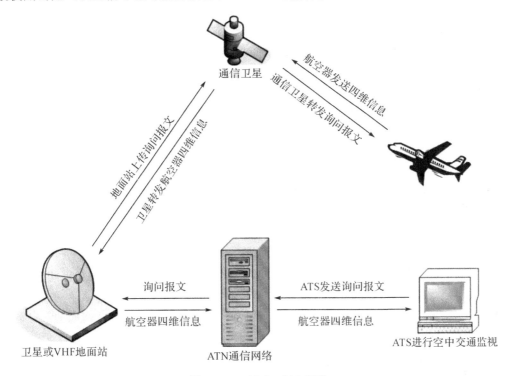

图 12-7　ADS-C 示意图

基于 VHF 数据链的 ACARS 系统就是一种 ADS-C,ACARS 机载设备即机载 ADS 设备。其主要功能是从飞行数据管理单元、座舱管理终端和中央维护计算机等机载系统收集数据,将采集到的各种飞行相关参数信息编成需要的格式,通过数据链路发到 RGS,同时接收地面网中通过 RGS 站转发来的上行电报,这些电报确定报告频率、选择发送区和提供通信联络等。同时 CDU 用来显示 ADS 信息,让飞行员监控系统的工作,并能在紧急情况下与管制员直接进行语音通信。地空数据链传输系统、地面通信网络、远端地面站和地面设备都与 ACARS 系统一样,在此不再赘述。

由于 ADS 数据链对 ATN 网路中的几种链路媒质(卫星链路 AMSS、VHF 链路、HF 链路、S 模式链路)是兼容的,飞机上的通信管理组件和地面 ATC 的通信终端内都有 ATN 路由选择器,可以选择利用不同的链路媒质。例如:在海洋飞行中利用卫星链路,当接近陆地能接收到陆地 VHF 信号后,能自动转换到 VHF 链路;进入雷达覆盖区后,也可以转换到通过

SSRS 模式链路接收 ADS 报告；在极地区域，在其他通信手段失效的情况下，可以通过 HF 链路接收 ADS 报告。

为满足 ADS-C 空地之间的通信协议，在飞机上的 ADS-C 接口组件（ADSU）和地面 ATC 的飞行数据处理系统（FDPS）之间可以有一个合约或一组合约。这些合约规定在什么情况下将开始发送 ADS 报告，报告中将包括哪些信息。有以下 4 种类型的合约：

(1)周期性合约（Periodic Contract）：飞机周期性地向地面发送 ADS 报文。

(2)事件合约（Event Contract）：有相关事件触发飞机发送 ADS 报文。

(3)请求合约（On Demand Contract）：飞机因地面请求发送 ADS 报文。

(4)紧急合约（Emergency Contract）：在紧急情况下飞机自发地发送 ADS 报文。

其中，周期性合约是最基本的 ADS-C 合约，它要求飞机周期性地向地面系统发送特定的位置信息。周期性合约的请求报文中，包含了下一周期报文的下发时刻和下发内容要求，飞机根据合约内容完成报文下发。一旦周期性合约有效，它将维持到该合约撤销或用另一个周期性合约替代为止。一个周期性合约建立后，飞机应立即开始发送第一个报告，然后周期性地重发更新报告。

每架飞机的 ADSU 应能同时与几个（最多 4 个）地面终端系统的 FDPS 建立合约。每架飞机可支持对每个地面系统建立一个周期性合约、一个事件合约，并随时可以再申请加发一个单发报告合约（紧急合约）。地面系统对 ADS 信息排队时，信息将按紧急合约、请求合约、事件合约、周期性合约的顺序处理。

事件合约中的下列事件可触发 ADS 事件报告：

(1)地理事件，即飞机通过某个航路点、指定经纬度、指定高度、指定飞行情报区边界或某个特定点时。

(2)偏离事件，即偏离放行航路的侧向或高度，在其超过指定阈值时。

(3)变化事件，即飞机的航迹角、航向、高度、升降速度或速度的变化超过指定阈值时，以及飞机改变计划剖面时。

其中，一个事件合约可以包含几种类型的事件，并且事件合约不影响任何周期性合约。

ADS-C 的信息包括基本 ADS 信息和供选的 ADS 信息。

基本 ADS 信息包括飞机的三维位置（纬度、经度和高度）、时间和位置数据信息的精度指示。

供选择的 ADS 信息除了基本 ADS 信息外，还包括下列任意一组或全部信息。它们是飞机标识、地速矢量、空速矢量、计划剖面、气象信息、短期意向、中间意向和扩展计划剖面。

(1)ADS 地速矢量信息：航迹角、地速、上升或下降率。

(2)ADS 空速矢量信息：航向、马赫数或指示空速、上升或下降速率。

(3)ADS 计划剖面信息：下一个航路点，下一个航路点的预计高度、预计时间；再下一个航路点，再下一个航路点的预计高度、预计时间。

(4)ADS 气象信息：风向、风速、温度、颠簸、结冰。

(5)ADS 短期意向信息：计划点的纬度、经度、高度、预测时间。

如果可以预测飞机在当时位置和计划位置之间发生的高度、航迹角速度的变化，那么对短期意向数据将提供附加信息而成为中间意向，即当时位置到变化点的距离、航迹角、高度、预计时间。

ADS 扩展计划剖面信息的组成：下一个航路点，下一个航路点的预计高度、预计时间；再下一个航路点,再下一个航路点的预计高度、预计时间;后续航路点,后续航路点的预计高度、预计时间……后续航路点可重复到第 130 个航路点。

实施 ADS 监视下的数据链管制与话音通信下的程序管制相比,大大减小了飞机飞行间隔,增加了空域容量,从而也大大增强了飞行安全性。

地面设施投资大大低于 SSR,可用于无 SSR 信号覆盖的区域,并能提供 ATM 所需的数据,如预计航路、性能因数、事件报告等。

机组不再依靠话音通信报告飞机位置,增加灵活性,管制员可更多地响应飞机飞行申请。

这种灵活性可以节约部分飞行运营成本。

在洋区、边远陆地和无雷达区域采用 ADS-C,可实现和雷达空域类似的空中交通服务,大大增强了飞行安全性。

S 模式和 ADS-C 结合可促进全世界统一的监视服务,并可在高交通密度区域提供高精度、抗干扰的监视。

ADS 在使用过程中,同样存在许多不足的地方,如飞机处理信息需要时间长(从数据采集到发送至少需要 64 ms);通信滞后(飞机到地面需用时 45~60 ms);要求使用相同的基准(基于 GNSS 的时间,WGS-84 坐标系统),否则精度变差;设备安装的过渡期内,机载设备混乱。

2. 广播式自动相关监视(ADS-B)

ICAO 通过发展自动相关监视(ADS),来辅助雷达监视。上述 ADS-C 只向特定空域地面管制单位发送飞机位置报告,这有助于管制单位在了解了该飞机的精确位置后实施有效管制。它属于空对地选址报告,供地对空监视和管制,非常适合于航线飞行上的班机以及海上运输飞行。后来发展的广播式自动相关监视(ADS-B)不用选址,改用全向广播方式,主要采用空对空报告,供空对空自我监视,起到了延伸驾驶员肉眼视程的作用,有利于实施"见到后避让"原则,对运输航空和通用航空都行之有效。

ADS-B 的工作原理如图 12-8 所示。

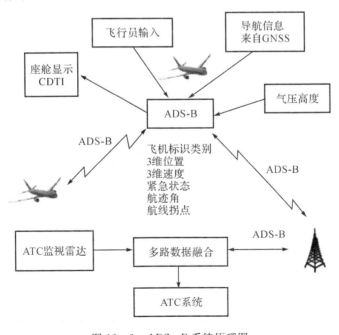

图 12-8 ADS-B 系统原理图

美国 FAA 认为 ADS-B 将是实施自由飞行的奠基石,欧洲虽然并不提倡前景遥远偏于理想且概念上较为模糊的"自由飞行",但也提出了"自由航路"概念,而 ADS-B 也将是促进实施自由航路的可行手段之一。

ADS-B 有 ADS-B OUT 和 ADS-B IN 两种功能,如图 12-9 所示。ADS-B OUT 是指飞机上的 ADS-B 发射机以一定的周期向其他飞机或者地面站发送飞机的位置等信息; ADS-B IN 是指飞机上的 ADS-B 接收机接收来自其他飞机 ADS-B 发射机发送的 OUT 信息,以及地面站设备发送来的信息。通过 ADS-B IN 可使飞行员在 CDTI 上观察到本机周围的空域情况。

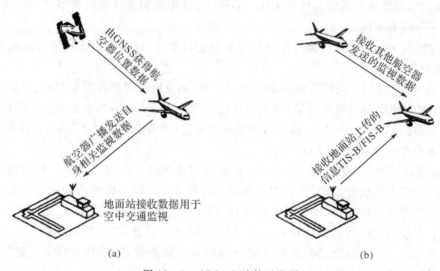

图 12-9　ADS-B 功能示意图
(a)ADS-B OUT;　(b)ADS-B IN

ADS-B 的机载设备包括:位置信息源,即 GPS 卫星导航接收机;ADS-B 位置报告的收发机和天线;驾驶舱交通信息显示器等,如图 12-10 所示。

全球定位系统(GPS)作为 ADS-B 自发位置报告的数据源。由于传统航空器上采用气压高度,所以高度报告数据仍依靠大气数据计算机或编码高度表的输出。

飞机的位置、高度等数据都是通过 FMC(飞机管理计算机)转送给飞机上的各种电子设备(包括 ADS-B)的;对于没有 FMC 的小飞机可专设输出/输入接口。

ADS-B 收发机将是 VHF/UHF 或 L 波段 S 模式的收发机,具有专门的处理 ADS-B 电文的软件,其天线只需一般的全向天线,但应在机顶上和机腹下各配置一个。

驾驶舱交通信息显示器可以由多功能控制显示组件(MCDU)或专门的座舱显示器(CDTI)充当。

对于 ADS-B 的数据链,最早在欧洲由瑞典提出利用自组织时分复用(S-TDMA)VHF数据链技术来广播飞机位置,为空中其他飞机和地面提供位置信息,地面接收后可了解空中交通情况,从而起到监视功能。之后美国提出利用二次监视雷达的 S 模式扩展自发报告(1090ES)的功能作为 ADS-B 的另一种数据链。以上两种方式各自进行试验都有成效。近期美国在货运航空和通用航空的试用中,又提出一种用于 ADS-B 的数据链技术,称为通用访问收发机(UAT)。S-TDMA 的 VHF 数据链不仅用于 ADS-B,同时也用于其他地空通信和广播,因而 ICAO 的航空移动通信专家组(AMCP)将其作为一种 VHF 数据链,与其他 VHF 数据链并列,定名为模式 4 的 VHF 数字式数据链(VDL-4),并已制定了标准与推荐措施。

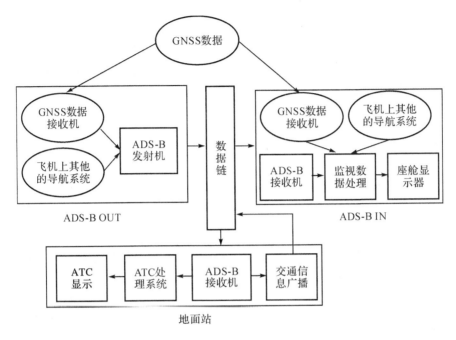

图 12-10　ADS-B 组成示意图

上述数据链的比较见表 12-2。

中国民用航空局规定 ADS-B 用 1090ES 数据链。

表 12-2　ADS-B 数据链的比较

数据链	特　点
1090ES	工作于传统二次雷达使用的 1 090 MHz 频段;数据率 1 Mbit/s,调制方式为 PPM
UAT	DME 频段,设计频段 978 MHz;数据率 1 Mbit/s,调制方式 2CPFSK
VDL-4	工作于 VHF 频段(108~137 MHz),单信道带宽 25 kHz;数据率 19 600 bit/s,调制方式为 GFSK

作为广播式自动相关监视技术,飞机自动向周围的飞机、车辆和地面接收台发射自身的位置等信息,所以可以实现多方面的功能。例如:空中飞机与飞机之间能自动识别对方的位置,可以自我保持间隔;地面 ATC 对终端和航路飞行的飞机进行监控和指挥;机场场面活动的飞机和飞机及车辆之间保持间隔,起到场面监视作用。

3. ADS-C 和 ADS-B 的特性比较

ADS-C 和 ADS-B 在很多方面具有不同的特点,下面通过表 12-3 对这两种自动相关监视技术的特性进行比较。

表 12 - 3　ADS - C 和 ADS - B 的特性比较

对比项目	ADS - C	ADS - B
工作方式	飞机与地面管制单位之间建立点到点的寻址方式；可按约定周期自动发送，或按事件合约、紧急合约或请求方合约方式发送	广播式自发位置报告；飞机间可相互接收
作用距离	远程	近程
连接方式	空地	空空、空地、地地
数据链	VHF(ACARS)、SATCOM、HFDL（协议式双向链路）	1090ES、VDL - 4、UAT（广播式单向链路）
ICAO 标准	ATN	1090ES、VDL - 4、UAT
地空数据链供应商	SITA、ARINC	无
地面用户限制	最多 5 个	无
报告周期	每几分钟	1 s
相关服务	CPDLC	TIS - B、FIS - B
适用环境	海洋空域为主，兼顾其他空域	多种空域，兼顾场面活动
功　用	实现对海洋和边远地区的监视；可取代或补充 SSR	可取代 TCAS；可取代 SSR；可取代场面监视系统；可在驾驶舱内提供交通信息显示和冲突警告；为自由飞行创造条件
缺点和局限性	相关监视，依赖飞机报告；完全依赖机载导航信息源	—

对于 ADS - C 和 ADS - B 两种自动相关监视系统，近年来趋向于将它们合并，并针对不同的场合使用。一般认为，对海洋和边远陆地可采用星基双向数据链的 ADS - C；对陆地，尤其是交通密度较高地区，可采用陆基较为简易的单向广播式 ADS - B。

12.2.4　未来空管系统运行概念

自 19 世纪初发明飞机以来，空管系统在有效保障空中飞行安全和有序的同时正发生着翻天覆地的变化。随着航空运输总量的持续增长，现有空管系统已无法支撑过多的航班飞行，飞行延误及飞行冲突时有发生，急需通过新技术和新概念改变现有空中交通运行方式，从而实现更安全、有序、高效和绿色的空中飞行。

ICAO 在《全球空中交通管理运行概念》(Doc 9854)中明确了空管系统运行概念包括空域组织与管理、机场运行、需求与容量平衡、交通同步、冲突管理、空域用户运行和空中交通管理服务 7 个部分，概念基础均为信息管理。从上述概念出发，下一代空管系统运行概念及其变化表现在以下几方面：

（1）以网络为中心的基础设施服务。确保一个健康和可全球互操作的网络，允许用户、应用及平台之间实现航空器飞行全过程、门到门的及时和一致信息共享,支持空中导航服务、机场和飞行运行。将原有的点到点信息传输方式转变为以网络为中心的信息共享方式,为所有用户和参与者提供准确和及时的信息及统一态势,提高协同决策的有效性。通过充分的信息共享,确保所有参与者在透明环境中协同处理问题,降低决策风险,保证飞行安全。全球统一及以网络为中心的基础设施服务如图 12 - 11 所示。

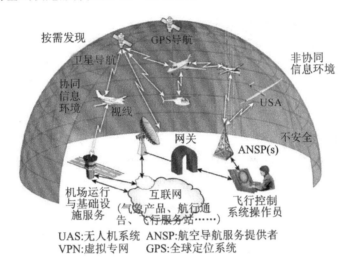

图 12 - 11　以网络为中心的基础设施服务

(2)一体化空域流量管理。以协同、综合、高效和安全为前提,将空域管理与流量管理结合起来,构建一体化空域流量管理模式,在空管部门、航空公司和机场间建立有效的协调方法和机制,面向用户进行灵活的空域分配,利用智能辅助决策工具增强不确定性因素下流量管理的能力,使整个航空体系协同高效运行,达到需求与容量的平衡,同时为用户提供实时、准确、完整和统一的流量和空域信息服务。

(3)协同式空中交通管理。随着空域用户的增加和多样化,每个用户均有独立的运行需求和使用要求,用户间的依赖程度和相互影响不断增加。协同的空中交通管理支持不同用户,在对当前环境和全局态势具备公共认知的基础上参与决策。通过自动化工具以及系统级信息交换能力,促使参与者更好地理解问题和约束条件,对短期和长期局势做出正确决策。

(4)基于轨迹的飞行。随着交通流的逐渐增大,增加空域容量缓解流量拥塞问题成为空管信息化建设急需解决的问题。该需求使机场和航路航线运行向基于轨迹的飞行(TBO)方向转变,通过对当前和未来位置的精确管理增加机场吞吐量和航路航线容量。TBO 旨在精确预测每个航空器的飞行剖面和时间,即航迹的四维轨迹(4DT),提前预测潜在问题并做好预案,在确保航空器飞行安全前提下缩短间隔,增加效率和空域容量。基于 4D 轨迹运行的流量走廊可提高航路飞行的容量和效率。

(5)气象进入决策过程。采用新技术,建设新系统,改进气象预报能力,并将气象融入自动化决策中。通过自动化手段管理气象因素导致的不确定性,减弱气象对空域容量的限制,并减少针对气象问题而采取过度保守的策略的可能性。同时,通过地-地、空-地和空-空间的信息共享,提高气象感知和预测能力。气象参与协同决策如图 12 - 12 所示。

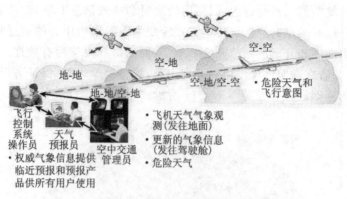

图 12-12 气象参与协同决策

1. 广域信息管理系统

广域信息管理(SWIM)系统概念最早于 1997 年提出。空中交通管理概念委员会(ATM-CP)在 2000 年 2 月第 3 次工作组会议上发布了介绍 SWIM 有关概念的论文。ICAO 和世界气象组织(WMO)于 2002 年 9 月正式承认 SWIM 概念。接下来,ICAO 在《全球空中交通管理运行概念》中提出了 SWIM 概念,即 SWIM 是一种从信息层面整合空中交通管理(ATM)网络的全系统范围内运行信息管理方式。

SWIM 是支撑以网络为中心的基础设施服务和协同空中交通管理 2 大运行概念的核心。SWIM 由标准、基础设施和管理 3 部分组成,通过共用服务管理空中交通管理全域内的信息以及这些信息在合法用户间的交换。SMIM 定位为系统间的系统,通过虚拟信息池为航空器、空管部门、机场、航空公司和社会公众等相关方提供一致的航空态势信息。

SWIM 理念是将目前点对点的信息交换方式转变为网络中心化的交换方式,保障信息安全、及时、一致和准确地共享给利益相关方。

SWIM 体系向下基于提供统一通信服务的网络基础设施,向上面向全球范围内信息提供者和使用者的业务应用系统。SWIM 自底向上由 SWIM 基础设施、信息交换模型和信息交换服务 3 部分组成,如图 12-13 所示。SWIM 核心是构建统一的航空信息交换模型(AIXM),飞行信息交换模型(FIXM)及气象信息交换模型(WXXM/IWXXM),涉及基于交换模型的跨域信息共享和空管数据时空建模 2 种关键技术。

(1)基于交换模型的跨域信息共享技术。基于跨域信息交换方法论、知识工程与系统建模学科,从语义和语法方面研究飞行、航空与气象三大信息域的信息交换模型构建与应用方法,将传统格式空管信息组织成结构化数据,建立标准的信息交换模型和交换协议。

(2)空管数据的时空建模技术。针对空管数据时空动态语义重叠或缺失以及表达框架体系不完整等问题,基于时空表达方法与系统建模理论,构建空管数据时空模型,支持空管领域空间数据与时间信息的有机组织、高效管理及灵活使用。空管数据的时空建模技术如图 12-14所示。

具体包括以下几方面:

1)基于地理标记语言(GML)的空管地理数据建模技术,根据 GML 中地理信息建模、传输和存储的语法与机制,结合航空地理数据特点,通过分析航空地理特性与 GML 对象(点、曲线和面等)间的映射关系,实现几何形状信息的集中化管理和分布式应用。

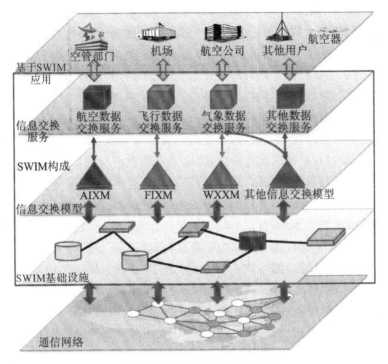

图 12-13　SWIM 构成示意图

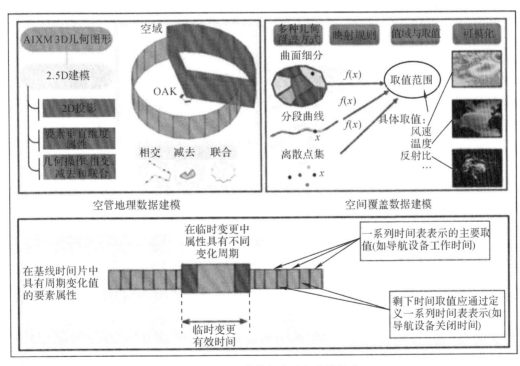

图 12-14　空管数据的时空建模技术

2)基于空间覆盖的气象观测数据建模分析方法,结合航空气象学与 ICAO 附件 3,对航空气象建模过程中涉及的气象现象及其相关特征采用数据覆盖方式进行描绘,完成从时空领域到具体气象现象特征值的函数映射,支撑航空气象信息的数字化和精确化。

3)基于组合时间片的空管信息动态建模方法,通过研究现有时空数据模型的基本原理、对比各类时间语义,分析空管信息领域对时间概念和操作的需求,集成基线数据、基态修正、临时变更和序列快照等时间片数据内容模型,提高空管动态数据模型的可用性和通用性。

2. 空域灵活使用与精细化管理技术

空域灵活使用应以合理使用空域资源、提高空域利用率和缓解流量拥塞问题为出发点,利用灵活的空域结构,通过对空域的动态分配,适应变化的空中交通状况,满足所有空域用户需求。针对现有空域静态规划及空域运行过程管理粗放等问题,开展灵活的航线规划、空域协同分配及空域使用评估等技术研究,为空域资源的深度挖掘和运行管理优化提供技术途径,提升空域管理的科学性和精细化水平,包括空域规划与动态调配和空域协同分配两种关键技术。

(1)空域规划与动态调配技术。以减少军事活动对民航飞行影响为目标,研究覆盖空域规划、空域调配和运行监视全过程的空域管理体系及技术,提高空域精细化管理水平。根据战术训练动作,结合飞机性能,建立军用飞机训练空域使用模型,减小与民航航路航线飞行间的冲突。对可能出现的军民航飞行冲突,基于任务优先级和安全间隔等自动生成解脱策略知识库,实现对空域运行风险的快速识别、告警与调控,空域规划与动态调配技术如图 12-15 所示。

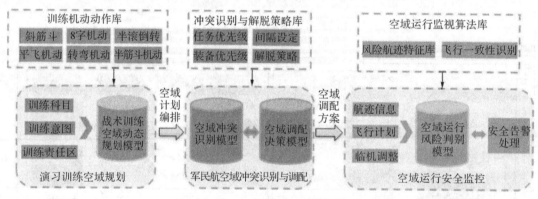

图 12-15　空域规划与动态调配技术

(2)空域协同分配技术。针对计划航路容量受限条件下的临时航线充分利用问题,采用多目标优化方法,建立以总延误损失最小、总转弯点数量最小及平均旅客延误时间最小为目标,以航班唯一性、时隙独占性及航路容量等为约束条件的航路时隙资源协同分配模型,为每个航班分配航线和相应时刻。

3. 流量协同决策技术

流量协同决策旨在通过空管、机场和航空公司等主体进行空中交通流量科学调配,优化流量分布,维持飞行需求与空域供给平衡,促进空中交通安全、有序和顺畅,提升空域资源利用率,缓解空域拥堵和航班延误,提高系统可预测性等。流量协同决策技术通过对空域结构、运行规则、飞行计划、航迹和气象等信息的有效处理,准确评估空域单元容量,提前预知空域运行状态,针对可能的空域拥堵或延误情况,在相关用户及管理机构间进行有效协同,共同制定地面等待、改航、总量控制与最小尾随间隔管理和空中等待等策略,实现空域单元容需平衡的宏观管控,尽可能减少航班延误,提高空域资源利用率。流量协同决策通常分为战略、预战术和战术 3 个阶段。流量协同决策技术包括基于飞行网络分流的总量控制联合尾随间隔管理和基于连续航段延误分配的飞行冲突解脱两种关键技术。

（1）基于飞行网络分流的总量控制联合尾随间隔管理技术。以跨区协同流量管理为应用需求,基于航空运输网络基础理论,研究总量控制联合尾随间隔管理技术。

具体包括以下几方面:

1）基于按需分配和公平优先的总量控制原则,以 4D 轨迹预测为基础,预先感知未来飞行态势,定量分析交通流需求分布,以需求分布比例为依据公平分配可用资源。

2）以飞行需求驱动的分布式网络化间隔管理,构建分布式间隔策略模型,将容量受限因素进行网络演化,作为相邻管制单元联合决策的依据。

3）通过飞行网络迭代回溯算法,计算网络支流需求占比及总量控制要求,以运行标准间隔作为约束,通过建立上下游节点多对多映射关系,设计启发因子对模型进行快速求解,满足策略制定实时性要求。

（2）基于连续航段延误分配的飞行冲突解脱技术。基于组合最优化理论,研究基于连续航段延误分配的飞行冲突解脱方法,解决现行飞行调配负荷大、效率低及延误分配不合理的问题,为基于时间的流量管理策略制定及连续航段延误消耗措施提供支撑。

具体包括以下几方面:

1）时空可用资源分类方法:以航段空间关系划分共用航路点空间资源类型,以时间窗占用冲突划分时间资源类型,研究复合型连续航段时空资源特性,为飞行冲突解脱问题提供支撑。

2）构建基于连续航班延误分配的飞行冲突解脱模型:充分考虑航空器连续航段飞行过程,研究连续航段可消耗延误合理化配置,结合交叉汇聚节点安全间隔和移交协议等运行规则,实现满足实际管制调配需求的多元约束下的连续飞行冲突解脱功能。

3）基于可用时间窗推导的启发式算法:制定飞行冲突解脱受限时间窗和正/逆向可用时间窗生成规则,提出逐架逐点的配对解脱方式,以先到先服务为优先级原则,设计可用时间窗耦合提取方法,实现最小化延误的飞行冲突解脱功能。

4. 地空协同 4D 轨迹运行技术

基于航迹的运行（TBO）是下一代空管系统的核心运行概念,以航空器的 4D 航迹预测为基础,在空管、航空公司和航空器间共享航迹动态信息,结合气象和冲突等情况修正航空器参考航迹,最后做出协同决策。TBO 改变了传统的将航空器当前位置作为已知条件的运行模式,实现了高密度、大流量和小间隔条件下的有效空域管理。TBO 将对航迹、间隔、容量和流量等管理均产生重要影响。

4D 轨迹运行技术主要包括以下几方面:

（1）预战术阶段规划满足排序目标的 4D 航迹,通过基于飞行数据（RADA）模型的精确 4D 轨迹生成、基于复杂空域的轨迹规划和无冲突 4D 航迹规划等技术,实现控制到达时间的优化和预战术飞行间隔的配备。

（2）战术阶段根据流量、容量、天气、设备设施状态和空域等信息,对航班 4D 航迹进行实时优化和动态的精细化管理,实现基于 4D 航迹的中期冲突探测与解脱以及基于时间的间隔管理等。

(3)飞行中充分利用管制员飞行员数据链通信(CPDLC)、自动相关监视(ADS)等数据链,实现地空轨迹共同感知和需求时间到达(RTA)的精确控制。

地空协同4D轨迹运行技术具体包括基于态势共同感知的空地协同管制和无冲突4D轨迹规划2种关键技术。

(1)基于态势共同感知的空地协同管制技术。围绕未来空管系统基于轨迹运行需求,以航空技术和决策论等学科方法为指导,建立数字化空地信息交互共享机制和轨迹协商流程,依据航空无线电技术委员会(RTCA)系列标准,实现基于CPDLC和ADS的空地轨迹协商与共享及所需到达时间监视等功能。地面系统通过获取ADS中下传机载预测轨迹,实现数字化管制迈向闭环控制的革新式发展,基于态势共同感知的空地协同管制技术如图12-16所示。

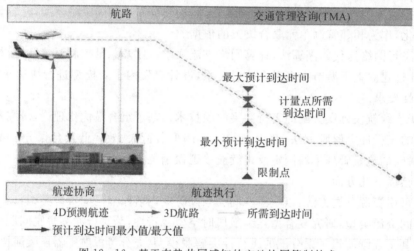

图12-16　基于态势共同感知的空地协同管制技术

(2)无冲突4D轨迹规划技术。针对合理规划轨迹、航空器间隔管理以及空域资源合理利用问题,以多目标优化理论为基础,需要研究基于4D轨迹的航空器预战术和战术阶段间隔管理技术,实现轨迹量大条件下无冲突轨迹调整策略。预战术阶段中,通过运用快速遗传算法调整各航班的初始放行时刻避免冲突或干扰,最终通过协同进化各分组航班获得无冲突4D轨迹,从而消除初始4D轨迹中因未考虑与其他航空器的间隔约束而造成的冲突隐患;战术阶段中,基于航空器动力学模型和外界气象条件,对给定滚动时间窗内的多航空器4D轨迹可能的冲突进行精确探测,并融入航空器物理性能和航路空间性能等约束,给出优化的解脱策略。无冲突4D轨迹规划技术如图12-17所示。

5.机场协同运行

机场协同运行是空中交通管理运行概念中的重要部分,也是支撑超密度机场运行概念变化的核心技术,是提高机场利益相关方运行效率和机场正点率的重要因素。通过机场协同决策,利用信息化手段实现民航管理控制流程,协调空管、机场和航空公司等组织之间,以及各组织内部的信息传递和沟通工作,提高控制交通管理效率。

在信息综合基础上,以统一形式通过共享信息平台向利益相关方进行发布,将航班决策信息充分融合到各利益相关方现有运行信息流中。通过基于里程碑节点的协同放行决策、航班全生命周期管理和航班时隙分配与交换等技术,实现对航班过站全过程重要事件的密切监测和航班全生命周期的信息管理,实现利益相关方共同的情景意识。一次过站飞行的16个里程碑节点如图 12-18 所示。通过基于人工智能的地面资源调度和基于排队论的机场除冰调度等技术,实现资源智能规划,减少安全冲突,提高机场资源利用率。

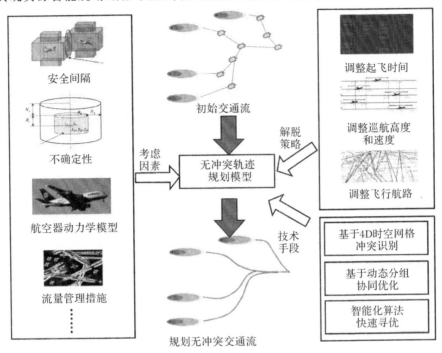

图 12-17 无冲突 4D 轨迹规划技术

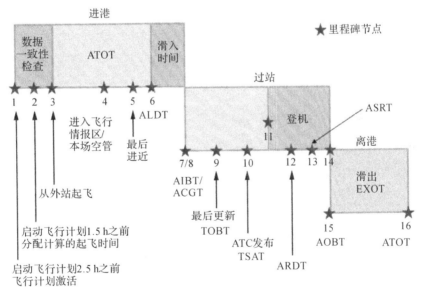

ATOT:实际起飞时间
AIBT:实际上轮挡时间
TOBT:目标撤轮挡时间
ASAT:目标同意开车时间
ASRT:实际申请开车时间
ASAT:实际同意开车时间

ALDT:实际着陆时间
ACGT:实际地勤服务时间
ATC:空中交通管制
ARDT:实际准备就绪时间
AOBT:实际撤轮挡时间
EXOT:预计滑出时间

图 12-18 一次过站飞行的 16 个里程碑节点

2003 年,国际民用航空组织(ICAO)提出了"通过建设统一标准的设施和提供无缝隙的服务,对空中交通和空域实施统一、安全、经济和高效的动态管理"的全球空管一体化运行目标。全球空管一体化指随着新的通信、导航和监视技术的日趋成熟,在 2025 年前后建立一个可互用、无缝隙和全球化的空中交通管理系统,确保各空域用户更平等地使用空域,为空域用户提供最佳服务,使空中交通管理部门更有效地对运行的安全性进行预测和监控。全球空管一体化旨在利用数据通信系统和计算机系统深度融合组成的空管信息网络,通过实现异构平台间的数据交换,将空管的探测感知系统、信息传输融合处理系统和空中交通管理决策指挥系统等有机结合,形成统一和高效的空管体系,将信息优势转化为航空管制的决策和管制优势,实现空管信息的高度共享、空管态势的协调同步、管制行动的实时有序及管制效能的极大提高。

习　　题

1. 简述新航行系统的特点。
2. 简述所需导航性能(RNP)、区域导航(RNAV)和基于性能导航(PBN)的区别。
3. 简述新航行系统相比传统航行系统在通信、导航、监视方面有哪些发展。
4. 画出广播式自动相关监视系统组成图,并说明其工作原理。
5. 简述未来空管系统的特点。

参 考 文 献

[1] 蔡成仁. 航空无线电[M]. 北京:科学出版社,1992.

[2] 蔡成仁.现代气象雷达系统[M]. 北京:中国民航出版社,2004.

[3] 张肃文. 高频电子线路[M]. 北京:人民教育出版社,1979.

[4] 清华大学通信教研组. 高频电路[M]. 北京:人民邮电出版社,1979.

[5] 樊昌信. 通信原理[M].7版.北京:国防工业出版社,2013.

[6] 万伟,王季立. 微波技术与天线[M]. 西安:西北工业大学出版社,1986.

[7] BEASLEY J S, MILLER G M. Modern Electronic Communication[M]. 9th ed. New Jersey:Prentice Hall Inc,2007.

[8] 沈雷. CMOS集成电路原理及应用[M]. 北京:光明日报出版社,1986.

[9] 曾兴雯,刘乃安,陈健,等. 高频电路原理与分析[M].5版.西安:西安电子科技大学出版社,2015.

[10] 张凤言. 电子电路基础[M].北京:高等教育出版社,1995.

[11] 廖承恩. 微波技术基础[M].西安:西安电子科技大学出版社,2011.

[12] 丁鹭飞,耿富录,陈建春. 雷达原理[M].5版.西安:西安电子科技大学出版社,2013.

[13] 《实用电子电路手册》编写组. 实用电子电路手册[M]. 北京:高等教育出版社,1991.

[14] 何桂萍. ADS-B与雷达组合监视数据融合方法研究[D].广汉:中国民用航空飞行学院,2011.

[15] 王红力. PBN导航系统性能分析与研究[D]. 广汉:中国民用航空飞行学院,2011.

[16] 尹苏皖.大型机场离场运行分析与机位协同管控研究[D].南京:南京航空航天大学,2015.

[17] 葛腾腾. 多机场终端空域进离场协同调度研究[D].南京:南京航空航天大学,2017.

[18] 张全. 飞行流量协同管理策略与技术研究[D]. 南京:南京航空航天大学,2009.

[19] 李鹤,李黎. 广域信息管理与航空电信网技术的对比研究[J]. 指挥信息系统与技术,2010,1(3):27-29,57.

[20] 严勇杰,曹罡. 下一代空管系统运行概念及其关键技术[J]. 指挥信息系统与技术,2018,9(3):8-17.

[21] 廖颖馨. 协同决策在空中交通流量管理中的应用探讨[J]. 科技经济导刊,2018,26(16):226.

[22] 罗云飞. 新航行系统的广播式自动相关监视技术研究[D]. 成都:电子科技大学,2011.

[23] 高海超,吴嘉慧. 欧美下一代空管系统规划对比分析及启示[J]. 指挥信息系统与技术,2017,8(4):83-87.

［24］ 舒旎. 空中交通流量管理若干关键问题研究［D］. 南京：南京航空航天大学，2011.

［25］ 苑天佑. 空域灵活使用下区域管制空域的流量动态分配研究［D］. 天津：中国民航大学，2017.

［26］ 曾琛. 空域灵活使用管理系统研究［D］. 广汉：中国民用航空飞行学院，2016.

［27］ 赵汩龙，罗喜伶，王忠波. 基于 SOA 的民航广域信息管理架构的研究与设计［J］. 计算机技术与发展，2016，26(2)：1－5.

［28］ 王楠. 航班运行协同决策系统的研究［D］. 大连：大连海事大学，2014.

［29］ 张军. 现代空中交通管理［M］. 北京：北京航空航天大学出版社，2005.

［30］ КАРТАШКИН А С. 航空无线电系统与机载雷达信息处理技术［M］. 滕克难，译. 北京：国防工业出版社，2017.

［31］ 王世锦，王湛. 机载雷达与通信导航设备［M］. 北京：科学出版社，2010.

［32］ 程农，李四海. 民机导航系统［M］. 上海：上海交通大学出版社，2015.

［33］ 程擎. 通信导航监视设施［M］. 成都：西南交通大学出版社，2016.

［34］ 朱新宇. 民航飞机电子电气系统［M］. 成都：西南交通大学出版社，2016.

［35］ 马银才，张兴媛. 航空机载电子设备［M］. 北京：清华大学出版社，2012.

［36］ 金德琨. 民用飞机航空电子系统［M］. 上海：上海交通大学出版社，2011.

［37］ 宫淑丽. 民航飞机电子系统［M］. 北京：科学出版社，2015.

［38］ 马文来，术守喜. 民航飞机电子电气系统与与仪表［M］. 北京：北京航空航天大学出版社，2015.

［39］ 高如云，陆曼茹，张企民，等. 通信电子线路［M］. 3 版. 西安：西安电子科技大学出版社，2015.

［40］ Boeing 787－8 Training Notebook［Z］. Chicago：Boeing，2007.

［41］ Boeing 737－600/700/800/900 Aircraft Maintenance Manual［Z］. Chicago：Boeing，2005.

［42］ Boeing 777－200 Training Manual［Z］. Chicago：Boeing，2001.

［43］ A380 Technical Training Manual［Z］. Toulouse：Airbus，2009.

［44］ A319/A320/A321 Aircraft Maintenance Manual［Z］. Toulouse：Airbus，1998.